本书系2014年教育部人文社科规划基金项目（14YJAZH066）研究成果

中国广播电影电视社会组织联合会媒介素养研究培训基地研究成果

浙江省一流学科“新闻与传播学”建设成果

中国长三角农民工网络使用与社会认同研究

宋红岩◎著

图书在版编目(CIP)数据

中国长三角农民工网络使用与社会认同研究／宋红岩著．—北京：中国社会科学出版社，2019.3

ISBN 978-7-5203-3761-8

Ⅰ.①中… Ⅱ.①宋… Ⅲ.①计算机网络-应用-研究②长江三角洲-民工-社会认知-研究 Ⅳ.①TP393②F323.6

中国版本图书馆CIP数据核字(2018)第295087号

出版人 赵剑英
责任编辑 任 明
责任校对 张依婧
责任印制 李寡寡

出 版 中国社会科学出版社
社 址 北京鼓楼西大街甲158号
邮 编 100720
网 址 http://www.csspw.cn
发行部 010-84083685
门市部 010-84029450
经 销 新华书店及其他书店

印刷装订 北京君升印刷有限公司
版 次 2019年3月第1版
印 次 2019年3月第1次印刷

开 本 710×1000 1/16
印 张 28.25
插 页 2
字 数 461千字
定 价 120.00元

目　　录

前　言

社会认同起源于20世纪70年代初，目前主要存在两种研究范式：一是社会范畴化理论，主要分析社会变迁与群体冲突、社会认同图式与理论。二是行动框架范式，国外社会认同研究对大规模群体关系的动态变化做出了贡献，如群际冲突、社会集体运动等，但更多学者关注小众群体或弱势群体的社会认同问题。其中，移民族群社会认同研究，尤其是有关城市移民或外来务工人员媒介社会认同的相关议题研究是个新研究取向，他们超越传统强调信息技术采纳贫富分化的"数字知沟"概念，提出"工人阶级社会网络"（working-class network society）、"信息中下阶层"（information have-less）、"赋权"（enpowerment）等核心概念。

社会学家吉登斯在《社会学》中预测"移民时代已经到来"，同时，麦克卢汉也提出媒介"尺度的改变影响了人类表意甚至文化"。随着中国社会结构的深刻调整与网络信息社会的生成，导致人们对信息需求的分化与多元，同时掌握一定的信息资源与媒介能力意味着社会竞争力和地位。农民工作为中国改革开放社会变迁与社会流动加快产生的庞大社会群体，他们在传统的乡土社会向城市现代化融合洪流中，承载与见证着中国社会流动与社会分层的图景，他们动态迁移、生存与社会融合的状况引起社会的广泛关注，同时，农民工作为中国经济建设的主力军，也是连接城乡二元社会的纽带。近年来国家与政府出台了一系列的制度政策加快农民工的社会融入，在这一过程中，网络等新媒介对社会公共生活场域的嵌入，为农民工等社会特定群体提供了崭新的社会准入机制与平台，但信息知沟等也对他们社会融入的方式、速度与质量提出了挑战。因此，本书以此为研究拷问，对中国长三角地区农民工的网络使用与社会认同情况进行了实证研究，以期对中国农民工现代化进程与网络社会认同贡献些许的力量。

本人近十年来一直关注研究中国农民工的生存状况与社会认同问题，从2007年起每年暑假都带学生奔赴全国各地开展农民工生存与社会融合方面的调研与研究工作，在长期跟踪研究中，本人最初主要关注的是中国农民工生存条件的改善与城市融入等问题，随着网络等新媒介的快速发展及其对社会公众卷入的不断加深，自2010年开始，本人开始注意到了媒介素养对农民工等社会弱势群体的影响等相关议题。其中，2011年6—8月本人带领学生团队在杭州、武汉、广东三个我国农民工聚居具有代表性的地区，分别选取杭州下沙地铁建设工地、武汉汽车站、广东服装和小五金工厂为调研样本，对中国农民工的媒介使用与媒介素养状况做了专项调研。在接下来的几年内不断深化跟踪中国农民工媒介卷入与社会融合等方面的研究，发现中国农民工对媒介的需求由最初的通话等基本联系功能不断向深层次的自我发展与社会认同转向，在此期间，本人先后主持了2011年省教育厅课题“浙江省新生代农民工和谐劳资关系与协调机制研究”、2012年中国广播电视协会重点课题“大学生网络信息素养准社会交往研究”、2013年省网络媒体技术科技创新团队校互联网与社会研究中心重点课题“互联网农村时代的挑战与机遇——我国农村潜在网民挖掘与发展战略研究”、2014年中国广播电视协会媒介信息素养基地重点课题“城市融入视域下新生代农民工媒介信息素养现状调查与提升策略研究”、2014年省教育规划课题“网络对青年女性社会化的影响与引导”等系列课题。同时，作为核心成员参与了2016年国家社科后期资助项目《我国网民网络素养现状与开展普及性教育研究》、2018年国家社科重大项目《全球互联网50年发展历程、规律和趋势的口述史研究》等研究工作。在这一过程中，一方面，通过实证调研工作积累了大量鲜活一手调研访谈资料与研究成果；另一方面，深感到农民工群体媒介卷入与社会认同的迫切需求。因此，契合中国网络强国建设与农民工生存的现实需求，以本人主持的2014年教育部人文社会科学研究项目《赋权与道义：长三角农民工新媒体使用与社会认同研究》为契机，开展本书的撰写研究工作。

本人于2014年4月至2016年9月在长三角地区主要城市进行了多次问卷调研与访谈工作，运用SPSS19.0、AMOS7.0等软件进行数据分析与研究工作，在定量分析基础上，进行定性研究和学术上的探讨。本书力求厘清中国长三角农民工网络嵌入与社会认同一些基本问题，探讨了中国长三角农民工网络社会认同的基本指标维度和权变模型，并检验了我国长三角地区农民工的网络媒介表征、数字知沟与网络认同等状况，具体阐释了如下具体问题：长三角农民工的社会生存与社会认同情况怎样？他们网络使用的表征与嵌入程度如何？他们网络社会融入的可能性如何？他们网络社会认同的道义与路径如何？为中国农民工群体网络社会融入和社会认同的构成要素、范式框架与路径选择等问题进行系统性、前瞻性和科学性的阐释。

在本书研究与撰写过程中，本人有幸于2016年2月至8月到英国剑桥大学社会学系访学，师从帕特里克·贝尔特教授。在访学期间，剑桥大学图书馆与社会学系图书馆有丰富的传播学与社会学方面的藏书，查阅了布尔迪厄、泰弗尔等大师的原著，为本书撰写的学术思想、学理谱系与研究视角提供了扎实的理论支撑。每天穿过美丽的剑河，盘踞在社会学系小图书馆书写书稿，并同来自全世界的访问学者与学子交流探讨。感受最深的就是，大部分文献梳理工作和数据即将全部量化分析完成之际，在图书馆偶尔发现了SPSS与Stata等数据统计分析的书籍，如获至宝，在研读之余，反思自己的数据分析还有需要提升优化的地方，最后在离回国还有两个月的时候，决定全部推翻重新做数据分析，边学边做，有的数量甚至用不同的方法做了七八遍才觉得满意。在此过程中，非常感谢导师贝尔特教授和英国伦敦大学全球中国研究院常向群教授的多次指导，对本书写作起到很大的帮助。

回国后本想一鼓作气完成书稿，但由于要认真完成日常教学工作任务，另外，还有一些其他的科研工作缠身占据了相当量的精力，一直无法安心进行本书的研究工作，而最为主要的是总觉得书稿写得还不够好，想再不断地精化打磨。其间，本人于2017年6月参加了浙江大学举办的第九届“国际前沿传播理论与研究方法”高级研修班，在会上将部分研究成果与国内外专家学者交流请教，有幸受到吴飞、潘忠党、杨国斌、韦璐等教授的无私指正。

一路走走停停，书稿终于基本写完了，但还是有些惴惴不安，自觉有许多地方还需改进，期待今后有机会再进一步做深化研究。在完成本书写作的近四年时间里，本人得到了很多人的支持与帮助，在这里特别要感谢的是，中国社会科学院博导卜卫教授、中国传媒大学博导张开教授、南京师范大学博导张舒予教授，浙江传媒学院王天德教授在研究视角、研究方法等方面的启发与指导，特别是他们严谨的治学态度对本人的鼓舞。在写作过程中，还要非常感谢曾静平教授、李新祥教授、崔波教授、赵莉副教授对本人的鼎力支持，要感谢学院领导刘福州教授、戴月华教授在实际工作中对本人的体谅与帮助。本人还要感谢的是4000多名数据采用者和80多位受访问者。这些受访者，每人完成了一个小时的访谈，正是这些调研访问者和受访问者的参与才使本书获得第一手的珍贵数据资料，也要感谢姚海波老师对调研访谈方案的制订、调研学生培训与后期数据统计分析等工作的大力支持，感谢朱丽娜、姜思含、胡白帆等同学对调研访谈工作与数据统计分析工作的付出，让本书的调研访谈工作能够高质量地完成。最后，要感谢家人的无私支持，并从精神上支持，让本人有强大的精力动力开展本书的研究工作。

在本书完成之际，特致谢忱！

宋红岩

2018年9月于杭州

第一章　研究背景

第一节　问题提出

曼纽尔·卡斯特在《网络社会的崛起》中认为，网络社会的生成与崛起“这种变化潜移默化地改变着人们的历史文化意识，丧失了历史深度和特殊地区认同，使人们离地而起，漂流到虚拟的数码文化当中”[①]。而在这样一种“流动的空间，压缩的时间”里，“时间节奏突然加快、人际交往抽象化、社会的极端组织化，反而带来了社会普遍失去控制的焦虑和无力感，人们迫切地希望找到一种凝聚的力量，来对抗信息社会所产生的高度风险、无限分散、日益抽象化的总体趋势”。

当前中国农民工日益成为社会建设发展中的重要新生力量，他们的生存状况也越来越受到政府与社会的广泛关注，农民工社会认同问题是中国社会转型与城乡二元结构发展过程中的一个重要议题，目前主要是从社会学、心理学、人类学等维度进行研究。其中，郑杭等知名学者从学理维度出发，探讨了城市新移民（流动人口）城市适应与社会认同问题，[②③] 同时，还有学者从身份认同、制度认同等宏观维度探讨化解农民工认同社会问题，或者从实证视角调研全国不同地区农民工社会认同现状，[④⑤⑥⑦] 以

---

① 曼纽尔·卡斯特：《网络社会的崛起》，夏铸九等译，社会科学文献出版社 2001 年版。

② 郑杭生、李路路：《当代中国城市社会结构》，中国人民大学出版社 2004 年版。

③ 郭星华等：《漂泊与寻根：流动人口的社会认同研究》，中国人民大学出版社 2011 年版。

④ 管健：《身份污名与认同融合——城市代际移民的社会表征研究》，社会科学文献出版社 2012 年版。

⑤ 雷开春：《城市新移民的社会认同——感性依恋与理性策略》，上海社会科学院出版社 2011 年版。

⑥ 徐延辉：《居住空间、社会距离与农民工的身份认同》，《福建论坛》2017 年第 11 期。

⑦ 郭科：《融入与冲突：新生代农民工的社会认同——基于西安市新生代农民工的实际研究》，硕士学位论文，西北大学，2006 年。

及从青年农民工炫耀性消费行为、犯罪等方面研究其畸形的社会认同问题。①② 2016 年 4 月国家统计局发布的《2015 年农民工监测调查报告》显示，2015 年中国农民工总量为 27747 万人，比上年增加 352 万人，增长 1.3%。但就整体而言，2011 年以来农民工总量增速持续回落，其中，2012 年、2013 年、2014 年和 2015 年农民工总量增速分别比上年回落 0.5

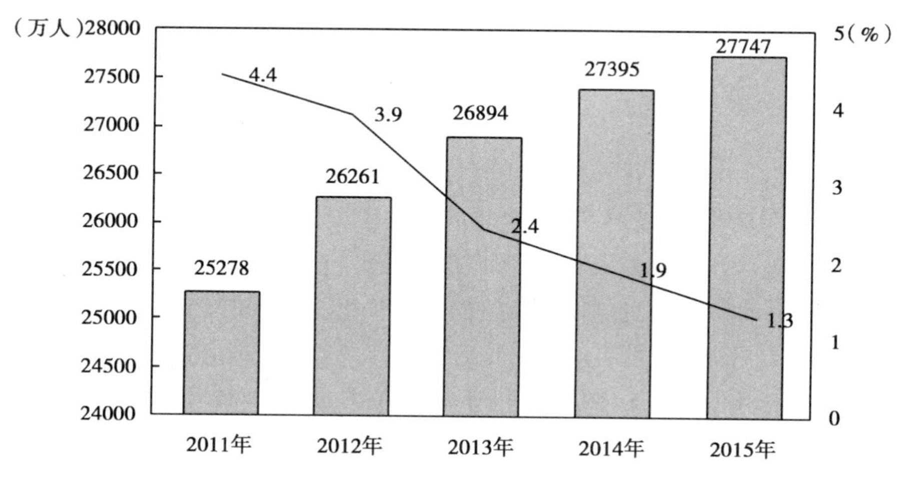

图 1-1　中国近年来农民工总量及增速

个、1.5 个、0.5 个和 0.6 个百分点（如图 1-1 所示）。在农民工流向分布中，从输入地看，在中部地区务工农民工 5977 万人，比上年增加 184 万人，占农民工总量的 21.5%；在东部地区务工农民工 16489 万人，比上年增加 64 万人，占农民工总量的 59.4%；在西部地区务工农民工 5209 万人，比上年增加 104 万人，占农民工总量的 18.8%③，可见，当前东部沿海经济发展地区是中国农民工重要的打工地与集聚区。

另外，随着网络数字信息时代的到来，中国民众社会交往与行为发生前所未有的嬗变，2016 年中国互联网络信息中心（CNNIC）发布的 2016 年第 38 次《中国互联网络发展状况统计报告》结果显示，截至 2016 年 6

① 金晓彤、崔宏静：《新生代农民工社会认同建构与炫耀性消费的悖反性思考》，《社会科学研究》2013 年第 4 期。

② 鞠丽华、刘琪：《社会认同理论视角下的新生代进城务工人员犯罪问题研究》，《中国人民公安大学学报》（社会科学版）2013 年第 4 期。

③ 国家统计局发布：《2015 年农民工监测调查报告》，2016 年 4 月 28 日。

月，我国手机网民规模达6.56亿人，较2015年底增加3656万人。网民中使用手机上网的比例由2015年底的90.1%提升至92.5%，手机在上网设备中占据主导地位。同时，仅通过手机上网的网民达到1.73亿人，占整体网民规模的24.5%。网民上网设备进一步向移动端集中，而随着移动通信网络环境的不断完善以及智能手机的进一步普及，移动互联网应用向用户各类生活需求深入渗透，促进手机上网使用率增长（如图1-2所示）。

图1-2　中国手机网民规模及其所占的比例

资料来源：中国互联网络发展状况统计调查。

在网民职业上，中国网民中学生群体占比仍然最高，为25.1%；其次为个体户/自由职业者，比例为21.1%；企业/公司的管理人员和一般职员占比合计达到13.1%。相比而言，农民工占比为3.1%，比2015年增加0.2个百分点①（如图1-3所示）。

近年来，随着城市网民使用率趋于饱和，网络使用越来越向社会中下普通用户渗透，其中，农民工媒介接触与使用问题越来越成为中国网络发展的洼地。在此背景下，农民工日常生活、社会融合以及自我身份认同也经历着巨大的变革，“农民工”一词开始频频出现在传播社会学的研究视野中，但是目前专门针对网络环境下农民工社会认同研究还处于起步阶

① CNNIC：《2016年第38次中国互联网络发展状况统计报告》，2016年8月3日，09：57，中国互联网络信息中心，（http：//mt. sohu. com/20160803/n462386791. shtml）。

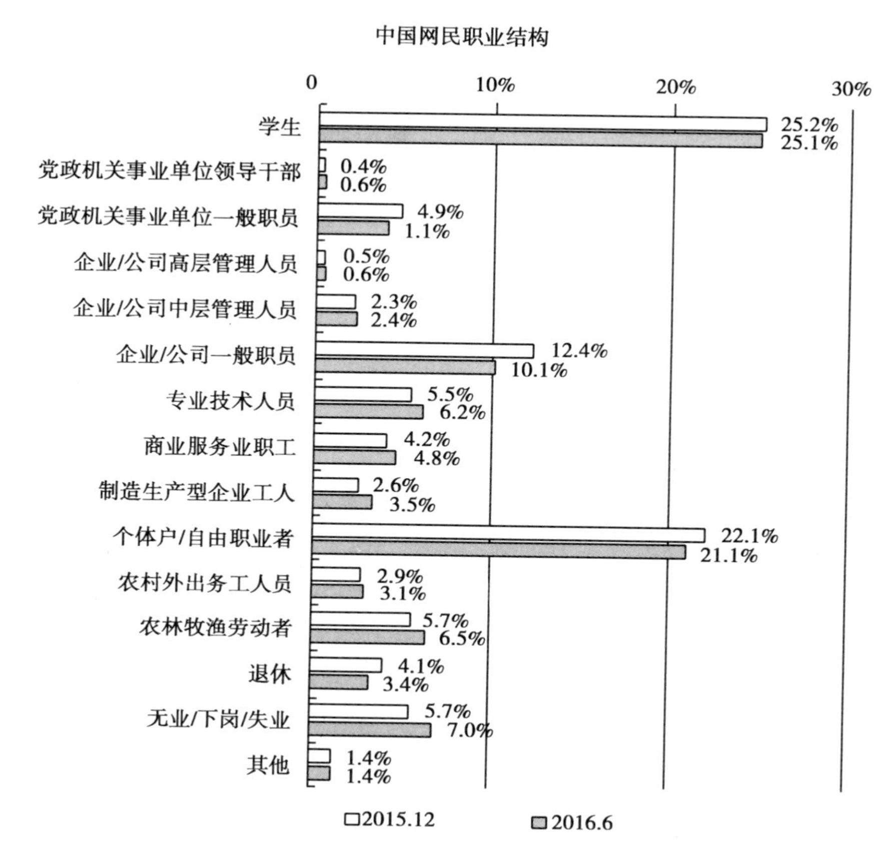

图 1-3　中国网民职业结构分布

资料来源：中国互联网络发展状况统计调查。

段，也没有相关著作。其中有学者研究了关于农民工媒体增权，网络语境下农民工身份认同、话语认同、群体认同等问题；但更多学者是将网络实践置于中国社会转型或“信息社会”某特定模式情境中加以考察。

农民工群体的社会认同问题作为当下的社会难点问题，本书将对中外社会认同与媒介理论、模型进行研究，意在为中国农民工群体社会认同理论与媒介效果作出系统化、规范化的整编，验证其实践合理性。探讨媒介认同等相关概念的界定，对其理论渊源与现实走向进行了梳理，并以传播社会学为研究视角，探讨新媒体建构的“媒介现实”及农民工受传众主观的“观念现实”与“社会现实”之间的关系。同时，本书将对长三角农民工网络社会认同形成、类型及状况进行系统的研究，探讨长三角农民工网络等新媒体应用与媒介供给之间的博弈与对话，梳理诠释网络社会认同的场域、发生逻辑与话语体系，具体探讨长三角农民工网络参与程度、自我效能、群体认同与社会认同的形成与发展，力求将长三角农民工网络媒介认同状况进一步系统化与明晰化。最后，通过数据分析得出调研结论，检验并修正农民工的社会认同理论模型，并从农民工网络交往嵌入与社会融合的角度探讨网络传播对农民工社会认同产生的效能和引导机制。

第二节 国外移民社群、媒介表征与社会认同

一 引言

当前由于全球化嵌入不断加深，人口跨国跨地域流动而引发的移民问题越来越受到世界各国的关注，尤其是，移民社群的社会认同、自我表达和公民承诺形成所谓的“流动的现代性”（liquid modernity）产生了前所未有的模式，[①] 我们正生活在移民社群将成为“后现代人类典范”的时代。[②] 如果在过去，迁徙是与国家地缘相关的话，现在由于信息和通信技术“在程度、速度和通信流的强度上催生一个根本性的转变”，他们正在塑造着跨地区或国界的分层社会关系，对待移民的行动和决策的参考框架不仅是一个地区或国家的事，甚至已超越地理上的现实社会空间，逐渐成为当代移动性新革命的核心。[③] 网络广泛扩散而不断增长交往连接已经成为一个主要的驱动力重塑迁移和沟通的地理布局，[④⑤⑥] 让人类物种再次成

---

① Bauman Z, *Liquid Modernity*, Cambridge: Polity Press, 20.

② Mac Éinri, P, How Does It Feel? Migrants and the Postmodern Condition, *Chimera*, No. 9, 1994.

③ Borkert M, Cingolani P, Premazzi V, *The State of the Art of Research in The EU on the Take Up and Use of ICT by Immigrants and Ethnic Minorities*, Seville: Institute for Perspective Technological Studies. JRC scientific and technical reports, 2001.

④ Egré P, *Internet*, *Nouveau Territoire De lutte Pour les Opposants Politiques en Exil Migrants*, com: Hommes & migrations, 1240: 53-61, 2002.

⑤ Holmes D (ed.), *Virtual Politics*: *Identity and Community in Cyberspace*, London: Sag, 1997.

⑥ McCaughey M, Ayers MD, *Cyberactivism*: *Online Activism in Theory and Practice*, New York: Routledge, 2003.

为游牧民族，每年大约有20亿人穿行于广阔的地理距离，更不用说人们通过信息和通信技术的“虚拟流动性”（virtual mobility）。[①]

二 移民社群、大众媒介与社会认同

对于移民社群（Diaspora）而言，当前主要是指跨国跨越地域而维持历史和文化共性的社会团体，[②③] 也可以说，移民社群是一定的时空与社会场景中不断再构自我的身份属性，从而达到对某一群体、组织、地域或国家的认同。社会认同最早的研究范畴主要集中在对种族与民族的认同研究，但随着全球化发展与人口流动的加快，移民社群已经超越种族民族，在数量和多样性上形成事实上的复杂化，[④⑤] 对移民社群等弱势群体的社会认同问题越来越成为一个世界性（cosmopolitan）的显学。

特别是，随着人类社会流动与迁移的加快，社会结构显现出一个由移民、媒介与话语镶嵌的图景，在移民社群社会化过程中，语言、文字、媒体等介子对其社会认同的催化作用起到至关重要的作用。有学者研究认为大众传媒在移民保持与调整一个新的社会和保存自己原有的文化认同的多样性和多变性方面扮演着各种角色。[⑥⑦⑧] 一方面，作为一个指南针和一个信息与学习的来源，促进和加快移民对新社会的调整；另一方面，媒介也

① Emilio Mordini, Andrew P. Rebera, No Identification Without Representation: Constraints on the Use of Biometric Identification System, *Review of Policy Research*, 2012.

② Gilroy, P, *The Black Atlantic: Modernity and Double-Consciousness*, Harvard, MA: Harvard University Press, 1993.

③ Cohen, R, *Global Diasporas: Identity and Transnational Engagement*, Cambridge University Press, 1997, p. 230.

④ Hewstone, M, *Contact and Categorization: Social Psychological Interventions to Change Intergroup Relations. In C. Stangor (Ed.), Stereotypes and Prejudice: Essential Readings*, New York: Psychology Press, 2000, pp. 394-418.

⑤ Pittinsky, T. L., Shih, M., & Ambady, N, Identity Daptiveness: Affect Across Multiple Identities, *Journal of Social Issues*, Vol. 55, 1999.

⑥ Baltes PB and Baltes MM, *Successful Aging: Perspectives from the Behavioral Sciences*, New York: Cambridge University Press, 1990.

⑦ Elias N, *Coming Home: Media and Returning Diaspora in Israel and Germany*, Albany: SUNY Press, 2008.

⑧ Georgiou M, *Diaspora, Identity and the Media: Diasporic Transnationalism and Mediated Spatialities*, Cresskill, NJ: Hampton Press, 2006a.

保持移民原有的身份及其与祖国或老家的联系，从而培育多元文化和移民聚居地。[①②] 其中，有学者研究了爱尔兰移民社群通过建立自己本土语言的新闻报纸或印刷出版物进行媒体话语实践与身份认同，[③④] 意大利跨国移民的“游击电影制作”流派与跨国经营对他们代表性与多样性、认同与文化参与的积极作用。[⑤] 此外，还有学者分别对英国、瑞典、挪威等国的移民社群调研时发现，他们的媒介社会认同往往超越种族界限呈现出一定的文化杂糅和拼装现象（hybridity and bricolage）。[⑥⑦⑧⑨]

但更多的学者研究也发现大众媒介对移民社群社会认同起到负面消解作用，通常将移民大众媒体的建构看作对当地人或主导文化一种外来的“其他”或威胁，认为主流媒体的“叙事生产往往造成大众将移民与不合法、危机、争议和政府失灵联系起来”，[⑩] 要么对忽视或歪曲关注的“少数人媒体”表现出“正常化无视”（normalise invisibility）或问题化可视

---

① Subervi－Velez, Federico A, The Mass Media and Ethnic Assimilation and Pluralism: A Review and Research Proposal with Special Focus on Hispanics, Communication Research, No. 1, 1986.

② Riggins, Stephen H, *The Promise and Limits of Ethnic Minority Media*, *in Ethnic Minority Media*, Newbury Park, CA: Sage, 1992, pp. 276-288.

③ Colum Kenny, Finding a Voice or Fitting in? Migrants and Media in the New Ireland, Media, *Culture & Society*, No. 2, 2010.

④ Tara Ross, Telling the Brown Stories': An Examination of Identity in the Ethnic Media of Multigenerational Immigrant Communities, *Journal of Ethnic and Migration Studies*, No. 8, 2014.

⑤ Mariagiulia Grassilli, Migrant Cinema: Transnational and Guerrilla Practices of Film Production and Representation, *Journal of Ethnic and Migration Studies*, 2008.

⑥ Hall S, *Introduction: Who Needs "Identity"? In: Hall S. and DuGay P (eds) Questions of Cultural Identity*, London: Sage, 1996, pp. 1-17, 5-6.

⑦ Berg M, *Seldas Andra Bröllop* [*Selda's Second Wedding*], Göteborg: Etnologiska Foreningen i Västsverige, 1994.

⑧ Andersson, M, *All Five Fingers Are not the Same: Identity Work among Ethnic Minority Youth in an Urban Norwegian Context*, Bergen: Centre for Social Science Research, University of Bergen, 2000.

⑨ Vestel V, *A Community of Differences: Hybridization, Popular Culture and the Making of Social Relations among Multicultural Youngsters in "Rudenga"*, East Side Oslo. Oslo: Norwegian SocialResearch, 2004.

⑩ Akdenizli, Banu, E. J. Dionne, Martin Kaplan, Tom Rosenstiel, and Roberto Suro, *A Report on the Media and the Immigration Debate*, Washington, DC: Governance Studied Brookings/ Los Angeles: Norman Lear Centre, 2008, p. 153.

（problematise visibility）的趋势。[①] 关于移民社群的新闻媒体报道反映了一个结构性和系统性的偏差，存在着“传统新闻范式隐含的新闻价值”，[②] 媒体提供的“影像和故事讲述”和“对调解叙述与表征的控制”，往往凭借自身地位的优势作为主导机构将信息传达给最大群体的受众，[③] 在“表达种族主义的框架和刻板印象”方面存在着“一个持久的作用”，社会公众随着对某一问题担忧的升级，媒体在传递负面刻板印象和话语时就高度强调危机，甚至引发道德恐慌。[④] 而移民社群在大众媒体和大众话语中常常被隐喻为“问题或污名化的建构”，被描绘成一个威胁（犯罪、暴力）或问题的来源（经济、社会和文化的社会负担），带着强烈的野蛮、污垢和魔鬼等特征的表征，[⑤] 譬如有学者就研究了“民工作为污染物”（immigrant as pollutant）在新闻媒体话语中可能会产生严重的后果，[⑥] 以及主流媒介对于移民的犯罪和社会越轨行为的隐喻或者是冲突刻板印象修辞等。[⑦⑧⑨]

---

① Fleras，Augie，*News Norms as Systematic Bias*：*Biased Coverage or Coverage That is Biasing*? Waterloo：University of Waterloo，2005.

② Fleras，Augie，and Paul Spoonley，*Recalling Aotearoa. Indigenous Politics and Ethnic Relations in New Zealand*. Melbourne：Oxford University Press. 1999.

③ Silverstone and Georgiou，Silverstone，Roger，and Myria Georgiou，EditorialIntroduction：Media and Minorities in Multicultural Europe，*Journal of Ethnic and Migration Studies*，Vol. 31，No. 3，2005.

④ Hier and Greenberg，Sean，and Joshua Greenber，*News Discourse and the Problematization of Chinese Migration to Canada. Discourses of Domination. Racial Bias in the Canadian English－Language Press*. Ed. F. Henry and C. Tator. Toronto：University of Toronto Press，2002，pp. 138－162.

⑤ Kadianaki，I，The Transformative Effects of Stigma：Coping Strategies as Meaningmaking Efforts for Immigrants Living in Greece，*Journal of Community and Applied Social Psychology*，Vol. 24，2014.

⑥ J. David Cisneros，Contaminated Communities：The Metaphor of “Immigrant as Pollutant” in Media Representations of Immigration，*Rhetoric and Public Affairs*，No. 4（Winter），2008.

⑦ Anca Pusca. Representing Romani Gypsies and Travelers：Performing Identity from Early Photography to Reality Television，*International Studies Perspectives*，Vol. 16，2015.

⑧ Rusi Jaspal & Marco Cinnirella，Media Representations of British Muslims and Hybridised Threats to Identity，*Contemporary Islam*，No. 4，2010.

⑨ Myra Macdonald，British Muslims，Memory and Identity：Representations in British Film and Television Documentary，*European Journal of Cultural Studies*，No. 4，2011.

三　移民社群与网络社会认同

从传统上看，移民身份往往凝结为围绕着返回祖国的思乡修辞，除了偶尔通过信件、电报或电话等联系方法，通常是推迟到老年甚至是毕生根本无法实现的夙愿，而网络等新媒体打破了人类联系时空界限的藩篱并提供了无限的可能性，从个人认知到政治动员，从消费者选择到全球合作，从虚拟空间到生活现实和象征性的地理等维度改变了现实社会结构，[①] 也为移民迁徙与社会认同注入了新的活力。应对这种变化，有学者提出了"连接的民工"（connected migrant）、网络移民社群（cyber diaspora）、数字移民社群（digital diasporas）和"移民社群空间"（diaspora space）等称法，[②③④⑤⑥] 把移民看作"人类网络新生儿"（homo cybernatus）的原型。[⑦]

1. 网络移民社群社会认同场域隐喻

当前世界越来越呈现出文化多样性，外来移民的名誉、权利与认知的政治斗争有着悠久的历史和现实复杂性，在这一过程中召唤媒介承担一定的作用的呼声越来越高。从主位（emic）的视角来看，传统移民社群社会认同的边界主要局限于现实的社会秩序，而网络把强大的想象社会认同指涉表征发展成更加动态、复杂和程序烦琐的过程，因此，有学者认为网络认同是一个新的解释性隐喻（interpretive metaphor），通过这一模式移民社群成员往往能够绕过国家认同动态构建和重塑他们的归属感从而达到

---

① Leopoldina Fortunati, Raul Perlierra and Jane Vincent, *Migrant, Diaspora, and Information Technology in Global Societies*, Routledge, New York, 2012, p. 108.

② Diminescu D, The Connected Migrant: An Epistemological Manifesto, *Social Science Information*, No. 4, 2008.

③ Kolko B, Nakamura L and Rodman G, *Race in Cyberspace*, New York: Routledge, 2000.

④ Nakamura L, *Cybertypes: Race, Ethnicity and Identity on the Internet*, New York: Routledge, 2002.

⑤ Nakamura L, *Digitizing Race: Visual Cultures of the Internet*, Minneapolis, MN: University of Minnesota Press, 2008.

⑥ Jennifer M., Brinferhoff, *Digital Diasporas Identity and Transnationa Engagement*, Cambridge: Cambridge University press, 2009, p. 85.

⑦ Dewitte P., *Homo Cybernatus*. Migrants. com, Hommes & migrations 1240: 1, 2002.

新的认同。①

从空间维度（spatial dimension）上看，网络是对传统移民社群社会认同模式、边界和逻辑的挑战，形成新的动态重组层次体系（等级制度）和个人代理、流动性和创造力。从传统意义上来说，移民社群强调国家意识（nationhood）和迁移，迁徙流动不再仅仅是对东道国社会和地缘国都留下深刻的痕迹，事实上，移民占据了一个地方，不管从现实的立场还是从一个隐喻视角来看，其克服了那些已建立在不同城市意象的传统城市。网络让这种新的“地域性”过程的重叠图案和形状发生巨大的变化，从空间叙事延伸到时空多维场域，无论是那些离开和留下来的以及那些不在一个地方定居而继续迁移的人们，通过连接和断裂、相互依恋和无法解决的冲突而共存。同时，作为一个概念范畴的网络社群空间是“宜居”（inhabited）的，不仅包括那些迁移和他们的后代，同样由包含那些建构和本地人的表征，换句话说，网络移民社群空间是一个包括纠缠、相互交织的分散的家谱。② 而社群空间的概念与狭隘地聚集于网络上的移民社群有很大的不同，在线社交网络和数字网络阅读远超过狭窄地强调（聚焦）任何一个国家概念或流动人口，通过在线协商主张归属、他者和差异等复杂的概念，③这种新的“地域”过程（territoriality process）的超越时间重构（叠）模式和形态，形成“弹性边界”（elastic frontiers）和“弹性领地”（elastic territories），并延伸到多层网络空间，其反过来又反映当前动态迁徙现象，不断根据新的模式进行再构与重构。

2. 网络移民社群社会认同主体赋能

由于现实社会中的潜在失权（disempowerment）反而彰显了网络在促进外来移民融入新社会的重要性，尤其网络对移民社群价值观和规范的整合越来越被认为具有普遍性。有学者研究发现，网络论坛为移民社群定义和遵从一定的规范性结构和话语提供了契机，通过探讨、协商和验证他们的自我认同和政治观点，超越消极地适应“扎根”（root）家乡或他乡传

---

① Lisa McEntee-Atalianis and Franco Zappettini, Networked Idetities Changing Representations of Europeanness, *Critical Discourse Studies*, No. 4, 2014.

② Brah, *Cartographies of Diaspora*: *Contesting Identities*, London: Routledge, 1996, p. 2.

③ Adi Kuntsman, Webs of Hate in Diasporic Cyberspaces: the Gaza War in the Russian-language Blogosphere, *Media*, *War & Conflict*, No. 3, Febuary 2010.

统看法而流动，[①] 他们能够测试、体验和解构存在于社会的主流种族、民族和归属感的话语，新的数字技术对外来移民文化生产提供了新的可能性。[②] 尤其是网站作为一个奋斗而不是逃离的场所，其是一个虚拟和现实不可分割的域，[③] 网络中的权力关系以他们在日常生活方式呈现，这迫使移民社群在日常生活的边缘化也可以在网络空间中呈现。因此，数字网络媒体为移民社群表征自己提供了新的方式，并在一定程度上挑战或冲击占主导地位的"制度表征"。

移民社群在网络空间中获取自决权和自我表征的不同可能性之间存在着张力，他们的日常生活的宏观社会背景会溢出（spill over）到网络空间，构架他们认同的过程。[④]有学者研究发现德国移民网站上的个人名字或签名让他们主动参与到文化拼装生产过程（cultural bricolage），[⑤] 通过这种方式，民族与其他文化融合呈现出屏幕名字的自我表征万花筒（kaleidoscope）。[⑥] 因此，作为一个起点，认同的流体和混合性质以及外来移民作为活跃代理人在他们网络社会认同谈判和多重主体位置转换中起到重要的角色作用，[⑦⑧] 针对移民的边缘文化流动性和变化性，网络为移民社

---

① Jennifer M. Brinkerhoff, Digital Diasporas' Challenge to Traditional Power: the Case of Tibet Board, *Review of International Studies*, Vol. 38, 20.

② Leung L, Ungdom, Venskab og Identitet: en Edtnografisk Undersøgelse af Unges Brug af Hjemmesiden Arto Youth, friendship and identity: An ethnographic study of youths' use of the Arto website. Master's thesis in Media and Communication Studies, *Department of Communication*, *Aalborg University*, 2000.

③ Boyd D and Ellison NNB, Social Network Sites: Definition, History and Scholarship. *Journal of Computer - Mediated Communication*, 2007. Available at: http://jcmc. indiana. edu/vol13/issue1/boyd. ellison. html.

④ Hall S (ed.), *Representation: Cultural Representation and Signifying Practices*. London: Sage, 1997.

⑤ Androutsopoulos JK, Multilingualism, Diaspora and the Internet: Codes and Identities on German-based Diaspora Websites, *Journal of Sociolinguistics*, No. 10, 2006.

⑥ Henry Mainsah, "I could well have Said I was Norwegian but Nobody would Believe Me": Ethnic Minority Youths' Eelf-representationon Social Network Sites, *European Journal of Cultural Studies*, No. 2, 2011.

⑦ De Leeuw S and Rydin I, Migrant Children's Digital Stories: Identity Formation and Self-representation through Media Production. *European Journal of Cultural Studies*, No. 4, 2000.

⑧ Gillespie M, *Television*, *Ethnicity and Cultural Change*, London: Routledge, 1995.

群提供多元主导秩序认同类型的赋权机会，帮助他们从流行文化、混合和匹配混合形式中找到不同文化之间的阈值和主体具身。

3. 移民社群网络社会认同意义共景

网络社会信息技术迭代发展，尤其是，数字网络技术促进媒体、流派、试验、修改和重述的融合或“媒体组合”（media mix），[①] 成为人们信息交流分享、利益表达与娱乐休闲的重要途径。对于移民社群来说，网络为他们提供了其他媒介形式无法提供的个人和群体授权，摆脱了现实社会经济或政治权力桎梏，也为他们提供了一个有效的信息渠道传播和新的自我表达的空间，通过社交网站等网络移民社群可以在自己的形象中建构自己的认同，[②] 生成一个包括文本、图像、声音、链接和观众反应机制等的数组多媒体功能，其为自我介绍和数字生产提供了一个广泛的可能性。网络等新技术的互动使用耦合了移民社群社会认同的过程，[③] 形成新的或优化现有的社会认同模型或框架构建，生成新的媒介表征与社会认同共景，移民社群通过网络微小叙事地显示自我的话语主张与利益诉求，这些文化生产形式可以标记为“认同在行动”（identities-in-action），这些数字文化产品又可以作为研究认同完美的切入点，甚至少部分是通过与技术交互作用使认同得以测试、实验与解构。[④]

移民社群网络社会认同发展过程主要是通过个体或群体自我表现和定制的社会性（customized sociality）实现自治性（autonomy）的文化实践，也就是说，移民社群认同形成过程的相关社会实践转移到网络空间中，通过他们的数字化参与生产来表征自我具身和社会规范，尝试网络自我表达的版本并从网络上反馈或估测来时时更新调整，[⑤] 移民社群可能在家乡或

---

① Ito M, *Mobilizing the Imagination in Everyday Play: The Case of Japanese Media Mixes*. In Livingstone S and Drotner K (eds) International Handbook of Children, Media and Culture. London: Sage, 2008, pp. 397-412.

② Zurawski N, *Ethnicity and the Internet in a Global Society*, Available at: www. uni-muenster. de/PeaCon/zurawski/inet96. html, 1996.

③ Miller H and Mather R, *The Presentation of Self in WWW Home Pages*, Paper Presented at the IRSS 98 Conference, 1998. Available at: www. sosig. ac. uk/iriss/papers/paper21. htm.

④ Nicola Mai, The Albanian Diaspora-in-the-Making: Media, Migration and Social Exclusion, *Journal of Ethnic and Migration Studies*, No. 3, 2005.

⑤ Kate C. Mclean and Moin Syed, *the Oxford Handbook of Identity Development*, Oxford: Oxford University Press, 2015, pp. 508-520.

社会中感到边缘化，但会在社交网站上找到与自己更相似的同类人，有相似经历的同类人会支持他们更好地了解自己，从而提供机会让移民社群个体或群体去探索自己的民族/社会身份。同时，在网络认同发展的过程中也有助于获取搭建社会资本或工具性社会资源桥梁的信息宽阔视野，移民社群个人通过经常更新自己的状态不仅可以向网络传达当前的情感、生活、工作等状态，还可以培养对他人的依赖来验证一个人的身份和自我价值主张。此外，移民社群自发地形成网络社区或网络草根组织（CGOs），它们能够跨越地理位置和时间、网络空间和潜在的现实世界之间连接成员并创建连接社会的过渡性资本，[①] 从而达到网络社会认同意义的最大化。

四　反思与展望

毋庸置疑的是，网络在移民社群社会化过程为他们实践场域、叙事图景乃至社会认同提供了广阔的空间，让他们学习如何成为移民国家或城市的公民，以及提醒公民身份和归属感限制和边界的重点途径，[②③] 甚至移民社群利用网络等新媒体以复杂的方式来实践和反哺社会文化和社会归属感。但我们也应注意到，只有正确认识与把握移民社群是如何利用网络来重构与实践他们周围世界的方式，才能理解移民社群媒介表征和社会认同的网络表达和沟通的更广泛意义。

1. 主体性网络认同解释框架构建

认同，Moscovici 认为是“将个人投放到社会现实并在社会群体间一系列复杂关系中打上烙印”，是“一个不对称的关系，限制可以沟通交流的方式”和相互影响作用的结果。[④] Gillespie 研究发现，在不同的交际语境中有些事情是可以接受的，有些则被排除，对这些被信息排除的处理方

① Jennifer M.，Brinferhoff，*Digital Diasporas Identity and Transnationa Engagement*，Cambridge：Cambridge University press，2009，p. 85.

② Stevenson，N，*Cultural Citizenship*：*Cosmopolitan Questions*，Maidenhead：Open University Press，2003.

③ Couldry，N，*Media*，*Society*，*World*：*Social Theory and Digital Media Practice*，Cambridge：Cambridge University Press，2012.

④ Moscovici，S. Jovchelovitch，& B. Wagoner（Eds.），*Development as a Social Process*：*Contributions of Gerard Duveen*，London：Routlege，2013，pp. 191-193.

式则代表了认同的稳定性。[①] 对于社会认同，人们通常将其定义为“将个人归属于社会群体的成员的价值、知识和情感意义”，[②] 而嵌入这种结构往往是指个人与群体联系的强烈感觉的程度，以及作为一个群体成员构成自我核心特征的程度。[③] 由社会认同的内涵可知，移民社群网络社会认同的核心是主体归属感，即“我们是谁”。不管是个体还是集体往往都在不断地探寻“我们是谁”，其强烈地影响着一个社群或某个特定群体的归属感，由于现实社会人类的民族起源、文化和历史等不同形成复杂多样的认同，而网络社会认同是基于一个能够提供用于解释社会现实的符号和意义的主体间性系统，从这个意义上讲，其是社会现实与固有传统在数字虚拟空间的延伸。因此，移民社群网络社会认同也可看作一种对意义、信仰和传统系统的归属感，其在一定程度上能够催生与凝聚个体或某些社会群体的共同认知与价值。

对于社会认同来讲，其往往是试图把人们作为一个社会主体锚定在某个时空场域进行演绎与归类，在这一过程必然要彰显人的客观性与主体性，是个体或群体主体认同建构的实践和结果。社会认同过程要点是社群的交叉性、边界和（去）定位，成为移民社群包容和排斥、归属感和差异性、“我们”和“他们”等界限的融汇点。网络社会认同作为社会认同的数字虚拟时空的演绎与升华，看似突破了现实社会规约与秩序结构的束缚，但从本质上看，其更多的是表现形态或边界的突破，其内在精髓与核心要义并没有发生太多实质上的变化。尽管在融合状态中少数人和多数人的认同互动和调谐，创造一个共享的网络社会认同，但在整合过程中各方仍然保持鲜明的民族特征，甚至是少数人群体的成员催生一个吸收不同文化的元素以及任何文化起源都无法比拟的杂糅文化认同（hybrid cultural identity），Caspi 就提出一个能够保持自己的群体认同并在同一时间成为大

---

① Gillespie, A., & Cornish, F, What can be Said? Identity as a Constraint on Knowledge Production, *Papers on Social Representations*, No. 5, 2010.

② Tajfel, H., *Human Groups and Social Categories: Studies in SocialPsychology*, Cambridge: Cambridge Univesity Press, 1981, p. 23.

③ Sellers, R. M., Rowley, S. A. J., Chavous, T. M., Shelton, J. N., & Smith, M. A, Multidimensional Inventory of Black Identity: A Preliminary Investigation of Reliability and Construct Validity, *Journal of Personality and Social Psychology*, Vol. 73, 1997.

多数人社会的成员的“双重身份”（dual identity）。[①] 这种双重主体或者混合体状态，一方面，可以积极建构社会融合并达到意义共识的目的，但悖论的是，其也可能脱离社会历史文化发展轨迹，产生移民社群网络社会认同危机与主体性虚无。另一方面，网络的数字技术使“演员”和观众之间越发接近和密切融合，自我与他者的边界在网络中变得越发模糊，形成无边界的具身或者蜂窝数据认同（cellulardata identity），[②] 从而在网络浩瀚如烟的数据丛林中迷失自我。因此，在承认与看到移民社群网络社会认同主体性与实践性的同时，还应深入探讨移民社群网络结构性约束与现实主体性建构。

2. 数字时空话语叙事意义的锚定

移民社群网络社会认同的时空性。即“我们在哪”“何时”。Anderson 提出空间和时间是社会认同建构必不可少的重要维度，认为社会认同不仅要知道“我们是谁”，还包括“我们在哪”“我们在何时”。[③] 可见，社会认同作为一个强调的是地域性和场所感概念，是属于一个特定的地方或“家”的需求，而不是社会中抽象意义上的地方，社会认同归根到底是人们这种对“根”需求的满足感，是人们致力于“落地生根”（localities）的内在动力。但也有学者认为，即使人们可以形成对落脚地、地区或地方的忠诚，也并不意味着这种认同将是真实的、明确的，因为地区仅仅是社会关系的被动位点（passive loci）。相反，空间作为社会性建构是一种社会生产的控制、统治与权力的工具。[④] 也就是说，社会认同不能完全构建历史“无中生有”，如若这样，那么关于“什么是真实的”和真正的地域或社会认同等问题将失去其意义。[⑤] 网络改变了以往以地理位

---

① Dan Caspi & Nelly Elias, Don't Patronize Me: Media-by and Media-for Minorities, *Ethnic and Racial Studies*, No. 1, 2011.

② Susan Broadhurst and Josephine Machon, Identity Performance and Technology Practices of Empowerment, Embodiment and Technicity, *Palgrave Macmillan*, 2012.

③ Anderson, B., *Imagined Communities: Reflections on the Origin and Spread of Nationalism*, London: Verso, 1991.

④ Lefebvre, H, *The Production of Space*, Trans. Donald Nicholson-Smith. Oxford: Blackwell, 1994.

⑤ Paasi, A., Deconstructing Regions: Notes on the Scales of Spatial Life, *Environment and Planning A*, Vol. 23, 1991.

置为嵌入的身份属性，为移民社群提供了一个新的话语空间与实践场域，呈现一个以技术为引擎的丰富多彩的生活。① 因此，对于网络移民社群社会认同应更关注他们在网络中是如何被表征的，网络时空自我存在（具身）的可能意义何在，他们表征是在何处、在何时以及会以产生什么样的后果呈现。

同时，认同是一个永远不会完成的过程，总是在不断地生产、繁殖与（再）重构，通过不同的甚至是对立的话语、做法和立场认同不断产生和复制自己，并通过转变和变异灵活地将空间和时间去整合适合与不适合的归属感。网络叙事作为网络空间的元问题（meta issue），网络使意义本身开始从时间、空间和传统中分离出来，对人们的文化身份认同产生“多极化的影响”，从而形成“很少确定性和统一性的”多样性及复合化的认同。② 如果这些叙事图像和故事仅保留在屏幕或页面上，或者无法区分虚幻与现实，那么就无法正确地“锚定”在哪里，也就是说，人们的网络体验和故事将一直处于“外场”（out there）。③ 而移民社群的“转瞬即逝”（hyperephemerality）的性质和大多数网站短保质期的网络文本叙事表达性在形态上天然地形成了一种共谋与耦合，这种特质更加凸显了移民社群网络社会认同的缥缈、虚幻与无序。如果移民社群网络叙事仅仅靠“编故事”或者“言说”等语言系统来生产建构个体或群体的社会分类和社会身份，就会有如网络镜像中的“演员”不断地往返于叙事与身份之间，变相割裂移民社群家乡乡土社会仪式中的历史记忆与城乡迁移中的城市认同的融合，过于追求网络象征载体的虚拟认同或停留在五光十色炫目的叙事意义表象中无法自拔，那么在很大程度上会容易产生移民社群网络社会认同的历史脱域或自我失锚。

3. 场域图景的协同实践

移民社群网络社会认同要素性（特征观）。社会认同不是一个双极性定义（bi-polar definitions）的结果，而是一个社会各要素共同作用的过

---

① Nelson A and Tu T, *Technicolor: Race, Technology and Everyday Life*, New York: New York University Press, 2001.

② David Held and Anthony McGrew, *Globalization/Anti-Globalization: Beyond the Great Divide*, Polity press, 2007.

③ Karen E. Dill, *The Oxford Handbook of Media Psychology*, Oxford: Oxford University Press, 2013, pp. 449-452.

程，是人们不同社会要素综合作用的结果，譬如，社会资源、社会结构、媒介表征以及话语场域等的作用。也有人认为认同理论定义通常分为本质和非本质，前者认为认同是一套相对清晰的、共享的特点，特别是在政治动员的人和（重新）建立一个国家或地区的政治动员。后者则将认同理解为不固定的、多元的、碎片的、混合的或灵活的东西。① 鉴于此，应更加关注移民社群是如何将媒介表征过渡到社会主流表征以及媒介表征对移民如何起到同化调节作用，认同结构如何吸收新的信息到认同结构，并进行调整使之成为结构的一部分。对于移民社群网络社会认同的研究不能仅停留在网络空间或网络表征上，还应从网络表征、自我呈现以及认同的过程进行多维度的研究，既需要研究媒体系统的所有元素：媒体制作、表征（内容）和媒体消费，② 也应从媒介样态、功能、性质以及移民社群的媒介表征、媒介参与和媒介控制等维度来评价过程赋予移民社群网络社会认同内容新的意义和价值，国外就有学者提出区分"media-for"与"media-by"移民媒体表征与认同评价标准范式，③ 针对移民社群的边缘文化流动性和变化性，为他们提供多元主导秩序认同类型的赋权机会，推行移民社群另类媒体和边缘文化"Media practice：community works"和"Diaspora-in-the-Making"的行动和研究项目等。④

对于网络语境下移民社群社会认同还有学者提出了去个性化效应的社会认同模型（SIDE），然而，对于这个模型也有学者提出了异议：在有限线索环境中所呈现出的个人地位的不同、社会阶层和群体成员更不可见，因此变得无关紧要。⑤ 特别是在一定条件下媒介的信息限制会加重而不是减轻，提供线索的影响因当前的环境而突出。当个体的线索稀缺（即去个性），由于通过匿名的方式来操纵，人们对简单的会员类别（如性别或

① Woodward, K. (ed.), *Identity and Difference*. London: SAGE, 1997.

② Myria Georgiou, Introduction: Gender, Migration and the Media, *Ethnic and Racial Studies*, No. 5, 2012.

③ Dan Caspi & Nelly Elias, Don't Patronize Me: Media-by and Media-for Minorities, *Ethnic and Racial Studies*, No. 1, 2011.

④ Nicola Mai, The Albanian Diaspora-in-the-Making: Media, Migration and Social Exclusion, *Journal of Ethnic and Migration Studies*, No. 3, 2005.

⑤ Postmes, T., Spears, R., & Lea, M., Breaching or Building Social Boundaries. Side-effects of Computer-mediated Communication, *Communication Research*, No. 6, 1998.

国籍）和刻板印象相关的信息（线索）变得更敏感，从而更容易察觉别人的那些类别的表征，而不是独特的个体。[①] 也就是说，在关于对方的个人信息缺失的情况下，群体认同呈现一个特殊的价值，从而行使自我定义和他人知觉的“社会”层次特权，去个性化（缺乏个性化）来刺激群体相关的行为，如遵从群体规范和群体间的差异，从而突出群体认同，[②] 甚至引发集体的政治行动，[③④]或者是借着行动主义的幌子发动移民社群数字骚乱（digital riots）。[⑤]

那么我们如何辩证地理解移民社群网络空间的社会认同，如何才能更好地把握由于网络信息发展对于移民社群社会认同解构与再构产生的一系列问题。这不但需要我们系统审视网络如何有助于构建移民社群的自我、他者和他们生活的社会，还要研究移民社群网络的个人和政治新媒体资源的思考、判断和行动，[⑥] 需要研究网络在移民社群生产表征和媒介消费中的作用，探究作为预先存在社会政治现实和研讨作为在“自我”和“他者”意义生产的构成要素。有学者就指出，不同的认同关节点（articulations）涉及政治价值，其可以用来验证多样性和团结以及参与和排斥。[⑦] 认同的建构必然需要谈判与斗争才能清晰，不同的嵌入社会结构，以及诸如民族、区域和文化等认同表征起到重要的作用。而对于移民社群网络认同杂糅问题，要关注研究框架在媒介中处于何种中心位置，分层中做另类（可选择）和社区媒体是否能挑战移民、种族和性别等少数群体的霸权话

---

① Postmes, T., Spears, R., & Lea, M., Intergroup Differentiation in Computer - mediated Communication: Effects of Depersonalization, *Group Dynamics*, No. 6, 2002.

② Spears, R., Postmes, T., Lea, M., & Watt, S, *A Side View of Social Influence*, In J. P. Forgar & K. D. Williams (Eds.), *Social Influence: Direct and Indirect Processes. Philadelphia*, PA: Cambridge University Press, 2001, pp. 331-350.

③ Ding S, Digital Diaspora and National Image Building: A New Perspective on Chinese Diaspora Study in the Age of China's Rise, *Pacific Affairs*, Vol. 80, No. 4, 2007.

④ Everett A, *Digital Diaspora: A Race for Cyberspace*. Albany: SUNY Press, 2009.

⑤ Teresa Graziano, The Tunisian Diaspora: Between "Digital Riots" and Web Activism, *Social Science Information*, No. 4, 2012.

⑥ Silverstone, Roger, *Television and Everyday Life*, London: Routledge, Media and Morality-Cambridge: Polity Press, 2007, p. 5.

⑦ Weeks, J, *The Lesser Evil and the Greater Good: The Theory and Politics of Social Diversity*, London: Rivers Oram Press, 1994, p. 12.

语，以及在多大程度上能够使用与配置媒介来制衡社会和政治排斥和边缘化等问题。

综上所述，移民社群媒体文化通过本土的、国家和跨国媒体生产和消费来反映他们跨地域漂流的日常生活，[①] 对于移民社群与媒介的研究核心就是从物理和介子层面的迁移（mobility）、精神和政治层面的传递（transitivity）以及思想和传播的流动（flow）等维度探究国家与跨国之间的张力。移民社群网络社会认同是不断漂移和在很大程度上被塑造的过程，网络勾绘出移民社群社会认同的媒介表征、形态边界与实践场域的数字虚拟空间叙事景观，其必然要源于现实也要回归本真。因此，对于网络移民社群社会认同的研究应转向对其网络社会认同的社会支持与网络虚拟资源动员转换、让渡与杂融的研究，加强虚拟社会认同与现实社会认同的互动、转化、融合统一的研究。尤其是，关注网络对移民社群秩序重构嵌入与网络智能化社会治理，让移民社群从网络结构性抗拒、游离原子式微小叙事向主体性认同转向，形成移民社群网络认知—认同—实践的良性互动循环机制，营造共享、包容和对话的网络道义与价值共景。

第三节　问卷设计与样本选择

本书调研与访谈工作着重研究长三角农民工网络使用与社会认同状况，并运用问卷调查法，加以精确地统计分析。全面了解长三角农民工在网络时代下的手机等新媒体应用情况，并根据统计分析的数据结果深入探究在长三角农民工这一特殊群体中，是如何利用网络等新兴传播媒介转换社会定位、寻求自身存在感以及社会认同。

一　编制问卷

通过对中外文献资料收集与梳理，在长期调查实践积累的基础上，借鉴麦奎尔的受众媒介使用的结构分析模型、泰弗尔提出的社会认同等社会学理论，科研团队成员采取“头脑风暴”的方式进行商议，经过多次修改后定稿。并在前期进行 100 人次的试测，敲定最终调研问卷与访谈

① Ingrid Volkner, *The Handbook of Global Media Research*, Blackwell Publishing Ltd., 2012, p. 365.

提纲。

二　试测阶段与误差控制

在正式开展调研工作前，为了保证调研问卷与访谈提纲的质量，首先通过了200份问卷的试测，并且通过折半系数的计算方法，剔除不具有明显区别性的题项或指标，提高调研的信度与效度。同时调整调研问卷与访谈提纲结构，提升整体模型结构的拟合度。此外，对调研问卷与访谈提纲的通用性、简易性与合目的性进行了优化，为正式调研奠定了良好的基础。

三　调研培训

由于所调研地多为工厂、建筑工地等农民工集聚的场所，为保证研究质量，通过甄选，选择具有耐心、责任心、吃苦耐劳的调研人员进行发放问卷。在统一调研前，制作编写调研手册，并对所有参与人员进行培训，统一讲解调研流程与方法，要求严格遵守规章制度。同时，有效的培训也保证了调研效率，组员了解到与农民工基本的沟通方式以及具体要求，在调研中能做到耐心地询问和倾听。为了提高数据准确性，要求队员们在一般情况下进行一对一式填写问卷，大大提高了问卷的质量，降低问卷的丢失率。尽管要求很严苛，但是调研人员能够良好地遵守，并且提供了信度较高的问卷数据。在技术方面，对4000份问卷进行分包，发放前在问卷袋上记录份数、调研员、调研地等信息，在回收问卷袋后要记录实收份数、编码等信息。对每一调研员在调研地发放问卷进行记录，并对每一份问卷进行编码，每一个调研员对应一段编码，要求责任落实，做到查有实，查有据，进一步提高了调研质量。

四　实地调研与访谈工作

本书调研团队在长三角地区上海、江苏、浙江等省市的中大城市中农民工集中的地区，按各市地经济总量和人数分布比例采用随机分层抽样的自填式问卷和深度访谈工作。其中，在2014年5—8月集中开展了问卷调研工作，并在对数据初步分析的基础上，对于其中的农民工媒介使用与社会认同的一些难点问题，又分别于2015年7—8月和2016年8—9月开展了深入的访谈调研工作。本次调查方法采取分层抽样法：根据历年人口普查数据中人口流动较为密集的城市排名，考虑东、中、西部地域的均衡分布等因素，选取较为有代表性的14个城市为取样城市，并根据近年来各省份流动人口的数量差异，按比例分配各个城市样本数。在具体调研中，还对长三角地区各调研地农民工的年龄、收入、受教育程度、婚姻状况以及工作环境进行了分层抽样，尽量做到具有多样性与代表性的统一。

在调研地点的选择上，本调研团队力求保证调查的说服性和有效性，分别与重工业务工者、轻工业务工者、建筑工地务工者、服务业务工者以及个体经营者等从事各行各业的农民工群体进行交流与调查，其中，调研地点主要有浙江××工业园、江苏××实业集团股份有限公司、杭州××纸业有限公司、兰溪市××包装制品有限公司、宁波××燃具有限公司、宁波××化工、宁波××建材有限公司、绍兴市越城区××服装厂、苏州××服装有限公司、苏州××农贸市场、浙江××针织有限公司、上海××集团建筑工地等。

此外，因考虑到被调查群体的文化水平、工作类型等方面不尽相同，且调研团队设计的调查问卷具有全面性、专业性的特征，因此，调研团队对一部分被调查者采用指导填写调查问卷的形式发放问卷。本小组还以采访、访谈的形式与农民工及其管理者面对面地交流，与当地农民工进行沟通交流，认真聆听农民工心声，多方听取社会意见和建议，实地考察农民工的工作与生活环境，感受农民工社会融合的发展状况与面临的问题，拉近了调查者与被调查者之间的距离，能够获取更详细、更直接、更真实、更具主观倾向性的信息，更切实地了解农民工生活质量水平，从而完善调查结论，既为强调数据性与精确度的问卷调查方式做了补充，又多层次地反映了被调查群体对社会融合的诉求。

五　问卷回收与录入

本次调查先后共发放问卷4000份，其中有效收回问卷3840份，有效回收率96%。如表1-1所示。为了确保问卷回收与处理的准确性，首先，制定了调研问卷的编写原则，调研问卷采用事前编码，发放填写后以地区为单位进行回收和整理。其次，明确问卷的录入细则。为了方便数据的录入，我们根据问卷的内容对题目进行了对应的编号，且问题标号与潜变量的关系一一对应。为了统一网络发放的调查问卷和纸质问卷，同时为了减少误差，我们运用网络问卷录入服务网站“问卷星”进行多人同时问卷录入。在录入数据时，为了避免大量数据堆砌所造成的失误，我们购买了

“问卷星”的网站问卷服务，尽可能地保证网络问卷与纸质问卷的同一性，降低因调研员自身原因所造成的错误录入和缺漏录入。另外在问卷中也设置了检测题，对于前后相互矛盾的内容采取放弃答案的办法，随意填写和漏选的情况该题均视为无效。前期对每一份问卷进行编码，并将责任落实到个人。在录入问卷时进入后台抽查审核，如发现错误，及时联系调研员进行改正，责任落实到个人的方法保证了数据的准确性。再次，安排问卷抽查环节。数据均录入“问卷星”后，对调研员手中的纸质问卷进行回收，在每一袋问卷包装纸上记录调研员相关信息，并进行抽查，核查录入相关情况。最后，数据预分析。根据录入数据，采用多因素交叉分析、结构模型等形式进行数据分析，总结推导长三角农民工新媒体使用情况；并运用 SPSS19.0 进行线性与方差回归统计分析，使用 Amos17.0 进行影响因子与权重结构方程模型的建立与分析，看其试测结果是否合理，符合要求。

表 1-1　　　　长三角农民工媒介使用与社会认同问卷调研情况

<table>
<tr><th colspan="2"></th><th>频率</th><th>百分比（%）</th><th>有效百分比（%）</th><th>累计百分比（%）</th><th>省市有效百分比（%）</th></tr>
<tr><td rowspan="9">浙江省</td><td>杭州</td><td>236</td><td>6.1</td><td>6.1</td><td>6.1</td><td rowspan="9">63.3</td></tr>
<tr><td>宁波</td><td>526</td><td>13.7</td><td>13.7</td><td>19.8</td></tr>
<tr><td>绍兴</td><td>244</td><td>6.4</td><td>6.4</td><td>26.2</td></tr>
<tr><td>温州</td><td>184</td><td>4.8</td><td>4.8</td><td>31.0</td></tr>
<tr><td>台州</td><td>290</td><td>7.6</td><td>7.6</td><td>38.5</td></tr>
<tr><td>嘉兴</td><td>174</td><td>4.5</td><td>4.5</td><td>43.1</td></tr>
<tr><td>金华</td><td>290</td><td>7.6</td><td>7.6</td><td>50.6</td></tr>
<tr><td>湖州</td><td>256</td><td>6.7</td><td>6.7</td><td>57.3</td></tr>
<tr><td>衢州</td><td>232</td><td>6.0</td><td>6.0</td><td>63.3</td></tr>
<tr><td rowspan="5">江苏省</td><td>苏州</td><td>360</td><td>9.4</td><td>9.4</td><td>72.7</td><td rowspan="5">30.8</td></tr>
<tr><td>无锡</td><td>238</td><td>6.2</td><td>6.2</td><td>78.9</td></tr>
<tr><td>南通</td><td>244</td><td>6.4</td><td>6.4</td><td>85.3</td></tr>
<tr><td>常州</td><td>240</td><td>6.3</td><td>6.3</td><td>91.5</td></tr>
<tr><td>镇江</td><td>100</td><td>2.6</td><td>2.6</td><td>94.1</td></tr>
<tr><td>上海市</td><td>上海</td><td>226</td><td>5.9</td><td>5.9</td><td>100.0</td><td>5.9</td></tr>
<tr><td colspan="2">合计</td><td>3840</td><td>100.0</td><td>100.0</td><td></td><td>100.0</td></tr>
</table>

第二章　长三角农民工社会在场、表现及其流动

第一节　长三角农民工社会在场

一　引言

当前中国社会时空图景正发生着深刻的嬗变，其中对于农民工群体而言，他们也必将处于社会转型与群体过渡历史洪流之中，由传统的乡村社会场域向城市无主体漂泊转向，原有的乡村熟人强关系、个体与村庄的天然联系、人际与心理依附与归属运作逻辑都纷纷解构，集体出现了主体缺失、关系脱嵌和结构失衡等问题。但这一过程中，农民工群体也在不断地进行自我锚定，显现出特定的自我觉知、群体社会表现与社会促进效应。特别是，当前中国农民工的工作、生活场景重点已脱离村庄生活，长期的城市漂泊生活导致对村庄的心理联系趋于弱化也是不争的事实。同时，在一定程度上，城市的现代性对农民工提供了一定的外在刺激源与社会发展动机，对他们自我呈现与社会促进提供了巨大的影响源与驱动力，冲击与重塑了农民工个体的认知与行为方式。那么，当前中国农民工的社会在场的表现水平、内容与状况如何？他们自我认知与群体呈现的情况如何？他们又是如何形成集体存在路径与行为？本书将围绕这些问题展开研究。

二　文献综述

社会学认为人们生存在一定的社会在场中，即不同的社会群体存在着不同的社会身份和相关规范，在一定的时期或时间，某个特定的社会身份和个人身份可能成为突出特征。而社会在场具有时空性、群体性与自我范畴化等特征。其中，关于时空性，吉登斯认为人们的“各种形式的社会

行为不断地经由时空两个向度再生产出来”，[①] 人们的日常活动是在共同在场的场景中进行的，而这种场景恰恰限定了人们互动的情境性。在不同的场景中，人们首先需要“定位”，人们在日常社会接触中，存在一种对身体的定位过程，这是社会生活里的一项关键因素。布尔迪厄也认为社会是人们惯习和场域综合作用的结果，其中，惯习是“由积淀在个人身体内的一系列历史关系所构成，其形式为知觉、评判和行动的各种身心图式”；[②] 而场域为“位置间客观关系的一个网络或一个形构，这些位置是经过客观限定的”，其不单指物理环境，也包括他人的行为以及与此相连的许多因素。此外，布尔迪厄提出人们是实践的，在不同的场域中，有不同的行动准则，譬如经济场域的利益原则，学术场域的知识原则，等等。同时，不同个体的不同历史经历又以惯习的方式影响着个人的实践，场域中充斥着各种资本，在场域中的人们为了争取改善自己在场域中的位置，需要不断地运用各种策略来占有新的资本。资本体现了一种时间积累形成的劳动，这种劳动又以物质和身体化的形式积累下来，它体现出一种生成性，总是意味着一种生产的潜在能力。

社会在场的群体性主要是指人们在特定的社会历史情境，总是与他人与各种要素为参照来锚定自我，其中个人在一定的群体或社会中，若不想缺场，在他人在场时，人们在一定的社会影响中，表现出一定的社会表现与社会促进，去个体化的人们会更丧失自己的自我觉知和个化的行为、观念有明显的自我呈现和印象管理的向度。[③] 自我觉知理论（theory of objective self-awareness）认为，当人们发现自己不同于其他人时，或者是在惯常秩序被打乱的场景下，自我觉知就会出现，在群体中个体会进行一种自谦（Self-effacting）印象管理，同时以集体中的自我认同来实现自我范畴化和社会范畴化。此外，社会在场要通过一定的“任务表现”（task performance）和“社会表现”（social preformance）来实现，而这一过程中，他人的客观在场（physical presence）、社会在场（social presence）与社会情境，是为个体提供了潜在的自我定论定义，激发个体的信念、情感和动

---

① ［英］安东尼·吉登斯：《社会的构成》，李康、李猛译，三联书店1998年版，第40页。

② 杨善华主编：《当代西方社会学理论》，北京大学出版社1999年版，第279、280页。

③ ［澳］迈克尔·A. 豪格、［英］多米尼克·阿布拉姆斯：《社会认同过程》，高明华译，中国人民大学出版社2011年版，第116、154、156页。

机等内在驱力（generalized drive），在一定在场效应的作用下，自我觉知会形成一定的自我呈现、群体认知区分与社会促进路径，正如米尔斯所言，发生于日常生活场景的“他们之间的事情”构成了社会学想象力和问题域的源泉。①

三 研究设计

当前农民工的社会在场与精英社会的权力逻辑与宏大叙事相比，其底层社会的日常生活实践更能显著地体现出其自我呈现与群体表现。因此，本节将重点把握长三角农民工具体的、动态的、繁杂的日常生活运作场景。特别是，人口社会学背景、城市打工生活场景以及实际工作状况等要素特征。其中人口学背景，主要包括性别、年龄、受教育程度、婚恋情况；社会学背景变量主要包括老家所在地、户口类型，而外出打工情况与质量变量主要包括外出打工方式、来打工地时长、居住情况、找工作渠道，工作状况主要包括职业、月收入、工作时间、工作获得渠道。人口学与社会学背景变量主要是考察研究长三角农民工当前的客观在场，主要考察长三角农民工的个体与群体构成。有学者指出，在不同的情境下，人们会有不同的自我形象成为显著的自我形象，行为的性质会因此而发生变量。② 而就农民工而言，他们外出打工状况与生存方式是农民工区分于其他社会群体的主要特征，从中可以了解掌握农民工底层生存的独特利益诉求与行动逻辑。特别是，工作作为农民工在城市生存的主要经济来源与途径，也是他们社会表现与社会促进的一个重要支撑点与动力源。

四 研究结果

1. 长三角农民工人口学背景社会存在情况

根据研究文献与研究设计，本书对长三角农民工的人口学变量主要研究考察包括性别、年龄、教育、婚姻、个性、来源地等情况。具体情况如下。

---

① 刘威：《“朝向底层”与“深度在场”——转型社会的社会学立场及其底层关怀》，《福建论坛》（人文社会科学版）2011 年第 3 期。

② ［澳］迈克尔·A. 豪格、［英］多米尼克·阿布拉姆斯：《社会认同过程》，高明华译，中国人民大学出版社 2011 年版，第 156 页。

（1）性别分布

2016 年 4 月国家统计局发布的《2015 年农民工监测调查报告》显示，在全部农民工中，男性占 66.4%，女性占 33.6%。其中，外出农民工中男性占 68.8%，女性占 31.2%；本地农民工中男性占 64.1%，女性占 35.9%。[①] 而本课题组对长三角农民工的性别调研结果，如表 2-1 所示，其中男性占比为 58.8%，女性占比为 41.2%。相对而言，女性农民工要比全国平均水平高。

表 2-1　　　　长三角农民工性别分布

类别	频率	百分比（%）	有效百分比（%）	累计百分比（%）
女	1582	41.2	41.2	41.2
男	2258	58.8	58.8	100.0
合计	3840	100.0	100.0	

（2）年龄分布

《2015 年农民工监测调查报告》显示，全国农民工年龄分布以青壮年为主，其中 16—20 岁占 3.5%，21—30 岁占 30.2%，31—40 岁占 22.8%，41—50 岁占 26.4%，50 岁以上的农民工占 17.1%。调查资料显示，40 岁以下农民工所占比重继续下降，由 2010 年的 65.9%下降到 2014 年的 56.5%，农民工平均年龄也由 35.5 岁上升到 38.3 岁。而本书对长三角农民工调研结果如表 2-2、图 2-1 所示。其中，年龄分布由高到低的是，25—29 岁（85 后）（27.8%）、18—24 岁（90 后）（26.7%）、30—34 岁（80 后）（16.7%），40—49 岁（12.9%）、35—39 岁（8.3%）、50—59 岁（3.7%）、18 岁以下（3%）、60 岁及以上（0.9%），可见，长三角农民工总体上以“80 后”及以下新生代农民工为主，合计占 74.2%。

表 2-2　　　　长三角农民工年龄分布

年龄	频率	百分比（%）	有效百分比（%）	累计百分比（%）
18 岁以下	116	3.0	3.0	3.0

① 国家统计局发布 2015 年农民工监测调查报告（全文），2016 年 4 月 28 日，10：37：10，国家统计局网站（http：//news. xinhuanet. com/politics/2016-04/28/c_ 128940738. htm）。下同。

续表

年龄	频率	百分比（%）	有效百分比（%）	累计百分比（%）
18—24 岁（90 后）	1026	26. 7	26. 7	29. 7
25—29 岁（85 后）	1066	27. 8	27. 8	57. 5
30—34 岁（80 后）	642	16. 7	16. 7	74. 2
35—39 岁	318	8. 3	8. 3	82. 5
40—49 岁	494	12. 9	12. 9	95. 4
50—59 岁	142	3. 7	3. 7	99. 1
60 岁及以上	36	0. 9	0. 9	100. 0
合计	3840	100. 0	100. 0	

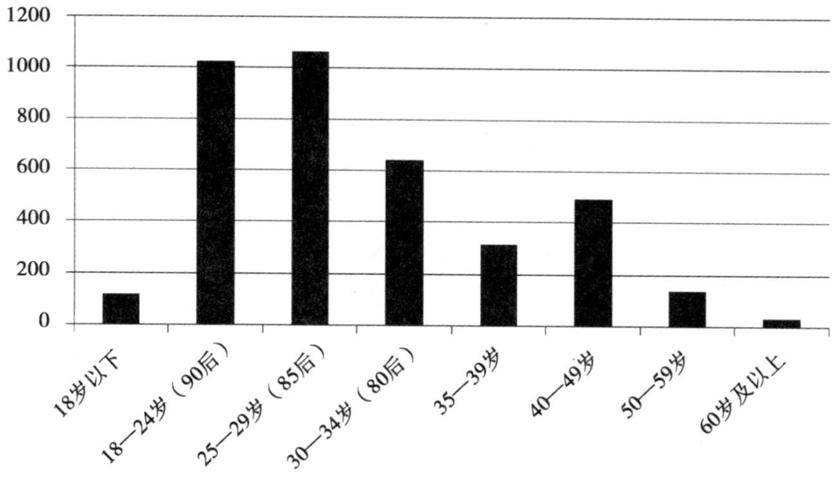

图 2-1　长三角农民工年龄分布

本书进一步对性别与年龄做 ANOVO 分析，发现 ANOVO 组间检验与线性对比结果均不明显。就性别对比而言，在各个年龄段基本上都以男性为多，其中男性中以 25—29 岁（85 后）最多，占 29. 7%，其他年龄段由高到低依次为 18—24 岁（90 后）占 25. 9%、30—34 岁（80 后）占 16. 8%、40—49 岁占 12. 9%、35—39 岁占 8. 5%、50—59 岁占 3. 3%、18 岁以下（90 后以下）占 2. 2%、60 岁及以上占 0. 7%。女性中以 18—24 岁（90 后）为最多，占 28. 5%，其他年龄段由高到低依次为 25—29 岁

（85后）占25.4%、30—34岁（80后）占14.9%、40—49岁占13.3%、35—39岁占8%、18岁以下与50—59岁相同占4.3%、60岁及以上占1.1%。中壮年以男性为主，但年轻与年老的群体却以女性为主，同时男女都在35—39岁年龄段出现明显的回落。可见，长三角农民工中女性初入职场的年龄要比男性年轻，并且老年女性在外打工的比例更多。同时，由于农村人比城市人来说，一般早婚早育，在35—39岁年龄段往往是家中子女上高中考大学的关键时期，更倾向回家管教子女。

表2-3　　长三角农民工性别与年龄交叉分析

		男	女	合计
18岁以下(90后以下)	计数（行%）	48（41.4%）	68（58.6%）	116（100%）
	列%	2.2%	4.3%	3.1%
18—24岁（90后）	计数（行%）	576（56.4%）	446（43.6%）	1022（100%）
	列%	25.9%	28.5%	27%
25—29岁（85后）	计数（行%）	660（62.4%）	398（37.6%）	1058（100%）
	列%	29.7%	25.4%	27.9%
30—34岁（80后）	计数（行%）	374（61.5%）	234（38.5%）	608（100%）
	列%	16.8%	14.9%	16%
35—39岁	计数（行%）	190（60.1%）	126（39.9%）	316（100%）
	列%	8.5%	8%	8.3%
40—49岁	计数（行%）	286（57.9%）	208（42.1%）	494（100%）
	列%	12.9%	13.3%	13%
50—59岁	计数（行%）	74（52.1%）	68（47.9%）	142（100%）
	列%	3.3%	4.3%	3.7%
60岁及以上	计数（行%）	16（47.1%）	18（52.9%）	34（100%）
	列%	0.7%	1.1%	0.9%
合计	计数（行%）	2224（58.7%）	1566（41.3%）	3790（100%）
	列%	100.00%	100.00%	100.00%

说明：卡方检验中Pearson卡方<0.05；似然比<0.05；线性和线性组合>0.05；有效样本数N=3790。

（3）受教育程度分布情况

《2015年农民工监测调查报告》显示，全国农民工中，未上过学的占1.1%，小学文化程度占14%，初中文化程度占59.7%，高中文化程度占

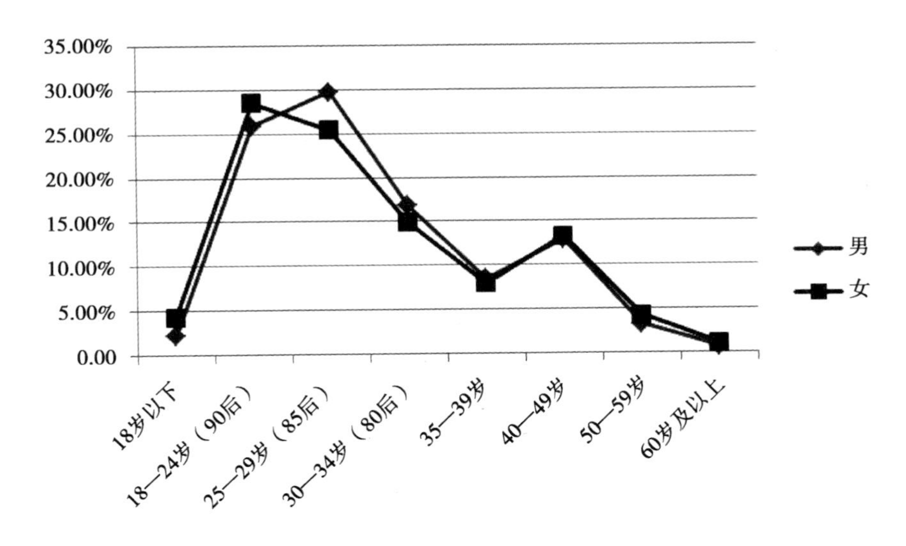

图 2-2　长三角农民工性别与年龄差分析

16.9%，大专及以上占 8.3%。如表 2-4、图 2-3 所示，本次调研的长三角农民工受教育程度中，初中学历的比例最高，为 41.1%，其中排名由高到低依次为小学（17.2%）、高中（12.5%）、中专/技校（11.2%）、大专（8.5%）、不识字或识字很少（4.9%）、大学本科及以上（4.6%）。其中初中及以下学历的长三角农民工合计为 63.2%，而技校及以上文化学历的长三角农民工合计为 24.3%，不足 1/3，可见，长三角农民工整体的受教育水平并不高。

表 2-4　长三角农民工教育分布

	频率	百分比（%）	有效百分比（%）	累计百分比（%）
不识字或识字很少	188	4.9	4.9	4.9
小学	660	17.2	17.2	22.1
初中	1578	41.1	41.1	63.2
高中	480	12.5	12.5	75.7
中专/技校	430	11.2	11.2	86.9
大专	326	8.5	8.5	95.4
大学本科及以上	178	4.6	4.6	100.0
合计	3840	100.0	100.0	

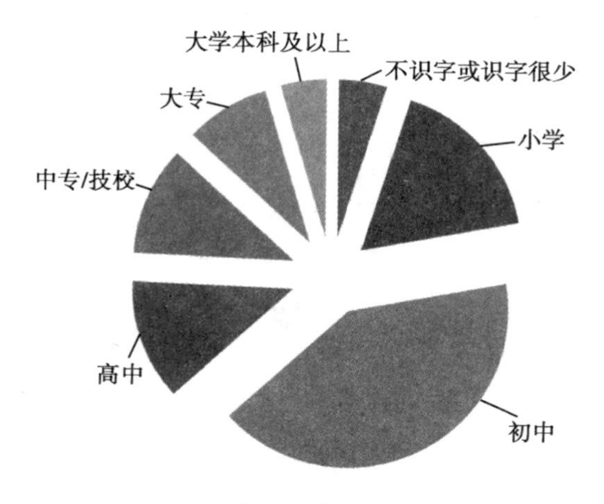

图 2-3 长三角农民工教育分布

对于长三角农民工的性别与受教育程度进一步对性别与教育龄做ANOVO分析，如表2-5、图2-4所示，发现ANOVO组间检验F（1，3778）= 0. 1. 946，p = 0. 163，ω = 0. 02；线性对比结果均为F（1，3778）= 0. 1. 946，p=0. 163，ω=0. 02，其中男（M=3. 55，SD=1. 461）与女（M=3. 48，SD=1. 518）在教育程度上二者分布趋势一致，除了在大专、小学与不识字或识字很少外，其他教育程度男性比例都要比女性高。其中初中文化长三角农民工的男女性别比例都最多，男性占42. 3%，女性占38. 8%。

表 2-5 长三角农民工性别与教育的交叉分析

受教育程度	比例	男	女	合计
不识字或识字很少	计数（行%）	98（52. 1%）	90（47. 9%）	188（100%）
	列%	4. 4%	5. 8%	5. 0%
小学	计数（行%）	356（53. 9%）	304（46. 1%）	660（100%）
	列%	16%	19. 5%	17. 5%
初中	计数（行%）	940（60. 9%）	604（39. 1%）	1544（100%）
	列%	42. 3%	38. 8%	40. 8%
高中	计数（行%）	284（61. 7%）	176（38. 3%）	460（100%）
	列%	12. 8%	11. 3%	12. 2%
中专/技校	计数（行%）	256（60. 4%）	168（39. 6%）	424（100%）
	列%	11. 5%	10. 8%	11. 2%

续表

受教育程度	比例	男	女	合计
大专	计数（行%）	180（55.2%）	146（44.8%）	326（100%）
	列%	8.10%	9.40%	8.60%
大学本科及以上	计数（行%）	108（60.7%）	70（39.3%）	178（100%）
	列%	4.90%	4.50%	4.70%
合计	计数（行%）	2222（58.8%）	1558（41.2%）	3780（100%）
	列%	100.00%	100.00%	100.00%

说明：卡方检验中 Pearson 卡方<0.05；似然比<0.05；线性和线性组合>0.05；有效样本数 N=3780。

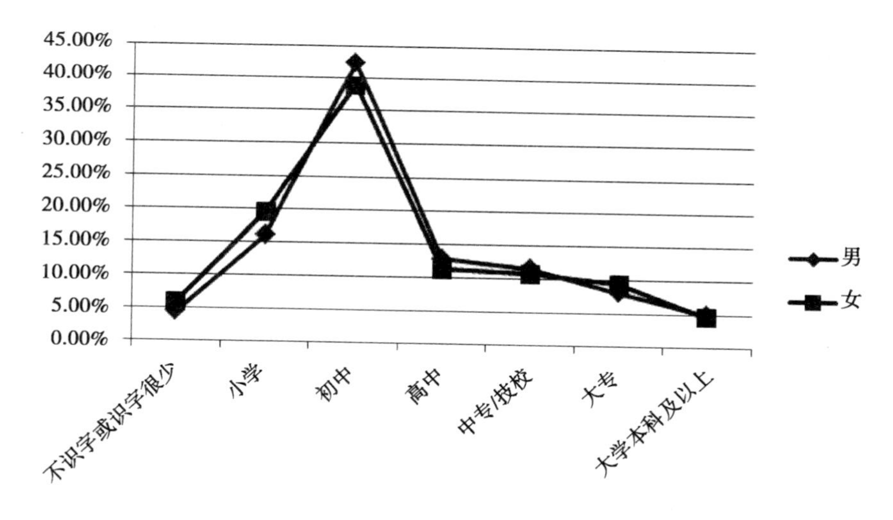

图 2-4　长三角农民工性别与教育程度交叉分布情况

（4）婚恋分布情况

国家统计局近几年发布的《农民工监测调查报告》中没有把农民工婚恋情况纳入。为了研究需要，本书考察了长三角农民工的婚恋情况，如表 2-6、图 2-5 所示。已婚的占 63.7%，而未婚与其他，分别为 35.1%、1.3%。可见，目前长三角农民工中结婚的占大多数。

表 2-6　　长三角农民工婚恋情况分布

婚恋情况	频率	百分比（%）	有效百分比（%）	累计百分比（%）
未婚	1346	35.1	35.1	35.1

续表

婚恋情况	频率	百分比（%）	有效百分比（%）	累计百分比（%）
已婚	2446	63.7	63.7	98.8
其他	48	1.3	1.3	100.0
合计	3840	100.0	100.0	

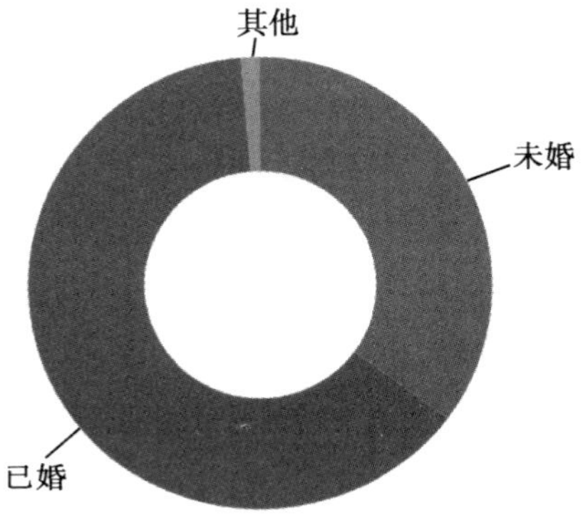

图 2-5 长三角农民工婚恋分布

进一步将长三角农民工年龄、受教育程度与婚恋情况进行 ANOVO 分析，如表 2-7 所示，其中性别与婚恋情况，F（1，3824）= 1.983，p= 0.159，ω^2=0.98。说明长三角农民工的男女性别与其婚恋情况区别不大；而年龄与婚恋情况为 F（7，3824）= 310.477，p=0.000，ω^2=0.02，说明长三角农民工的年龄对其婚恋情况显著。而性别与年龄共同作用下，F（7，3824）= 6.528，p=0.000，ω^2=0.12，说明年龄对长三角农民工的性别婚恋情况显著（如图 2-6 所示），特别是，在年龄 35—39 岁（女，M=-1.984，SD=0.035；男，M=1.979，SD=0.029）到 40—49 岁（女，M=2，SD=0.028；男，M=2，SD=0.023）时，婚恋情况基本相同，但在 18—24 岁（90 后）左右男性（M=1.331，SD=0.016）结婚的要多于女性（M=1.220，SD=0.019），而其他年龄段，基本上都是女性结婚的要比男性多。此外，从总体趋势看，30—34 岁（80 后）（女，M=1.976，SD=0.025；男，M=1.898，SD=0.02）是长三角农民工结婚状况的重要节点。

表 2-7　　长三角农民工性别与年龄对其婚恋的 ANOVO 分析

年龄（周岁）	性别	均值	标准误差	95%置信区间	
				下限	上限
18 岁以下	女	1. 088	0. 048	0. 994	1. 183
	男	1. 083	0. 057	0. 971	1. 196
18—24 岁（90 后）	女	1. 220	0. 019	1. 183	1. 257
	男	1. 331	0. 016	1. 299	1. 363
25—29 岁（85 后）	女	1. 690	0. 020	1. 651	1. 729
	男	1. 577	0. 015	1. 546	1. 607
30—34 岁（80 后）	女	1. 976	0. 025	1. 926	2. 025
	男	1. 898	0. 020	1. 859	1. 938
35—39 岁	女	1. 984	0. 035	1. 915	2. 054
	男	1. 979	0. 029	1. 923	2. 035
40—49 岁	女	2. 000	0. 028	1. 946	2. 054
	男	2. 000	0. 023	1. 954	2. 046
50—59 岁	女	2. 029	0. 048	1. 935	2. 124
	男	1. 973	0. 046	1. 882	2. 064
60 岁及以上	女	2. 111	0. 094	1. 928	2. 295
	男	2. 000	0. 094	1. 816	2. 184

说明：性别的自由度 $df_M=1$；年龄与性别×年龄的自由度 $df_M=7$，其余的自由度 $df_R=3824$。

（5）老家所在省份分布情况

国家统计局发布的《2015 年农民工监测调查报告》中对农民工输出地的考察主要是按区域来划分，比较笼统。2015 年结果显示，中部地区农民工增长速度分别比东部、西部地区高 0. 8 和 0. 4 个百分点。本书为了更好地了解长三角农民工的来源地，按照中国行政区域划分与省份划分标准，对长三角农民工老家所在地进行了细分考察，如表 2-8、图 2-7 所示，其中除了长三角地区的上海、江苏、浙江与安徽等本地域的农民工外，其他地方的长三角排名居前的主要有，贵州（10. 2%）、江西（8. 6%）、四川（8. 1%）、河南（5. 9%）、湖南（5. 1%）、湖北（4. 0%）、山东（3. 8%）等经济相对比较欠发达的地区或者人口大省。

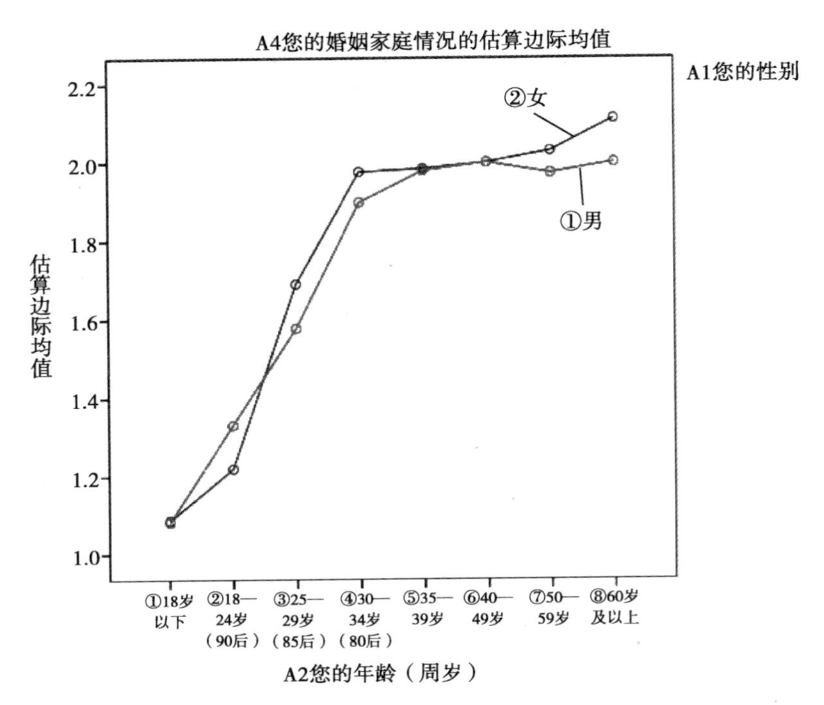

图 2-6 长三角农民工性别与年龄对其婚恋的 ANOVO 分析

表 2-8 长三角农民工老家所在省份分布

所在地区	省份	频率	百分比（%）	有效百分比（%）
华北地区	北京	4	0.1	0.1
	天津	10	0.3	0.3
	河北	60	1.6	1.6
	山西	50	1.3	1.3
	内蒙古	6	0.2	0.2
东北地区	辽宁	14	0.4	0.4
	吉林	16	0.4	0.4
	黑龙江	26	0.7	0.7

续表

所在地区	省份	频率	百分比（%）	有效百分比（%）
华东地区	上海	8	0.2	0.2
	江苏	440	11.5	11.5
	浙江	436	11.4	11.4
	安徽	406	10.6	10.6
	福建	82	2.1	2.1
	江西	332	8.6	8.6
	山东	146	3.8	3.8
中南地区	河南	228	5.9	5.9
	湖北	154	4.0	4.0
	湖南	194	5.1	5.1
	广东	54	1.4	1.4
	广西	72	1.9	1.9
	海南	8	0.2	0.2
西南地区	重庆	84	2.2	2.2
	四川	310	8.1	8.1
	贵州	390	10.2	10.2
	云南	192	5.0	5.0
	西藏	0	0	0
西北地区	陕西	44	1.1	1.1
	甘肃	40	1.0	1.0
	青海	16	0.4	0.4
	宁夏	8	0.2	0.2
	新疆	6	0.2	0.2
其他	澳门	4	0.1	0.1
合计		3840	100.0	100.0

（6）个性特征分布情况

此外，为了了解长三角农民工的个性特征与心理状况，本书还进行了专项考察。如表2-9、表2-10、图2-8所示。

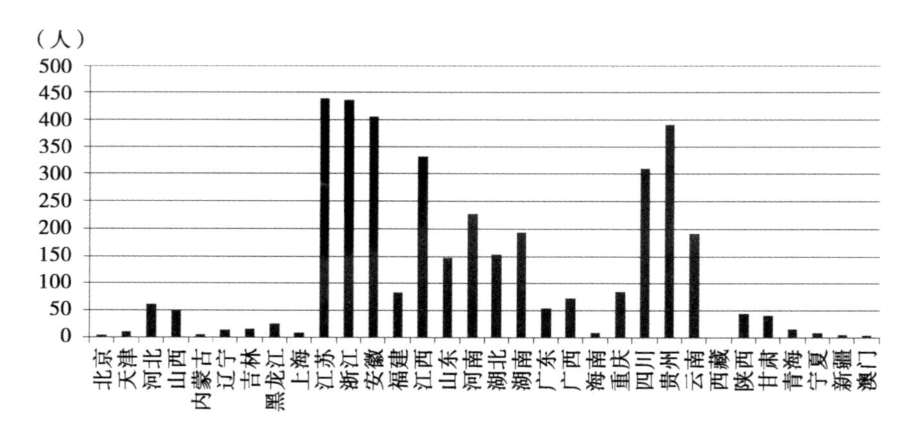

图 2-7　长三角农民工老家所在省份分布

表 2-9　　长三角农民工个性特征分布

个性特征	均值	标准误	中值	众数	标准差	方差	全距	极小值	极大值	百分位	样本数
节俭朴素	0. 50	0. 008	0. 00	0	0. 500	0. 250	1	0	1	1. 00	3840
争强好胜	0. 17	0. 006	0. 00	0	0. 372	0. 139	1	0	1	1. 00	3840
乐于冒险	0. 15	0. 006	0. 00	0	0. 360	0. 129	1	0	1	1. 00	3840
呆板固执	0. 04	0. 003	0. 00	0	0. 187	0. 035	1	0	1	1. 00	3840
乐观热情	0. 42	0. 008	0. 00	0	0. 494	0. 244	1	0	1	1. 00	3840
个人中心	0. 07	0. 004	0. 00	0	0. 255	0. 065	1	0	1	1. 00	3840
独立自主	0. 34	0. 008	0. 00	0	0. 475	0. 225	1	0	1	1. 00	3840
感情用事	0. 11	0. 005	0. 00	0	0. 307	0. 094	1	0	1	1. 00	3840
严谨沉稳	0. 18	0. 006	0. 00	0	0. 386	0. 149	1	0	1	1. 00	3840
自卑压抑	0. 05	0. 004	0. 00	0	0. 222	0. 049	1	0	1	1. 00	3840
求实务实	0. 37	0. 008	0. 00	0	0. 482	0. 233	1	0	1	1. 00	3840
不拘小节	0. 18	0. 006	0. 00	0	0. 387	0. 149	1	0	1	1. 00	3840

表 2-10　　长三角农民工个性特征比例分布情况

个性特征	频率	百分比（%）	有效百分比（%）
节俭朴素	1912	49. 8	49. 8
争强好胜	638	16. 6	16. 6
乐于冒险	586	15. 3	15. 3
呆板固执	140	3. 6	3. 6

续表

个性特征	频率	百分比（%）	有效百分比（%）
乐观热情	1628	42.4	42.4
个人中心	268	7.0	7.0
独立自主	1316	34.3	34.3
感情用事	404	10.5	10.5
严谨沉稳	698	18.2	18.2
自卑压抑	200	5.2	5.2
求实务实	1414	36.8	36.8
不拘小节	702	18.3	18.3

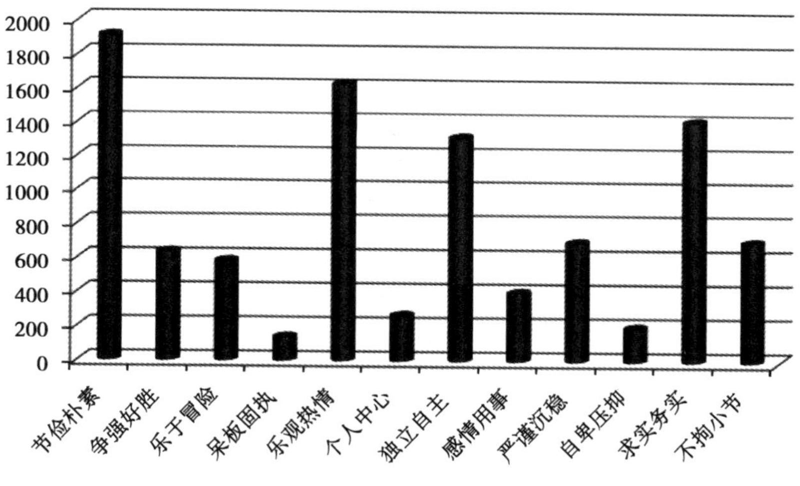

图 2-8　长三角农民工个性特征比例分布

由表 2-10 可知，长三角农民工的个性特征主要分为三个层级，第一层级，占比比重比较突出的个性，主要包括节俭朴素（49.8%）、乐观热情（42.4%）、求实务实（36.8%）、独立自主（34.3%）；第二层级，比例居中的个性特征，主要包括不拘小节（18.3%）、严谨沉稳（18.2%）、争强好胜（16.6%）、乐于冒险（15.3%）、感情用事（10.5%）；第三层次，个性特征占比比较弱的，主要有个人中心（7.0%）、自卑压抑（5.2%）、呆板固执（3.6%），可见，长三角农民工个性特征主体上比较务实、积极向上。

2. 长三角农民工打工状况情况

为了研究的科学性与严谨性，本书参照 2014 年中国统计局发布的《农民工监测调查报告》相关指标与变量的设计，其中长三角农民工社会学背景变量主要包括：户口、打工方式、工作、收入、工作情况、居住情况等。各变量的主要分布情况如表 2-11 所示。

表 2-11 长三角农民工社会经济学变量分布情况

指标	均值	均值的标准误	中值	众数	标准差	方差	全距	极小值	极大值	百分位数	样本数
打工方式	1.60	0.010	2.00	1	0.615	0.379	2	1	3	3.00	3754
户口类型	3.54	0.016	4.00	4	0.978	0.956	4	1	5	5.00	3772
来打工地时长	3.27	0.021	3.00	3	1.296	1.680	4	1	5	5.00	3710
第一份工作	5.78	0.049	6.00	6	3.038	9.230	12	1	13	13.00	3776
现在工作	5.83	0.050	6.00	6	3.064	9.387	12	1	13	13.00	3718
月收入	4.22	0.019	4.00	4	1.175	1.382	6	1	7	7.00	3798
工作时间	2.02	0.013	2.00	2	0.792	0.628	3	1	4	4.00	3754
工作获得渠道	3.80	0.034	4.00	5	2.062	4.252	6	1	7	7.00	3692
居住条件	3.66	0.032	3.00	2	1.991	3.963	8	1	9	9.00	3800

（1）户籍类型分布情况

如表 2-12、图 2-9 所示，其中相对于城市居民证来讲，长三角农民工户口为暂住证的比例为 57.2%，超过半数以上。而当地户口中，本市农业相对于本市非农业的户口类型而言，也要高出 3.6 个百分点，可见，当前长三角农民工中，依然以外来农民工为主。

表 2-12 长三角农民工户籍类型分布情况

户籍类型	频率	百分比（%）	有效百分比（%）	累计百分比（%）
暂住证	2198	57.2	57.2	57.2
居民证	748	19.5	19.5	76.7
本市农业	358	9.3	9.3	86.0
本市非农业	220	5.7	5.7	91.8
其他	316	8.2	8.2	100.0
合计	3840	100.0	100.0	

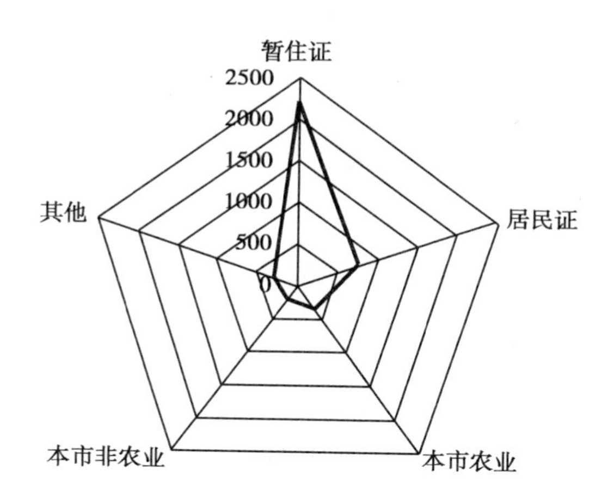

图 2-9　长三角农民工户口类型分布情况

（2）来打工地时长分布情况

长三角农民工到打工地时长，如表 2-13、图 2-10 所示，其中 3—4 年的为最多，占 30.6%，而“5—6 年”有明显的回落。

表 2-13　长三角农民工来打工地时长分布情况

来打工地时长	频率	百分比（%）	有效百分比（%）	累计百分比（%）
1 年以内	322	8.4	8.4	8.4
1—2 年	818	21.3	21.3	29.7
3—4 年	1176	30.6	30.6	60.3
5—6 年	556	14.5	14.5	74.8
6 年以上	968	25.2	25.2	100.0
合计	3840	100.0	100.0	

（3）外出打工方式

如表 2-14 所示，目前长三角农民工“自己一个人”或“与家人一起”外出打工的数量基本相同。可见，长三角农民工已经由一个人外出打工挣钱，家人在老家生活的方式向全家一起到城市打拼生活的方式转变。

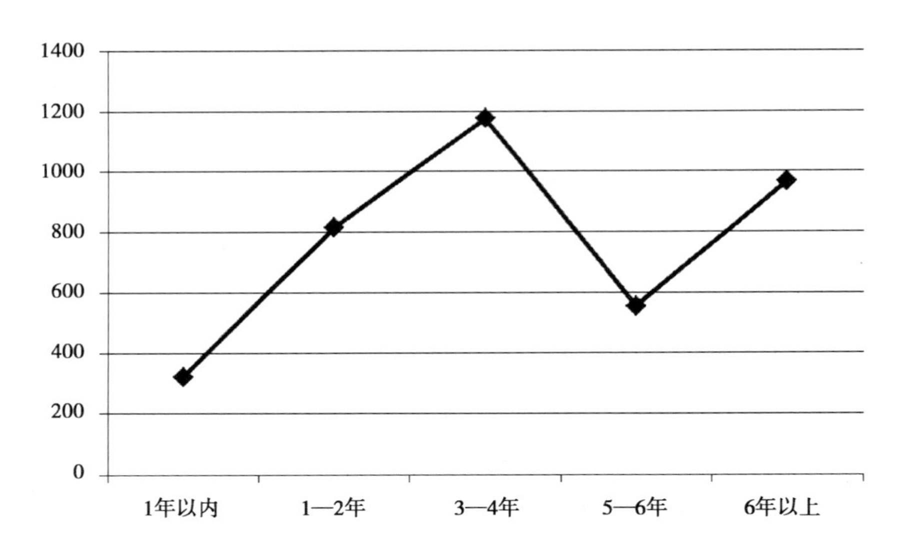

图 2-10　长三角农民工来打工地时长分布情况

表 2-14　　长三角农民工外出打工方式

外出打工方式	频率	百分比（%）	有效百分比（%）	累计百分比（%）
自己一个人	1788	46.6	46.6	46.6
举家外出（全家或部分成员）	1792	46.7	46.7	93.2
其他	260	6.8	6.8	100.0
合计	3840	100.0	100.0	

为了考察长三角农民工对所在城市的嵌入程度，进一步将外出打工方式、打工时长与所在城市进行 ANOVO 分析，结果如表 2-15 所示，其中打工时长与打工方式，$F(4, 3766) = 42.956$，$p = 0.000$，$\omega^2 = 0.29$。说明长三角农民工的打工时长与其打工方式显著；而打工所在城市与打工方式为 $F(14, 3766) = 8.728$，$p = 0.000$，$\omega^2 = 0.17$，说明长三角农民工的打工所在城市对其打工方式显著。而所在城市与打工时长共同作用下，$F(55, 3766) = 3.738$，$p = 0.000$，$\omega^2 = 0.26$，说明打工所在地与打工时长共同作用下长三角农民工打工方式呈显著性。具体分布情况（如图 2-11 所示），其中相对于“自己一个人”外出打工，苏州与上海基本上随着打工时长的增加其“与家人一起”外出打工的比例也一起增长。杭州、金华在“3—4 年”（分别为 $M = 1.464$，$SD = 0.076$；$M = 1.66$，$SD = 0.059$）

以前基本变化不大，在此之后才出现明显正增长，但杭州在 5—6 年(M=1.857，SD=0.088）又有所下降。对于宁波、温州市在“1—2 年”（分别为 M=1.391，SD=0.059；M=1.533，SD=0.104）以前呈下降趋势，到“3—4 年”(分别为 M=1.403，SD=0.048；M=1.6，SD=0.074）才随着打工时长的增加其“与家人一起”外出打工快速增长。台州、衢州主要是在“1—2 年”（分别为 M=1.308，SD=0.079；M=1.205，SD=0.065）以前与“5—6 年”（分别为 M=1.474，SD=0.093；M=2.091，SD=0.122）以上呈下降趋势，而其他时间段基本上呈正比关系，特别是衢州增长的速率比较明显。对于嘉兴、湖州市在“5—6 年”以前基本呈正比，其中嘉兴是“3—4 年”（M=1.409，SD=0.086）到“5—6 年”(M=2，SD=0.18）阶段，湖州在“1—2 年”（M=1.375，SD=0.101）到“3—4 年”“与家人一起”(M=1.848，SD=0.07）外出打工的方式增长速率很大，但在“5—6 年”(M=1.889，SD=0.095）达到顶峰。无锡市在“1—2 年”（M=1.8，SD=0.18）以前快速增长，但此后呈下降趋势直到“5—6 年”(M=1.525，SD=0.064）以上才又出现上升趋势。南通、常州，在除了“1—2 年”(分别为 M=1.5，SD=0.086；M=1.909，SD=0.07）到“3—4 年”(分别为M=1.212，SD=0.056；M=1.828，SD=0.075）阶段呈下降趋势外，其他时间段都呈上升趋势，其中南通在“3—4 年”以后的增长速率要比常州快。而对于镇江市，除了“3—4 年”(M=1.75，SD=0.09）到“5—6 年”(M=1.6，SD=0.128）呈下降趋势外，其他基本上呈快速上升趋势。可见，从打工时长与打工方式来看，长三角农民工对苏州与上海打工地的认同度与忠诚度最高。

表 2-15　长三角农民工打工地、打工时长与打工方式的 ANOVO 分析

	1 年以内		1—2 年		3—4 年		5—6 年		6 年以上	
杭州	1.476	0.088	1.44	0.081	1.464	0.076	1.857	0.088	1.783	0.084
宁波	1.545	0.086	1.391	0.059	1.403	0.048	1.854	0.063	1.902	0.045
绍兴	1.25	0.202	1.211	0.093	1.447	0.065	1.687	0.101	1.778	0.06
温州	1.667	0.165	1.533	0.104	1.6	0.074	1.857	0.152	1.941	0.069
台州	1.615	0.112	1.308	0.079	1.379	0.053	1.474	0.093	1.448	0.075
嘉兴	1.2	0.104	1.3	0.074	1.409	0.086	2	0.18	1.6	0.104
金华	1.687	0.101	1.727	0.061	1.66	0.059	1.92	0.081	2	0.112

续表

	1年以内		1—2年		3—4年		5—6年		6年以上	
湖州	1.25	0.116	1.375	0.101	1.848	0.07	1.889	0.095	1.673	0.058
衢州	1.333	0.165	1.205	0.065	1.755	0.055	2.091	0.122	2	0.152
苏州	1.308	0.112	1.241	0.053	1.412	0.069	1.5	0.095	1.912	0.053
无锡	1	0.285	1.8	0.18	1.522	0.084	1.525	0.064	1.694	0.058
南通	1.182	0.122	1.5	0.086	1.212	0.056	1.5	0.09	1.765	0.098
常州	1.615	0.112	1.909	0.07	1.828	0.075	1.842	0.093	1.885	0.079
镇江	0	0	1.625	0.143	1.75	0.09	1.6	0.128	1.667	0.116
上海	1.286	0.152	1.348	0.084	1.735	0.058	1.75	0.143	1.923	0.079

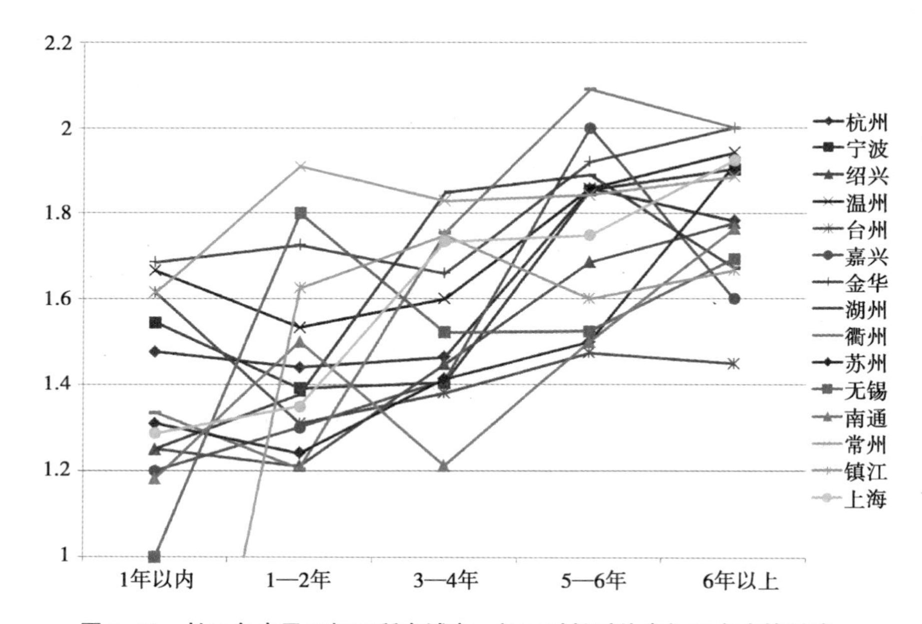

图 2-11　长三角农民工打工所在城市、打工时长对外出打工方式的影响

（4）居住条件分布情况

根据长三角农民工生活情况本书考察了他们的居住条件，如表 2-16、图 2-12 所示，其中所占比例比较明显的主要有，“独立租赁房”（27.4%）、“单位宿舍”（21.1%）、“廉租房”（17.9%）、“与他人合租住房”（13.6%）。

表 2-16　　长三角农民工居住情况

居住条件	频率	百分比（%）	有效百分比（%）	累计百分比（%）
工地工棚	110	2.9	2.9	2.9
暂寄宿在亲朋处	114	3.0	3.0	5.8
乡外从业回家住	42	1.1	1.1	6.9
单位宿舍	810	21.1	21.1	28.0
与他人合租住房	522	13.6	13.6	41.6
廉租房	688	17.9	17.9	59.5
独立租赁房	1054	27.4	27.4	87.0
务工地自购房	332	8.6	8.6	95.6
其他	168	4.4	4.4	100.0
合计	3840	100.0	100.0	

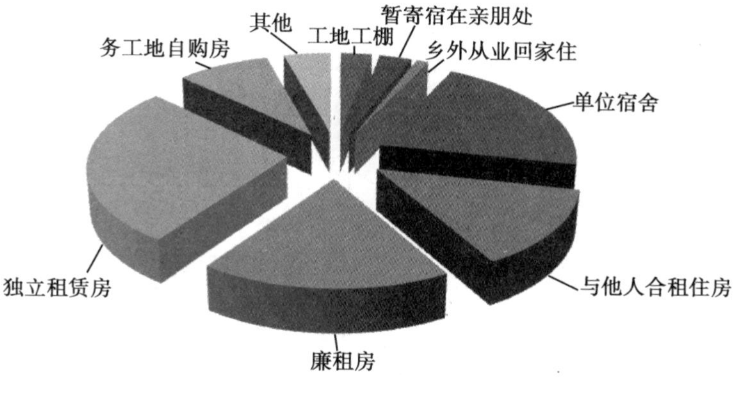

图 2-12　长三角农民工居住条件分布情况

3. 长三角农民工打工工作情况

（1）工作职业分布情况

根据陆学艺的《当代中国社会阶层研究报告》的职业划分标准与国家统计局发布的《农民工监测调查报告》中农民工从事行业划分标准，从长三角经济实际与农民工工作实际出发，经过调研与试测，对长三角农民工选取以下职业工作分类，并对长三角农民工到城市中第一份工作与目前工作状况进行了考察，其中目前工作如表 2-17、图 2-13 所示。可见，当前长三角农民工的主要职业集中在“制造生产型企业工人”（25.6%）、

“企业一般职员”（20.5%）、“建筑业工人”（10%）。

表 2-17　　　　长三角农民工目前工作分布情况

	频率	百分比（%）	有效百分比（%）	累计百分比（%）
无业/下岗/失业	64	1.7	1.7	1.7
居民服务和其他服务业	140	3.6	3.6	5.3
住宿餐饮业	224	5.8	5.8	11.1
批发零售业	132	3.4	3.4	14.6
交通运输、仓储和邮政业	122	3.2	3.2	17.8
建筑业工人	384	10.0	10.0	27.8
制造生产型企业工人	984	25.6	25.6	53.4
商业服务人员	202	5.3	5.3	58.6
专业技术人员	238	6.2	6.2	64.8
企业一般职员	786	20.5	20.5	85.3
个体户/自由职业者	260	6.8	6.8	92.1
企业管理人员	148	3.9	3.9	95.9
其他	156	4.1	4.1	100.0
合计	3840	100.0	100.0	

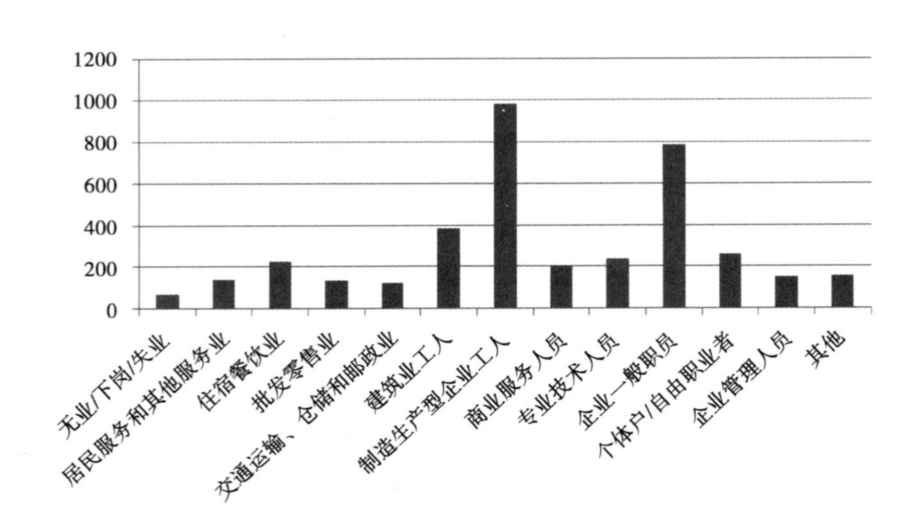

图 2-13　长三角农民工目前工作分布情况

为了考察长三角农民工工作变迁的能力，本书还考察了长三角农民工到城市中的第一份工作。如表 2-18 所示，从横向上看，可以看长三角农

表 2-18　长三角农民工第一份工作与目前工作交叉分布情况

第一份工作		目前的工作													
		无业/下岗/失业	居民服务和其他服务业	住宿餐饮业	批发零售业	交通运输、仓储和邮政业	建筑业工人	制造生产型企业工人	商业服务人员	专业技术人员	企业一般职员	个体户/自由职业者	企业管理人员	其他	合计
无业/下岗/失业	计数(横向%)	2(2.3%)	2(2.3%)	4(4.5%)	2(2.3%)	2(2.3%)	0	8(9.1%)	0	6(6.8%)	6(6.8%)	14(15.9%)	42(47.7%)	0	88(100%)
	纵向%	3.1%	1.4%	1.8%	1.5%	1.6%	0	0.8%	0	2.5%	0.8%	5.4%	28.4%	0	2.3%
居民服务和其他服务业	计数(横向%)	4(1.1%)	14(3.8%)	22(6%)	16(4.4%)	4(1.1%)	16(4.4%)	36(9.9%)	28(7.7%)	28(7.7%)	68(18.7%)	110(30.2%)	8(2.2%)	10(2.7%)	364(100%)
	纵向%	6.3%	10.%	9.8%	12.1%	3.3%	4.2%	3.7%	13.9%	11.8%	8.7%	42.3%	5.4%	6.4%	9.5100%
住宿餐饮业	计数(横向%)	10(1.2%)	16(1.9%)	6(0.7%)	6(0.7%)	10(1.2%)	12(1.5%)	90(10.9%)	26(3.2%)	50(6.1%)	502(61.1%)	38(4.6%)	46(5.6%)	10(1.2%)	822()
	纵向%	15.6%	11.4%	2.7%	4.5%	8.2%	3.1%	9.1%	12.9%	21.%	63.9%	14.6%	31.1%	6.4%	21.4%
批发零售业	计数(横向%)	0	4(2%)	4(2%)	4(2%)	8(4%)	10(5.1%)	20(10.1%)	16(8.1%)	104(52.5%)	6(3%)	6(3%)	12(6.1%)	4(2%)	198(100%)
	纵向%	0	2.9%	1.8%	3%	6.6%	2.6%	2.%	7.9%	43.7%	0.8%	2.3%	8.1%	2.6%	5.2%
交通运输、仓储和邮政业	计数(横向%)	2(1%)	0	6(3%)	14(7%)	4(2%)	4(2%)	22(11%)	74(37%)	6(3%)	40(20%)	14(7%)	4(2%)	10(5%)	200(100%)
	纵向%	3.1%	0	2.7%	10.6%	3.3%	1%	2.2%	36.6%	2.5%	5.1%	5.4%	2.7%	6.4%	5.2%
建筑业工人	计数(横向%)	10(1.1%)	10(1.1%)	10(1.1%)	6(0.7%)	6(0.7%)	20(2.2%)	652(73.1%)	34(3.8%)	30(3.4%)	60(6.7%)	24(2.7%)	22(2.5%)	8(0.9%)	892(100%)
	纵向%	15.60%	7.10%	4.50%	4.50%	4.90%	5.20%	66.30%	16.80%	12.60%	7.60%	9.20%	14.90%	5.10%	23.20%
制造生产型企业工人	计数(横向%)	10(2.3%)	4(0.9%)	20(4.5%)	8(1.8%)	14(3.2%)	284(64.3%)	46(10.4%)	0	8(1.8%)	26(5.9%)	14(3.2%)	2(0.5%)	6(1.4%)	442(100%)
	纵向%	15.60%	2.90%	8.90%	6.10%	11.50%	74.00%	4.70%	0.00	3.40%	3.30%	5.40%	1.40%	3.80%	11.50%
商业服务人员	计数(横向%)	0	2(1.7%)	4(3.3%)	4(3.3%)	66(55%)	2(1.7%)	24(20%)	6(5%)	0	8(6.7%)	2(1.7%)	2(1.7%)	0	120()
	纵向%	0.00	1.40%	1.80%	3.00%	54.10%	0.50%	2.40%	3.00%	0.00	1.00%	0.80%	1.40%	0.00	3.10%

续表

第一份工作		目前的工作													
		无业/下岗/失业	居民服务和其他服务业	住宿餐饮业	批发零售业	交通运输、仓储和邮政业	建筑业工人	制造生产型企业工人	商业服务人员	专业技术人员	企业一般职员	个体户/自由职业者	企业管理人员	其他	合计
专业技术人员	计数(横向%)	2(2%)	2(2%)	8(8%)	62(62%)	2(2%)	0	8(8%)	2(2%)	0	6(6%)	8(8%)	0	0	100(100%)
	纵向%	3.10%	1.40%	3.60%	47.00%	1.60%	0.00	0.80%	1.00%	0.00	0.80%	3.10%	0.00	0.00	2.60%
企业一般职员	计数(横向%)	12(4.1%)	12(4.1%)	120(40.5%)	8(2.7%)	2(0.7%)	10(3.4%)	48(16.2%)	14(4.7%)	2(0.7%)	38(12.8%)	14(4.7%)	6(2%)	10(3.4%)	296(100%)
	纵向%	18.80%	8.60%	53.60%	6.10%	1.60%	2.60%	4.90%	6.90%	0.80%	4.80%	5.40%	4.10%	6.40%	7.70%
个体户/自由职业者	计数(横向%)	0	70(62.5%)	10(8.9%)	0	0	4(3.6%)	18(16.1%)	0	2(1.8%)	2(1.8%)	2(1.8%)	2(1.8%)	2(1.8%)	112(100%)
	纵向%	0.00	50.00%	4.50%	0.00	0.00	1.00%	1.80%	0.00	0.80%	0.30%	0.80%	1.40%	1.30%	2.90%
企业管理人员	计数(横向%)	6(9.7%)	2(3.2%)	4(6.5%)	2(3.2%)	4(6.5%)	14(22.6%)	4(6.5%)	2(3.2%)	0	12(19.4%)	8(12.9%)	0	4(6.5%)	62(100%)
	纵向%	9.40%	1.40%	1.80%	1.50%	3.30%	3.60%	0.40%	1.00%	0.00	1.50%	3.10%	0.00	2.60%	1.60%
其他	计数(横向%)	6(4.2%)	2(1.4%)	6(4.2%)	0	0	8(5.6%)	8(5.6%)	0	2(1.4%)	12(8.3%)	6(4.2%)	2(1.4%)	92(63.9%)	144(100%)
	纵向%	9.40%	1.40%	2.70%	0.00	0.00	2.10%	0.80%	0.00	0.80%	1.50%	2.30%	1.40%	59.00%	3.80%
合计	计数(横向%)	64(1.7%)	140(3.6%)	224(5.8%)	132(3.4%)	122(3.2%)	384(10%)	984(25.6%)	202(5.3%)	238(6.2%)	786(20.5%)	260(6.8%)	148(3.9%)	156(4.1%)	3840(100%)
	纵向%	100.00%	100.00%	100.00%	100.00%	100.00%	100.00%	100.00%	100.00%	100.00%	100.00%	100.00%	100.00%	100.00%	100.00%

民工工作职业的变迁与流动情况。从纵向看，可以看长三角农民工目前职业对比第一份职业所占的比重，从表中可知，除了“企业管理人员”与“其他”外，相对第一份工作，长三角农民工的目前工作职业沿着斜角线分布，呈现出低职业工种向高职业工种向上穿越空间比较大，但悖论的是，高职业工种向低职业工种向下沉降的现象也很明显，这说明长三角农民工的职业工作很不稳定，变动频率与幅度都很大。

（2）工资待遇情况

长三角农民工工资待遇分类标准参照了《全国农民工监测调查报告》，同时，也参照了近年来长三角主要城市的收入情况，如表2-19所示。

表2-19　长三角各省市2014年平均工资水平与最低工资标准一览

省（直辖市）	市	平均工资水平	最低工资标准	小时	发布时间
上海	上海	5380	1820	17.00	2015.4.1
江苏	南京	4447	1630	14.5	2014.11.1
	苏州	4409	1630	14.5	
	徐州	4260	1460	12.5	
	南通	4381	1460	12.5	
	常州	4195	1460	12.5	
	无锡	4467	1460	12.5	
	淮安	4065	1460	12.5	
浙江	杭州	4831	1650	13.5	2014.8.1
	宁波	4486	1650	13.5	
	温州	4375	1650	13.5	
	金华	4552	1470	12	
	嘉兴	4810	1220	9.8	
安徽	合肥	4122	1260	13	2013.7.1
	芜湖	4689	1040	11	
	蚌埠	4931	1040	11	

说明：（1）2014年平均工资水平引自 http://news.cz001.com.cn/2014-12/17/content_3075916.htm，最低工资标准引自 http://news.e23.cn/content/2014-10-27/2014A2700781.html 等。（2）江苏省2014年月最低工资标准细分为，一类地区1630元、二类地区1460元、三类地区1270元，非全日制用工小时最低工资标准，一类地区14.5元、二类地区12.5元、三类地区11元，其中一类地区主要为市区。（3）从2014年8月1日起，浙江省按市分为四档，最低月工资标准调整为1650元、1470元、1350元、1220元四档，非全日制工作的最低小时工资标准调整为13.5元、12元、10.9元、9.8元四档。（4）2014年安徽省月最低工资标准1260元、1040元、930元、860元四个档。非全日制小时最低工资标准为13元、11元、10元、9元。

长三角农民工目前月工资收入情况，如表2-20、图2-14所示，其中所占比例最大的为月收入“2001—3000元”，占36.9%，其次为“3001—5000元”与“1501—2000元”，分别为29.9%与15.2%。都高于当地最低工资标准，但总体工资水平不高。

表2-20　　　　长三角农民工月工资收入情况

	频率	百分比（%）	有效百分比（%）	累计百分比（%）
1000元以下	80	2.1	2.1	2.1
1001—1500元	198	5.2	5.2	7.2
1501—2000元	584	15.2	15.2	22.4
2001—3000元	1418	36.9	36.9	59.4
3001—5000元	1150	29.9	29.9	89.3
5001—8000元	298	7.8	7.8	97.1
8000元以上	112	2.9	2.9	100.0
合计	3840	100.0	100.0	

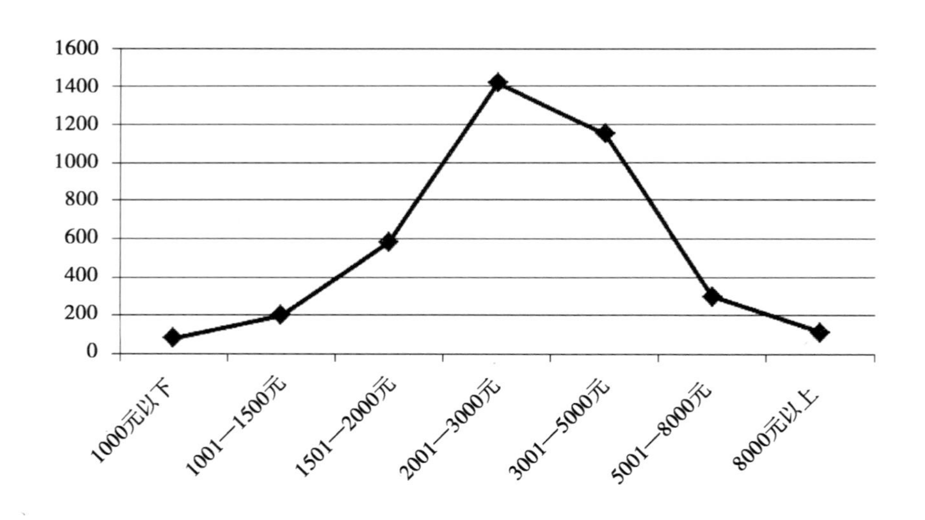

图2-14　长三角农民工现在月工资收入情况

（3）工作时间

长三角农民工目前平均日工作时间所在比例由高到低的是9—10小时（48.7%）、8小时及以下（25.6%）、11—12小时（19.4%）、12小时以上（4.1%），其中日工作时间超过8小时以上的占72.2%，可见，长三角农民工超时工作占大多数。如表 2-21、图 2-15 所示。

表 2-21　　长三角农民工现在平均每天工作时间情况

	频率	百分比（%）	有效百分比（%）	累计百分比（%）
8 小时及以下	982	25.6	26.2	26.2
9—10 小时	1870	48.7	49.8	76.0
11—12 小时	744	19.4	19.8	95.8
12 小时以上	158	4.1	4.2	100.0
合计	3754	97.8	100.0	

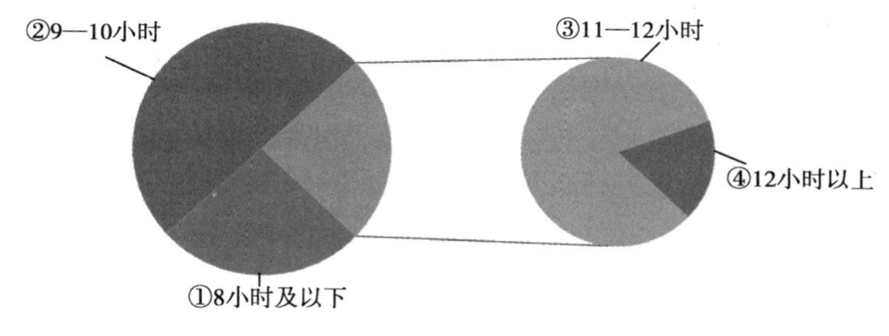

图 2-15　长三角农民工现在平均每天工作时间情况

此外，还考察了长三角农民工工作获得渠道，如表 2-22、图 2-16 所示，其中所占比例由高到低依次为自己通过招聘市场获得（25.2%）、城里老乡介绍（21.9%）、老家亲戚介绍（15.5%）、其他（14.7%）、城里亲戚介绍（8.0%）、城里朋友介绍（5.8%）、中介介绍（5.1%）。其中，通过各种人际资源获得工作的共计 51.2%，可见，当前长三角农民工工作主要靠人际资源为主。而在人际资源中，城里老乡的作用高于老家亲戚与老乡的作用，说明长三角农民工老家社会资源正向城市延伸，同时，部分长三角农民工已经在城市中形成自己的亲戚与朋友圈，这显示长三角农民工正积极在城市中培育新的社会资源。

表 2-22　　长三角农民工工作获得渠道情况

找工作渠道	频率	百分比（%）	有效百分比（%）	累计百分比（%）
老家亲戚介绍	594	15.5	16.1	16.1

续表

找工作渠道	频率	百分比（%）	有效百分比（%）	累计百分比（%）
城里老乡介绍	840	21.9	22.8	38.8
城里亲戚介绍	308	8.0	8.3	47.2
城里朋友介绍	224	5.8	6.1	53.3
自己通过招聘市场获得	968	25.2	26.2	79.5
中介介绍	194	5.1	5.3	84.7
其他	564	14.7	15.3	100.0
合计	3692	96.1	100.0	

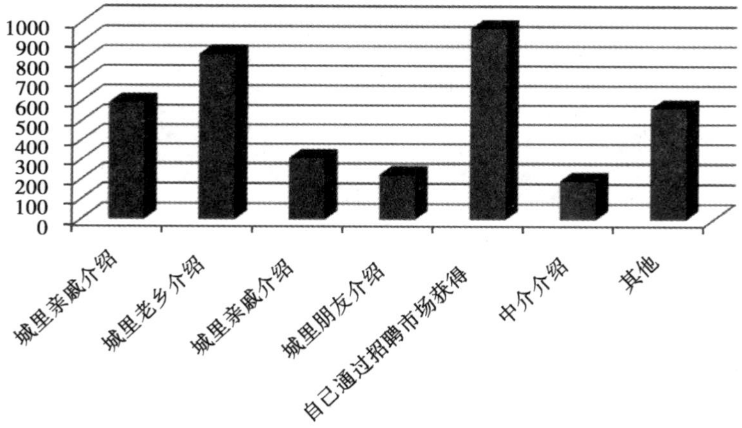

图 2-16　长三角农民工工作获得渠道情况

五　结论与讨论

1. 长三角农民整体人口学与社会学背景情况

长三角农民工总体上以“80 后”及以下新生代农民工为主，同时，长三角农民工中女性进入职场的年龄要比男性年轻，并且老年女性在外打工的比例更高。在受教育程度上，长三角农民工整体的受教育水平并不高。除了在大专、小学与不识字或识字很少外，其他教育程度男性比例比女性高。其中初中文化长三角农民工的男女性别比例都最多，在婚恋方面，年龄对长三角农民工的性别、婚恋显著，其中，在 18—24 岁（90

后）左右男性结婚的要多于女性，而其他年龄段，基本上都是女性结婚的要比男性多。此外，长三角农民工来源地多元，基本涵盖了中国大陆各省份，但主要来源地为中西经济相对比较欠发达的地区或者人口大省，同时，长三角农民工整体个性特征总体上比较节俭务实和乐观独立。

2. 长三角农民工打工状况情况

就户籍类型来看，当前长三角农民工中，依然以外来农民工为主。长三角农民工到打工地时长一般以“3—4年”为主。而在打工方式中，长三角农民工已经由一个人外出打工挣钱家人在老家生活的方式，向全家一起到城市打拼生活的方式转变。居住条件中，长三角农民工居住方式比较多样。此外，结果还显示，长三角农民工打工所在城市与打工时长与其打工方式呈显著作用，说明长三角农民工对打工城市有深入嵌入的需求。

3. 长三角农民工工作情况

就职业情况来看，当前长三角农民工的主要职业集中在“制造生产型企业工人”（25.6%）、“企业一般职员”（20.5%）、“建筑业工人”（10%）等劳动密集产业与低技能的工种。同时，通过动态察看长三角农民工职业变迁情况，结果显示，长三角农民工的目前工作职业沿着斜角线分布，呈现出低职业工种向高职业工种转移和高职业工种向低职业工种沉降的双向流动比较明显的局面。就工资收入情况，当前长三角农民工的工资都高于当地最低工资标准，但总体工资水平不高。而工作时间方面，长三角农民工日工作时间超过8小时以上的占72.2%，可见，长三角农民工超时工作占大多数。就工作获得渠道而言，当前长三角农民工工作主要靠人际资源介绍为主。同时，长三角农民工老家社会资源正向城市延伸，部分长三角农民工已经在城市中形成自己的亲戚与朋友圈，在城市中找到更适合的工作和更好地融入当地城市。

第二节　长三角农民工工作表现

一　引言

近年来，农民工的工作表现及其工作满意度开始受到社会各界的关注，工作可以说是中国农民工在城市生存与发展的第一要素和最根本动因，但当前人们对于农民工生存状况的研究更多的是对其政策、经济与社会因素等外部条件的关注，而对农民工个体内在需求层面的人文关怀相对缺乏，致使我们对农民工群体在城市化过程中的工作特征、职业嵌入和心理状态等具体现实问题的效应及其相互关联缺乏细致的把握。一方面，农民工往往从事低附加值、知识技能含量低、劳动密集型的产业或工种，要经历薪酬待遇低、劳动强度大、工作环境差、权益保障缺乏等现实遭遇，[①] 使其难以对工作感到满意；另一方面，农民工尤其是新生代农民工，对工作的预期不断提高，催生当前中国农民工的“高离职潮”与“用工荒”的悖论，这不仅限制了农民工职业发展和资历积累，也增加了企业的用工成本以及社会不稳定性。那么，当前中国农民工的工作满意度状况如何？其主要构成要素是什么？农民工的现实生存状况与工作满意度之间的关系怎样？这些都是中国农民工城市化研究中不可回避的基本问题。因此，本书以长三角农民工的工作满意度为考察对象，探讨他们工作满意度的构成要素与影响因素。

二 文献综述

工作满意度主要是指员工工作满意度，就是员工对各种工作特征加以综合后所得到的体验，是对工作的整体个人评价和个体需求被满足的程度。[②] 当前国外对员工工作满意度测评体系比较多样，其中，洛克测评模型包括工作、报酬、提升、认可、福利、管理者、同事和组织外成员等维度；明尼苏达满意度量表分为短式量表和长式量表，前者包括内在满意度、外在满意度和一般满意度等。在国内，孙永正从工作本身、工作报酬、工作中的人际关系和企业福利等方面来调查研究农民工工作满意度，[③] 而张静认为新生代农民工工作满意度应包括工作保障、家庭生活、工作本身和社会支持四个因素。[④] 赵智晶等基于结构方程模型实证分析新生代农民工工作满意度的影响因素时发现，劳动时间安排、工作环境的解

① 李伟、田建安：《新生代农民工生活与工作状况探析——基于山西省6座城市的调查》，《中国青年研究》2011年第7期。

② 刘辉：《转型期农民工工作满意度问题对策研究》，《经济问题探索》2007年第9期。

③ 孙永正：《农民工工作满意度实证介析》，《中国农村经济》2006年第1期。

④ 张静：《新生代农民工工作满意度影响因子研究》，硕士学位论文，西南交通大学，2011年。

释力上升，报酬待遇的解释力下降，而社会保障的解释力最差。[①] 刘培森等研究则认为社会保险主因子对新生代农民工的工作满意度影响最大，工作环境与阻碍因素主因子影响次之，个人特征主因子影响最小，而养老保险对工作满意度具有负效应。[②] 而李超等运用横断历史元分析方法考察了农民工工作满意度的纵向变化趋势，研究发现，我国农民工的工作满意度整体水平在2003—2013年这11年间呈下降趋势，但与之相关的薪资满意度却没有明显变化。[③] 此外，还有学者从农民工的人口社会学背景，譬如年龄、学历、婚姻状况和工作年限等方面进行研究，其中，徐放研究发现新生代女性农民工的年龄、学历、婚姻状况和工作年限均对其工作压力和职业倦怠存在显著性差异。[④] 综上所述，目前对我国农民工工作满意度有了一定的研究，但对其打工情况、职场环境等方面的影响作用并没有得到很好的研究。因此，本书将对此展开研究。

三　研究设计

1. 因变量设计

对于长三角农民工的工作满意度，本书采取李克特五级量表从工作状况、职场人际关系、社会保障、生活条件等方面进行考察，其中工作状况主要包括：工资待遇、工作时间强度、工作岗位、工作环境、升迁机会、技能的提高等；职场人际关系主要包括：与老板或上级的关系、单位管理制度等；生活条件主要包括居住条件等；社会保障主要包括社会福利、政府政策支持等。分为“非常不重要”“比较不重要”“一般”“比较重要”“非常重要”，由低到高依次赋值1—5。

2. 自变量设计

根据文献综述研究，本书从四个维度来考察长三角农民工的工作状况

---

① 赵智晶、吴秀敏、陈科宇、杨易：《新生代农民工工作满意度实证分析——基于结构方程模型的研究》，《四川农业大学学报》2010年第2期。

② 刘培森、尹希果：《新生代农民工工作满意度影响因素分析》，《人口与社会》2016年第4期。

③ 李超、吴宇恒、覃飙：《中国农民工工作满意度变迁：2003—2013年》，《经济体制改革》2016年第1期。

④ 徐放：《新生代女性农民工工作压力与职业倦怠关系研究》，《职业技能教育》2016年第7期。

与工作满意度，并设计以下变量。一是人口学变量，主要包括性别、年龄、受教育程度、婚恋情况等；二是社会学变量，主要包括老家所在地、户口类型等；三是打工情况（质量），主要包括外出打工方式、来打工地时长、居住情况、找工作渠道等；四是工作状况，主要包括职业、月收入、工作时间等。

四 研究结果

1. 长三角农民工工作满意度情况分析

首先，对长三角农民工“工作满意度”李克特量表进行了效度与信度分析，量表整体效度检验，Cronbach's Alpha 为 0.908，均值为 34.72，F 检验 P<0.001，表明内在一致性较好。然后，对其又进行了因子分析，采取用特征值大于 1，最大方差法旋转提取公因子的方法，共提取特征值大于 1 的 4 个公因子（因子总的方差贡献率为 73.887%），详见表 2-23。根据各个基础变量在不同因子上的负荷的实际代表意义进行命名，并再次进行信度检验，长三角农民工工作满意度分为四个维度，第一维度为工作硬件条件因子，主要包括工资待遇、工作时间强度、工作岗位、工作环境；第二维度为工作发展空间（工作潜力）因子，主要包括居住条件的改善、升迁机会、工作技能的提高；第三维度为工作人文环境因子，主要包括与老板或上级等职场关系、单位管理制度；第四个维度为社会保障，主要包括社会福利、政府政策支持等。

表 2-23 长三角农民工工作满意度因子分析

	成分			
	硬件条件	发展空间	人文环境	社会保障
工资待遇	**0.752**	0.176	0.197	0.215
工作时间强度	**0.803**	0.146	0.204	0.192
工作岗位	**0.739**	0.285	0.272	0.126
工作环境	**0.578**	0.253	0.489	0.156
与老板或上级的关系	0.247	0.263	**0.813**	0.060
单位管理制度	0.341	0.142	**0.708**	0.333
居住条件	0.292	**0.514**	0.438	0.175
升迁机会	0.267	**0.733**	0.233	0.262

续表

	成分			
	硬件条件	发展空间	人文环境	社会保障
技能的提高	0.177	**0.811**	0.157	0.267
社会福利	0.269	0.315	0.166	**0.791**
政府政策支持	0.173	0.229	0.153	**0.870**

说明：（1）Kaiser-Meyer-Olkin 度量为 0.923，Bartlett 的球形度检验近似卡方为 20894.705，P=0.000；（2）主成分提取方法，Kaiser 标准化的正交旋转法，6 次迭代后收敛。

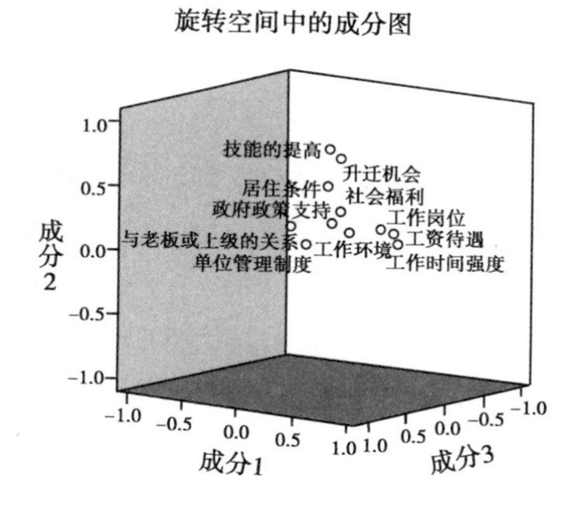

图 2-17　长三角农民工工作满意度因子分析

再次对提取的公因子进行信度与效度检验，并按均值的大小进行排序，如表 2-24 所示，从表中均值分析的结果表明，四个维度的工作满意度相互之间在重要性上存在着显著差异（P<0.05）。其中长三角农民工工作满意度因子由高到低的排序为人文环境（M=3.295，SD=3.254）、硬件条件（M=3.234，SD=3.160）、发展空间（M=3.100，SD=3.003）、社会保障（M=2.941，SD=2.896），其中工作硬件条件、人文环境与发展空间因子都超过“一般”的程度，而社会保障因子即将达到“一般”程度。

表 2-24　长三角农民工工作满意度因子排名分析

排名	因子	均值	极小值	极大值	方差	项数	样本数	Alpha	F	Sig
1	人文环境	3.295	3.254	3.336	0.003	2	3840	0.719	48.830	0.000

续表

排名	因子	均值	极小值	极大值	方差	项数	样本数	Alpha	F	Sig
2	硬件条件	3.234	3.160	3.269	0.003	4	3840	0.844	36.424	0.000
3	发展空间	3.100	3.003	3.178	0.008	3	3840	0.762	105.776	0.000
4	社会保障	2.941	2.896	2.986	0.004	2	3840	0.823	68.504	0.000

根据上述分析，进一步对长三角农民工的工作满意度做了回归分析，如表 2-25 所示。在长三角农民工工作满意度的硬件条件因子中，人口学变量中，婚恋情况（M = 1.66，SD = 0.499）呈显著性，说明已婚的长三角农民工对工作硬件条件的满意度更高些。在社会变量中，各指标都不显著。在打工情况中，来打工地时长（M = 3.27，SD = 1.277）、居住情况（M = 5.73，SD = 1.791）、工作获得渠道（M = 3.61，SD = 2.032）呈显著性，其中来打工地为负相关，说明来打工地时间较短、居住条件较好、工作时有一定的社会资源的长三角农民工，其对硬件条件的满意度较高。在工作变量中，月工资收入（M = 4.22，SD = 1.170）、工作日每天平均工作时间（M = 2.02，SD = 0.784）都呈强显著性，其中工作时间为负相关，说明工资较高、工作时间越少的长三角农民工对工作硬件条件越满意。

表 2-25 长三角农民工工作满意度线性回归分析

	硬件条件因子	发展空间因子	人文环境因子	社会保障因子	工作满意度
（常量）	-0.328** (0.116)	-0.573*** (0.122)	-0.427*** (0.122)	-0.112 (0.123)	-2.049*** (0.332)
性别（女=0）	0.040 (0.032)	0.055 (0.034)	-0.033 (0.034)	-0.064 (0.034)	0.008 (0.091)
年龄（周岁）（18 周岁以下=1）	-0.004 (0.012)	-0.023 (0.013)	-0.015 (0.013)	-0.009 (0.013)	-0.070* (0.035)
受教育程度（不识字或识字很少=1）	0.002 (0.011)	0.053*** (0.012)	0.050*** (0.012)	-0.009 (0.012)	0.133*** (0.032)
婚恋情况（未婚=1）	0.124*** (0.039)	0.073 (0.041)	-0.004 (0.041)	-0.060 (0.041)	0.214 (0.111)
老家所在省份（安徽=1）	0.001 (0.001)	-0.002 (0.002)	-0.002 (0.002)	0.001 (0.002)	-0.002 (0.004)
户口类型（暂住证=1）	0.010 (0.012)	0.035** (0.013)	0.003 (0.013)	0.005 (0.013)	0.075* (0.035)
外出打工方式（自己一个人=1）	-0.042 (0.027)	-0.031 (0.028)	0.106*** (0.028)	-0.021 (0.028)	0.008 (0.077)

续表

	硬件条件因子	发展空间因子	人文环境因子	社会保障因子	工作满意度
来打工地时长（1年以=1）	-0.076*** (0.014)	0.012 (0.015)	0.054*** (0.015)	0.037* (0.015)	0.017 (0.040)
居住情况（工地工棚=1）	0.024** (0.009)	0.025** (0.010)	-0.004· (0.009)	0.003 (0.010)	0.072** (0.026)
工作获得渠道（自己通过招聘市场获得=1）	0.025*** (0.008)	0.015 (0.008)	0.019* (0.008)	-0.031*** (0.008)	0.045* (0.022)
目前工作职业（失业半失业者阶层=1）	-0.008 (0.005)	-0.003 (0.006)	0.001 (0.006)	0.018*** (0.006)	0.009 (0.016)
平均月收入（1000元及以下=1）	0.193*** (0.014)	0.052*** (0.015)	0.052** * (0.014)	0.056*** (0.015)	0.525*** (0.039)
每天工作时间（8小时及以下=1）	-0.297*** (0.020)	-0.050* (0.021)	-0.130*** (0.020)	-0.041* (0.021)	-0.779*** (0.056)
R^2	0.120	0.022	0.034	0.016	0.115
F	39.965	6.561	10.263	4.826	38.306
样本数	3840	3840	3840	3840	3840

说明：（1）括号内是标准误；（2）*p≤0.5，**p≤0.01，***p≤0.001；（3）F检验中p<0.05。

在工作发展空间因子中，人口学变量中，受教育程度（M=3.52，SD=1.476）呈强显著性，说明受教育程度越高的长三角农民工对工作发展空间的满意度更高些。在社会变量中，户口类型（M=1.88，SD=1.274）呈显著性，说明偏城市户口的长三角农民工对工作满意度较高。在打工情况中，居住条件（M=5.73，SD=1.791）呈显著性，说明居住条件较好的长三角农民工对工作满意度较高。在工作变量中，月收入（M=4.22，SD=1.170）呈强显著性、工作日每天平均工作时间（M=2.02，SD=0.784）呈显著性，其中工作时间为负相关，说明月收入越高、工作时间越少的长三角农民工对工作发展空间越满意。

在工作人文环境因子（M=12.9741，SD=2.67469）中，人口学变量中，受教育程度（M=3.52，SD=1.476）呈显著性，说明受教育程度越高的长三角农民工对工作人文环境的满意度更高些。在社会变量中，各指标都不显著。在打工情况中，外出打工方式（M=1.60，SD=0.612）、来打工地时长（M=3.27，SD=1.277）呈强显著性，工作获得渠道（M=3.61，SD=2.032）呈显著性，说明举家外出、到打工地时间较长、找工作时有一定的社会资源的长三角农民工对工作人文环境更满意些。在工作变量中，月收入（M=4.22，SD=1.170）、工作日每天平均工作时间（M=2.02，SD=0.784）都呈强显著性，其中工作时间为负相关，说明工资收入越高、工作时间越少的长三角农民工对工作人文环境越满意。

在社会保障因子中，人口学与社会学背景变量中，各指标均不显著。在打工情况中，来打工地时长（M=3.27，SD=1.277）呈显著性、工作获得渠道（M=3.61，SD=2.032）呈强负显著，悖论地说明来打工地时间较长，但工作渠道比较狭窄的长三角农民工对社会保障更满意些。在工作变量中，工作职业（M=7.72，SD=2.850）、月收入（M=4.22，SD=1.170）呈强显著性、工作日每天平均工作时间（M=2.02，SD=0.784）呈负显著，说明职业等级较高、月收入越高、工作时间越少的长三角农民工对社会保障越满意。

将因子贡献率与因子量进行转换生成工作满意度指标，看长三角农民工整体的工作满意度。人口学变量中，年龄（M=3.59，SD=1.590）呈负显著，受教育程度（M=3.52，SD=1.476）呈强显著性，说明年龄较轻、受教育程度越高的长三角农民工对工作满意度更高些。在社会变量中，户口类型呈显著，说明偏城市户口的长三角农民工以工作满意度更高。在打工情况中，居住条件（M=5.73，SD=1.791）、工作获得渠道（M=3.61，SD=2.032）呈显著性，说明居住条件较好、找工作时有一定的社会资源的长三角农民工对工作满意度更高些。在工作变量中，月收入（M=4.22，SD=1.170）、工作日每天平均工作时间（M=2.02，SD=0.784）都呈强显著性，其中工作时间为负相关，说明工资收入越高、工作时间越少的长三角农民工对工作满意度更高些。

从横向上看，在人口学变量中，性别、年龄与各因子都不显著，但年龄与整体工作满意度显著；教育程度分别与工作发展空间因子、工作人文环境因子呈显著性；婚恋情况只与工作硬件条件呈显著性。在社会学变量中，老家所在地与各因子都不显著；户口类型与工作发展空间因子与整体工作满意度呈显著性。在打工情况中，外出打工方式只与工作人文环境呈显著性；来打工地时长与工作硬件条件因子、人文环境因子、社会保障因子呈显著性，其中工作硬件条件为负相关；居住情况与工作硬件条件、发展空间因子及整体工作满意度呈显著性；工作获得渠道与工作硬件因子、人文环境因子、社会保障因子及整体工作满意度呈显著性，其中社会保障因子为负相关。在工作情况中，工作职业只与社会保障因子呈显著性，而平均月收入、工作时间与各个因子及整体工作满意度都呈显著性，其中工作时间为负相关。为了具体考察各个因子与变量之间的情况，对不同因子显著相关的变量做了多变量一般线性模型 MANOVO 分析。

2. 长三角农民工人口学变量对工作满意度的影响

（1）年龄对工作满意度的影响

在年龄与整体工作满意度 MANOVO 分析时，多变量检验中 Pillai 跟踪结果显示强显著性，V＝0.06，F（77，26796）＝2.993，p＝0.000。在主体间效应的检验时，年龄与各题项的 ANOVA 分析中，呈显著性的有：工资待遇，F（7，3832）＝3.666，p＝0.001；工作岗位，F（7，3832）＝2.391，p＝0.019；与老板或上级的关系，F（7，3832）＝3.216，p＝0.002；居住条件，F（7，3832）＝2.723，p＝0.008；升迁机会，F（7，3832）＝6.080，p＝0.000；技能的提高，F（7，3832）＝3.495，p＝0.001；社会福利，F（7，3832）＝4.061，p＝0.000。年龄与显著题项的均值分布（如图 2-18 所示）。

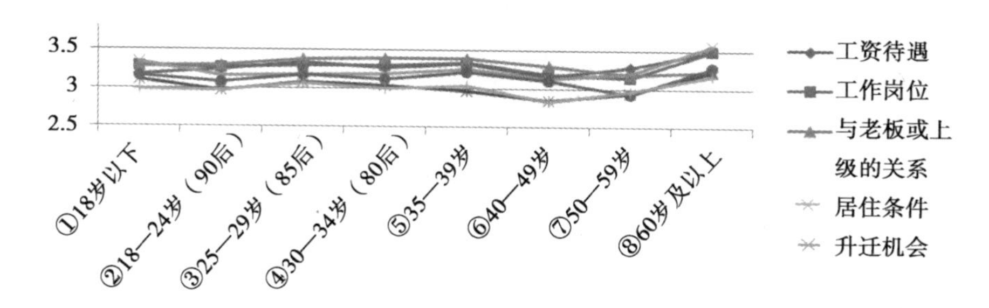

图 2-18　长三角农民工年龄与工作满意度 MANOVA 分析

在“工资待遇”中，呈倒“W”形，对青年农民工来说，在 25—29 岁（85 后）时达到阶段性高点（M＝3.34，SD＝0.713），对老一代农民工而言，在 40—49 岁（M＝3.16，SD＝0.747）为整体最低点，60 岁及以上（M＝3.50，SD＝0.845）达到整体最高点。在“工作岗位”中，对青年农民工来说，相对比较平稳，基本均值在 3.27 左右，处于“一般”与“比较满意”之间，对于老一代农民工来说，出现了波动，在 35—39 岁（M＝3.33，SD＝0.699）达到阶段性高点，然后出现下降趋势，在 50—59 岁（M＝3.14，SD＝0.813）达到整体最低点，在 60 岁及以上出现反弹，并达到整体最高点（M＝3.50，SD＝0.775）。在“老板或上级的关系”

中，对于整体农民工来说，出现两头低、中间平稳的状态，其中在25—39岁，基本一直处于整体最高点（M = 3.39），而在50—59岁（M = 3.18，SD = 0.778）为整体最低点。在“居住条件”中，对于青年农民工来说，除了18岁以下（M = 3.33，SD = 0.958）相对较高外，其他年龄段都比较低，均值在3.17左右；对于中老农民工来说，出现两头高、中间低的情况，其中在40—49岁（M = 3.13，SD = 0.798）达到整体最低点。在“升迁机会”中，整体出现“W”形，其中在18—24岁（90后）（M = 2.97，SD = 0.816）达到第一次低点后，在25—29岁（85后）（M = 3.08，SD = 0.754）达到阶段性高点，再次出现下降趋势，并在40—49岁（M = 2.85，SD = 0.690）达到整体低点，之后有所上升，并在60岁及以上（M = 3.22，SD = 0.722）达到整体最高点。在“技能的提高”中，出现三次波动，对于青年农民工来说，满意度呈“W”形，其中在18—24岁（90后）（M = 3.07，SD = 0.788）、30—34岁（80后）（M = 3.12，SD = 0.747）出现两次低点；对于中老农民工来说，满意度呈“V”形，在50—59岁（M = 2.93，SD = 0.615）出现整体最低点。在“社会福利”中，整体满意度趋势也呈“W”形，但幅度没有“技能提高”大，同时，对于中老年农民工来说，最低点（整体）出现在40—49岁（M = 2.83，SD = 0.818）。可见，对于青年新生代长三角农民工而言，18—24岁（90后）是对工作满意度最差的群体，他们除了工资待遇、与老板或上级关系外，其他方面都面临着各种压力与不适应，而30—34岁对工资待遇、技能提高与社会福利的满意度也不高。对于中老农民工而言，对工作满意度要求的关注点也有所差异，出现了分化的趋势。特别是，对于40—49岁的群体，他们对工资、住房、升迁、福利等方面的要求特别强烈，而50—59岁则面临着工作岗位、技能提高与职场人际关系的压力。

（2）受教育程度对工作满意度的影响

教育程度分别与工作发展空间因子、人文环境因子MANOVO分析时，其中在工作发展空间因子中，多变量检验中Pillai跟踪结果显示强显著性，V = 0.03，F（18，11499）= 5.889，p = 0.000。在主体间效应的检验时，受教育程度与各题项的ANOVO分析中，居住条件，F（6，3833）= 4.416，p = 0.000；升迁机会，F（6，3833）= 13.503，p = 0.000；技能提升，F（6，3833）= 6.511，p = 0.000。年龄与显著题项的均值分布（如图2-19所示）。说明长三角农民工受教育程度与工作发展空间因子中的居住条件、升迁机会与技能提高都呈强显著性。在工作人文环境因子中，多变量检验中 Pillai 跟踪结果呈强显著性，V = 0.02，F（12，7666）= 7.403，p=0.000。主体间效应的检验时，与老板或上级的关系 F（6，3833）= 11.403，p=0.000；单位管理制度 F（6，3833）= 10.154，p=0.000。说明长三角农民工受教育程度与工作人文环境因子中的“与老板或上级的关系”和单位管理制度都呈强显著性。受教育程度与各显著题项的均值分布（如图 2-19 所示）。

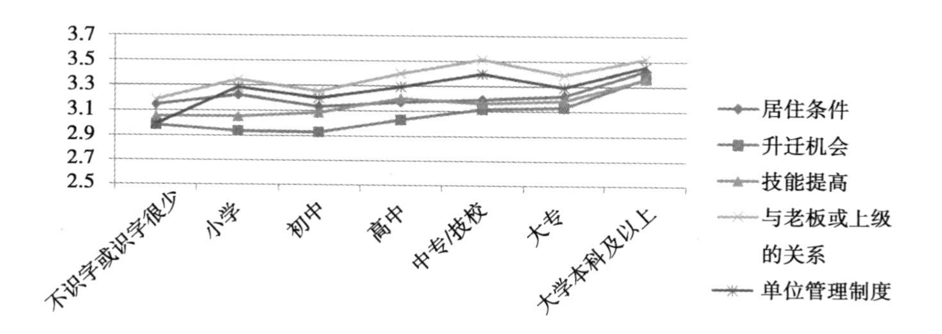

图 2-19　长三角农民工受教育程度与工作发展空间因子 MANOVO 分析

在工作发展空间因子中，对于居住条件而言，除了在基础教育阶段出现了一次“Λ”形，其中在小学（M=3.22，SD=0.786）出现阶段性峰值，初中（M=3.22，SD=0.786）出现最低点外，高中以上教育程度上随着学历的增加，长三角农民工对居住条件的满意度也提高，受教育程度对居住条件的总体满意度均值为 3.18（SD=0.791）。对升迁机会而言，整体上趋势呈现“U”字形，其中初中（M=2.93，SD=0.714）达到最低点，总体满意度均值为 3.00（SD=0.755）。对于技能提高而言，在初中（M=3.08，SD=0.746）之间满意度变化不明显，而高中以上教育程度呈现“V”字形趋势，其中在中专/技校（M=3.16，SD=0.737）达到阶段性低点，在大学本科及以上（M=3.36，SD=0.725）满意度达到整体最高值，总体满意度均值为 3.12（SD=0.751）。

在工作人文环境因子中，对于与老板或上级的关系、单位管理制度而言，整体上都呈现三次波段逐渐上升趋势，其中都在小学（分别为 M=3.34，SD=0.731；M=3.20，SD=0.757）与大专（分别为 M=3.39，SD=0.696；M=3.29，SD=0.784）达到阶段性低点。受教育程度对与老板或上级的关系的总体均值为 3.34（SD＝0.740），对单位管理制度的总体均值为 3.25（SD＝0.777）。从纵向来讲，对于受教育程度而言，在低学历水平中，小学文化程度的长三角农民工对工作满意度反而高，在高中以上受教育程度中，除了居住条件、技能提升外，其他题项的最低点都出现在大专程度，可见，大专是工作满意度转换的关键点，应加强这部分群体的再培训与教育。

（3）婚恋情况对工作满意度的影响

因婚恋只与工作硬件条件呈显著性，因此在 MANOVO 分析时，多变量检验中 Pillai 跟踪结果显示强显著性，V＝0.01，F（8，7670）＝3.419，p＝0.001。主体间效应的检验时，婚恋情况与各题项的 ANOVO 分析中，工资待遇 F（2，3837）＝9.714，p＝0.000；工作时间强度 F（2，3837）＝2.203，p＝0.111；工作岗位 F（2，3837）＝2.241，p＝0.106；工作环境 F（2，3837）＝0.251，p＝0.778。说明长三角农民工婚恋情况只对其工作硬件条件因子中的工资待遇呈强显著性。进一步分析，发现已婚（M＝3.32，SD＝0.756）要比未婚（M＝3.21，SD＝0.805）与其他（M＝3.13，SD＝0.733）均值大，说明已婚的长三角农民工对工资待遇的满意度更高些。

3. 长三角农民工社会学变量对工作满意度的影响

从上述所知，在社会学变量中，老家所在地与各因子都不显著；而户口类型与工作发展空间因子与整体工作满意度呈显著性。因此，将户口类型分别与工作发展空间因子与整体满意度做 MANOVO 分析。在工作发展空间因子中，多变量检验中 Pillai 跟踪结果显示强显著性，V＝0.04，F（12，11505）＝12.082，p＝0.000。主体间效应的检验时，户口类型与各题项的 ANOVA 分析中，居住条件 F（4，3835）＝31.228，p＝0.000；升迁机会 F（4，3835）＝4.862，p＝0.001；技能提高 F（4，3835）＝3.949，p＝0.003。说明长三角农民工老家所在地对其工作发展空间因子中的居住条件、升迁机会、技能提高都呈强显著性。

表 2-26　长三角农民工户口类型对工作满意度的影响

居住条件	暂住证	3.07	0.774	2198
	居民证	3.31	0.785	748
	本市农业	3.48	0.728	358
	本市非农业	3.29	0.757	220
	其他	3.2	0.862	316
	总计	3.18	0.791	3840

续表

升迁机会	暂住证	2.97	0.754	2198
	居民证	3.09	0.727	748
	本市农业	3.08	0.737	358
	本市非农业	3.03	0.695	220
	其他	2.94	0.863	316
	总计	3	0.755	3840
技能的提高	暂住证	3.09	0.765	2198
	居民证	3.14	0.689	748
	本市农业	3.26	0.695	358
	本市非农业	3.09	0.696	220
	其他	3.12	0.868	316
	总计	3.12	0.751	3840

说明：（1）协方差矩阵等同性 Box 检验 $F=2.991$，$P<0.001$；（2）Bartlett 的球形度检验近似卡方 $=2982.541$，$P<0.001$；（3）误差方差等同性的 Levene 检验，均 $P<0.01$。

在工作发展空间中，对于居住条件、升迁机会与技能提高而言，持有居民证都比暂住证的长三角农民工满意度高，持有本地农业户口都比本市非农业的要高。从整体上看，持有暂住证的长三角农民工对工作发展空间的满意度最低。说明在工作发展空间中，对于外来农民工也存在着户籍制度区隔。而本市农业的务工者要比市非农业的务工者的总体满意度高，这可能是因为中国的政策，持有本市农业户口的人往往在城市或城郊具有宅基地和自己的房产，他们购房改善居住条件的压力不大。

4. 打工情况对工作满意度的影响

（1）外出打工方式对工作满意度的影响

将来打工地方式与工作人文环境因子做 MANOVO 分析。多变量检验中 Pillai 跟踪结果显示强显著性，$V=0.01$，$F(4, 7674)=4.428$，$p=0.001$。主体间效应的检验时，外出打工方式与各题项的 ANOVA 分析中，与老板或上级的关系 $F(2, 3837)=7.706$，$p=0.000$；单位管理制度 $F(2, 3837)=2.332$，$p=0.097$。说明长三角农民工外出打工方式只对工作人文环境因子中的与同事关系呈强显著性。其中“自己一个人”（$M=3.29$，$SD=0.757$）要比“举家外出”（$M=3.38$，$SD=0.717$）和“其他”（$M=3.38$，$SD=0.750$）都要低，可见，当前长三角农民工与家人一起外出打工的对工作人文环境，特别是与同事关系的满意度要高些。

（2）来打工地时长对工作满意度的影响

分别将来打工地时长与工作硬件条件因子、人文环境因子与社会保障因子做 MANOVO 分析。在工作硬件条件因子中，多变量检验中 Pillai 跟踪结果显示强显著性，$v=0.02$，$F(16, 15340)=4.205$，$p=0.000$。主体间效应的检验时，外出打工方式与各题项的 ANOVA 分析中，工资待遇 $F(4, 3835)=11.499$，$p=0.000$；工作时间强度 $F(4, 3835)=0.251$，$p=0.909$；工作岗位 $F(4, 3835)=3.759$，$p=0.005$；工作环境 $F(4, 3835)=1.004$，$p=0.404$。说明长三角农民工外出打工时长只对其工作硬件条件因子中的工资待遇、工作岗位呈强显著性。在工作人文环境因子中，多变量检验中 Pillai 跟踪结果显示强显著性，$v=0.01$，$F(8, 7670)=3.706$，$p=0.000$。主体间效应的检验时，外出打工时长与各题项的 ANOVA 分析中，与老板或上级的关系 $F(4, 3835)=5.717$，$p=0.000$；单位管理制度 $F(4, 3835)=4.561$，$p=0.001$。说明长三角农民工外出打工时长对工作人文环境因子中的与同事关系、单位管理制度都呈强显著性。在工作社会保障因子中，多变量检验中 Pillai 跟踪结果显示强显著性，$v=0.01$，$F(8, 7670)=3.788$，$p=0.000$。主体间效应的检验时，外出打工时长与各题项的 ANOVA 分析中，社会福利 $F(4, 3835)=5.127$，$p=0.000$；政府政策支持 $F(4, 3835)=5.057$，$p=0.000$。说明长三角农民工外出打工时长对工作人文环境因子中的与社会福利、政府政策支持都呈强显著性。外出打工时长与各显著题项的均值分布（如图 2-20 所示）。

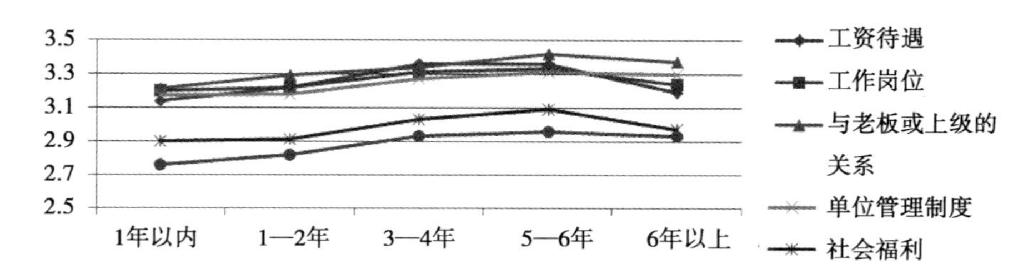

图 2-20 长三角农民工来打工地时长对工作满意度的影响

在工作硬件条件因子中，工资待遇呈倒“U”形分布，其中整体最低点为 1 年以内（$M=3.14$，$SD=0.920$），最高点为 3—4 年（$M=3.36$，

SD=0.739)、5—6年(M=3.36, SD=0.741),总体均值为3.27(SD=0.767),而工作岗位呈“Λ”形分布,其中整体最低点为1年以内(M=3.30, SD=0.806),最高点为5—6年(M=3.33, SD=0.782),总体均值为3.27(SD=0.752)。在工作人文环境因子中,与老板或上级的关系与单位管理制度,除了6年以上外,基本上都随着年限的增加其满意度也增加,并在5—6年时均值达到最高值,相应地分别为3.42(SD=0.694)、3.31(SD=0.723)。其中与老板或上级的关系的总体满意度均值为3.34(SD=0.740),单位管理制度的总体满意度均值为3.25(SD=0.777)。在工作社会保障因子中,社会福利、政府政策支持都呈倒“U”形分布,二者的满意度均值最高值在“5—6年”(M=3.09, SD=0.810; M=2.96, SD=0.854)、最低值在“1年以内”(M=2.90, SD=0.981; M=2.76, SD=1.014),其中社会福利的满意度总体均值为2.99(SD=0.840)。政府政策支持满意度总体均值为2.90(SD=0.866),这说明刚到打工地的长三角农民工社会福利与政府政策支持满意度比较低,而来打工地“5—6年”长三角农民工相对这些满意度比较高。

(3)居住情况对工作满意度的影响

将居住情况分别与工作硬件条件、发展空间因子及整体工作满意度做MANOVO分析。在工作硬件条件因子中,多变量检验中Pillai跟踪结果显示强显著性,V=0.06, F(32, 15324)=6.724, p=0.000。主体间效应的检验时,工资待遇F(8, 3831)=11.933, p=0.000;工作时间强度F(8, 3831)=11.442, p=0.000;工作岗位F(8, 3831)=13.757, p=0.000;工作环境F(8, 3831)=16.444, p=0.000,说明长三角农民工居住情况与工作硬件条件因子中的工资待遇、工作时间强度、工作岗位与工作环境都呈强显著性。在工作发展空间因子中,多变量检验中Pillai跟踪结果显示强显著性,V=0.09, F(24, 11493)=14.123, p=0.000。

主体间效应的检验时,居住情况与各题项的ANOVA分析中,居住条件F(8, 3831)=34.723, p=0.000;升迁机会F(8, 3831)=10.246, p=0.000;技能提高F(8, 3831)=10.359, p=0.000。说明长三角农民工老家所在地对其工作发展空间因子中的居住条件、升迁机会、技能的提高都呈强显著性。而与整体工作满意度的ANOVA分析中,F(8, 3831)=21.715, p=0.000, ω=0.20,说明居住条件对整体工作满意度有显著影响。居住条件与各显著题项的均值分布（如图 2-21 所示）。

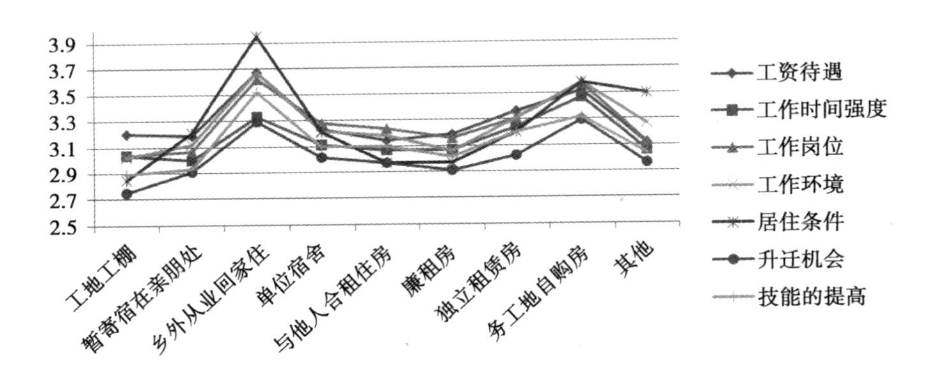

图 2-21 长三角农民工居住情况对工作满意度的影响

从整体上看，居住条件与各项指标都呈“M”形分布，分别“乡外从业回家住”“务工地自购房”出现峰值。其中在工作硬件条件因子中，对于工资待遇而言，其总体均值 3.27（SD = 0.767），比总体均值高的有“乡外从业回家住”（M = 3.67，SD = 0.846）、“务工地自购房”（M = 3.52，SD = 0.783）、“独立租赁房”（M = 3.36，SD = 0.749），比总体均值低的有“单位宿舍”（M = 3.23，SD = 0.710）、“暂寄宿在亲朋处”（M = 3.19，SD = 0.891）、“廉租房”（M = 3.19，SD = 0.738）、“工地工棚”（M = 3.2，SD = 0.946）、“与他人合租住房”（M = 3.14，SD = 0.758）、“其他”（M = 3.11，SD = 0.819）。在工作时间强度而言，其总体均值为 3.16（SD = 0.807），比总体均值高的有“务工地自购房”（M = 3.47，SD = 0.828）、“乡外从业回家住”（M = 3.33，SD = 0.902）、“独立租赁房”（M = 3.24，SD = 0.783），比总体均值低的有“单位宿舍”（M = 3.11，SD = 0.778）、“廉租房”（M = 3.07，SD = 0.777）、“与他人合租住房”（M = 3.07，SD = 0.774）、“工地工棚”（M = 3.04，SD = 1.083）、“其他”（M = 3.06，SD = 0.764）、“暂寄宿在亲朋处”（M = 3，SD = 0.922）。对于工作岗位而言，其总体均值为 3.27（SD = 0.752），比总体均值高的有“务工地自购房”（M = 3.57，SD = 0.772）、“独立租赁房”（M = 3.31，SD = 0.730）、“单位宿舍”（M = 3.28，SD = 0.659），比总体均值低的有“与他人合租住房”（M = 3.23，SD = 0.734）、“廉租房”（M = 3.16，SD = 0.756）、“其他”（M = 3.12，SD = 0.765）、“暂寄宿在亲朋处”（M =

3.07，SD=0.749）、“工地工棚”（M=3.04，SD=1.116）。对于工作环境而言，其总体均值为3.24（SD=0.805），比总体均值高的有“乡外从业回家住”（M=3.67，SD=0.721）、“务工地自购房”（M=3.58，SD=0.779）、“独立租赁房”（M=3.31，SD=0.799）、“其他”（M=3.26，SD=0.776），比总体均值低的有“单位宿舍”（M=3.22，SD=0.739）、“与他人合租住房”（M=3.18，SD=0.787）、“暂寄宿在亲朋处”（M=3.12，SD=0.864）、“廉租房”（M=3.06，SD=0.781）、“工地工棚”（M=3.02，SD=1.157）。

在工作发展空间因子中，对于居住条件而言，其总体均值为3.18（SD=0.791）。比总体均值高的有“乡外从业回家住”（M=3.95，SD=0.661）、“务工地自购房”（M=3.58，SD=0.734）、“其他”（M=3.50，SD=0.763）、“暂寄宿在亲朋处”（M=3.21，SD=1.06）、“单位宿舍”（M=3.21，SD=0.724）、“独立租赁房”（M=3.2，SD=0.719），比总体均值低的有“廉租房”（M=2.97，SD=0.798）、“与他人合租住房”（M=2.97，SD=0.695）、“工地工棚”（M=2.85，SD=1.187）。对于升迁机会而言，其总体均值为3（SD=0.775）。比总体均值高的有“乡外从业回家住”（M=3.29，SD=0.708）、“务工地自购房”（M=3.29，SD=0.816）、“独立租赁房”（M=3.02，SD=0.766）、“单位宿舍”（M=3.01，SD=0.685），比总体均值低的有“与他人合租住房”（M=2.97，SD=0.722）、“其他”（M=2.96，SD=0.682）、“暂寄宿在亲朋处”（M=2.91，SD=0.927）、“廉租房”（M=2.91，SD=0.708）、“工地工棚”（M=2.75，SD=1.018）。对于技能提高而言，其总体均值为3.12（SD=0.751）。比总体均值高的有“乡外从业回家住”（M=3.52，SD=0.862）、“务工地自购房”（M=3.32，SD=0.785）、“独立租赁房”（M=3.20，SD=0.754），比总体均值低的有“单位宿舍”（M=3.1，SD=0.685）、“廉租房”（M=3.01，SD=0.714）、“与他人合租住房”（M=2.97，SD=0.722）、“其他”（M=2.96，SD=0.68）、“暂寄宿在亲朋处”（M=2.93，SD=0.938）、“工地工棚”（M=2.89，SD=0.952）。综上所述，在工作硬件条件因子与发展空间因子中，除了工作岗位的“单位宿舍”外，其他各项指标中，满意度区分都集中在两个部分，一部分为居住条件比较好的，包括“乡外从业回家住”“务工地自购房”“独立租赁房”；另一部分为居住条件比较差的，而住房条件好的长三角农民工对工作硬件条件的满意性要比住房条件比较差的人高。可见，住房条件对长三角农民工工作满意度构成了一定的生活质量区隔。

（4）工作获得渠道对工作满意度的影响

将工作获得渠道分别与工作硬件条件因子、人文环境因子、社会保障因子及整体工作满意度做 MANOVO 分析。在工作硬件条件因子中，多变量检验中 Pillai 跟踪结果显示强显著性，V = 0.03，F（24，15332）= 4.944，p = 0.000。主体间效应的检验时，工作获得渠道与各题项的 ANOVA 分析中，工资待遇 F（6，3833）= 10.420，p=0.000；工作时间强度 F（6，3833）= 4.246，p=0.000；工作岗位 F（6，3833）= 8.442，p=0.000；工作环境 F（6，3833）= 7.285，p=0.000。说明长三角农民工工作获得渠道对其工作硬件条件因子中的工资待遇、工作时间强度、工作岗位与工作环境都呈强显著性。在工作人文环境因子中，多变量检验中 Pillai 跟踪结果显示强显著性，V = 0.02，F（12，7666）= 5.204，p = 0.000。主体间效应的检验时，工作获得渠道与各题项的 ANOVA 分析中，与同事关系 F（6，3833）= 6.606，p = 0.000；单位管理制度 F（6，3833）= 5.135，p=0.000。说明长三角农民工工作获得渠道对工作人文环境因子中的与老板或上级的关系、单位管理制度都呈强显著性。在工作社会保障因子中，多变量检验中 Pillai 跟踪结果显示强显著性，V =0.01，F（12，7666）= 3.972，p=0.000。主体间效应的检验时，工作获得渠道与各题项的 ANOVA 分析中，社会福利 F（6，3833）= 5.258，p=0.000；政府政策支持 F（6，3833）= 6.020，p=0.000。说明长三角农民工工作获得渠道对社会保障因子中的社会福利、政府政策支持都呈强显著性。此外，在整体工作满意度的 ANOVA 分析中，F（6，3833）= 8.148，p = 0.000，ω=0.10，说明工作获得渠道对整体工作满意度有显著影响。工作获得渠道与各显著题项的均值分布（如图 2-22 所示）。

在工作硬件条件因子中，对于工资待遇而言，其总体均值为 3.27（SD=0.767）。比总体均值高的有“城里老乡介绍的”（M=3.38，SD= 0.760）、“城里朋友介绍的”（M=3.38，SD=0.699）、“城里亲戚介绍的”（M=3.32，SD=0.704）、“其他”（M=3.29，SD=0.765），比总体均值低的有“自己通过招聘市场获得的”（M=3.22，SD=0.726）、“老家亲戚介绍的”（M=3.17，SD=0.856）、“中介介绍”（M=3.02，SD= 0.726）。对工作时间强度而言，其总体均值为 3.16（SD=0.807）。比总

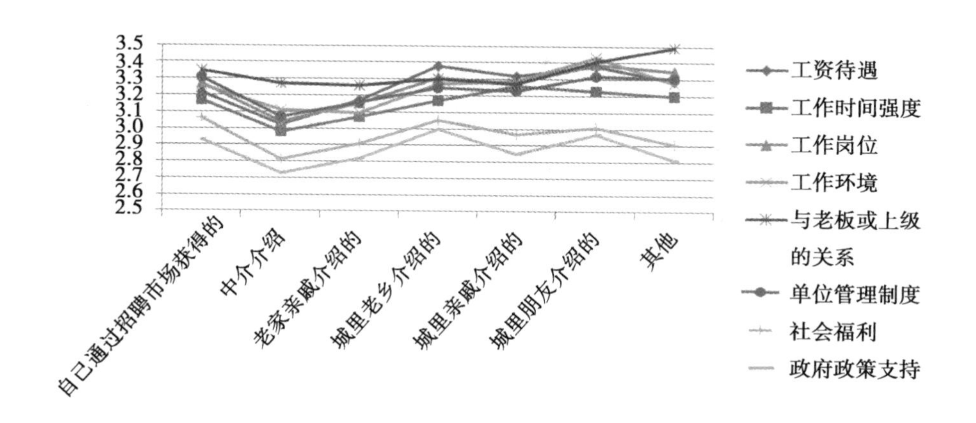

图 2-22　长三角农民工工作获得渠道对工作满意度的影响

体均值高的有“城里亲戚介绍的”（M=3.26，SD=0.855）、“城里朋友介绍的”（M=3.23，SD=0.825）、“其他”（M=3.2，SD=0.893）、“城里老乡介绍的”（M=3.17，SD=0.783）、“自己通过招聘市场获得的”（M=3.17，SD=0.752），比总体均值低的有“老家亲戚介绍的”（M=3.07，SD=0.804）、“中介介绍”（M=2.98，SD=0.797）。对于工作岗位而言，其满意度总体均值为 3.27（SD=0.752），比总体均值高的有“城里朋友介绍的”（M=3.39，SD=0.726）、“其他”（M=3.35，SD=0.726）、“城里老乡介绍的”（M=3.31，SD=0.745）、“城里亲戚介绍的”（M=3.28，SD=0.822）、“自己通过招聘市场获得的”（M=3.27，SD=0.725），比总体均值低的有“老家亲戚介绍的”（M=3.15，SD=0.765）、“中介介绍”（M=3.04，SD=0.77）。对于工作环境而言，其满意度总体均值为 3.24（SD=0.805），比总体均值高的有“城里朋友介绍的”（M=3.43，SD=0.833）、“城里亲戚介绍的”（M=3.29，SD=0.839）、“其他”（M=3.28，SD=0.84）、“城里老乡介绍的”（M=3.27，SD=0.772）、“自己通过招聘市场获得的”（M=3.26，SD=0.767），比总体均值低的有“中介介绍”（M=3.11，SD=0.77），“老家亲戚介绍的”（M=3.09，SD=0.838）。

在人文环境因子中，对于与老板或上级的关系而言，其满意度总体均值为 3.34（SD=0.74），比总体均值高的有“其他”（M=3.49，SD=0.706）、“城里朋友介绍的”（M=3.41，SD=0.776）、“自己通过招聘市场获得的”（M=3.35，SD=0.761），而比总体均值低的有“城里老乡介绍的”（M=3.3，SD=0.705）、“城里亲戚介绍的”（M=3.27，SD=0.772）、“中介介绍”（M=3.27，SD=0.724）、“老家亲戚介绍的”（M=3.26，SD=0.743）。对于单位管理制度而言，其满意度总体均值为3.34（SD=0.74），比较总体均值高的有“城里朋友介绍的”（M=3.32，SD=0.772）、“其他”（M=3.31，SD=0.8）、“自己通过招聘市场获得的”（M=3.31，SD=0.764）、“城里老乡介绍的”（M=3.25，SD=0.737），而比总体均值低的有“城里亲戚介绍的”（M=3.23，SD=0.814）、“老家亲戚介绍的”（M=3.16，SD=0.806）、“中介介绍”（M=3.07，SD=0.761）。

在社会保障因子中，社会福利与政府政策支持都呈波浪形起伏，其中分别在“中介介绍”“城里亲戚介绍”出现波谷，在“自己通过招聘市场获得”“城里老乡介绍”“城里朋友介绍”出现波峰，同时，二者的满意度总体均值都未达到3，处于“一般”与“比较不满意”之间。其中对于社会福利而言，其满意度总体均值为2.99（SD=0.84）。比总体均值高的有“自己通过招聘市场获得的”（M=3.06，SD=0.779）、“城里老乡介绍的”（M=3.05，SD=0.795）、“城里朋友介绍的”（M=3.01，SD=0.883）。对于政府政策支持而言，其总体均值为2.9（SD=0.866）。比总体均值高的有“城里老乡介绍的”（M=3，SD=0.802）、“城里朋友介绍的”（M=2.97，SD=0.841）、“自己通过招聘市场获得的”（M=2.93，SD=0.813）。

综上所述，长三角农民工在工作获得渠道对工作满意度的区分度很高。其中在城市里有工作人脉资源和自己能自主找到工作的长三角农民工对工作满意度比较高，而通过老家人脉资源或其他工作渠道找工作的长三角农民工对工作满意度相对比较差。可见，长三角农民工在城市工作还是要有一定的能力与人脉资源。

5. 长三角农民工工作情况对其工作满意度的影响

（1）职业对工作满意度的影响

将职业分别与社会保障因子做MANOVO分析，多变量检验中Pillai跟踪结果显示强显著性，V=0.02，F（24，7654）=3.835，p=0.000。主体间效应的检验时，工作获得渠道与各题项的ANOVA分析中，社会福利F（12，3827）=5.841，p=0.000；政府政策支持F（12，3827）=

4.476，p=0.000。说明长三角农民工职业对工作社会保障因子中的社会福利、政府政策支持都呈强显著性。如表2-27所示。

表2-27　　长三角农民工职业对工作满意度情况

	社会福利			政府政策支持		
	均值	标准偏差	N	均值	标准偏差	N
无业/下岗/失业	2.66	0.996	64	2.78	0.899	64
居民服务和其他服务业	2.87	0.928	140	2.83	1.099	140
住宿餐饮业	2.89	0.829	224	2.76	0.93	224
批发零售业	3.17	0.773	132	3.03	0.781	132
交通运输、仓储和邮政业	2.59	0.821	122	2.61	0.777	122
建筑业工人	3.05	0.893	384	2.98	0.852	384
制造生产型企业工人	2.96	0.765	984	2.84	0.817	984
商业服务人员	3.04	0.869	202	2.98	0.834	202
专业技术人员	3.04	0.976	238	3.04	0.913	238
企业一般职员	2.98	0.757	786	2.87	0.838	786
个体户/自由职业者	3.15	0.835	260	3.02	0.852	260
企业管理人员	3.16	0.962	148	3.07	0.952	148
其他	2.97	0.964	156	2.92	0.92	156
总计	2.99	0.84	3840	2.9	0.866	3840

说明：（1）协方差矩阵等同性Box检验F=4.230，P<0.001；（2）Bartlett的球形度检验近似卡方=2550.214，P<0.001；（3）误差方差等同性的Levene检验，均P<0.001。

在社会保障因子中，社会福利与政府政策支持都呈波浪形起伏，其中分别在“交通运输、仓储和邮政业”“制造生产型企业工人”“企业一般职员”出现阶段性波谷，在“批发零售业”“制造生产型企业工人”“企业管理人员”出现波峰，同时，二者的满意度总体均值都接近达到3。此外，二者各指标满意度均值超过总体均值的也基本相似，都为“企业管理人员”“批发零售业”“个体户/自由职业者”“专业技术人员”“建筑业工人”与“商业服务人员”。综上所述，说明在工作发展空间因子中，长三角农民工职业满意性出现一定的分化。

（2）平均月收入对工作满意度的影响

在工资月收入与工作硬件条件因子、工作发展空间因子、工作人文环境、社会福利因子MANOVO分析时，其中在工作硬件条件因子中，多变量检验中 Pillai 跟踪结果显示强显著性，V = 0.12，F（24，15332）= 19.744，p = 0.000。主体间效应的检验时，月收入与各题项 ANOVA 分析中，工资待遇 F（6，3833）= 72.510，p = 0.000；工作时间强度（6，3833）= 32.06，p = 0.000；工作岗位 F（6，3833）= 45.255，p = 0.000；工作环境 F（6，3833）= 19.937，p = 0.000。说明长三角农民工月收入对其工作硬件条件因子中的工资待遇、工作时间强度、工作岗位与工作环境都呈强显著性。在工作发展空间因子中，多变量检验中 Pillai 跟踪结果呈强显著性，V = 0.06，F（18，11499）= 12.55，p = 0.000。主体间效应的检验时，月收入与各题项 ANOVA 分析中，居住条件 F（6，3833）= 25.270，p = 0.000；升迁机会 F（6，3839）= 20.588，p = 0.000；技能提高 F（6，3833）= 23.445，p = 0.000。说明长三角农民工月收入与工作发展空间因子中的居住条件、升迁机会与技能的提高都呈强显著性。在工作人文环境因子中，多变量检验中 Pillai 跟踪结果呈强显著性，V = 0.06，F（12，7666）= 12.55，p = 0.000。主体间效应的检验时，月收入与各题项 ANOVA 分析中，职场人际关系 F（6，3833）= 34.572，p = 0.000；单位管理制度 F（6，3833）= 24.824，p = 0.000。说明长三角农民工月收入与工作人文环境因子中的职场人际关系与单位管理制度都呈强显著性。在社会保障因子中，多变量检验中 Pillai 跟踪结果呈强显著性，V = 0.06，F（12，7666）= 10.209，p = 0.000。主体间效应的检验时，月收入与各题项 ANOVA 分析中，社会福利 F（6，3833）= 19.779，p = 0.000；政府政策支持 F（6，3833）= 11.602，p = 0.000。说明长三角农民工月收入与社会保障因子中的社会福利与政府政策支持都呈强显著性。此外，与整体工作满意度的 ANOVA 分析中，F（6，3833）= 49.584，p = 0.000，ω = 0.27。月收入与各显著题项的均值分布（如图 2-23 所示）。

在工作硬件条件因子中，对于四项指标而言，总体上都随着月收入的增加其满意度也会增加。同时，四项指标中在低收入水平（以 3000 元计[①]）的起算点“1000 元以下”，工资待遇、工作岗位与工作环境中的中

① 国家从 2011 年调整个税起征点由 2000 元调到 3500 元，考虑长三角农民工实际工作情况，以及中国农民工监测报告的分类方法，这里我们将 3000 元作为低水平与中高水平收入的分割点。

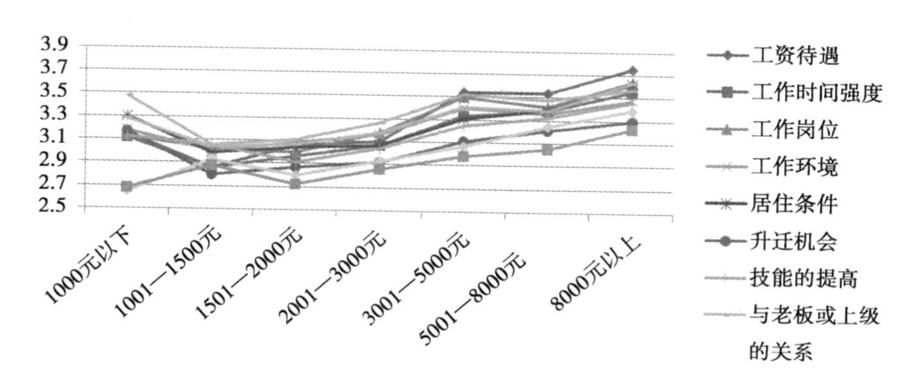

图 2-23 长三角农民工月收入对工作满意度情况

高收入水平中起算点“3001—5000 元”（相应地为 M=3. 54，SD=0. 663；M=3. 49，SD=0. 737；M=3. 4，SD=0. 798）都明显出现了满意度翘起的现象。此外，从整体来看，工资待遇、工作时间强度与工作环境中满意度的最低点都在 1001—1500 元（分别为 M=2. 86，SD=0. 945；M=2. 86，SD=0. 843；M=3. 01，SD=0. 837）；对于工作岗位中满意度的最低点都在 1501—2000 元（分别为 M=3，SD=0. 71）。在工作发展空间因子中，对于居住条件、升迁机会与技能的提高三个指标而言，在低收入水平长三角农民工群体中，都出现了翘头（相应地为 M=3. 3，SD=1. 174；M=3. 17，SD=1. 003；M=3. 13，SD=0. 933）的现象，其中居住条件与升迁机会都在 1001—1500 元（相应地为 M=2. 99，SD=0. 918；M=2. 8，SD=0. 855）出现了整体均值最低点，技能的提高在 1501—2000 元（M=2. 91，SD=0. 71）出现了整体均值最低点。随后随着月收入的增加其满意度也增加。

在工作人文环境因子中，对于与同事关系与单位管理制度而言，总体趋势随着年龄的增加而增加，其中 1000 元以下（相应地为 M=3. 48，SD=1. 055；M=3. 28，SD=1. 006）与 3001—5000 元（相应地为 M=3. 52，SD=0. 685；M=3. 41，SD=0. 738）出现翘起的现象，并在 1001—1500 元（相应地为 M=3. 06，SD=0. 752；M=3. 04，SD=0. 842）出现了整体均值最低点。在社会保障因子中，对于社会福利与政府政策支持而言，总体上也是随着月收入的增加其满意度也增强，但与其他因子不同，在低收入群体中，1001—1500 元（相应地为 M=2. 93，SD=0. 797；M=2. 88，SD=0. 846）却出现了阶段性高点，其中社会福利的均值为 2. 99

（SD=0.84）、政府政策支持的均值为2.9（SD=0.866）。综上所述，第一，说明在四个因子中的低收入群体中，以及工作硬件条件因子中工资待遇、工作岗位与工作环境与工作人文环境因子的中高收入群体中，收入水平相对较低的长三角农民工反而对工作满意度比较高。第二，在各个因子中，各项指标的分布水平相似。第三，在工作硬件条件因子、工作发展空间因子与工作人文条件因子中，低收入，特别是1001—1500元收入档，长三角农民工往往对工作满意度不高，但与此相对立的，在社会保障因子中，1001—1500元收入档的长三角农民工对工作满意度反而高。

（3）工作时间对工作满意度的影响

在每天平均工作时间与工作硬件条件因子、发展空间因子、人文环境、社会福利因子MANOVO分析时，其中在工作硬件条件因子中，多变量检验中Pillai跟踪结果显示强显著性，V=0.12，F（12，11505）=39.723，p=0.000。主体间效应的检验时，工作时间与各题项ANOVA分析中，工资待遇F（3，3836）=34.731，p=0.000；工作时间强度（3，3836）=140.643，p=0.000；工作岗位F（3，3836）=55.659，p=0.000；工作环境F（3，3836）=47.822，p=0.000。说明长三角农民工每天平均工作时间对其工作硬件条件因子中的工资待遇、工作时间强度、工作岗位与工作环境都呈强显著性。在工作发展空间因子中，多变量检验中Pillai跟踪结果显示强显著性，V=0.03，F（9，11505）=14.597，p=0.000。主体间效应的检验时，工作时间与各题项ANOVA分析中，居住条件F（3，3836）=36.965，p=0.000；升迁机会F（3，3836）=28.637，p=0.000；技能的提高F（3，3836）=11.782，p=0.000。说明长三角农民工每天平均工作时间与工作发展空间因子中的居住条件、升迁机会与技能提高都呈强显著性。在工作人文环境因子中，多变量检验中Pillai跟踪结果显示强显著性，V=0.04，F（6，7672）=27.073，p=0.000。主体间效应的检验时，工作时间与各题项ANOVA分析中，与老板或上级的关系F（3，3836）=34.875，p=0.000；单位管理制度F（3，3836）=42.943，p=0.000。说明长三角农民工每天平均工作时间与工作人文环境因子中的职场人际关系与单位管理制度都呈强显著性。在社会保障因子中，多变量检验中Pillai跟踪结果显示强显著性，V=0.02，F（6，7672）=10.676，p=0.000。主体间效应的检验时，工作时间与各题项ANOVA分析中，社会福利F（3，3836）=14.882，p=0.000；政府政策支持F（3，3836）=19.175，p=0.000。说明长三角农民工每天平均工作时间与社会保障因子中的社会福利与政府政策支持都呈强显著性。月收入与各显著题项的均值分布（如图2-23所示）。而在与整体工作满意度的ANOVA分析中，F（3，3836）=67.48，p=0.000，ω=0.22。说明工作时间对整体工作满意度有显著影响，工作时间与各显著题项的均值分布（如图2-24所示）。

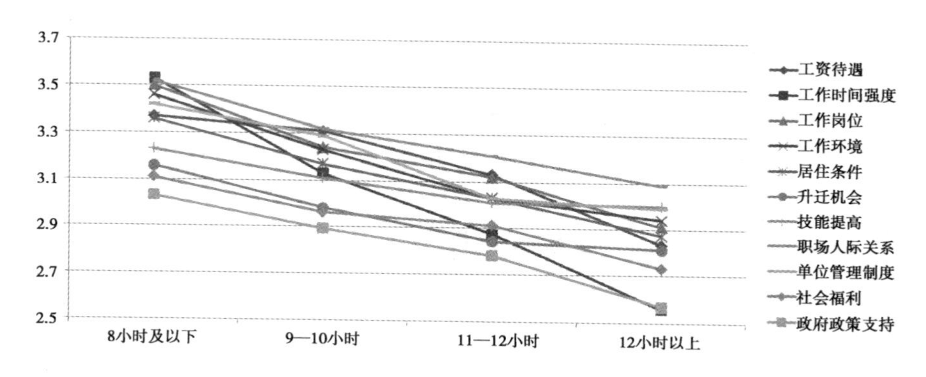

图2-24　长三角农民工每天平均工作时间对工作满意度的影响

在工作硬件条件因子中，对于四项指标而言，总体上都随着工作时间的增加其满意度下降，成反比关系。其中，工资待遇随着工作时间段的增加，其下降斜率也增加，说明长三角农民工工作时间的增加，特别是超时工作时，长三角农民工对其工资回报度越是不满，时间强度的下降斜率是工作满意度11项指标中最大的，说明随着工作时间的增加，长三角农民工对工作时间强度的不满程度最突出，工作岗位中，在整体下降的趋势中，“9—10小时”（M=3.23，SD=0.711）到“11—12小时”（M=3.13，SD=0.719）时间段趋势有所缓和。工作环境中，开始下降低斜很大，但到“11—12小时”（M=3.05，SD=0.751）与“12小时以上”（M=2.92，SD=1.08）时间段趋势有所缓和。在工作发展空间因子中，随着工作时间的增加，居住条件基本保持同等斜率快速下降；而对于升迁机会和技能提高，在“11—12小时”（相应地分别为M=2.85，SD=0.705；M=3.02，SD=0.685）与“12小时以上”（相应地分别为M=2.81，SD=0.875；M=3，SD=0.931）时间段下降趋势有所缓和。说明长三角农民工为了谋求更多的升迁与技能的提高往往在一定情况下要付出更多的劳动时间。在工作人文环境因子中，与同事关系基本保持同等数年率下降，但斜率是工作满意度 11 项指标中最小的，而单位管理制度在“9—10 小时”（M = 3. 28，SD = 0. 73）与“11—12 小时”（M = 3. 03，SD = 0. 734）时间段下降趋势最大，在“11—12 小时”与“12 小时以上”（M = 2. 97，SD = 0. 93）时间段下降趋势最为缓和。在社会保障因子中，社会福利与政府政策支持的总体均值是工作满意度中最低的两项，分别为 2. 99（SD = 0. 84）、2. 9（SD = 0. 866），未达到“一般”程度。其中社会福利在“9—10 小时”（M = 2. 97，SD = 0. 802）与“11—12 小时”（M = 2. 92，SD = 0. 743）时间段下降趋势有所缓和，而政府政策支持在“11—12 小时”（M = 2. 79，SD = 0. 751）与“12 小时以上”（M = 2. 58，SD = 1. 005）时间段下降斜率最大。说明在“11—12 小时”与“12 小时以上”时间段长三角农民工对社会福利与政府政策支持的意见最大。

五 结论与讨论

1. 长三角农民工对工作满意度的需要向多元化转向

长三角农民工的工作满意度由对工作职业的需求关注向主要包含硬件、人文环境、发展空间与社会保障等多维度需求转向，其中工作硬件条件、人文环境、发展空间接近达到比较满意程度，而社会保障接近达到“一般”程度。

2. 长三角农民工对工作满意度的影响因素多样化

在人口学变量中，性别、年龄与各因子都不显著，但年龄与整体工作满意度显著；教育程度分别与工作发展空间因子、人文环境因子呈显著性；婚恋情况只与工作硬件条件呈显著性。在社会学变量中，老家所在地与各因子都不显著；户口类型与工作发展空间因子与整体工作满意度呈显著性。在打工情况中，外出打工方式只与工作人文环境呈显著性；来打工地时长分别与工作硬件条件因子、人文环境因子、社会保障因子呈显著性，其中工作硬件条件为负相关；居住情况与工作硬件条件、发展空间因子及整体工作满意度呈显著性；工作获得渠道与工作硬件因子、人文环境因子、社会保障因子及整体工作满意度呈显著性，其中社会保障因子为负相关。在工作情况中，工作职业只与社会保障因子呈显著性，而平均月收入、工作时间与各个因子及整体工作满意度都呈显著性，其中工作时间为负相关。

第三节　长三角农民工社会分层与流动

一　引言

当前中国正处在由传统社会向现代性社会宏大转型中，社会跳跃式发展催生并加剧了社会阶层与群体的分化、流动与区隔。就中国而言，农民工作为国家渐进式改革这一历史过程中产生的特定群体，从纵向看，他们参与到了改革开放的大潮中并获得了一定的利益，从长期来看，能够实现由传统农民向现代产业工人转型，实现我国人口素养与劳动力资源的再分配；但从横向看，相对其他群体而言，其在当下获得改革红利的量与质还有待商榷，其向上流动的能量与速度也比较欠缺，日益模化和固化的排斥性体制是我国出现阶层分裂现象的根本原因。① 同时，农民工群体的内部在社会流动和社会网络产生了分化，② 新生代农民工出现倒“U”形社会流动发展轨迹。③ 但当前农民工社会分层与社会流动的具体状况到底如何？他们社会分层与流动的方向、类型与程度如何？中国针对农民工社会融入的宏观政策设计、路径安排以及工作的着力点如何？这些都成为促进农民工社会融入所亟须厘清的问题。

二　文献综述

布尔迪厄曾提出人是“经济、文化和社会的生产和再生产的当事人与制度”的实践，④ 是资本、习性与场域共同实践作用的结果。⑤ 特别是，布尔迪厄提出的“资本”形态，即经济资本、文化资本和社会资本，为

---

① 于建嵘：《中国阶层分裂源于格式化的排斥性体制》，《中国经营报》2010 年 5 月 21 日第 10 版。

② 李汉宗：《农民工群体的内部差异：社会流动与社会网络——基于深圳市龙岗区的个案研究》，博士学位论文，武汉大学，2011 年。

③ 符平：《倒“U”型轨迹与新生代农民工的社会流动——新生代农民工的流动史研究》，《浙江社会科学》2009 年第 12 期。

④ ［英］帕特里克·贝尔特、［葡］菲利佩·卡雷拉·达·席尔瓦：《二十世纪以来的社会理论》，瞿铁鹏译，商务印书馆 2014 年版。

⑤ Bourdieu, P, *The Forms of Capital'*, *in J. G. Richardson* (*ed.*) Handboook of Theory and Research for the Sociology of Education. Westport, CT: Greenwood Press. 1986, p. 1.

我们提供了研究与理解长三角农民工资本积累、形成与分配的多层次框架。其中，经济资本是指看得见的物质形态的资本，如收入等。[①] 有外国学者认为农民工离开家乡到城里打工是因为城市能够改善他们生活条件，提供更高工资和更令人愉快的居住环境。[②] 我国也有学者从经济资本方面对农民工社会分层与社会融合状况进行探讨，主要集中于农民工的职业分层、居住质量、劳资关系、社会保障等方面。[③④⑤⑥⑦] 社会资本是指“实际的或潜在的资源的总和，这些资源与拥有一个持久的、能够多少得到相互了解或承认的体制性关系的网络相关”，[⑧] 可见，社会资本作为一种社会网络，拥有能够提供物质或非物质资源的潜力，有学者认为农民工的社会资本应包括（1）社会控制的资源；（2）以家庭为中介利益的资源；（3）以非家庭网络为中介的资源。[⑨] 在社会资本方面，我国有学者提出户籍等制度障碍制度性因素主要阻碍了农民工社会融入，[⑩⑪⑫] 而社会地位、

---

① Bourdieu, P, *Distinction. A Social Critique of the Judgement of Tast*, London: Routledge. 1984, p. 341.

② Halfacree, K, Household Migration and the Structuration of Patriarchy: Evidence from the U. S. A, *Progress in Human Geography*, Set 1995.

③ 李慧中、陈琴玲：《经济转型、职业分层与中国农民工社会态度》，《学海》2012 年第 4 期。

④ 赵晔琴、孟兆敏：《流动人口的社会分层与居住质量——基于上海市长宁区“六普”数据的分析》，《人口与发展》2012 年第 5 期。

⑤ 梁伟军：《转型期农民工与受雇私营企业劳动关系现状及影响因素分析——基于 585 位农民工的调查》，《科学社会主义》2014 年第 4 期。

⑥ 谢垚凡、申鹏：《基于内部分化视角的农民工社会保障研究》，《贵州大学学报》（社会科学版）2014 年第 5 期。

⑦ 郭菲、张展新：《农民工新政下的流动人口社会保险：来自中国四大城市的证据》，《人口研究》2013 年第 3 期。

⑧ Bourdieu, Pierre, *The forms of social capital*, In Handbook of theory and research for the sociology of education. edited by J. G. Richardson. New York: Greenwood. 1985, p. 24.

⑨ Portes, Alejandro, Social Capital: Its Origins and Applications in Modern Sociology, *Annual Sociology*, Vol. 24, 1998.

⑩ 张展新：《农民工市民化取向：放松城镇落户还是推进公共服务均等化》，《郑州大学学报》（哲学社会科学版）2014 年第 6 期。

⑪ 陆益龙：《社会需求与户籍制度改革的均衡点分析》，《江海学刊》2006 年第 3 期。

⑫ 李强：《中国亟待开放农民工步入社会中间阶层的通道》，《党政干部参考》2011 年第 2 期。

社会歧视、社会排斥、城乡差距、社会流动等也在一定程度上影响着农民工的社会融入。①②③④⑤⑥ 还有学者研究指出农民工的社会资本越广泛丰富越有利于消除群体之间的偏见并缩小与本地居民之间的社会距离。⑦ 也有学者研究认为农民工可能在经济资源上比较贫困，但有较丰富的社会资本，譬如亲戚（kinship）或朋友关系（friendship）等都嵌入在社会资本中，以降低风险与成本，增加就业与工资水平。⑧ 而刘林平等通过对珠江三角洲农民工工资水平模型的研究，认为人力资本中的教育年限、培训、工龄等变量对农民工工资有显著的正向影响，年龄和性别也对其有显著影响。⑨ 李培林等则发现农民工的收入地位更多的是由教育、工作技能等获得性因素决定的，而不是由身份歧视因素所决定的。⑩ 文化资本是指无形的、非物质的资本或资产，其中包括：作为对象（如图片、书籍等）、作为体制认可的学历（如文凭）和作为永久性体现的习性（如生活方式等）等。⑪ 其中，教育通常作为实证文化资本的指标。⑫ 具体就农民工而言，

---

① 王春光：《新生代农村流动人口的社会认同》，《中国社会科学》（英文版）2003年第4期。

② 胡宏伟、曹杨、吕伟、叶玲：《新生代农民工自我身份认同研究》，《江西农业大学学报》（社会科学版）2011年第3期。

③ 康红梅：《社会排斥视域下底层群体生存困境的形塑机制研究——以环卫农民工为例》，《人口与发展》2015年第3期。

④ 张力、孙鹏：《城乡差距、社会分层与农民工流动问题》，《财贸研究》2013年第6期。

⑤ 朱志仙、张广胜：《人力资本、社会资本与农民工职业分层》，《沈阳农业大学学报》（社会科学版）2014年第4期。

⑥ 季文等：《农民工流动、社会资本与人力资本》，《江汉论坛》2006年第4期。

⑦ 王桂新：《城市农民工与本地居民社会距离影响因素分析——以上海为例》，《社会学研究》2011年第2期。

⑧ Michael B. Aguilera and Douglas S. Massey, Social Capital and the Wages of Mexican Migrants: New Hypotheses and Tests, *Social Forces*, Dec. 2003.

⑨ 刘林平、张春泥：《农民工工资：人力资本、社会资本、企业制度还是社会环境？——珠江三角洲农民工工资的决定模型》，《社会学研究》2007年第6期。

⑩ 李培林、李炜：《农民工在中国转型中的经济地位和社会态度》，《社会学研究》2007年第3期。

⑪ Bourdieu, P, *Cultural Reproduction and Social Reproduction*. nJ. KarabelandA. H. Halsey (eds.). Power and Ideology in Education. Oxford: Oxford University Press: 1977, p. 494.

⑫ Bourdieu, P, *Homo academicus*, London: Polity Press. 1988, p. 21.

学者们将教育视为农民工从农村向城市迁移的潜在的因果机制。①② 同时，布尔迪厄还认为生活方式的差异“或许是阶级之间最强有力的屏障”，认为分层的社会等级与统治系统代际之间进行维持与再生产而没有受到强有力的抵抗与有意识的识别，提出艺术趣味、服饰网络、饮食习惯，到宗教、科学与哲学乃至语言本身等文化符号与实践是生活方式差异的重要表现。③ 同时，布尔迪厄在《区隔》一书中还提出了文化资本的主要指标，包括生活方式和消费偏好、日常生活品消费、休闲方式、人格品性评价和道德伦理取向等，在20世纪90年代布尔迪厄进一步将语言使用归结为权力，认为“语言资本”作为获得的技能，会根据权力的规格而讲一种占主导地位或“官方”的语言。④ 将文化资本引入农民工研究，我国学者主要集中探讨了农民工教育分层、教育需求等问题。⑤⑥⑦⑧

从整体上看，目前我国对农民工社会融入的研究主要集中在对某些要素或表征的分析，而对农民工群体的衡量与评价标准缺乏整体性的阐述；同时，在当前国家深化改革调整的大背景下，对新时期农民工的发展状况还需要动态地把握，王春光在2006年就曾提出农民工城市化应当是经济体系、社会体系、文化体系及制度体系的有机整合。⑨ 虽然有学者提出农民工城市社会融入是经济层面、社会层面和心理层面三个依次递进的层

---

① Wiborg, A, *En Ambivalent Reise i Etflertydig Landskap: Ungefra Distriktene i Hoyere Utdannelse*, Tromso: Institutt for sosialantropologi, 2003.

② Stockdale, E, Rural Out-Migration: Community Consequences and Individual Experiences, *Sociologia Ruralis*, Mar. 2004.

③ ［美］戴维·斯沃茨：《文化与权力——布尔迪厄的社会学》，陶东风译，上海译文出版社2012年版。

④ Bourdieu, Pierre, *Language and Symbolic Powe*, Translated by G. Raymond and Adamson. Edited by J. B. Thompson. Cambridge, MA: Harvard University Press, 1991.

⑤ 王小红：《教育社会分层与农村学生社会流动研究：回溯和展望》，《上海教育科研》2012年第9期。

⑥ 邵书龙：《国家、教育分层与农民工子女社会流动：contain机制下的阶层再生产》，《青年研究》2010年第3期。

⑦ 龚俊朋：《论社会流动视域下新生代农民工的教育需求》，《河南科技学院学报》2011年第10期。

⑧ 冯红霞：《成人教育促进新生代农民工社会流动研究综述》，《职教论坛》2015年第6期。

⑨ 王春光：《农村流动人口的半城市化问题研究》，《社会学研究》2006年第5期。

次，[①] 还有学者对农民工社会心理做了实证研究，认为目前农民工对个体社会身份的选择受到多重因素的影响，其中既有制度和政策层面的因素，也有个体特征性因素，[②] 但目前研究中对农民工自身的主体特征、生活方式以及利益诉求等方面的研究还比较欠缺。因此，本书将以布尔迪厄三资本分层理论以及场域实践来考察研究我国长三角农民工在城市融合进程中的社会分层状况，并基于现有研究及以上理论提出以下假设：

假设：当前我国长三角农民工城市融入需求出现进一步分层状况。

假设 1A：随着长三角农民工社会融入需求嵌入的加深，布尔迪厄三资本的作用越强。

假设 1B：随着长三角农民工社会融入需求嵌入的加深，长三角农民工社会分层由户口等政策性区隔向多元要素影响转向。

假设 1C：随着长三角农民工社会融入需求嵌入的加深，文化资本在长三角农民工社会融入中越显著。

布尔迪厄强调在不同的社会阶层中，个体的策略可能会有不同的意义，由于它们习性的不同社会阶层的行为也会有不同的逻辑。[③] 有些学者提出农民工是“漂移”在城市中的过客，城市生活方式、文化习俗乃至话语权力的区隔与认同缺位，都压缩了他们在城市中生存的空间。其中黄斌欢认为新生代农民工呈现同时脱嵌于乡村与城市社会，处于持续不断的流动与漂泊状态。[④] 同时，学者们还对农民工社会流动的意愿、动因、流动渠道、流动空间、流动惰距；[⑤⑥⑦⑧⑨⑩] 社会流动的社会学代际差异、社

---

① 朱力：《论农民工阶层的城市适应》，《江海学刊》2002 年第 6 期。

② 崔岩：《流动人口心理层面的社会融入和身份认同问题研究》，《社会学研究》2012 年第 5 期。

③ Bourdieu, P, *Distinction. A Social Critique of the Judgement of Tast*, London: Routledge. 1984.

④ 黄斌欢：《双重脱嵌与新生代农民工的阶级形成》，《社会学研究》2014 年第 2 期。

⑤ 邱鸿博、赵卫华：《社会分层视角下对农民工落户城镇意愿的分析》，《南方农村》2013 年第 6 期。

⑥ 吴祁：《社会分层对进城农民工留城意愿的影响初探》，《北京城市学院学报》2007 年第 1 期。

⑦ 崔丽霞：《“推拉理论”视阈下我国农民工社会流动的动因探析》，《江西农业大学学报》（社会科学版）2009 年第 2 期。

⑧ 许德友：《中国农民工现阶段的社会流动——个基于社会流动渠道的理论解释》，《西安外事学院学报》2008 年第 1 期。

⑨ 孙秀娟：《农民工向上社会流动空间分析》，《人口学刊》2007 年第 4 期。

⑩ 范叶超：《新生代农民工的社会流动惰距》，《黑河学刊》2011 年第 2 期。

会支持水平；[①②③] 以及现实困境与对策、政府作用等问题进行了研究。[④⑤] 其中李强等认为受教育程度越高、外出年数越长和举家迁移到城市都会增加农民工留在城市的意愿，而已婚和有需要照顾、赡养的父母会降低农民工留城的意愿。[⑥] 但总体而言，研究者往往过于关注农民工个体微观层面的原因，忽略了时空层面农民工社会地位的获得与实现，譬如农民工流动如何影响他们的社会角色，或者不同的社会背景如何影响他们流动迁移。此外，相对于农民工城市融入与向上流动，近几年农民工返乡现象也进入学者研究的视野。比如马忠国认为农民工返乡创业是一种上升式的社会流动而不是简单的水平流动或消极的下降流动；[⑦] 黄建新认为农民工返乡创业行动是主体与结构二重化的过程，其既受到结构性因素的制约，也反映了个人对发展性资源的需求，同时又再造了新的社会结构。[⑧] 这些研究在一定程度上探讨了农民工到农村回迁移的因果机制，但没有捕捉到农民工城市返乡回流的效应。国外有学者研究认为挪威农村居民向城市迁移比从城市向农村迁移更有利于提高自身的经济和职业地位；[⑨] 也有研究者发现，在意大利居民从农村向城市迁移的同时也会导致跨代向下合理的社会流动。[⑩] 因此，本书将重点探析以下问题：当前我国农民工整体社会流动的状况如何？影响农民工入城返乡流动的原因、结构、要素等又怎样？根据现有研究及以上理论提出以下假设：

---

① 李晚莲：《社会变迁与职业代际流动差异：社会分层的视角》，《求索》2010 年第 6 期。

② 何晓红：《变迁与分化——农民工家庭的代际差异与社会流动探析——基于 H 省一个农民工家庭流动的实证调研》，《云南行政学院学报》2015 年第 5 期。

③ 严征、彭安辉、张丽荣、刘丰丰：《流动经历对城市农民工社会支持水平的影响》，《现代预防医学》2009 年第 9 期。

④ 姜典航：《新生代农民工社会流动问题研究》，硕士学位论文，中共中央党校，2012 年。

⑤ 刘宏伟：《政府在农民工社会流动中的作用研究》，硕士学位论文，广西师范学院，2010 年。

⑥ 李强、龙文进：《农民工留城与返乡意愿的影响因素分析》，《中国农村经济》2009 年第 2 期。

⑦ 马忠国：《社会流动视角下农民工返乡创业路径研究》，《特区经济》2009 年第 12 期。

⑧ 黄建新：《社会流动视角下的农民工返乡创业研究》，《山西大同大学学报》（社会科学版）2009 年第 1 期。

⑨ Ringdal, K, Migration and Status Attainment Among Norwegian Men, *Acta Sociologica*, Apr, 1993.

⑩ Osti, G, Mobilita geografica e sociale delie classi agricole, *Studi di Sociologia*, Vol. 29, 1991.

假设 2：长三角农民工在保持向上社会流动的同时，出现双向交互流动现象。

假设 2A：随着我国经济社会的发展加深，长三角农民工返乡回流的趋势增强。

假设 2B：长三角农民工返乡回流动力主要以实用性原因为主。

假设 2C：文化资本是长三角农民工城乡流动的关键区隔。

三　研究设计

1. 变量选择与指标设计

（1）长三角农民工人口学变量设计

①人口学变量

本书依据国家统计局相关报告的划分标准来设计长三角农民工的性别、婚姻状况、受教育程度等人口学变量，而年龄则按代群划分为 18 周岁以下、18—24 岁（90 后）、25—29 岁（85 后）、30—34 岁（80 后）、35—39 岁、40—49 岁、50—59 岁、60 岁及以上八个层级。

②社会流动状况指标设计

本书通过访谈考察了长三角农民工社会区隔与压力状况，并对其社会流动的方向与原因进行了调研，主要包括长三角农民工打算留在城市的意愿、留在城市的原因和打算回农村/老家的原因等，其中将“打算留在城市”与“回乡/老家”的原因进行测量，其中不选＝0，选择＝1（具体详见表 2-28、表 2-29）。

（2）布尔迪厄社会分层三资本指标设计

本书采取多元资源分配分析策略，根据布尔迪厄社会分层的三资本理论以及前人研究成果，对我国农民工社会分层与流动的指标要素进行描述和解释，并以我国农民工的人口学变量与实际状况为基础，分析研究长三角农民工社会分层与流动的结构。其中三资本的主要指标要素和变量设计情况如下。

①经济资本①

鉴于我国农民工在城市打工的现状，本书对长三角农民工的经济资本

---

① 本书根据长三角农民工现在城市生存状况，在最初设计经济资本模型时主要从工资收入、工作时间、居住条件三个指标来考察，但在回归分析模型中，发现模型结构不理想，经调试与优化后，选取本文测量指标。

测量指标主要选取工资收入与居住方式二项指标，其中“工作收入”参照长三角各省、直辖市2014年最低工资标准与国家统计局公布的2013年人均收入水平为划分依据，分为“1000元及以下”至“8000元以上”七个层级。而居住条件方面，根据当前我国农民工城市居住条件状况，划分为“工地工棚=1”“暂寄宿在亲朋处=2”“乡外从业回家居住=3”“单位宿舍=4”“与他人合租住房=5”“廉租房=6”“独立租赁房=7”“务工地自购房=8”等测量指标。

②社会资本[①]

本书结合我国农民工生存状况选取了对其社会资本中影响显著性比较高的指标，主要包括户口类型、现在的工作、工作获得渠道等。其中“户籍类型”分为暂住证=1、居民证=2、本市农业=3、本市非农业=4、其他=5；根据陆学艺2002年划分的社会职业地位标准，将长三角农民工的工作划分为12个类别，其中“失业半失业者阶层=1”，依次划分至“国家与社会管理者阶层=12”。此外，将长三角农民工工作获得渠道划分为，自己通过招聘市场获得=1、中介介绍=2、老家亲戚介绍=3、城里老乡介绍=4、城里亲戚介绍=5、城里朋友介绍=6、其他=7。

③文化资本[②]

本书根据布尔迪厄理论从个人主体特征与日常生活状况两个维度来考察长三角农民工的文化资本。其中长三角农民工的“人格品性评价和道德伦理取向”指标按个性特征划分为节俭朴素、争强好胜、乐于冒险、呆板固执、乐观热情、个人中心、独立自主、感情用事、严谨沉稳、自卑压抑、求实务实、不拘小节等特征，设计为多选题，不选=0，选=1；“日常生活状况”则通过李克特五级量表考察了“经常买当地报纸或杂志看”“经常光顾大型超市或购物中心”“饮食与穿着与城里人/当地人一样”“了解当地的风俗习惯”“会说或能听得懂当地语言”等情况，级别从“非常不同意”到“非常同意”，相应地依次赋值为1—5。此外，本

① 本书在社会资本最初设计中，还用“在城市里的朋友圈”“是否有城市当地朋友”等指标考察长三角农民工的社会人脉资源，但在回归分析模型中，发现模型结构不理想，经多次调试与优化后，选取本文测量指标。

② 本书根据布尔迪厄提出“生活方式和消费偏好”指标，最初还将长三角农民工的“工作之外休闲方式”指标进行考察；但在回归模型分析中，发现结构模型不理想，因此本书最后没有将此指标纳入研究模型。

书认为农民工个体的受教育程度是其文化资本重要组成部分，因此，本书将其纳入文化资本来测量，主要划分为不识字或识字很少=1；小学=2；初中=3；高中=4；中专/技校/大专=5；大学本科及以上=6。

2. 数据样本分析情况

根据文献综述与研究假设，本书对所取变量的样本数据进行了描述性分析。如表2-28所示。可以看出，打算留在城市发展的农民工的均值和标准差要显著高于打算回农村的农民工的样本，这说明打算留在城市的农民工仍占主体，那么布尔迪厄三资本对他们城市融入作用如何？本书对此进行了深入研究。

表2-28　长三角农民工城市发展数据描述性分析（N=3840）

变量	均值	标准差	变量	均值	标准差
性别（女=0）	0.59	0.492	居住方式（工地工棚=1）	5.73	1.791
年龄（18周岁以下=1）	3.59	1.590	打算留在城市的原因	0.40	1.816
婚恋（未婚=1）	1.66	0.499	打算回农村/老家的原因	0.66	1.498
受教育水平（不识字或识字很少=1）	3.52	1.476	您的个性是（不选=0）		
您在本地的户口类型是（暂住证=1）	1.88	1.274	节俭朴素	0.50	0.500
您目前的工作是（无业/下岗/失业=1）	7.72	2.850	争强好胜	0.17	0.372
收入状况（1000元及以下=1）	4.22	1.170	乐于冒险	0.15	0.360
您工作获得的渠道（自己获得=1）	3.61	2.032	呆板固执	0.04	0.187
生活消费状况（完全不符合=1）			乐观热情	0.42	0.494
经常买当地报纸或杂志看	2.82	1.093	个人中心	0.07	0.255
经常光顾大型超市或购物中心	3.20	0.899	独立自主	0.34	0.475
饮食与穿着与城里人/当地人一样	3.12	0.886	感情用事	0.11	0.307
了解当地的风俗习惯	3.05	0.902	严谨沉稳	0.18	0.386
会说或能听得懂当地语言	2.90	1.036	自卑压抑	0.05	0.222
			求实务实	0.37	0.482
			不拘小节	0.18	0.387

四　研究结果

根据布尔迪厄社会流动三资本理论以及上述研究框架，使用嵌套Logit模型对长三角农民工社会流动的动机“您有离开城市回家乡发展的打算吗”（没有=0、有=1，M=1.24，SD=0.429，选择“没有”的占75.6%，“有”的占24.4%）进行了回归分析。在技术上，首先，拟合一个以性别、年龄、婚姻状况为解释变量的随机截距模型（randominterceptmodel），并观察其是否存在集成效应。其次，分别引入布尔迪厄三资本因素变量，以此来研究核心变量以及他们之间的关系对长三角农民工社会分层之间的影响。最后，将布尔迪厄三资本全部加入模型，观察三资本之间的相关关系和整体效应。本书使用二元回归概率模型分别表示如下：

模型 1：$Y_1 = (HOMELAND = 1/0) = \alpha_0 + \alpha_1 GENDER + \alpha_2 AGE + \alpha_3 MAR + \varepsilon_1$

模型 2：$Y_2(HOMELAND = 1/0) = b_0 + b_1 \mathrm{GENDER} + \mathrm{b}_2 AGE + b_3 MAR + b_4 INCOME + b_5 LIVECON + \varepsilon_2$

模型 3：$Y_3(HOMELAND = 1/0) = c_0 + c_1 GENDER + c_2 AGE + c_3 MAR + c_4 HOUSEHOLD + c_5 JOB + c_6 GAINJOB + \varepsilon_3$

模型 4：$Y_4(HOMELAND = 1/0) = d_0 + d_1 GENDER + d_2 AGE + d_3 MAR + d_4 EDU + d_5 PERSONALITY + d_6 HABUT + \varepsilon_4$

模型 5：$Y_5(HOMELAND = 1/0) = e_0 + e_1 GENDER + e_2 AGE + e_3 MAR + e_4 INCOME + e_5 LIVECON + e_6 HOUSEHOLD + e_7 JOB + e_8 GAINJOB + e_9 EDU + e_{10} PERSONALITY + e_{11} HABUT + \varepsilon_5$

模型 1 只引入长三角农民工的人口与社会学特征变量，模型 2 为只引入长三角农民工的经济资本参数，模型 3 为只引入长三角农民工的主要文化资本参数，模型 4 只引入长三角农民工的社会资本参数，模型 5 为全部加入上述基本变量与布尔迪厄三资本变量。在上述模型中，Y（HOMELAND=1 | 0）表示长三角农民工社会分层与流动的选择，如果选择留在城市里，则 HOMELAND 的值为 1 估计结果，其中，模型 1 相对应的二元回归方程为

$$P(Y_1) = 1/(1 + e^{-(a_0 + a_1 GENDER + a_2 AGE + a_3 MAR)})$$

同理回归方程 $p(\mathrm{Y}_2)$ 、$P(Y_3)$ 、$P(Y_4)$ 、$P(Y_5)$ 。经系统运算，得出布尔迪厄三资本对长三角农民工留城意愿的影响。如表 2-29 所示。

表 2-29　　长三角农民工布尔迪厄三资本多层嵌套 logit 模型分析

参数	模型 1	模型 2 经济资本	模型 3 社会资本	模型 4 文化资本	模型 5 布尔迪厄三资本
性别（女=0）	0.080 (0.077)	0.135+ (0.079)	0.071 (0.077)	0.102 (0.080)	0.148+ (0.083)

续表

参数	模型 1	模型 2 经济资本	模型 3 社会资本	模型 4 文化资本	模型 5 布尔迪厄三资本
年龄（18 周岁以下=1）	-0.031 (0.028)	-0.028 (0.028)	-0.024 (0.028)	-0.019 (0.029)	-0.013 (0.030)
婚恋（未婚=1）	0.192* (0.090)	0.297*** (0.091)	0.190* (0.090)	0.173+ (0.095)	0.264** (0.097)
收入状况（1000 元及以下=1）		-0.174*** (0.034)			-0.158*** (0.035)
居住方式（工地工棚=1）		-0.101*** (0.021)			-0.067** (0.023)
您在本地的户口类型是（暂住证=1）			-0.067* (0.031)		-0.044 (0.032)
您目前的工作是（无业/下岗/失业=1）			0.001 (0.013)		0.004 (0.014)
您工作获得的渠道（自己获得=1）			-0.078*** (0.019)		-0.089*** (0.020)
受教育水平（不识字或识字很少=1）				-0.091** (0.029)	-0.078** (0.030)
您的个性是（未选=0）					
节俭朴素				0.076 (0.083)	0.013 (0.084)
争强好胜				0.252* (0.105)	0.272** (0.106)
乐于冒险				0.469*** (0.104)	0.501*** (0.105)
呆板固执				0.172 (0.195)	0.090 (0.198)
乐观热情				0.182* (0.081)	0.169* (0.082)
个人中心				0.067 (0.150)	0.056 (0.152)
独立自主				-0.261** (0.086)	-0.273** (0.087)
感情用事				0.369** (0.121)	0.376** (0.123)
严谨沉稳				0.187+ (0.103)	0.168 (0.104)
自卑压抑				0.525*** (0.159)	0.467** (0.160)
求真务实				-0.109 (0.083)	-0.106 (0.083)
不拘小节				0.229** (0.099)	0.251* (0.100)

续表

参数	模型 1	模型 2 经济资本	模型 3 社会资本	模型 4 文化资本	模型 5 布尔迪厄三资本
生活消费状况（完全不符合=1）					
经常买当地报纸或杂志看				-0.061 (0.039)	-0.057 (0.039)
经常光顾大型超市或购物中心				0.101** (0.051)	0.119* (0.051)
饮食与穿着与城里人/当地人一样				-0.185*** (0.055)	-0.166** (0.055)
了解当地的风俗习惯				-0.087 (0.060)	-0.078 (0.060)
会说或能听得懂当地语言				-0.095+ (0.049)	-0.081 (0.050)
常数项	-1.390*** (0.142)	-0.315 (0.203)	-1.017*** (0.195)	-0.427+ (0.259)	0.574+ (0.308)
-2 对数似然值（R^2）	4259.545	4205.495	4235.439	4117.307	4060.911
Hosmer 和 Lemeshow 检验	0.098	0.192	0.003	0.010	0.057
样本数	3840	3840	3840	3840	3840

说明：（1）括号内是标准误；（2）+p≤0.1，*p≤0.05，**p≤0.01，***p≤0.001。

1. 长三角农民工的布尔迪厄三资本社会分层状况分析

（1）长三角农民工的经济资本状况

表 2-29 回归结果显示，在长三角农民工人口学特征截距模型中，详见模型 1，婚姻状况对“是否打算回农村”呈显著性，说明已婚的长三角农民工更倾向于打算回农村。当引入经济资本时，详见模型 2，发现在经济资本背景下，长三角农民工的性别呈边际效应，婚姻状况呈强显著性，这说明在一定的经济资本条件下，男性、已婚的农民工打算回农村的意愿更大些。同时，对长三角农民工而言，其经济资本中的工资收入、居住方式都呈负强显著性。说明工资收入较低、居住条件较差的长三角农民工打算回农村的意愿比较强。

（2）长三角农民工的社会资本状况

在社会资本中，如模型 3 所示，在人口学变量中，婚姻状况呈显著性，说明已婚的长三角农民工回农村意愿更强。在社会指标中，“户口类型”呈负显著性，“工作获得渠道”呈强负显著性，说明户籍制度区隔，特别是工作获得渠道对长三角农民工的社会流动与分层起到一定的作用，其中持有暂住证等非城市户口、找工作"主要靠自己"的长三角农民工更倾向于回农村。

（3）长三角农民工的文化资本状况

在文化资本，如模型4所示，人口学变量中婚姻状况呈边际效应，说明已婚的长三角农民工有一定的回农村倾向。在文化资本中，受教育程度呈负显著性，说明长三角农民工中受教育程度较低的人回农村的意愿比较高。在个性中，严谨沉稳呈边际效应，乐观热情、争强好胜呈显著性，独立自主、不拘小节、感情用事、乐于冒险、自卑压抑呈强显著性，其中独立自主为负相关，其他个性程度由低到高。说明长三角农民工的个性的确在一定程度上影响他们社会流动的意愿，其中独立自主个性特征比较弱，而诸如乐观热情、争强好胜、不拘小节、感情用事、乐于冒险、自卑压抑等个性比较强的长三角农民工打算回农村的意愿更强。

在"日常生活状况"中，"饮食与穿着与城里人/当地人一样"呈强负显著性，"经常光顾大型超市或购物中心"呈显著性，"会说或能听得懂当地语言"呈边际效应，说明那些在购物消费方面与城市人消费日益趋同，但在饮食、穿着、语言等方面却无法深入融入城市的长三角农民工来说，打算回农村的意愿比较强。

（4）长三角农民工布尔迪厄三资本综合作用

当将布尔迪厄三资本都纳入回归模型中时，如模型5所示，长三角农民工人口学变量中，性别呈边际效应、婚姻状况呈显著性，说明已婚的农民工更倾向于打算回农村。在经济资本中，工资收入与居住方式都呈负强显著性，说明工资收入水平较低、居住条件较差的长三角农民工更倾向于回农村。在社会资本中，"工作获得渠道"呈负强显著性，说明在城市中找工作主要靠自己而没有老乡、朋友、亲戚等社会资源的长三角农民工回农村的意愿更强。

在文化资本中，教育程度呈负显著性，说明受教育程度较低的长三角农民工回农村的意愿更强；在个性特征中，独立自主呈负显著性，不拘小节呈显著性，乐观热情、争强好胜、感情用事、自卑压抑、乐于冒险呈强显著性，且程度由低到高。说明长三角农民工中，独立自主个性特征比较弱，而不拘小节、乐观热情、争强好胜、感情用事、自卑压抑、乐于冒险等个性比较强的长三角农民工打算回农村的意愿更强。在"日常生活状况"中，"饮食与穿着与城里人/当地人一样""经常光顾大型超市或购物中心”都呈显著性，其中“饮食与穿着与城里人/当地人一样”为负相关，说明长三角农民工还主要停留在表层城市融入阶段，还难以真正适应城市的饮食、风俗等文化习俗。

2. 长三角农民工社会流动原因及图谱研究

本书根据布尔迪厄场域理论，对长三角农民工未来“打算留在城市”或“回农村/老家”的原因进行了细分研究，首先，对长三角农民工“打算留在城市”与“回农村/老家”原因进行了效度与信度分析，其中“打算留在城市”进行了整体效度检验与因子分析，去掉分辨度绝对值小于0.5的选题，最终 Cronbach's Alpha 为0.619，均值为0.79，F 检验 P<0.001，表明内在一致性达到基本要求。其次，对其又进行了因子分析，采取用特征值大于1，最大方差法旋转提取公因子的方法，共提取特征值大于1的3个公因子（因子总的方差贡献率为50.207%），详见表2-30。根据各个基础变量在不同因子上的负荷的实际代表意义进行命名并再次进行信度检验，长三角农民工打算留在城市的原因分为三个层面，第一层面为硬件需求因子，主要包括城市经济发展、公共卫生、基础设施与教育等方面的优势；第二层面为软环境发展因子，主要体现他们生活质量，包括生活便利、心理满足、自身发展、社会氛围等方面；第三层面为城市融合因子，主要包括不适应农村生活、在城市有亲戚/家人/朋友等社会资源。

表2-30　　长三角农民工打算留在城市原因的因子分析

因子选项	成分		
	硬件需求因子	软环境发展因子	城市融合因子
1. 生活便利	0.439	0.513	-0.003
2. 经济发达	0.685	0.082	-0.029
3. 城市卫生条件和基础设施好	0.674	0.070	0.184
4. 在城市体面	0.066	0.663	0.169
5. 城市文化教育质量好	0.689	-0.015	0.066
6. 不适应农村/老家的生活	0.106	0.055	0.754
7. 发展机会多	0.462	0.504	-0.202
8. 有家人或亲戚在当地	0.013	0.063	0.695
9. 宽松自由	-0.086	0.746	0.050

本书又对“回农村/老家”的原因进行了相应的分析，其整体效度检

验，Cronbach's Alpha 为 0.778，均值为 0.66，F 检验 P<0.001，表明内在一致性较好。然后，对其又进行了因子分析，最大平衡值法旋转提取公因子的方法，共提取特征值大于 1 的 3 个公因子（因子总的方差贡献率为 43.365%），详见表 2-31。根据各个基础变量在不同因子上的负荷的实际代表意义进行命名。

表 2-31　　长三角农民工打算回农村/老家原因的因子分析

	成分		
	城市区隔因子	回乡动力因子	农村安居因子
1. 没有当地户口	0.465	0.392	0.151
2. 在城市子女上学难	0.699	0.137	0.056
3. 就业难度大	0.678	0.056	0.223
4. 家人亲戚都不在当地	0.287	0.559	-0.005
5. 竞争激烈，生活压力大	0.774	0.088	0.048
6. 房价、物价太高	0.583	0.309	0.222
7. 回农村/老家创业	0.130	0.732	-0.104
8. 城市人际关系太冷漠	0.473	0.175	0.348
9. 在城市感到受歧视	0.519	0.116	0.332
10. 环境不如家乡好	-0.014	0.381	0.617
11. 城市里规矩太多，不自由	0.134	0.042	0.671
12. 交通问题	0.184	-0.115	0.543
13. 确保农村耕地和林地承包权和流转权	-0.058	0.577	0.272

可见，长三角农民工选择“回农村/老家”的原因主要分三类。一是城市区隔群体，体现长三角农民工城市生存、发展等方面的现实阻碍，主要包括生活压力、就业竞争、子女教育、城乡歧视等方面。喜欢农村舒逸的生活。二是回乡动力群体，主要包括亲情牵挂、土地所有权等利益保全以及农村创业。三是农村安居群体，主要表现为对城市环境、交通等问题的不满等方面。本书在上述分析的基础上，对“打算留在城市”与“回乡/老家”的原因进行数据转换，并以其为因变量，对布尔迪厄三因子进一步做 OLS 回归分析，以考察长三角农民工社会流动的潜在趋势、结构与影响因素。详见表 2-32。

表 2-32　　布尔迪厄三资本对长三角农民工社会流动的作用研究

	留在城市（社会融入）的原因				返乡回流的原因			
	硬件需求因子	软环境发展因子	城市融合因子	留在城市指数	城市区隔因子	回乡动力因子	农村安居因子	返乡回流指数
常数项/阈值	-1.324 *** (0.122)	0.338 ** (0.124)	-0.489 *** (0.125)	-1.8993 *** (0.258)	0.216+ (0.123)	0.123 (0.126)	0.213+ (0.126)	0.783 ** (0.303)
性别（女=0）	0.042 (0.033)	-0.081 * (0.034)	-0.074 * (0.034)	-0.1240+ (0.070)	0.007 (0.033)	0.112 *** (0.034)	0.000 (0.034)	0.159+ (0.082)
年龄（18 周岁以下=1）	-0.022+ (0.012)	-0.059 *** (0.012)	0.027 * (0.012)	-0.0733 ** (0.026)	-0.006 (0.012)	0.022+ (0.013)	-0.032 * (0.013)	-0.019 (0.030)
婚恋（未婚=1）	0.027 (0.039)	-0.084 * (0.040)	0.130 *** (0.040)	0.073 (0.082)	0.033 (0.039)	0.105 ** (0.040)	0.078 (0.040)	0.284 ** (0.097)
收入状况（1000 元及以下=1）	0.033 * (0.014)	0.047 *** (0.014)	-0.010 (0.014)	0.0923 ** (0.030)	-0.013 (0.014)	-0.022 (0.015)	-0.038 ** (0.015)	-0.095 ** (0.035)
居住方式（工地工棚=1）	0.041 *** (0.009)	0.003 (0.009)	-0.009 (0.009)	0.0513 ** (0.019)	-0.008 (0.009)	-0.025 ** (0.009)	-0.002 (0.009)	-0.049 * (0.023)
户口类型（暂住证=1）	-0.052 *** (0.013)	-0.003 (0.013)	0.020 (0.013)	-0.0543 * (0.027)	0.010 (0.013)	-0.039 ** (0.013)	0.003 (0.013)	-0.030 (0.031)
工作状况（无业/下岗/失业=1）	0.003 (0.006)	-0.021 *** (0.006)	-0.005 (0.006)	-0.0273 * (0.012)	-0.007 (0.006)	0.002 (0.006)	0.010+ (0.006)	0.003 (0.014)
工作渠道（靠自己=1）	0.007 (0.008)	-0.013 (0.008)	0.046 *** (0.008)	0.0423 ** (0.017)	-0.026 *** (0.008)	-0.032 *** (0.008)	0.021 * (0.008)	-0.062 *** (0.019)
受教育水平（不识字或识字很少=1）	0.067 (0.012)	-0.049 *** (0.012)	-0.020+ (0.012)	0.009 (0.025)	-0.055 *** (0.012)	-0.005 (0.012)	0.013 (0.012)	-0.087 ** (0.029)
您的个性是（未选=0）								
节俭朴素	0.153 *** (0.034)	0.099 ** (0.034)	0.045 (0.034)	0.378 *** (0.071)	0.129 *** (0.034)	0.075 * (0.035)	-0.031 (0.035)	0.287 *** (0.084)
争强好胜	0.041 (0.043)	0.117 ** (0.044)	0.146 *** (0.044)	0.359 *** (0.092)	0.256 *** (0.044)	0.098 * (0.045)	0.009 (0.045)	0.583 *** (0.108)
乐于冒险	0.054 (0.044)	0.018 (0.045)	0.129 ** (0.045)	0.235 * (0.094)	0.310 *** (0.045)	0.035 (0.046)	0.022 (0.046)	0.611 *** (0.110)
呆板固执	0.162+ (0.085)	0.282 *** (0.087)	0.492 *** (0.087)	1.097 *** (0.180)	0.315 *** (0.086)	-0.059 (0.088)	0.065 (0.088)	0.547 ** (0.212)
乐观热情	0.184 *** (0.033)	0.068 * (0.033)	0.075 * (0.034)	0.414 *** (0.070)	0.108 *** (0.033)	0.066+ (0.034)	0.103 ** (0.034)	0.393 *** (0.082)
个人中心	-0.010 (0.062)	0.075 (0.064)	0.174 ** (0.064)	0.268 * (0.132)	0.013 (0.063)	-0.015 (0.065)	0.097 (0.065)	0.115 (0.155)

续表

	留在城市（社会融入）的原因				返乡回流的原因			
	硬件需求因子	软环境发展因子	城市融合因子	留在城市指数	城市区隔因子	回乡动力因子	农村安居因子	返乡回流指数
独立自主	0.213 *** (0.034)	0.237 *** (0.034)	0.012 (0.034)	0.594 *** (0.071)	0.080 ** (0.034)	-0.013 (0.035)	-0.089 * (0.035)	0.019 (0.084)
感情用事	-0.056 (0.052)	-0.014 (0.053)	0.125 * (0.053)	0.041 (0.110)	0.202 *** (0.053)	0.273 *** (0.054)	-0.004 (0.054)	0.704 *** (0.130)
严谨沉稳	0.123 ** (0.042)	0.085 * (0.043)	0.013 (0.043)	0.286 *** (0.089)	0.129 ** (0.042)	-0.044 (0.043)	0.192 *** (0.043)	0.390 *** (0.104)
自卑压抑	0.126+ (0.071)	-0.013 (0.072)	0.263 *** (0.073)	0.439 ** (0.151)	0.415 *** (0.072)	-0.086 (0.073)	0.224 ** (0.074)	0.870 *** (0.177)
求真务实	0.182 *** (0.033)	0.128 *** (0.034)	0.038 (0.034)	0.447 *** (0.070)	0.059+ (0.033)	0.010 (0.034)	0.013 (0.034)	0.131 (0.082)
不拘小节	0.067+ (0.041)	-0.073+ (0.042)	0.070+ (0.042)	0.076 (0.087)	0.141 *** (0.041)	0.099 * (0.042)	0.086 * (0.042)	0.475 *** (0.102)
生活状况（完全不=1）								
报纸或杂志	0.047 ** (0.016)	0.106 *** (0.016)	-0.033 * (0.016)	0.159 *** (0.034)	0.068 *** (0.016)	-0.025 (0.016)	-0.061 *** (0.016)	0.016 (0.039)
超市或购物中心	-0.018 (0.021)	-0.098 *** (0.021)	-0.022 (0.021)	-0.1693 *** (0.044)	0.000 (0.021)	0.032 (0.021)	-0.020 (0.022)	0.018 (0.052)
饮食穿着同城里一样	0.018 (0.022)	0.019 (0.023)	0.083 *** (0.023)	0.1383 ** (0.048)	-0.092 *** (0.023)	-0.035 (0.023)	-0.005 (0.023)	-0.212 (0.056)
了解当地的风俗习惯	0.031 (0.024)	-0.030 (0.025)	-0.004 (0.025)	0.000 (0.051)	-0.021 (0.025)	-0.009 (0.025)	-0.050 * (0.025)	-0.107+ (0.060)
会说当地语言	0.069 *** (0.020)	0.009 (0.020)	-0.017 (0.020)	0.0863 * (0.042)	-0.010 (0.020)	-0.010 (0.020)	0.023 (0.020)	-0.003 (0.049)
R^2	0.099	0.062	0.052	0.099	0.072	0.032	0.029	0.076

说明：(1) 括号内是标准误；(2) +p≤0.1，* p≤0.05，** p≤0.01，*** p≤0.001。

从表2-32可以看出，“打算留在城市”的长三角农民工中有以下特征。

(1) 对硬件需求因子的长三角农民工而言，在人口学变量中，年龄呈边际效应，说明年轻农民工更倾向因为硬件条件而留在城市。在经济资本中，工资收入与居住方式都呈显著性，其中居住方式为强显著性，说明收入较高、居住条件较好的长三角农民工更愿意留在城市中。在社会资本中，户口类型呈负强显著性，说明持有暂住证等的农民工更倾向因为硬件条件而选择留在城市。在文化资本中，教育程度不呈显著性；在个性特征中，呆板固执、自卑压抑、不拘小节呈边际效应，而严谨沉稳、节俭朴素、求真务实、乐观热情、独立自主呈强显著性，且程度由低到高，说明这部分农民工群体中具有理性、乐观与实干等特质的人更趋向留在城市；在日常生活状况中，看当地报纸与杂志、会说当地语言呈强显著性，说明当地媒体与语言对农民工城市融入起到一定的促进作用。

（2）对软环境发展因子的长三角农民工群体而言，在人口学变量中，年龄、婚恋呈显著性，婚姻状况呈强显著性，且都为负相关，年龄较轻、未婚、女性长三角农民工更倾向于因为城市的综合软环境条件而留在城市。在经济资本方面，收入呈强显著性，说明收入较高的长三角农民工更趋向因为城市综合软环境而留在城市。在社会资本中，工作状况呈负强显著性，说明工作职业类别较一般的长三角农民工更倾向于因为城市综合软环境而留在城市。在文化资本中，教育呈负强显著性，说明受教育程度越高的农民工更倾向于因为城市氛围而留在城市；在个性特征中，不拘小节呈边际效应，乐观热情、严谨沉稳、节俭朴素、争强好胜呈显著性，求真务实、独立自主、呆板固执呈强显著性，表明这部分长三角农民工的个性特征偏积极而务实。在“日常生活状况”中，购买当地报纸与杂志、购物消费呈强显著性，其中购物消费为负相关，说明当地媒体对农民工城市融入起到一定的促进作用，而现实生活消费压力却打压他们留在城市的意愿。

（3）对城市融合因子的长三角农民工群体而言，在人口学统计变量中，性别、年龄、与婚姻状况都呈显著性，其中性别为负相关，说明女性、年龄较大、已婚的农民工更趋向留在城市中。在经济资本中，各观察变量都不呈显著性，可见经济资本对这部分长三角农民工而言矛盾并不特别的突出。在社会资本中，工作渠道呈强显著性，说明对于城市融合有需求的长三角农民工在城市中已具有一定的人脉关系，能够不断拓宽自己的工作渠道与能力，但同时研究也显示目前这部分农民工群体在城市中的人脉关系仍然以老乡、亲戚为主，人际圈向城市人群辐射的能力还比较弱。在文化资本中，教育程度呈边际效应，说明对于城市融合有需求的长三角农民工而言，受教育程度的矛盾并不是特别突出；在个性特征中，不拘小节呈边际效应，乐观热情、感情用事、乐于冒险、个人中心呈显著性，争强好胜、自卑压抑呈强显著性，说明有城市融合需求的农民工群体个性特征多元化。在日常生活状况中，看当地报纸杂志、饭食穿着习惯呈显著性，但二者出现背离，其中当地媒体对他们城市融入起到区隔作用，而当地人的生活习惯起到一定的同化作用，显现这部分长三角农民工虽然已完成了表层的城市融合，但仍存在一定的话语权区隔。

（4）将长三角农民工留在城市原因的三个因子按其因子值与贡献值转换生成留在城市指数，综合看布尔迪厄三资本对他们留在城市的总体影响情况，在人口学变量中，性别呈边际效应，年龄呈显著性，说明年轻的农民工留在城市的意愿更强。在布尔迪厄三资本中，经济资本中，收入状况与居住方式都呈显著性，说明收入较高、居住条件较好的长三角农民工留在城市的意愿更强。在社会资本中，户口类型、工作状况、工作渠道都呈显著性，其中户口类型、工作状况为负相关，悖论地说明，持有暂住证、工作职业级别较低，但在城市有一定工作渠道的长三角农民工留在城市中的意愿较强。在文化资本中，教育并不显著；个性中，除了感情用事、不拘小节外，其他都呈显著性，其中乐于冒险、个人中心、自卑压抑呈显著性，严谨沉稳、争强好胜、乐观热情、求真务实、独立自主、呆板固执呈强显著性，可见，留在城市的长三角农民工更倾向理性、务实与坚强；在生活状况中，“会说或能听得懂当地语言”“饮食穿着同城里一样”呈显著性，“看当地报纸或杂志”“经常到超市或购物消费”呈强显著性，说明长三角农民工正由表层融合向深层融合过渡。

综上所述，在人口学变量上，对软环境发展和城市融合需求群体而言，性别、年龄、婚姻状况分层作用更明显，而从整体来看，年龄分层作用明显。同时，布尔迪厄三资本中，就经济资本而言，对于硬件需求的农民工群体而言，工作收入、居住条件的作用都很明显，相比较而言，他们更关注居住条件，但随着长三角农民工城市融入的加深，经济资本对他们社会分层的作用逐渐减弱。在社会资本中，可以看出对于不同需求的群体，社会资本的分层作用各不相同，其中对于硬件需求的长三角农民工群体户口制度性区隔都起到一定的作用，对于软环境发展的群体，工作职业是很大的阻碍与瓶颈；对于城市融合的群体，通过熟人关系圈获得抱团发展的工作渠道模式在他们城市融入中起到更重要作用，从整体而言，三个方面都起作用，但工作渠道更突出些。就文化资本而言，教育程度对软环境发展的长三角农民工群体具有社会分层作用；在个性特征中，随着城市嵌入程度的加深，争强好胜、乐于冒险、呆板固执、个人中心、自卑压抑等个性作用不断加强，而节俭朴素、乐观热情、独立自主、严谨沉稳、求真务实等个性的作用不断减弱，可见，在城市过程中，长三角农民工乡村淳朴的个性特质逐渐被城市人的个性特质所代替；在生活消费状况中，对于硬件需求的长三角农民工群体而言，看当地报纸杂志、当地语言起到重要的作用，但二者作用相反；对于软环境发展的群体，看当地报纸杂志与购物消费更起作用，且二者作用也出现背离现象。这说明对于城市硬件需求与软环境发展的群体，当地媒体对他们城市融入起到促进与加强作用，但现实生活消费压力又阻碍了他们城市融入的能力。而到了城市融合需求的群体虽然具有一定的经济消费能力，但看当地报纸杂志却反而起到一定的阻碍作用，存在着一定的话语文化区隔。可见，当前文化资本对长三角农民工留在城市中的作用矛盾比较突出。因此，布尔迪厄三资本在一定程度上能够反映出长三角农民工城市嵌入的状况，并考察出他们城市分层状况，假设 1 成立。同时，随着城市嵌入需求的加深，经济资本的区隔作用反而越弱，由物质要求向生活品质、价值实现和社会认同转向，假设 1A 不成立。社会资本对长三角农民工群体城市融入的不同需求表现各不相同，随着农民工城市嵌入需求的加深，由户口等制度性门阀限制向人际强关系等软资源转移，假设 1B 成立。文化资本在长三角农民工城市融入中处于复杂的状况。相对教育而言，个人的个性特征与日常生活状况取向起到重要的作用，特别是，在日常生活中，农民工往往处于话语、消费、生活的多重焦灼与矛盾现象，假设 1C 成立。

而本书还对长三角农民工回乡原因与形态进行了回归分析，结果显示如下。

1. 对城市区隔长三角农民工而言，人口学变量、经济资本与社会资本都不呈显著性。

在文化资本上，教育呈负强显著性，说明随着教育程度的增高，这部分群体农民工回乡的意愿变弱。在个性特征上，除了个人中心、求真务实（边际效应）外，独立自主、严谨沉稳呈显著性，乐观热情、节俭朴素、不拘小节、感情用事、争强好胜、乐于冒险、呆板固执、自卑压抑呈强显著性，且程度由低到高，说明这部分回乡农民工群体个性出现两极分化与冲突的倾向。在日常生活状况中，看当地报纸杂志呈强显著性，说明当地媒体催化了他们回乡的意愿，城市媒体对他们负面、歧视或者刻板印象的报道和言论，迫使他们逃离城市，具有一定的阻隔作用；当地饮食穿着呈负显著性，说明难以适应或无法融入城市生活的长三角农民工更倾向回到农村。

2. 对农村/回乡动力源的长三角农民工而言，在人口学变量中，性别与婚姻状况呈显著性，其中性别为强相关，年龄呈边际效应，说明男性、已婚的长三角农民工更倾向于回流农村发展。在经济资本中，居住方式呈负显著性，说明居住条件较差的长三角农民工更倾向于回流农村。在社会资本中，户口类型与工作渠道呈负显著性，其中工作渠道为强相关，说明户籍等制度性门槛与城市人脉资源仍然是这部分农民工回流农村的一个重要原因。在文化资本中，教育程度不呈显著性；在个性特征中，感情用事呈强显著性，节俭朴素、争强好胜、不拘小节呈显著性，乐观热情呈边际效应，说明这部分长三角农民工的个性特征比较感性、冲动。在日常生活状况方面，各变量都不呈显著性，说明日常生活状况对这部分长三角农民工作用不明显。

3. 对农村安居长三角农民工群体而言。在人口学变量中，年龄呈负显著性。说明年龄较轻的农民工较趋向于回农村生活。在经济资本中，收入状况呈负显著性，说明收入越低的农民工越倾向于回农村。在社会资本中，工作职业呈边际效应，工作渠道呈显著性，说明工作渠道对长三角农民工回乡安居意愿起到一定的作用。在文化资本中，教育程度不呈显著性；在个性特征中，独立自主、不拘小节、乐观热情、自卑压抑呈显著性，严谨沉稳呈强显著性，其中独立自主为负相关，说明个性比较弱的农民工趋于回农村生活。在日常生活状况中，看当地报纸杂志、当地风俗习惯都呈负显著性，其中看当地报纸杂志为强显著性，说明在城市话语权或生活不适应的长三角农民工回农村安居的意愿更强。

4. 将长三角农民工返乡回流原因的三个因子按其因子值与贡献值转换生成返乡回流指数，综合看布尔迪厄三资本对他们返乡回流的总体影响情况。在人口学变量中，性别呈边际效应，婚恋情况呈显著性，说明已婚的长三角农民工回乡的意愿更强。在经济资本中，收入状况与居住方式都呈负显著性，说明收入越低、居住条件越差的长三角农民工回乡的意愿越强。在社会资本中，工作渠道呈负强显著性，说明相对于户口制度、工作职业而言，在城市中没有什么人脉资源的长三角农民工选择回乡的意愿比较强。在文化资本中，教育程度呈负显著性，说明受教育程度越低的农民工选择回乡的意愿越强；在个性特征中，除了个人中心、独立自主、求真务实外，呆板固执呈显著性，节俭朴素、严谨沉稳、乐观热情、不拘小节、争强好胜、乐于冒险、感情用事、自卑压抑呈强显著性，且程度由低到高，说明这些性格越明显的长三角农民工回乡的意愿越强。在生活状况中，只有“了解当地的风俗习惯”呈边际效应。可见，从横向来看，我国长三角农民工在向上流动的同时，出现了一定的农村回流现象，农民工向上社会流动向双向交互流动转向，假设 2 成立。在人口学变量中，男性、已婚、年龄较年轻的长三角农民工回流农村的趋势较强，特别是，新生代农民工也出现了回乡安居返乡潮，假设 2A 成立。经济资本中收入对回农村安居群体影响较为显著，居住方式对回乡创业群体影响较为显著，说明经济资本压力是这两部分长三角农民工回乡的显著因素。在社会资本中，矛盾主要集中在工作渠道方面上，假设 2B 成立。文化资本中，教育程度只对城市区隔因子的群体呈显著性，可见，受教育程度的高低是长三角农民工是留在城市还是回农村的关键阈值。在个性特征上，整体上看农民工由自信、理性趋向感性、自卑与内向转化；日常生活状况由当地媒介、城市饮食、穿着、风俗习惯等话语权的缺位与生活的不认同，催生了部分群体由城市回流到农村，但整体上看，教育程度与个性特征更显著，假设 2C 不成立。

综上所述，本书根据布尔迪厄构建的［（习性）（资本）］+场域=实践模式，描绘出我国长三角农民工社会分层与流动布尔迪厄三资本图谱。详见表 2-33。

表 2-33　布尔迪厄三资本对长三角农民工社会分层与流动作用图谱

	城市融入			回农村生活		
	硬件需求因子	软环境发展因子	社会融合因子	城市区隔因子	回乡动力因子	农村安居因子
原因	经济发达 卫生条件 基础设施好 文化教育质量好	生活便利 在城市体面 发展机会多 宽松自由	不适应农村/老家的生活 有家人或亲戚在当地	在城市子女上学难 就业难度大 竞争激烈 生活压力大 房价、物价太高 城市人际关系太冷漠 在城市受到歧视	家人亲戚都在老家 回农村/老家创业 确保农村耕地和林地承包权和流转权	环境不如家乡好 交通问题 其他
人口学变量	年龄（-）（边际）	性别（-） 年龄（-） 婚恋情况（-）	性别（-） 年龄 婚恋情况		性别 年龄（边际） 婚恋情况	年龄（-）

续表

	城市融入			回农村生活		
	硬件需求因子	软环境发展因子	社会融合因子	城市区隔因子	回乡动力因子	农村安居因子
原因	经济发达 卫生条件 基础设施好 文化教育质量好	生活便利 在城市体面 发展机会多 宽松自由	不适应农村/老家的生活 有家人或亲戚在当地	在城市子女上学难 就业难度大 竞争激烈 生活压力大 房价、物价太高 城市人际关系太冷漠 在城市受到歧视	家人亲戚都在老家 回农村/老家创业 确保农村耕地和林地承包权和流转权	环境不如家乡好 交通问题 其他
经济资本	工资收入 居住条件	工资收入			居住条件（-）	工资收入（-）
社会资本	户口（-）	工作职业（-）	工作渠道	工作渠道（-）	户口（-） 工作渠道（-）	工作职业（边际） 工作渠道
文化资本	不拘小节（边际） 自卑压抑（边际） 呆板固执（边际） 严谨沉稳 节俭朴素 求真务实 乐观热情 独立自主 当地报纸与杂志 当地语言	教育程度（-） 不拘小节（边际） 乐观热情 严谨沉稳 节俭朴素 争强好胜 求真务实 独立自主 呆板固执 当地报纸与杂志 当地购物消费（-）	教育程度（-）（边际） 不拘小节（边际） 乐观热情 感情用事 乐于冒险 个人中心 争强好胜 自卑压抑 呆板固执 当地报纸杂志（-） 当地饮食穿着	教育程度（-） 求真务实（边际） 独立自主 严谨沉稳 乐观热情 节俭朴素 不拘小节 感情用事 争强好胜 乐于冒险 呆板固执 自卑压抑 当地报纸杂志 当地饮食穿着（-）	乐观热情（边际） 节俭朴素 争强好胜 不拘小节 感情用事	独立自主（-） 不拘小节 乐观热情 自卑压抑 严谨沉稳 当地饮食穿着（-） 当地的风俗习惯（-）

五　结论与讨论

通过上述分析，本书借助布尔迪厄三资本理论对我国长三角农民工社会的社会分层与流动的方向、动机、要素与形态进行了研究。结果显示，对于不同的长三角农民工群体布尔迪厄三资本作用的类型与程度各不相同，这说明当前我国农民工的社会发展与利益诉求日益多元，我们应针对不同层级与群体农民工的需求制定多维度、全方面的政策与路径安排。研究结果具体如下。

1. 城市长三角农民工留在城市趋于选择性融合

（1）对于打算留在城市中的长三角农民工群体而言，针对不同的群体（以人口学特征划分为准）中，对于硬件需求群体（年龄较年轻的新生代农民工），他们比较关注城市的经济、卫生、教育、基础设施等方面的优势，他们相对比较乐观、独立，更关注工资收入、居住条件、户口制度，以及当地的媒体与语言，因此，对他们工作的目标与重点是如何加强他们的工作、教育、医疗等公共福利与保障机制，同时，提高他们的居住条件，解决户口问题以及与当地媒介、城市人的交往融合，提升他们向城市深层融合的能力。

（2）对于软环境发展的群体（女性、年龄轻、未婚为主的农民工）而言，他们喜欢城市便利的生活、体面的工作、自由的氛围，但他们往往受教育程度与工作职业比较差，在城市中的消费压力比较大，因此，在提高他们城市生活便利与生活质量的同时，应有针对性地对他们加强工作与教育培训，提高他们的工作待遇。

（3）对于城市融合的群体（女性、年龄较大、已婚为主的老一代农民工），他们往往完成了城市融合过程中的原始经济资本和社会资本的积累，具有了一定的城市融合的能力。同时，不适应农村生活或者在城市中有自己的亲戚、朋友等关系网，有些人还在城市买了住房，组建了家庭，他们的饮食、穿着基本上已被当地同化，虽然他们在城市媒介认同方面还存在着一定的阻碍，但他们更关心如何拓宽自己的工作渠道。因此，对于这部分农民工群体应加强他们与当地人的交往与融合，建立更稳定的社会关系，以及加强媒介对他们的认知，使他们更快、更好地转型为城市人。

2. 长三角农民工回乡动机趋于实用性区隔

（1）对于打算回农村的长三角农民工群体而言，本书对他们回乡的原因与要素进行了细分研究，根据布尔迪厄三资本图谱显示。由于就业竞争、生活压力、人际不适、子女上学等城市生存压力和阻碍，自身教育、个性、城市人脉资源和当地媒介的负向影响，以及对当地饮食穿着的不适应，让这部分农民工群体难以在城市生活下去，选择回到农村。同时，他们人口学特征与经济资本都不显著，说明当前城市区隔与自身的不适应迫使长三角农民工回流农村具有相当的普遍性，因此，我们应从农民工的个体生存需求向城市发展的全方面服务满足延伸。

（2）对于回乡动力的长三角农民工群体（男性、已婚为主）而言，其回乡更趋向于主动性，一方面是由于户口制度、工作渠道与居住条件不理解等现实阻隔；但另一方面，由于老家亲情、土地等现实利益牵扯以及回农村创业成为他们回乡的主要动因，说明农村作为我国未来社会发展的价值洼地，越来越多的农民工认识到了这点，主动回农村创业、生活与发展。

（3）对于回乡安居的长三角农民工群体，悖论地呈现出年龄比较年轻的长三角农民工群体，他们工资收入往往较低，对当地饮食穿着、风俗习惯不适应，以及由于城市环境、交通等状况不如家乡好，而选择回农村/老家生活。因此，在城市中应对他们加强工资待遇等社会保障、加强他们对城市生活的适应等，若选择回家乡，应解决他们再就业或身份转换等问题，让他们更好地在家乡生活与工作。

综上所述，我国长三角农民工群体由最初的单一进城制度性需求转向多层次、多维度的利益诉求转向，出现城市融入与返乡回流的双向力量。在向上流动社会融入进程中，我国长三角农民工由政策性、经济性区隔向深层次内在需求转向；在向下返乡回流中，长三角农民工动力以实用性原因为主，并出现了细分变化，但就长三角农民工群体整体的社会分层与社会流动来讲，社会资本是关键环节。当前我国正面临着人口红利减少与劳动力资源疲软等问题，而大批农民工劳动力能力的提高与人口素养的改善，能够在一定程度上缓冲与降低这方面的压力。因此，对于当前我国广大农民工社会流动与分层的需求，我们应以人为本，挖掘与培养他们的能力，让他们能更好地成为社会建设的新生产工人或者新农村建设者。

第三章　长三角农民工自我、群体与社会认同

第一节　长三角农民工自我认同

一　引言

从社会学的角度来说，我国农民工在进城务工之际就开始了个体再社会化的过程。在此过程中，他们通过对城市社会规范的研习、自我身份与社会角色的重新定位，逐渐实现社会过渡与城市融合。但由于国家现有社会结构与户籍制度的局限，使得农民工处于农村和城市的夹缝中，成为既无法融入城市社会又难以回归农村“没有根”的游弋者，同时农民工的自我定位和社会身份也出现了一定的偏差，导致农民工自我认同的混沌。有学者就认为农民工虽然为推动现代化的进程做出了自己应有的贡献，但却不为所在城市社区所接受和认同。[①]其中农民工将自己归类为处于城市—农村之间的边缘人的占绝大多数比例，[②] 处于内隐身份认同与自我污名和攻击性的悖论中。[③] 那么，当前我国长三角地区农民工的自我归类与自我认同如何，他们是否找到了自我实现与社会融合的途径，本书将就此展开研究。

---

① 张金霞：《浅谈农民工自我认同和社会认同》，福建省社会学2008年会论文集，2008年。

② 高海燕：《我国农民工自我归类模式的理论研究——基于弱势群体的社会融合过程分析》，《南方人口》2005年第2期。

③ 任美葳：《农民工与城市人内隐身份认同、自我污名和攻击性的关系研究》，硕士学位论文，沈阳师范大学，2015年。

二　文献综述

1. 自我认同的含义及其相关理论

自我认同是社会学者研究个人与社会关系时提出来的，纳特认为自我概念构成了个体主观上可获得的全部自我描述和自我评价的一部分，其不仅仅只是一组评价的自我描述，它也被组织进一个有限的、相对独特的系列（Constellation）当中，而这个系列被称为自我认同过程。[①] 自我认同可以划分为社会身份和个人身份两个相对独立的系统，其中社会身份包括社会认同，即与身份一致的自我认知，这种自我描述来自社会范畴中的成员资格；而个人身份包括个人认同，这时的自我描述为"更加标示个人的具体物质"。自我认同是自我范畴化与社会建构化的连续统，其既是与行为的连续统相关联的，表现为体现个性特征的人际行为到群体行为，同时又在特别给定的社会参照框架中，自我认同会通过自我归类的社会建构性，体现"社会关系、经验、主体性和身份"的统一。[②]

2. 自我认同的特点

从以上对自我认同理论的含义和相关理论的分析中，可以了解自我认同模式应该具有以下特点。

第一，社会建构性。自我认同本质上是社会的自我范畴化，自我认同是人们体验到的具体自我形象，它取决于"背景"（context）、不同的时间、地点和情景会使"显著的"自我形象成为当下的自我认同。可见，自我认同既是持久、稳定的，同时也是情景或外在因素敏感的，其必须在某种特定的社会结构与文化结构中进行。

第二，自我认同连续统。因为自我概念是一个连续统，从完全的自我认同到社会认同，其中自我认同是与行为的连续统相关联的，表现为体现个性特征的人际行为到群体行为，自我认同本质上是社会的自我范畴化，在任何给定的社会参照框架中，自我认同会通过自我归类的社会建构性，自我归类的内容建构才具有情境依赖性和可变性。

---

① ［澳］迈克尔·A. 豪格、［英］多米尼克·阿布拉姆斯：《社会认同过程》，高明华译，中国人民大学出版社 2011 年版，第 31—32 页。

② Brah，Avtar and Phoenix，Ann，Ain't I A Woman? Revisiting Intersectionality，*Journal of International Women's Studies*，No. 3，2004.

第三，社会范畴化。自我认同的途径是建立个人同一性和社会同一性的统一。基于一定的社会参照系，那些与个体可获得的相关信息最“吻合”的社会范畴将成为显著的范畴，而自我要领会依照这些“拟合优度”的权衡过程而形成。个体不断地在主观上重新定义背景或者是通过行为协商出一路为所有人可见的新背景。在特定动机的驱使下，采用某种自我范畴化方式而规避其他自我范畴化方式。

3. 我国农民工的自我认同模式研究

当前，由于国家经济社会的深入转型调整与跳跃式发展，中国社会群体正处于不断分化和再整合的动态发展中，个体的自我归类与认同受到社会环境的影响因此也具有可变性。尤其是农民工，他们从农村进入城市，从系统论的视角看，是作为一个社会系统新情景的输入，他们的自我认同模式往往影响着与其他群体关系的建立，并改变这一社会系统的内在结构与功能。而作为城市化进程中的一个重要群体，农民工的自我认同模式与状况对于保持社会融合和稳定性非常重要，因此，基于个体自我认同的社会建构性、连续性、情境依赖性以及社会范畴化的特点，研究农民工的自我认同模式才具有意义。由于当前社会政策制度性不配套、社会结构裂变与重组不适、社会群体心理与文化排斥，都在很大程度上对农民工的自我认同模式起着一定的阻碍作用。与此同时，农民工积极的自我效能感和社会范畴化协同合力作用，又使农民工自我认同呈现出一定的复杂状况。有学者研究就认为农民工因各种社会原因无法融入城市的制度和生活体系，他们中相当一部分人又不愿或无法回归农村社会，于是在两难和困惑中形成了“双重边缘人”的自我认同，① 不仅造成了他们自我人格矛盾和斗争的痛苦，也导致了他们身份的模糊和不确定性，这种认同困境是在“过去”的历史性记忆的乡土文化和“现在”的共时性记忆的城市文化基础上建构起来的。② 农民工迁移到城市工作生活，不仅居住空间改变要适应居住地，还要从心理、价值观、行为方式等方面适应新环境，③ 而农民工

① 唐斌：《“双重边缘人”：城市农民工自我认同的形成及社会影响》，《中南民族大学学报》（人文社会科学版）2002年第8期。

② 胡晓红：《社会记忆中的新生代农民工自我身份认同困境——以S村若干新生代农民工为例》，《中国青年研究》2008年第9期。

③ 孙玉娟、潘文华：《城市农民工社会排斥透视及对自我认同的影响和重构》，《农业现代化研究》2008年第1期。

的价值观念和意识形态上的改变却是需要漫长的时间的，只有从意识上、内心深处真正地做到彼此接纳与认同，农民工身份的认同才能得以真正的完成。[①]

在实证研究方面，左鹏等研究认为城乡文化的矛盾、户籍管理制度的障碍、家庭和社会性别分工等结构性原因会造成新生代女性农民工在城市的发展呈现出内卷化，[②] 而农民工城市社会关系网建构的失败以及在城市生活中产生的“相对剥夺感”、自卑感、谋生的艰难感等心理感受，导致了农民工目前身份自我认同的模糊现状。[③] 高亚东等研究发现农民工的农民身份认同在性别、收入水平、工作城市和受教育程度上差异显著，而他们的自我和谐在性别、收入水平、工作城市、受教育程度上差异显著。[④] 王春枝认为经济收入、住房状况、乡土记忆都会影响新生代农民工的自我身份认同。[⑤] 胡宏伟研究还发现健康状况、心理压力、工作经验、技术级别、居住环境、社会排斥、工资和年龄显著影响新生代农民工的自我身份认同。[⑥] 张璐等则认为农民工的性别、文化水平、收入、婚姻和行业等因素影响他们自我身份认同。[⑦] 综上所述，目前主要是从农民工的社会身份特征来研究其自我认同状况，但我们知道农民工社会化还是多维社会比较的结果，应综合考虑农民工自身社会身份感知、社会地位认知以及与社会优势群体的社会比较等，因此，本书将就此进行研究。

---

① 秦海霞：《从社会认同到自我认同——农民工主体意识变化研究》，《党政干部学刊》2009 年第 11 期。

② 左鹏、吴岚：《内卷化：新生代女性农民工的生态特征和自我认同》，《北京青年政治学院学报》2012 年第 1 期。

③ 张咏梅、李文武：《农民工身份的自我认同——以兰州市为例》，《南京人口管理干部学院学报》2008 年第 2 期。

④ 高亚东、曹成刚、刘瑞、岳彩：《新生代农民工农民身份认同与自我和谐的关系》，《中国健康心理学杂志》2016 年第 1 期。

⑤ 王春枝、高娃、孙淑清：《新生代农民工自我身份认同的测度——呼和浩特市的调查》，《现代营销》（学苑版）2013 年第 7 期。

⑥ 胡宏伟、李冰水、曹杨、吕伟：《差异与排斥：新生代农民工社会融入的联动分析》，《上海行政学院学报》2011 年第 4 期。

⑦ 张璐、黄溪、惠源：《新生代农民工自我身份认同影响因素分析》，《广西经济管理干部学院学报》2009 年第 4 期。

三　研究设计

1. 因变量设计

根据我国农民工社会生存与发展状况以及研究需求，从三个层面来考察长三角农民工自我认同认知状况，分别为：现在的社会身份、社会地位认知与城市人身份认知。其中，现在社会身份认知，设计为农民、半个城市人、城市人与说不清四个题项，而社会地位认知与城市人身份认知则设计为五个递增比较梯度，社会地位认知主要分为下层、中下层、中层、中上层与上层，而城市人身份认知则为1—5，1为“非常差”，依次递增为5“非常高”。此外，为了更加准确，本书还考察了长三角农民工社会身份认知情况，如表3-1所示，可见，其中32.4%的长三角农民工“说不清”，同时，有“32.1%”的认为自己为“半个城里人”。

表3-1　　长三角农民工社会身份认知分布情况

	频率	百分比（%）	有效百分比（%）	累计百分比（%）
农民	1026	26.7	26.7	26.7
半个城里人	1232	32.1	32.1	58.8
城里人	338	8.8	8.8	67.6
说不清	1244	32.4	32.4	100.0
合计	3840	100.0	100.0	

2. 自变量设计

为了全面客观考察长三角农民工自身主体特征与生存情况对其自我身份认同的影响，本书根据我国农民工的主要特点选择变量，主要包括三个维度：一是人口学与社会学背景变量，主要包括性别、年龄、受教育程度、婚恋情况、老家所在地；二是打工背景特征，主要包括户口类型、外出打工方式、来打工地时长、居住条件与工作获得渠道等；三是工作情况，主要包括工作职业、月收入与每天工作时间等。

四　研究结果

1. 长三角农民工社会地位认知与城市人身份认知的相互关系

本书先就长三角农民工社会地位认知与城市人认知进行了统计学分

析。长三角农民工社会地位认知（M=2.39；SD=0.844）、城市人身份认知（M=2.82；SD=0.988），分别如表3-2、表3-3所示。其中，长三角农民工社会地位认知中，认为自己是“中层”与“中下层”的最多，分别占39.6%、38.4%。而长三角农民工城市人身份认知中，认为自己处于“3”程度的最多，占44.1%，可见，当前长三角农民工正处于由传统农民向现代城市人转型过程中。

表3-2　长三角农民工社会地位认知情况

社会地位	样本数	百分比（%）	有效百分比（%）	累计百分比（%）
下层	578	15.1	15.1	15.1
中下层	1474	38.4	38.4	53.4
中层	1522	39.6	39.6	93.1
中上层	234	6.1	6.1	99.2
上层	32	0.8	0.8	100.0
合计	3840	100.0	100.0	

表3-3　长三角农民工城市人身份认知情况

身份认知	频率	百分比（%）	有效百分比（%）	累计百分比（%）
1（非常低）	342	8.9	8.9	8.9
2（比较低）	1022	26.6	26.6	35.5
3（一般）	1694	44.1	44.1	79.6
4（比较高）	548	14.3	14.3	93.9
5（非常高）	234	6.1	6.1	100.0
合计	3840	100.0	100.0	

首先，对城市人身份认知与社会地位认知ANOVO交叉分析，如表3-4、图3-1所示，并生成均值图所示，ANOVO组间检验F（4，3835）=253.922，p=0.000，ω=0.46；线性对比结果均为F（1，3835）=182.521，p=0.000，ω=0.19。说明长三角农民工城市人身份认知对其社会地位认知具有强显著性，并且二者具有线性趋势。其中，在长三角农民工的社会地位认知在“中上层”（M=3.74，SD=0.9）程度以下都与城市人身份认知水平成正比，在“中上层”均值达到最高峰值，但“较高”到“非常高”（M=3.69，SD=1.512）时长三角农民工的城市人身份认知

有所下降。

表 3-4　　长三角农民工社会地位认知与城市人身份认知交叉分析

	N	均值	标准差	标准误	均值的 95%置信区间		极小值	极大值
					下限	上限		
下层	578	2.05	0.986	0.041	1.97	2.13	1	5
中下层	1474	2.62	0.830	0.022	2.58	2.66	1	5
中层	1522	3.15	0.862	0.022	3.10	3.19	1	5
中上层	234	3.74	0.900	0.059	3.63	3.86	1	5
上层	32	3.69	1.512	0.267	3.14	4.23	1	5
总数	3840	2.82	0.988	0.016	2.79	2.85	1	5

说明：（1）Levene 显著性为<0.001；（2）均值相等性的键壮性检验 Welch、Brown-Forsythe 均<0.001。

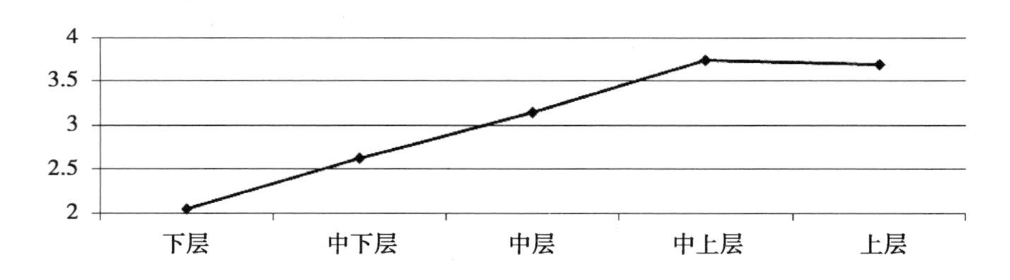

图 3-1　长三角农民工社会地位认知与城市人身份认同均值图

本书根据研究综述与研究设计对长三角农民工的社会地位认知与城市人身份认知做了线性回归分析，如表 3-5 所示。结果可知，对于长三角农民工群体社会地位认知而言，人口学特征变量中，性别（M=0.59，SD=0.492）、年龄（M=3.59，SD=1.59）、受教育程度（M=3.52，SD=1.476）呈显著性，其中性别、年龄为负相关，说明女性、年龄较轻、受教育程度较高的长三角农民工群体的社会地位认知较高。在社会变量中，户口类型（M=1.88，SD=1.274）呈强显著性，说明偏城市户口的长三角农民工对社会地位认知较高。在打工情况中，外出打工方式（M=1.60，SD=0.612）呈显著性，来打工地时长（M=3.27，SD=1.277）、居住条件（M=5.73，SD=1.791）与工作获得渠道（M=3.61，SD=2.032）呈强显著性，其中来打工地时长为负相关，说明与家人一起外出打工、来打工地较短、居住条件较好、找工作时有一定的人脉资源的长三角农民工对社会地位认知较高。在工作变量中，工作职业（M＝5.78，SD＝3.014）呈显著性，月收入（M＝4.22，SD＝1.170）、每天工作时间（M＝2.02，SD＝0.784）呈强显著性，其中工作职业与工作时间为负相关，说明职业级别较低、月收入越高、工作时间越少的长三角农民工对社会地位认知越高。

表 3-5　长三角农民工社会地位认知与城市人身份认知回归分析

	社会地位认知	城市人身份认知
（常量）	1.397*** （0.100）	1.760*** （0.120）
性别（女＝0）	−0.055* （0.026）	−0.087** （0.032）
年龄（周岁）（18周岁以下＝1）	−0.023* （0.010）	−0.030* （0.012）
受教育程度（不识字或识字很少＝1）	0.039*** （0.009）	0.113*** （0.011）
婚恋情况（未婚＝1）	0.032（0.032）	−0.011（0.039）
老家所在省份（安徽＝1）	0.002（0.001）	0.001（0.001）
户口类型（暂住证＝1）	0.073*** （0.010）	0.030* （0.012）
外出打工方式（自己一个人＝1）	0.056* （0.022）	0.018（0.027）
来打工地时长（1年以＝1）	−0.069*** （0.012）	0.021（0.014）
居住情况（工地工棚＝1）	0.067*** （0.007）	0.051*** （0.009）
工作获得渠道（自己通过招聘市场获得＝1）	0.039*** （0.006）	0.011（0.008）
目前工作职业（失业半失业者阶层＝1）	−0.009* （0.004）	−0.020*** （0.005）
平均月收入（1000元及以下＝1）	0.176*** （0.011）	0.150*** （0.014）
每天工作时间（8小时及以下＝1）	−0.158*** （0.016）	−0.091*** （0.019）
R^2	0.156	0.107
F	54.596	35.179
样本数	3839	3839

说明：（1）括号内是标准误；（2）* p≤0.5，** p≤0.01，*** p≤0.001；（3）F检验中 $p<0.05$。

同时，对于长三角农民工群体城市人身份认知而言，人口学特征变量中，性别（M＝0.59，SD＝0.492）、年龄（M＝3.59，SD＝1.59）、受教育程度（M＝3.52，SD＝1.476）呈显著性，其中性别、年龄为负相关，说明女性、年龄较轻、受教育程度较高的长三角农民工群体的城市人身份认知较高。在社会变量中，户口类型（M＝1.88，SD＝1.274）呈显著性，说明偏城市户口的长三角农民工对城市人身份认知较高。在打工情况中，居住条件（M=5.73，SD=1.791）呈强显著性，说明居住条件较好的长三角农民工对城市人身份认知较高。在工作变量中，工作职业（M=5.78，SD=3.014）呈显著性，月收入（M=4.22，SD=1.170）、每天工作时间（M=2.02，SD=0.784）呈强显著性，其中工作职业与工作时间为负相关，说明职业级别较低、月收入越高、工作时间越少的长三角农民工对城市人身份认知越高。

2. 长三角农民工社会学背景对其社会地位认知与城市人身份认知的影响研究

（1）长三角农民工人口学特征对其社会地位认知的影响

对于显著性的变量，本书进行了单变量一般线性模型分析与检验，全部达到强显著性效应。然后分别进行 ANOVO 交叉分析。对性别而言，如表 3-6 所示。ANOVO 组间检验与线性对比结果均为 F（1，3838）=0.530，p=0.467。说明长三角农民工性别对其社会地位认知的显著度与线性关系都不明显。女性（M=2.41，SD=0.87）比男性（M=2.38，SD=0.85）对社会地位认知程度略高些，二者的平均值 2.39（SD=0.86），处于“中下层”与“中层”之间。

表 3-6 长三角农民工性别与社会地位认知交叉分析

	N	均值	标准差	标准误	均值的 95%置信区间		极小值	极大值
					下限	上限		
男	1582	2.40	0.857	0.022	2.36	2.45	1	5
女	2258	2.38	0.834	0.018	2.35	2.42	1	5
总数	3840	2.39	0.844	0.014	2.37	2.42	1	5

说明：（1）方差齐性检验 Levene>0.05；（2）均值相等性的键壮性检验 Welch>0.05。

对年龄而言，如表 3-7、图 3-2 所示。ANOVO 组间检验 F（7，3832）=2.332，p=0.023，ω=0.05；线性对比结果均为 F（1，3839）=3.246，p=0.072，ω=0.02。说明长三角农民工性别对其社会地位认知的呈显著度性，但线性关系都不显著。此外，在对比检验中，t（3832）=65.394，p=0.000，r=0.73，说明相对于“18 岁以下”，其他年龄的同类子集都显著增长。其中 25—29 岁（85 后）（M=2.46，SD=0.854）均值最高，50—59 岁（M=2.25，SD=0.887）均值最低，总体平均值为 2.39

（SD=0.844），处于“中下层”与“中层”之间。

表 3-7　　长三角农民工年龄对社会地位认知的影响

	N	均值	标准差	标准误	均值的 95%置信区间		极小值	极大值
					下限	上限		
①18 岁以下	116	2.43	0.836	0.078	2.28	2.58	1	5
②18—24 岁（90 后）	1026	2.39	0.813	0.025	2.34	2.44	1	5
③25—29 岁（85 后）	1066	2.46	0.854	0.026	2.41	2.51	1	5
④30—34 岁（80 后）	642	2.36	0.876	0.035	2.29	2.43	1	5
⑤35—39 岁	318	2.38	0.785	0.044	2.30	2.47	1	5
⑥40—49 岁	494	2.33	0.841	0.038	2.25	2.40	1	4
⑦50—59 岁	142	2.25	0.887	0.074	2.11	2.40	1	5
⑧60 岁及以上	36	2.28	1.059	0.176	1.92	2.64	1	5
总数	3840	2.39	0.844	0.014	2.37	2.42	1	5

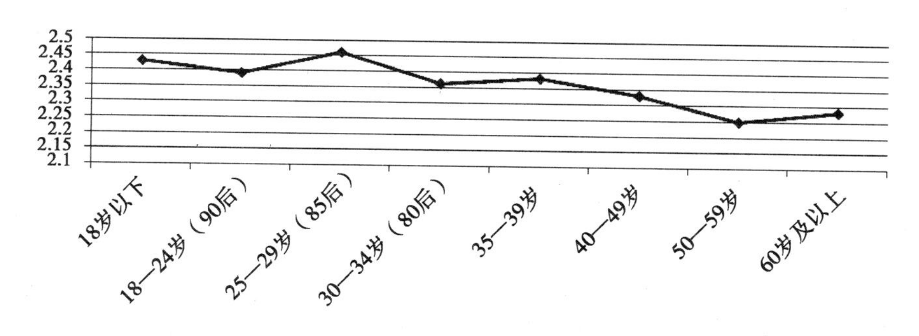

图 3-2　长三角农民工年龄对社会地位认知影响

对受教育程度而言，如表 3-8，图 3-3 所示。ANOVO 组间检验 F（6，3833）= 15.382，p = 0.000，ω = 0.15；线性对比结果均为 F（1，3839）= 74.569，p=0.000，ω=0.14。说明长三角农民工受教育程度对其社会地位认知呈强显著性，且呈线性趋势显著。此外，在对比检验中，t（3833）= 119.064，p=0.000，r=0.89，说明相对于“不识字或识字很少”，其他受教育程度的同类子集都显著增长。其中“不识字或识字很少”（M = 1.99，SD = 0.884）均值最低，大学本科及以上（M = 2.65，SD=0.916）均值最高，总体平均值为 2.39（SD = 0.844），处于“中下层”与“中层”之间。

表 3-8　　长三角农民工受教育程度对社会地位认知影响

	N	均值	标准差	标准误	均值的 95%置信区间		极小值	极大值
					下限	上限		
不识字或识字很少	188	1.99	0.884	0.064	1.86	2.12	1	5
小学	660	2.42	0.825	0.032	2.35	2.48	1	5
初中	1578	2.35	0.835	0.021	2.31	2.39	1	5
高中	480	2.36	0.875	0.040	2.28	2.44	1	5
中专/技校	430	2.45	0.770	0.037	2.37	2.52	1	4
大专	326	2.62	0.794	0.044	2.53	2.71	1	5
大学本科及以上	178	2.65	0.916	0.069	2.52	2.79	1	5
总数	3840	2.39	0.844	0.014	2.37	2.42	1	5

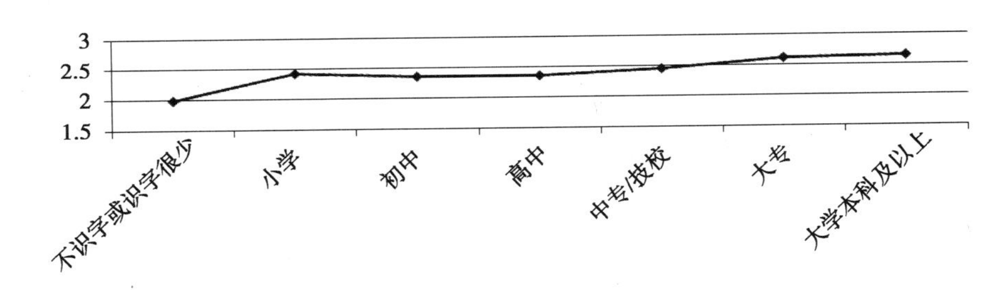

图 3-3　长三角农民工受教育程度对社会地位认知影响

（2）社会学背景变量对社会地位的影响

对于长三角农民工“户口类型”的影响而言，如表 3-9、图 3-4 所示。ANOVO 组间检验 F（4，3835）= 35.375，p = 0.000，ω = 0.19；线性对比结果均为 F（1，3611）= 19.503，p = 0.000，ω = 0.07。此外，在对比检验中，整体的 t（3835）= 107.908，p = 0.000，r = 0.87，说明相对于“暂住证”而言，其他户籍方式的同类子集都显著增长。而相对“本市农业”而言，t（3835）= 83.301，p = 0.000，r = 0.80，本市非农业的同类子集也显著变化。其中“暂住证”（M = 2.26，SD = 0.83）的均值最低，刚刚超过“中下层”程度，最高均值为“本市非农业户口”（M = 2.69，SD = 0.914），还没有达到“中层”程度，总体平均值为 2.39（SD = 0.844），处于“中下层”与“中层”程度之间。可见，中国农民工城乡二元身份区隔影响着其社会地位的认知。

表 3-9　长三角农民工户口类型对其社会地位的影响

	N	均值	标准差	标准误	均值的95%置信区间		极小值	极大值
					下限	上限		
暂住证	2198	2.26	0.830	0.018	2.23	2.29	1	5
居民证	748	2.57	0.834	0.030	2.51	2.63	1	5
本市农业	358	2.59	0.783	0.041	2.51	2.67	1	5
本市非农业	220	2.69	0.914	0.062	2.57	2.81	1	5
其他	316	2.46	0.794	0.045	2.37	2.55	1	5
总数	3840	2.39	0.844	0.014	2.37	2.42	1	5

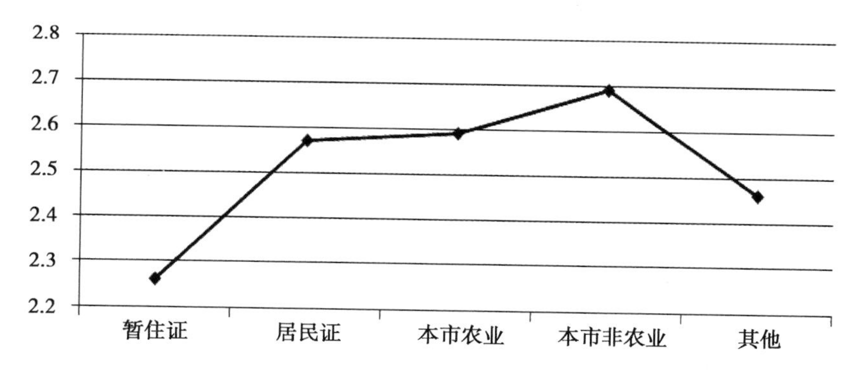

图 3-4　长三角农民工户口类型对其社会地位的影响

（3）打工背景特征对长三角农民工社会地位认知的影响

对于“打工方式”的交叉分析中，如表 3-10 所示。ANOVO 组间检验 F（2，3837）= 10.58，p = 0.000，ω = 0.07；线性对比结果 F（1，3839）= 15.431，p = 0.000，ω = 0.06。说明长三角农民工“打工方式”对其社会地位认知具有强显著性，且二者线性趋势显著，此外，在对比检验中，t（3837）= 91.252，p = 0.000，r = 0.83，说明相对于“自己一个人”而言，其他打工方式的同类子集都显著增长。打工方式对社会地位认同的总体平均值为 2.39（SD = 0.844），处于“中下层”与“中层”程度之间。可见，中国农民工城乡二元身份区隔影响着其社会地位的认知。

表 3-10 长三角农民工打工方式对其社会地位认知的影响

	N	均值	标准差	标准误	均值的 95%置信区间		极小值	极大值
					下限	上限		
自己一个人	1788	2.33	0.870	0.021	2.29	2.37	1	5
举家外出（全家或部分成员）	1792	2.43	0.814	0.019	2.39	2.47	1	5
其他	260	2.55	0.825	0.051	2.45	2.65	1	5
总数	3840	2.39	0.844	0.014	2.37	2.42	1	5

对于“来打工地时长”的交叉分析中，如表 3-11、图 3-5 所示。ANOVO 组间检验 F（4，3835）= 5.358，p=0.000，ω=0.07；线性对比结果 F（1，3839）= 0.652，p=0.419。说明长三角农民工“来打工地时长”对其社会地位认知具有强显著性，但二者不具有线性趋势，长三角农民工来打工地时长与社会地位认知的影响形态较复杂。此外，在对比检验中，t（3835）=160.4，p=0.000，r=0.02，说明相对于“1 年以内”而言，其他打工时长的同类子集都显著变化。其中在 1—2 年以下，保持基本平稳，在“1—2 年”（M=2.38，SD=0.789）到“3—4 年”（M=2.46，SD=0.854）之间，长三角农民工的社会地位认知快速上升，并在“3—4 年”（M=2.46，SD=0.854）均值达到最大峰值，处于“中下层”与“中层”程度之间。而后均呈下降趋势，在“5—6 年”（M=2.44，SD=0.859）之后下降的速率更明显，均值最低峰值为“6 年以上”（M=2.3，SD=0.831），刚刚超过“中下层”程度，总体平均值为 2.39（SD=0.844），处于“中下层”与“中层”程度之间。

表 3-11 长三角农民工来打工地时长与社会地位认知的交叉分析

	N	均值	标准差	标准误	均值的 95%置信区间		极小值	极大值
					下限	上限		
1 年以内	322	2.38	0.927	0.052	2.28	2.48	1	5
1—2 年	818	2.38	0.789	0.028	2.32	2.43	1	5
3—4 年	1176	2.46	0.854	0.025	2.41	2.51	1	5
5—6 年	556	2.44	0.859	0.036	2.37	2.51	1	5
6 年以上	968	2.30	0.831	0.027	2.25	2.35	1	5
总数	3840	2.39	0.844	0.014	2.37	2.42	1	5

说明：（1）方差齐性检验 Leven<0.05；（2）均值相等性的键壮性检验 Welch<0.001。

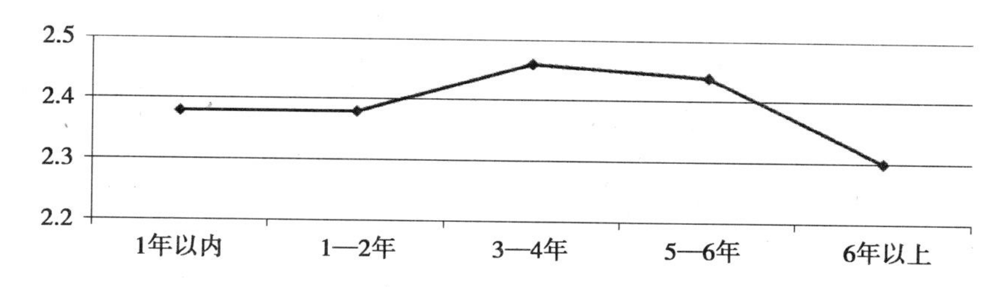

图 3-5 长三角农民工来打工地时长与社会地位认知的交叉分析

对于“居住条件”的交叉分析，如表 3-12、图 3-6 所示。ANOVO 组间检验 F（8，3831）= 25.92，p = 0.000，ω = 0.22；线性对比结果 F（1，3839）= 29.606，p = 0.000，ω = 0.08。说明长三角农民工“居住条件”对其社会地位认知具有强显著性，且二者线性趋势显著。此外，在对比检验中，t（3831）= 129.336，p = 0.000，r = 0.9，说明相对于“工地工棚”而言，其他居住条件的同类子集都显著变化。整体呈 M 分布，总体平均值为 2.39（SD = 0.844），其中比总体均值高的有“乡外从业回家住”（M = 2.76，SD = 0.759）、“务工地自购房”（M = 2.73，SD = 0.947）、“独立租赁房”（M = 2.56，SD = 0.796）、其他（M = 2.52，SD = 0.811）。

表 3-12 长三角农民工居住条件对其社会地位认知的影响

	N	均值	标准差	标准误	均值的 95% 置信区间		极小值	极大值
					下限	上限		
工地工棚	110	1.98	0.754	0.072	1.84	2.12	1	4
暂寄宿在亲朋处	114	2.37	0.744	0.070	2.23	2.51	1	4
乡外从业回家住	42	2.76	0.759	0.117	2.53	3.00	1	4
单位宿舍	810	2.19	0.877	0.031	2.12	2.25	1	5
与他人合租住房	522	2.28	0.836	0.037	2.20	2.35	1	5
廉租房	688	2.32	0.746	0.028	2.27	2.38	1	5
独立租赁房	1054	2.56	0.796	0.025	2.51	2.61	1	5
务工地自购房	332	2.73	0.947	0.052	2.63	2.84	1	5
其他	168	2.52	0.811	0.063	2.40	2.65	1	4
总数	3840	2.39	0.844	0.014	2.37	2.42	1	5

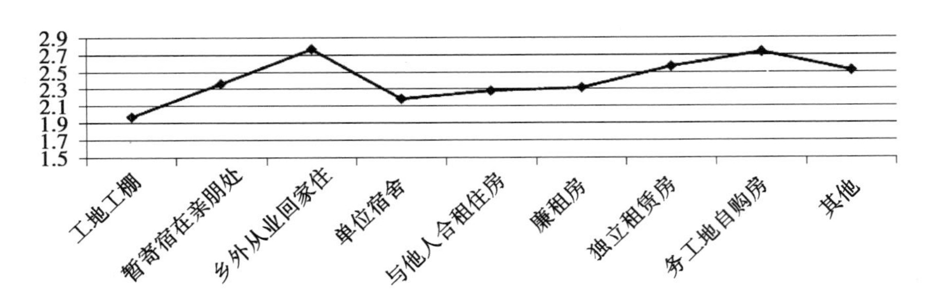

图 3-6　长三角农民工居住条件对其社会地位认知的影响

对于“工作获得渠道”的交叉分析，如表 3-13、图 3-7 所示。ANOVO 组间检验 F（6，3833）= 15.843，p = 0.000，ω = 0.15；线性对比结果 F（1，3839）= 80.142，p = 0.000，ω = 0.14。说明长三角农民工“工作获得渠道”对其社会地位认知具有强显著性，且二者线性趋势显著。此外，在对比检验中，t（3833）= 134.879，p = 0.000，r = 0.9，说明相对于“自己通过招聘市场获得”（M = 2.34，SD = 0.811）而言，其他工作获得渠道的同类子集都显著变化。其中“中介介绍”（M = 2.11，SD = 0.796）的均值最低，“城里朋友介绍的”（M = 2.63，SD = 0.805）均值最高，总体平均值为 2.39（SD = 0.844）。

表 3-13　　长三角农民工工作获得渠道对社会地位认知的影响

	N	均值	标准差	标准误	均值的 95%置信区间		极小值	极大值
					下限	上限		
自己通过招聘市场获得	968	2.34	0.811	0.026	2.29	2.39	1	5
中介介绍	196	2.11	0.796	0.057	2.00	2.22	1	4
老家亲戚介绍	646	2.25	0.885	0.035	2.18	2.32	1	5
城里老乡介绍	928	2.40	0.833	0.027	2.35	2.46	1	5
城里亲戚介绍	314	2.58	0.824	0.046	2.49	2.67	1	5
城里朋友介绍	224	2.63	0.805	0.054	2.52	2.73	1	5
其他	564	2.54	0.843	0.036	2.47	2.61	1	5
总数	3840	2.39	0.844	0.014	2.37	2.42	1	5

（4）工作状况对长三角农民工社会地位认知的影响

对于“工作职业”的交叉分析，如表 3-14、图 3-8 所示。ANOVO

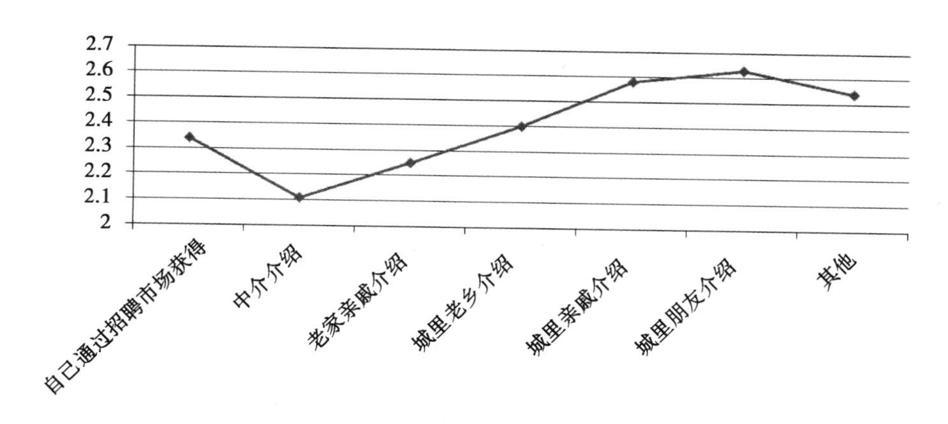

图 3-7　长三角农民工工作获得渠道对社会地位认知的影响

组间检验 F（12，3827）= 12.952，p = 0.000，ω = 0.19；线性对比结果 F（1,3839）= 0.263，p = 0.608，ω = 0.14。说明长三角农民工“工作职业”对其社会地位认知具有强显著性，但二者线性趋势不显著。此外，在对比检验中，t（3827）= 138.127，p = 0.000，r = 0.9，说明相对于“无业/下岗/失业”（M = 2.44，SD = 1.006）而言，其他工作职业的同类子集都变化显著。其总体平均值为 2.39（SD = 0.844），其中比总体均值高的有：企业管理人员（M = 2.74，SD = 0.842）、个体户/自由职业者（M = 2.72，SD = 0.907）、批发零售业（M = 2.68，SD = 0.823）、住宿餐饮业（M = 2.56，SD = 0.79）、商业服务人员（M = 2.54，SD = 0.931）、建筑业工人（M = 2.45，SD = 0.763）、无业/下岗/失业（M = 2.44，SD = 1.006）、居民服务和其他服务业（M = 2.4，SD = 0.872）、专业技术人员（M = 2.39，SD = 0.823）。

表 3-14　长三角农民工职业对其社会地位认知的影响

	N	均值	标准差	标准误	均值的 95%置信区间		极小值	极大值
					下限	上限		
无业/下岗/失业	64	2.44	1.006	0.126	2.19	2.69	1	4
居民服务和其他服务业	140	2.40	0.872	0.074	2.25	2.55	1	4
住宿餐饮业	224	2.56	0.790	0.053	2.46	2.67	1	5
批发零售业	132	2.68	0.823	0.072	2.54	2.82	1	4

续表

	N	均值	标准差	标准误	均值的95%置信区间		极小值	极大值
					下限	上限		
交通运输、仓储和邮政业	122	2.31	0.693	0.063	2.19	2.44	1	4
建筑业工人	384	2.45	0.763	0.039	2.37	2.52	1	5
制造生产型企业工人	984	2.22	0.847	0.027	2.17	2.27	1	5
商业服务人员	202	2.54	0.931	0.065	2.42	2.67	1	5
专业技术人员	238	2.39	0.823	0.053	2.28	2.49	1	5
企业一般职员	786	2.30	0.777	0.028	2.25	2.36	1	5
个体户/自由职业者	260	2.72	0.907	0.056	2.60	2.83	1	5
企业管理人员	148	2.74	0.842	0.069	2.61	2.88	1	5
其他	156	2.28	0.864	0.069	2.15	2.42	1	5
总数	3840	2.39	0.844	0.014	2.37	2.42	1	5

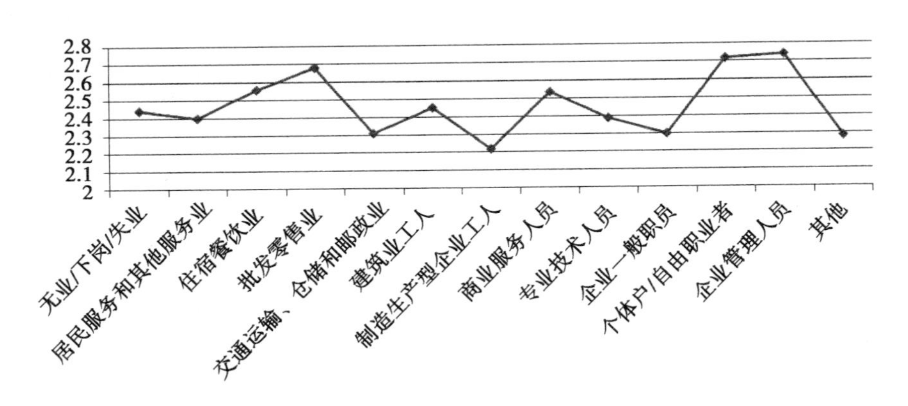

图3-8　长三角农民工职业对其社会地位认知的影响

对于长三角农民工的“工资收入”与其社会地位认知的交叉分析，如表3-15、图3-9所示，ANOVO组间检验F（6，3833）=60.153，p=0.000，ω=0.29；线性对比结果F（1，3839）=188.550，p=0.000，ω=0.21。说明长三角农民工“工资收入”对其社会地位认知具有强显著性，且二者线性趋势显著。此外，在对比检验中，t（3833）=115.251，p=0.000，r=0.88，说明相对于“1000元以下”（M=2.03，SD=1.043）而言，其他工资收入的同类子集都变化显著（如图3-9所示），就总体情况而言，除了“1501—2000 元”（M=2.33，SD=0.773）至“2001—3000 元”（M=2.21，SD=0.791）有所下降外，其他都随着工资增加其社会地位认知程度逐级上升，其中在“1000 元以下”至“1001—1500 元”（M=2.11，SD=0.877）增幅比较平缓，而其他收入段的增幅都比较明显。其中“1000 元以下”（M=2.00，SD=1.058）为均值最低值，正好处于“中下层”程度，“8000 元以上”（M=3.27，SD=1.022）为均值最高值，处于“中层”与“中上层”程度，总体平均值为 2.39（SD=0.844），处于“中下层”与“中层”程度之间。可见，工资收入“1001—1500 元”与“2001—3000 元”是影响长三角农民工社会地位认知的重要拐点。

表 3-15　　长三角农民工工资收入与社会地位认知的交叉分析

	N	均值	标准差	标准误	均值的 95%置信区间		极小值	极大值
					下限	上限		
1000 元以下	80	2.03	1.043	0.117	1.79	2.26	1	5
1001—1500 元	198	2.11	0.877	0.062	1.99	2.23	1	4
1501—2000 元	584	2.33	0.773	0.032	2.26	2.39	1	5
2001—3000 元	1418	2.21	0.791	0.021	2.17	2.25	1	5
3001—5000 元	1150	2.54	0.770	0.023	2.49	2.58	1	5
5001—8000 元	298	2.79	0.878	0.051	2.69	2.89	1	5
8000 元以上	112	3.27	1.013	0.096	3.08	3.46	1	5
总数	3840	2.39	0.844	0.014	2.37	2.42	1	5

说明：（1）方差齐性检验 Leven<0.05；（2）均值相等性的键壮性检验 Welch<0.001。

对于长三角农民工“工作时长”与其社会地位认知的交叉分析，如表 3-16 所示。ANOVO 组间检验 F（3，3836）=37.802，p=0.000，ω=0.17；线性对比结果 F（1，3839）=53.598，p=0.000，ω=0.12，说明长三角农民工“工作时长”对其社会地位认知具有强显著性，且二者线性趋势显著。此外，在对比检验中，t（3836）=79.232，p=0.000，r=0.79，说明相对于“8 小时及以下”（M=2.6，SD=0.832）而言，其他工作时长的同类子集都变化显著（如图 3-10 所示），虽然在“9—10 小时”（M=2.38，SD=0.811）与“11—12 小时”（M=2.20，SD=0.843）下降幅度略小，但就整体而言，随着长三角农民工工作时长的增加其社会地位认知反而下降。其中工作时间“8 小时及以下”为均值最高峰值，处

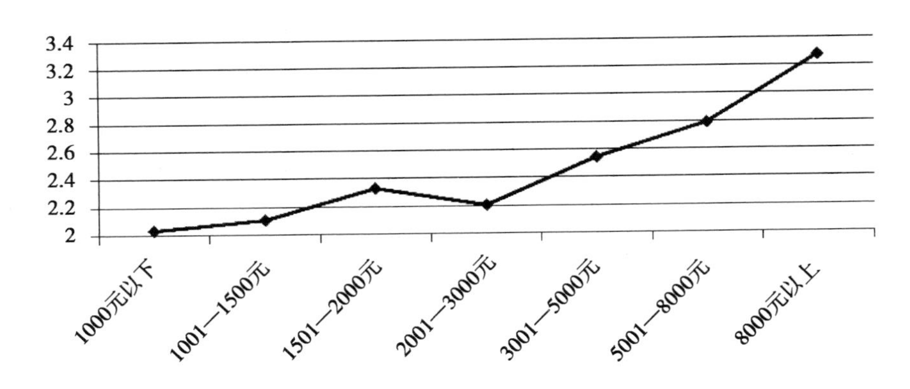

图 3-9 长三角农民工工资收入与社会地位认知的交叉分析

于“中下层”与“中层”程度之间，工作时间“12 小时以上”（M=2.13，SD=1.014）为均值最低值，刚刚超过“中下层”程度，总体平均值为 2.39（SD=0.844），处于“中下层”与“中层”程度之间。

表 3-16 长三角农民工作时长与社会地位认知的影响

	N	均值	标准差	标准误	均值的 95%置信区间		极小值	极大值
					下限	上限		
8 小时及以下	984	2.60	0.832	0.027	2.54	2.65	1	5
9—10 小时	1952	2.38	0.811	0.018	2.35	2.42	1	5
11—12 小时	746	2.20	0.843	0.031	2.14	2.26	1	5
12 小时以上	158	2.13	1.014	0.081	1.97	2.29	1	5
总数	3840	2.39	0.844	0.014	2.37	2.42	1	5

说明：（1）方差齐性检验 Leven<0.01；（2）均值相等性的键壮性检验 Welch<0.001。

3. 长三角农民工社会学背景对其城市人身份认知的影响研究

（1）长三角农民工人口学特征对其城市人身份认知的影响

对比可知，目前长三角农民工群体人口学特征中的性别、年龄、教育程度与其城市人身份认知呈显著性，对表 3-17 中的显著变量分别与城市人身份认知进行 ANOVO 交叉分析。对性别而言，ANOVO 组间检验与线性对比结果均为 F（1，3838）=1.146，p=0.285。说明长三角农民工性别对其城市人身份认知的显著度与线性关系都不明显。女性（M=2.84，SD=0.995）比男性（M=2.81，SD=0.984）对城市人身份认知程度略高些，二

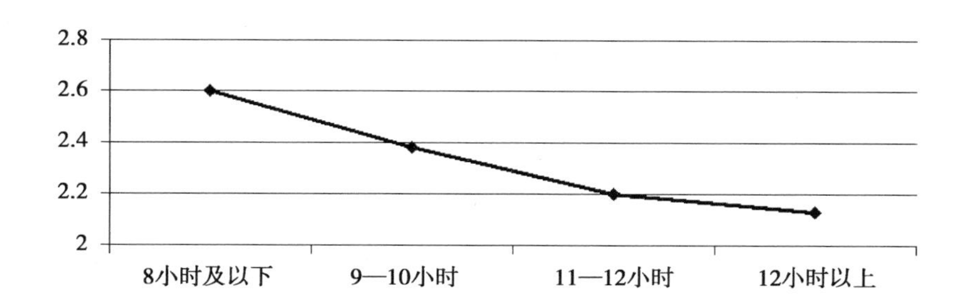

图 3-10　长三角农民工作时长与社会地位认知的交叉分析

者的平均值 2.82（SD=0.988），处于“中下层”与“中层”之间。

表 3-17　　　长三角农民工性别对其城市人身份认知的影响

	N	均值	标准差	标准误	均值的 95%置信区间		极小值	极大值
					下限	上限		
女	1582	2.84	0.995	0.025	2.79	2.89	1	5
男	2258	2.81	0.984	0.021	2.77	2.85	1	5
总数	3840	2.82	0.988	0.016	2.79	2.85	1	5

对年龄分析，如表 3-18、图 3-11 所示。ANOVO 组间检验 F（7，3832）=3.595，p=0.001，ω=0.07；线性对比结果均为 F（1，3839）=15.620，p=0.000，ω=0.06。说明长三角农民工年龄对其城市人身份认知的呈显著度性，且二者线性趋势显著。此外，在对比检验中，t（3832）=63.638，p=0.000，r=0.72，说明相对于“18 岁以下”，其他年龄的同类子集都变化显著。其中 18 岁以下（M=2.86，SD=1.062）均值最高，其他随着年龄段的增加其城市人身份认知反而逐渐下降，其中在 40—49 岁（M=2.81，SD=1.119）前下降缓慢，此之后，加速下降，在 60 岁及以上（M=2.33，SD=1.171）达到均值最低值，总体平均值为 2.82（SD=0.988），接近一般程度。

表 3-18　　　长三角农民工年龄对其城市人身份认知的影响

	N	均值	标准差	标准误	均值的 95%置信区间		极小值	极大值
					下限	上限		
18 岁以下	116	2.86	1.062	0.099	2.67	3.06	1	5

续表

	N	均值	标准差	标准误	均值的95%置信区间		极小值	极大值
					下限	上限		
18—24岁(90后)	1026	2.84	0.918	0.029	2.79	2.90	1	5
25—29岁(85后)	1066	2.85	0.941	0.029	2.80	2.91	1	5
30—34岁(80后)	642	2.83	1.021	0.040	2.76	2.91	1	5
35—39岁	318	2.82	1.035	0.058	2.70	2.93	1	5
40—49岁	494	2.81	1.119	0.050	2.71	2.90	1	5
50—59岁	142	2.51	0.905	0.076	2.36	2.66	1	5
60岁及以上	36	2.33	1.171	0.195	1.94	2.73	1	5
总数	3840	2.82	0.988	0.016	2.79	2.85	1	5

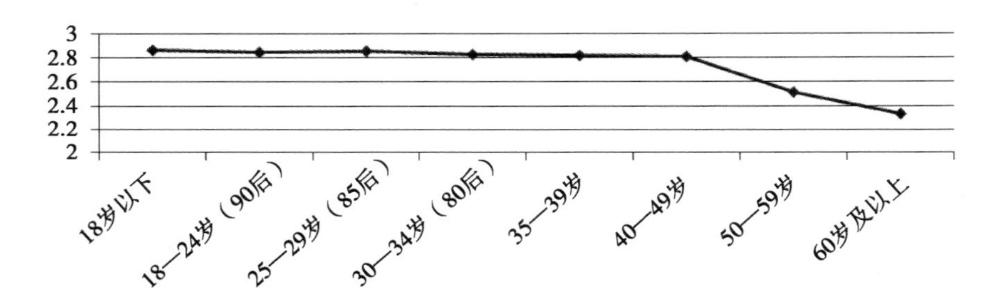

图3-11　长三角农民工年龄对其城市人身份认知的影响

对教育程度分析，如表3-19、图3-12所示。ANOVO组间检验F（6，3833）＝36.553，p＝0.000，ω＝0.23；线性对比结果F（1，3839）＝188.183，p＝0.000，ω＝0.21，说明长三角农民工“教育程度”对其城市人身份认知具有强显著性，且二者线性趋势显著，随着长三角农民工教育程度的增加其社会地位认知程度也相应加强。此外，在对比检验中，t（3833）＝124.23，p＝0.000，r＝0.90，说明相对于“不识字或识字很少”，其他受教育程度的同类子集变化显著。其中“不识字或识字很少”（M＝2.14，SD＝0.977）到“小学”（M＝2.61，SD＝0.922）教育程度，和“大专”（M＝3.09，SD＝0.937）以上教育程度增强的速率最明显，“大学本科及以上”达到均值最大值（M＝3.26，SD＝1.140），总体平均值为2.82（SD＝0.988），相当于接近中等程度。

表 3-19　长三角农民工教育程度对其城市人身份认知的影响

	N	均值	标准差	标准误	均值的 95%置信区间		极小值	极大值
					下限	上限		
不识字或识字很少	188	2.14	0.977	0.071	2.00	2.28	1	5
小学	660	2.61	0.922	0.036	2.54	2.68	1	5
初中	1578	2.79	0.974	0.025	2.74	2.84	1	5
高中	480	2.93	1.020	0.047	2.84	3.02	1	5
中专/技校	430	3.05	0.835	0.040	2.97	3.13	1	5
大专	326	3.09	0.937	0.052	2.98	3.19	1	5
大学本科及以上	178	3.26	1.140	0.085	3.09	3.43	1	5
总数	3840	2.82	0.988	0.016	2.79	2.85	1	5

说明：（1）方差齐性检验 Leven<0.001；（2）均值相等性的键壮性检验 Welch<0.001。

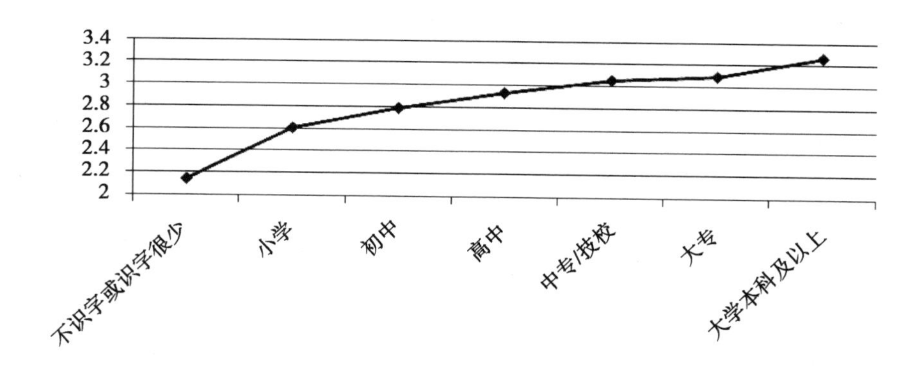

图 3-12　长三角农民工教育程度对其城市人身份认知的影响

（2）社会学背景变量对城市人身份认知的影响

对于长三角农民工“户籍类型”分析，如表 3-20、图 3-13 所示。ANOVO 组间检验 F（4，3835）= 15.234，p = 0.000，ω = 0.12；线性对比结果 F（1，3835）= 0.999，p = 0.318，说明长三角农民工“户籍类型”对其城市人身份认知具有强显著性，且二者线性趋势不显著。此外，在对比检验中，整体的 t（3835）= 103.909，p=0.000，r=0.86，说明相对于“暂住证”而言，其他户籍方式的同类子集都显著变化。而相对“本市农业”而言，t（3835）= 65.004，p=0.000，r=0.72，本市非农业的同类子集也显著变化。除了其他外，其中户口类型的均值都高于“暂住证”（M=2.74，SD=0.963），而“本市非农业户口”（M=3.15，SD=0.967）均值最高，还没有达到“一般”程度以上，总体平均值为2.82（SD=0.988），处于“较低”与“一般”程度之间。可见，目前我国城乡二元户籍体制管理模式对农民工入城与城市身份认同是一个制度性的“门槛”。

表 3-20　　长三角农民工户口类型对其城市人身份认知的影响

	N	均值	标准差	标准误	均值的95%置信区间		极小值	极大值
					下限	上限		
暂住证	2198	2.74	0.963	0.021	2.70	2.78	1	5
居民证	748	2.95	1.022	0.037	2.88	3.02	1	5
本市农业	358	2.93	1.026	0.054	2.82	3.03	1	5
本市非农业	220	3.15	0.967	0.065	3.03	3.28	1	5
其他	316	2.71	0.965	0.054	2.60	2.82	1	5
总数	3840	2.82	0.988	0.016	2.79	2.85	1	5

说明：（1）方差齐性检验 Leven<0.05；（2）均值相等性的键壮性检验 Welch<0.001。

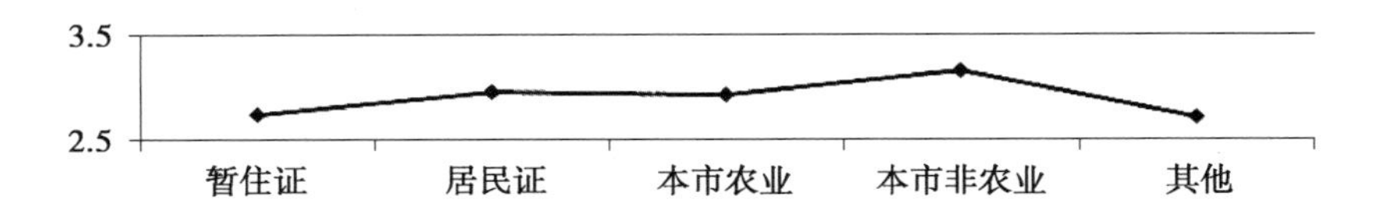

图 3-13　长三角农民工户口类型对其城市人身份认知的影响

（3）打工背景特征对长三角农民工城市人身份认知的影响

对于“居住条件”的交叉分析，如表3-21、图3-14所示。ANOVO组间检验F（8，3831）=16.374，p=0.000，ω=0.18；线性对比结果F（1，3839）=26.906，p=0.000，ω=0.08。说明长三角农民工“居住条件”对其社会地位认知具有强显著性，且二者线性趋势显著。此外，在对比检验中，t（3831）=127.874，p=0.000，r=0.9，说明相对于“工地工棚”而言，其他居住条件的同类子集都显著变化。整体呈M分布，总体平均值为2.82（SD=0.988），其中比总体均值高的有，“务工地自购房”（M=3.10，SD=0.991）、其他（M=3.08，SD=1.139）、“独立租赁房”（M=2.99，SD=0.983）、“乡外从业回家住”（M=2.90，SD=

1.078）、暂寄宿在亲朋处（M=2.84，SD=0.816），均值最低的为“工地工棚”（M=2.45，SD=1.046）。

表 3-21　　长三角农民工居住条件对其城市人身份认知的影响

	N	均值	标准差	标准误	均值的 95%置信区间		极小值	极大值
					下限	上限		
工地工棚	110	2.45	1.046	0.100	2.26	2.65	1	5
暂寄宿在亲朋处	114	2.84	0.816	0.076	2.69	2.99	1	5
乡外从业回家住	42	2.90	1.078	0.166	2.57	3.24	1	5
单位宿舍	810	2.70	1.022	0.036	2.63	2.77	1	5
与他人合租住房	522	2.71	0.898	0.039	2.63	2.79	1	5
廉租房	688	2.63	0.903	0.034	2.57	2.70	1	5
独立租赁房	1054	2.99	0.983	0.030	2.93	3.05	1	5
务工地自购房	332	3.10	0.991	0.054	2.99	3.20	1	5
其他	168	3.08	1.139	0.088	2.91	3.26	1	5
总数	3840	2.82	0.988	0.016	2.79	2.85	1	5

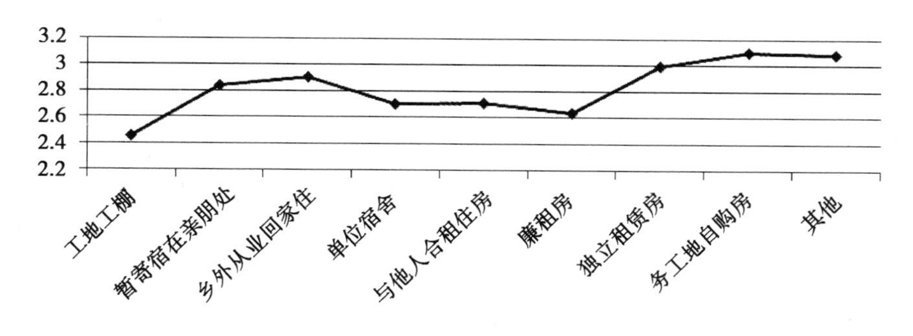

图 3-14　长三角农民工居住条件对其城市人身份认知的影响

（4）工作状况对长三角农民工城市人身份认知的影响

对于长三角农民工“工作职业”分析，如表 3-22、图 3-15 所示，ANOVO 组间检验 F（12，3827）= 11.773，p=0.000，ω=0.18；线性对比结果 F（1，3839）= 11.762，p=0.001，ω=0.05，说明长三角农民工“工作职业”对其城市人身份认知具有强显著性，且二者具有线性趋势。此外，在对比检验中，t（3827）= 139.107，p=0.000，r=0.9，说明相对于“无业/下岗/失业而言，其他工作职业的同类子集都变化显著。

表 3-22 长三角农民工工作职业对其城市人身份认知的影响

	N	均值	标准差	标准误	均值的 95%置信区间		极小值	极大值
					下限	上限		
无业/下岗/失业	64	2.59	1.306	0.163	2.27	2.92	1	5
居民服务和其他服务业	140	2.66	1.044	0.088	2.48	2.83	1	5
住宿餐饮业	224	3.03	1.006	0.067	2.89	3.16	1	5
批发零售业	132	3.12	0.949	0.083	2.96	3.28	1	5
交通运输、仓储和邮政业	122	2.85	0.993	0.090	2.67	3.03	1	5
建筑业工人	384	2.63	0.840	0.043	2.54	2.71	1	5
制造生产型企业工人	984	2.64	0.925	0.029	2.59	2.70	1	5
商业服务人员	202	2.88	0.814	0.057	2.77	2.99	1	5
专业技术人员	238	3.12	0.965	0.063	2.99	3.24	1	5
企业一般职员	786	2.83	1.037	0.037	2.76	2.91	1	5
个体户/自由职业者	260	2.97	0.978	0.061	2.85	3.09	1	5
企业管理人员	148	3.28	1.024	0.084	3.12	3.45	1	5
其他	156	2.78	1.085	0.087	2.61	2.95	1	5
总数	3840	2.82	0.988	0.016	2.79	2.85	1	5

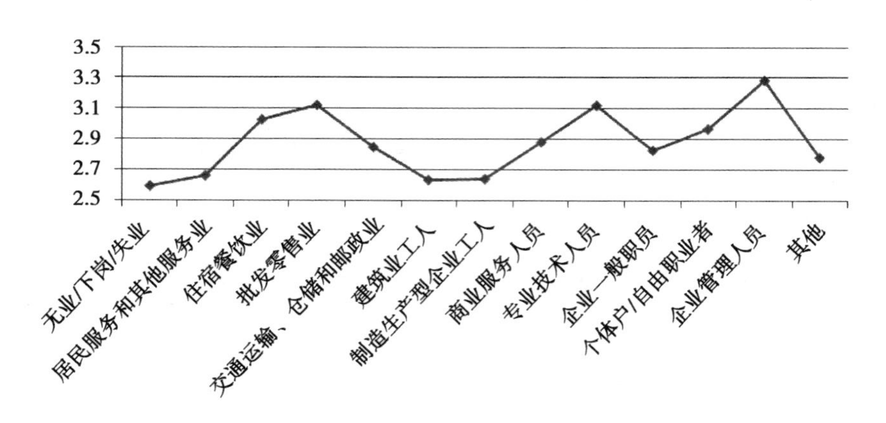

图 3-15 长三角农民工工作职业对其城市人身份认知的影响

就整体而言，长三角农民工工作职业对其城市人身份认知的总体均值为 2.82（SD=0.988），接近“一般”程度。其中低于总体均值的有：其他（M=2.78，SD=1.085）、居民服务和其他服务业（M=2.66，SD=

1.044）、制造生产型企业工人（M=2.64，SD=0.925）、建筑业工人（M=2.63，SD=0.840）、无业/下岗/失业（M=2.59，SD=1.306）。可见，处于生产链低端、低附加值、一线体力为主的工作对城市人身份的认知普遍比较低，职业对长三角农民工的城市融入形成一定的工种区隔。

对于长三角农民工“工资收入”分析，如表3-23、图3-16所示，ANOVO组间检验F（6，3833）=40.467，p=0.000，ω=0.24；线性对比结果F（1，3839）=136.356，p=0.000，ω=0.18，说明长三角农民工“工资收入”对其城市人身份认知具有强显著性，且二者具有线性趋势。

此外，在对比检验中，t（3833）=111.437，p=0.000，r=0.9，说明相对于“1000元以下”而言，其他工资收入的同类子集都变化显著。就总体情况而言，除了“1001—1500元”（M=2.82，SD=1.237）至“1501—2000元”（M=2.65，SD=0.96）均值有所下降外，其他都随着工资增加其城市人身份认知程度逐级上升，其中在“1501—2000元”至“2001—3000元”（M=2.66，SD=0.949）间均值增幅比较平缓，而其他收入段的增幅都比较明显。可见，工资收入“1501—2000元”是长三角农民工城市人身份认知的拐点。整体曲线的最低均值为“1000元以下”（M=2.15，SD=1.069），相当于超过“较低”程度，最高均值为“8000元以上”（M=3.57，SD=0.908），超过“一般”与“较高”程度，总体平均值为“2.82”（SD=0.988），接近“一般”程度。

表3-23　　长三角农民工工资收入与城市人身份认知交叉分析

	N	均值	标准差	标准误	均值的95%置信区间		极小值	极大值
					下限	上限		
1000元以下	80	2.15	1.069	0.119	1.91	2.39	1	5
1001—1500元	198	2.82	1.237	0.088	2.64	2.99	1	5
1501—2000元	584	2.65	0.960	0.040	2.57	2.73	1	5
2001—3000元	1418	2.66	0.949	0.025	2.61	2.71	1	5
3001—5000元	1150	2.98	0.899	0.027	2.93	3.03	1	5
5001—8000元	298	3.20	1.005	0.058	3.09	3.32	1	5
8000元以上	112	3.57	0.908	0.086	3.40	3.74	2	5
总数	3840	2.82	0.988	0.016	2.79	2.85	1	5

说明：（1）方差齐性检验Leven<0.001；（2）均值相等性的键壮性检验Welch<0.001。

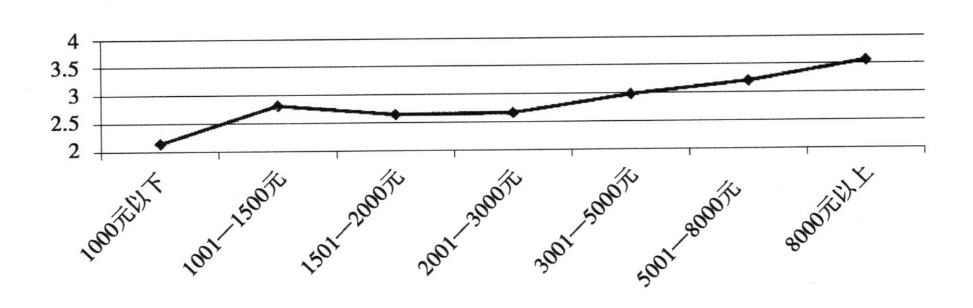

图 3-16 长三角农民工工资收入与其城市人身份认知交叉分析

对于长三角农民工“工作时长”分析，如表 3-24、图 3-17 所示，ANOVO 组间检验 F（3，3836）= 19.713，p = 0.000，ω = 0.12；线性对比结果 F（1，3839）= 5.212，p = 0.022，ω = 0.03，说明长三角农民工“工作时长”对其城市人身份认知具有强显著性，且二者线性趋势显著。此外，在对比检验中，t（3836）= 83.741，p = 0.000，r = 0.8，说明相对于“8 小时及以下”而言，其他工作时长的同类子集都变化显著。

表 3-24 长三角农民工工作时长与城市人身份认知交叉分析

	N	均值	标准差	标准误	均值的 95%置信区间		极小值	极大值
					下限	上限		
8 小时及以下	984	3.02	1.028	0.033	2.96	3.08	1	5
9—10 小时	1952	2.76	0.932	0.021	2.72	2.81	1	5
11—12 小时	746	2.70	1.000	0.037	2.63	2.77	1	5
12 小时以上	158	2.85	1.163	0.093	2.67	3.03	1	5
总数	3840	2.82	0.988	0.016	2.79	2.85	1	5

说明：（1）方差齐性检验 Leven<0.001；（2）均值相等性的键壮性检验 Welch<0.001。

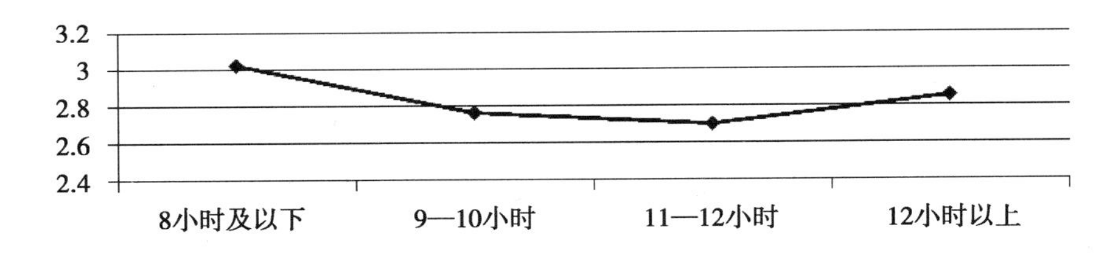

图 3-17 长三角农民工工作时长对城市人身份认知的影响

其与城市人身份认知的交差呈倒 U 形。其中从“8 小时及以下”（M=3.02，SD=1.028）到“11—12 小时”（M=2.7，SD=1）都呈下降趋势，“11—12 小时”到“12 小时以上”（M=2.85，SD=1.163）呈上升趋势。其中在“11—12 小时”达到均值最小值，相当于处于“较低”到“一般”程度，在“8 小时及以下”时为均值最大值，相当于刚刚超过“一般”程度，总体平均值为 2.82（SD = 0.988），接近于“一般”程度。

五　结论与讨论

1. 长三角地区农民工向上社会流动的意愿很强

由表 3-25 的分析结果可见，当前长三角地区农民工对自己的社会身份认知出现了分化。其中，尽管有部分农民工对自己的社会身份认知比较模糊，但有超过 1/3 的农民工认为自己正处于农村人向城市人转型阶段，有近 1/10 的农民工认为已经成功转型成为城市人，而认为自己仍然是农民的仅仅占不足 1/4，这都说明长三角地区农民工向上流动的意愿与能力很强。

2. 长三角地区农民工自我认同正处于积极转型期

就总体而言，虽然有部分长三角地区农民工对自己的社会身份认知模糊，但研究也发现，长三角地区农民工的社会地位认知与城市人身份认知都相对比较稳定。其中社会地位认知均值为 2.38，处于“中下层”与“中层”程度之间，而其城市人身份认知均值为 2.82，接近于“一般”程度，可见，长三角地区农民工的城市人身份认知程度略高于其社会地位认知程度，说明当前长三角地区农民工正积极处于由传统农民向现代城市人转型过程中。同时，研究也显示，长三角地区农民工社会地位认知和城市人身份认知呈线性关系，其中，社会地位认知在“中上层”程度以下的长三角地区农民工与其城市人身份认知水平相互促进，但社会地位认知在“中上层”认知以上的农民工相对其城市人身份认知有所下滑，可见，中上层是长三角地区农民工社会地位与城市人身份认知的临界点，再向上流动存在着一定的社会惰性与倦怠现象。

3. 长三角地区农民工自我认同受其社会背景的影响

通过对比社会地位认知与城市人身份认知的影响因素，回归结果发现，除了外出打工情况外，长三角地区农民工的人口社会学与工作情况对其社会地位认知与城市人身份认知影响因素基本相同，主要包括性别、年龄、受教育程度、月收入、工作时间等，说明长三角地区农民工这两个维度的主体特征对其自我认同起到同步催化作用。而在外出打工情况中，户口类型、外出打工方式同时与长三角地区农民工的社会地位认知和城市人身份认知显著，说明这两个因素是他们自我认同的重要影响因素。此外，对于长三角地区农民工社会地位认知而言，外出打工情况中的各个题项都呈显著性。因此，从总体上看，长三角地区农民工的人口学变量与打工情况对其社会地位认知与城市人身份认知的影响显著趋同，而打工情况对社会地位认知的影响更广泛。

第二节　长三角农民工群体认同

一　引言

农民工城市融入是一个自我身份转变与群体认同再生成的过程，在此过程中，不仅需要农民工对城市的适应，同时也是农民工与市民双向互动的结果。国外有学者提出农民工处于双重认同（dual identity）或混合认同（hybrid identity）状态，[①] 对于我国农民工而言，随着社会变迁与流动的加快，农民工自我归类与群体心理也发生了嬗变，他们正处于从农民向城市居民转型过渡中，其群体参照物与群体比较的动机、情感与价值都发生了改变，因此，对于农民工当前的群体认知与群际接触状况值得我们去研究。那么当前长三角农民工的群体认同情况如何？其是否是一个良性互动上升的过程？本书将对此进行研究。

二　文献综述

群际接触与群际关系一直是社会认同的一个基本理论困扰，特别是内群偏好和外群敌意难题，自20世纪60年代以来，西方学者做了可贵的研

① C. Nathan DeWall, *The Oxford Handbook of Social Exclusion*, MA: Oxford University Press, 2012, p. 293.

究，其中，泰弗尔等人研究了人际—群际行为的特征与转化模式，[1][2][3][4]认为社会群体的定义就是个体将自己认定为某一个群体成员，他们拥有相同的社会认同，包括身体、行为和心理等，而自尊、自我归类与社会比较是群体产生的根源。[5][6] 按照群际关系理论中自我归类的基本观点，组织中的个体在不断寻找和适应特定的群体，这既是自我归类，也是个体社会化的过程。[7] 而群体心理社会化是个体将同自己类似的个体归为一类，群体成员会产生积极的社会认同感，不同类别的个体共同构成多元化的群体。[8] 在此过程中，人们总是通过群际接触与群体比较，来寻求自我所在群体的显著特征，这对于内群往往是积极的，即内群偏好，而对其他群体会自然地产生排斥效应，即外群敌意。柴民权等研究发现社会结构与新生代农民工社会认同的建构和管理之间存在着复杂的影响因素和深刻的心理机制，群际地位的合理性对新生代农民工的社会认同建构产生重要影响。[9] 而对于内群偏好与外群敌意，Ahmet 对土耳其的农民工使用积极与消极的特征词来评价内群与外群时发现，他们往往使用更多的积极特征词

---

① Tajfel, H, *Intergroup Behavior, Social Comparison and Social Change*, Katz-Newcomb Lectures, University of Michigan, Ann Arbor, 1974.

② Tajfel, H, *Human Groups and Social Categories: Studies in SocialPsychology*, Cambridge: Cambridge Univesity Press, 1981, pp. 14, 23.

③ Tajfel, H. and Turner, J. C, *An Integrative Theory of Intergroup Conflict*, In W. C. Austin and S. Worchel (eds): *The Social Psychology of Intergroup Relations*, Monterey: Brooks-Cole, 1979.

④ Turner, J. C, Social Comparison and Social Identity: some Prospects for Intergroup Behavior, *European Journal of Social Psychology*, No. 5, 197.

⑤ Tajfel, H, The Exit of Social Mobility and the Voice of Social Change: Notes on the Social Psychology of Intergroup Relations, *Social Science Information*, Vol. 14, No. 2, 1975.

⑥ Tajfel, H, *Social Identity and Intergroup relations*, London: Press Syndicate of the University of Cambridge, 1982, p. 68.

⑦ Mackey A, A Social Actor Conception of Organizational Identity and Its Implications for the Study of Organizational Reputation, *Business and Society*, Vol. 41, No. 4, 2002.

⑧ Bergamim, Bagoaair P, Self-Categorization, Affective Commitment and Group Self-Esteem as Distinct Aspects of Social Identity in the Organization, *British Journal of social Psychology*, Vol. 39, No. 4, 2000.

⑨ 柴民权、管健：《群际关系的社会结构与新生代农民工的认同管理策略》，《心理学探新》2015 年第 4 期。

来评价内群的同时，也使用消极特征词来评价内群。[①] 还有学者研究了非洲乌干达农村到城市务工的移民青年所经历的身份转变带来的挑战与群体认同，认为他们在城市居民与农民不同的身份之间切换，在不同的语境中，有时会出现身份差异。[②] Inga 等学者在研究欧洲移民群际接触对群体认知与社会认同的影响时还发现在移民前的群际接触质量和移民后的外群态度会造成一定的偏见与外群排斥。[③]

由于农民工的特定身份与社会地位，他们与其他社会群体存在着一定的社会性距离是不可回避的现实问题。在我国，张雪筠通过市民对农民工的主观态度与评价来分析市民与农民工之间的关系，研究认为市民对农民工持排斥态度，但也在一定程度上接纳了农民工，[④] 但市民与农民工之间存在着一定的认知障碍、心理位差、情感距离和社会空间。[⑤⑥⑦] 郎晓波等从经济、社会、心理和文化层面分析了当前农民工和社区居民的双向维度考察了两大群体群际关系的互动类型及其特征，结果显示，随着农民工经济融入能力的提升和城市认同感的增强，社区排斥现象进一步凸显，整体社区融入状况不容乐观。[⑧] 综上所述，目前对于我国农民工群体认同的研究大多是从其他社会群体或外部环境的影响来研究农民工的群体认同，并没有从农民工自身群体发展与社会交往来探讨。因此，本书以长三角农民工实现身份转换策略为出发点，重点考察他们的内群认同、外群认同与群

---

① Ahmet Rustemli, In-group Favoritism among Native and Immigrant Turkish Cypriots: Trait E-valuation of Ingroup and Out-group Targets, *the Journal of social psychology*, Vol. 140, No. 1, 2000.

② Caroline Barratt, Between Town and Country: Shifting Identity and Migrant Youth In Uganda, *the Journal of Modern African Studies*, Vol. 50, No. 2, 2013.

③ Inga Jasinskaja-Lahti, Tuuli Anna M¨ah¨onen and Karmela Liebkind, Identity and Attitudinal Reactions to Perceptions of Inter-group Interactions among Ethnic Migrants: A Longitudinal Study, *British Journal of Social Psychology*, Vol. 51, 2012.

④ 张雪筠：《“群体性排斥与部分的接纳”——市民与农民工群际关系的实证分析》，《广西社会科学》2008 年第 5 期。

⑤ 金萍：《农民工与“城里人”群际心理关系分析》，《社会主义研究》2005 年第 3 期。

⑥ 郭星华、储卉娟：《从乡村到都市：融入与隔离——关于民工与城市居民社会距离的实证研究》，《江海学刊》2004 年第 3 期。

⑦ 许传新、许若兰：《新生代农民工与城市居民社会距离实证研究》，《人口与经济》2007 年第 5 期。

⑧ 郎晓波、俞云峰：《农民工融入当地社区的壁垒及实践策略研究——基于对农民工与社区居民群际关系的分析》，《北京行政学院学报》2012 年第 2 期。

际接触对其群体认同的影响，从而动态掌握农民工群体对自我群体身份的锚定、群体认同模式以及集体效应，并提出以下研究框架与研究假设。

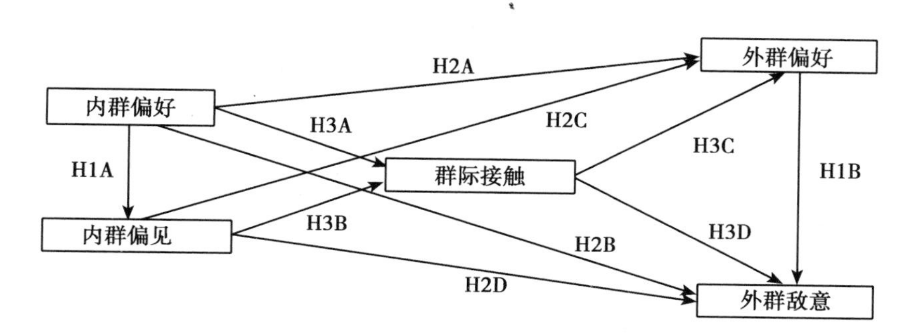

图 3-18　长三角农民工群体认知与群际接触研究假设

研究假设：

假设 1：长三角农民工内群认知、外群认知自身内部具有显著性。

假设 1A：长三角农民工内群偏好对内群偏见具有显著影响。

假设 1B：长三角农民工外群偏好对外群敌意具有显著影响。

假设 2：长三角农民工内群认知与外群认知具有显著性。

假设 2A：长三角农民工内群偏好对外群偏好具有显著影响。

假设 2B：长三角农民工内群偏好对外群敌意具有显著影响。

假设 2C：长三角农民工内群偏见对其外群偏好具有显著影响。

假设 2D：长三角农民工内群偏见对其外群敌意具有显著影响。

假设 3：长三角农民工内群认知、外群认知与群际接触相互具有显著性。

假设 3A：长三角农民工内群偏好对群际接触具有显著影响。

假设 3B：长三角农民工内群偏见对群际接触具有显著影响。

假设 3C：长三角农民工群际接触对外群偏好具有显著影响。

假设 3D：长三角农民工群际接触对外群敌意具有显著影响。

三　研究设计

1. 设计与数据来源

本书在最初研究设计时，通过李克特五级量表主要考察了长三角农民工的群体认知、群体情感、群体行为、群际比较、相对剥夺、偏差地图等六个维度，并在 2014 年 5—6 月对 200 名农民工进行了两次试测，并对问卷做了折半信度检验，第一次剔除分辨力系数绝对值小于 0.5 的题项，第二次剔除分辨力系数绝对值小于 0.7 的题项。这过程中发现相对剥夺感比较强或偏差地图比较强的题项，譬如，“城里人通常都不太好打交道”“城市人很懒”“农民工没有尊严感”“自己比其他同龄进城务工人员混得好”“我认为城市人对农民工的态度是友善的”“社会越来越发展，农民工的机会也会越来越多”“农民工总认为自己是弱势群体”“农民工能够像城市人一样生活”“农民工能够同城市人很好的相处”，分辨力系数绝对值都小于 0.7。而对城市人的积极或负面情绪的题项分辨力系数绝对值相对都超过了 0.7。这在一定程度上说明长三角农民工总体上社会相对剥夺感并不强，同时，他们已有很强的向上流动的意愿。通过折半系数检验对问卷优化后，与最初假定进行了比对，发现长三角农民工群际比较、偏差地图整体显著性不明显，而在群体认知、群体情感、群体行为中，对外群的消极调试设定都不显著，这也验证了程婕婷等提出的外来务工人员表现出对城市居民保护帮助和赞赏敬佩的外群体偏好，[①] 但为了能够全面观测农民工的群体认知与群体接触状况，最后审慎选取了接近 0.7 分辨值的题项，包括“大多数城里人/当地人愿意帮助农民工”“我在找工作面试或工作中有遇到不公的对待甚至歧视”等题项。

2. 变量指标设计

对长三角农民工群体认知与行为状况问卷进行了修订后进行了普测。本书的主要相关指标的描述统计如下：其整体效度检验，Cronbach'sAlpha 为 0.828，均值为 59.81，F 检验 $P<0.001$，表明内在一致性较好。然后，对其又进行了因子分析，采取用特征值大于 1，最大方差法旋转提取公因子的方法，共提取特征值大于 1 的 5 个公因子（因子总的方差贡献率为 58.977%），详见表 3-25。

① 程婕婷、管健、汪新建：《共识性歧视与刻板印象：以外来务工人员与城市居民群体为例》，《中国临床心理学杂志》2012 年第 4 期。

表 3-25　**长三角农民工群体评价的因子分析**

	群际接触	内群认知	群际认知	内群偏见	外群敌意
1. 农民工是我国社会发展的重要力量	0.132	0.256	**0.704**	-0.080	0.038
2. 城市人是改革开放的最大受益者	0.090	0.095	**0.820**	0.071	0.095
3. 我感觉城里人都有种优越感	0.075	0.192	**0.596**	0.216	0.274
4. 我内心希望多与城里人交朋友	**0.567**	0.099	0.368	0.235	-0.091
5. 我参加过当地社区举办的一些公益活动	**0.724**	-0.104	0.051	0.123	0.092
6. 我在城市里已有自己固定的朋友圈子	**0.746**	0.117	-0.006	-0.113	0.154
7. 有些城里人不值得信任	0.155	0.134	0.105	0.088	**0.836**
8. 有些城里人/当地人不愿意帮助农民工	0.098	0.164	0.164	0.087	**0.811**
9. 城市人很进取	**0.543**	-0.013	0.203	0.164	0.120
10. 农民工都很勤奋	0.236	**0.466**	0.336	-0.034	0.197
11. 我在当地有城市的朋友	**0.701**	0.341	-0.001	-0.048	-0.023
12 农民工在城市生存竞争压力越来越大	0.077	**0.743**	0.165	0.126	0.152
13. 我感觉自己找到满意的工作越来越难	0.010	**0.770**	0.076	0.183	0.192
14. 我在找工作面试或工作中有遇到不公的对待甚至歧视	0.062	0.368	0.026	0.336	**0.402**
15. 农民工也可以通过努力或创业富裕起来	0.060	**0.693**	0.207	-0.130	0.024
16. 农民工往往做的是脏、累、差的活	-0.107	0.253	0.210	**0.564**	0.384
17. 大多数农民工往往学历低、能力差	0.022	0.118	0.124	**0.818**	0.117
18. 有些农民工没责任感，只知道要求涨工资	0.264	-0.134	-0.085	**0.768**	-0.002

说明：（1）Bartlett 的球形度检验 0.829，近似卡方为 18866.970 提取方法；（2）主成分。旋转法：具有 Kaiser 标准化的正交旋转法。旋转在 6 次迭代后收敛。

再次对提取的公因子进行信度与效度检验，并按均值的大小进行排序，如表 3-26 所示，从表中均值分析的结果表明，长三角农民工群体认知与接触状况各维度之间在重要性上存在着显著差异（P<0.05）。其中长三角农民工群体状况因子由高到低的排序为群际认知（M＝11.12，SD＝1.897）、内群偏好（M＝14.50，SD＝2.589）、外群敌意（M＝9.88，SD＝2.082）、群际接触（M＝15.75，SD＝3.128）与内群偏见（M＝8.56，SD＝2.289），其中前四项都超过“一般”的程度。但群际偏好为

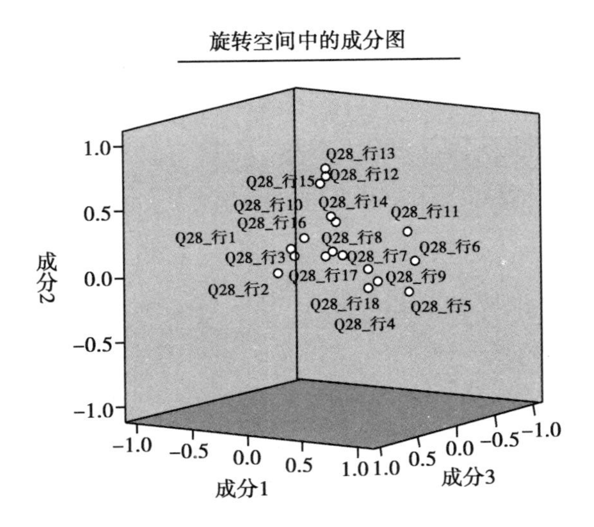

图 3-19 长三角农民工群体认知与群际接触因子分析

最高，可见，长三角农民工向上流动的意愿很强。同时，因子分析时，各维度的解释方差贡献率由高到低的是群际接触、内群偏好、群际认知、内群偏见、外群敌意，可见，长三角农民工向上流动的群际接触动力也很强。

表 3-26 长三角农民工内群与群际状况因子与信效度指标

排名	因子	均值	标准差	项数	Cronbach'sα	F	Sig	解释方差贡献率%
1	群际认知	11.12	1.897	3	0.662	266.679	0.000	11.090
2	内群偏好	14.50	2.589	4	0.723	15.738	0.000	13.045
3	外群敌意	9.88	2.082	3	0.668	81.339	0.000	10.504
4	群际接触	15.75	3.128	5	0.723	249.518	0.000	13.424
5	内群偏见	8.56	2.289	3	0.677	1045.187	0.000	10.914

在对数据 EM 法进行后缺失值处理后，本书使用 Amos17.0 综合研究长三角农民工内群与群际认知与交往情况。在检验性因子分析（CFA）中，发现内群偏好中的题项“农民工很勤奋”与内群偏好、群际接触以及“农民工是我国社会发展的重要力量”“我感觉自己找到满意的工作越来越难”题项具有很强的共线性；内群偏见中的题项“有些农民工没责

任感，只知道要求涨工资”与内群偏好、群际认知与群际接触都有很强的共线性；“群际认知”中的“农民工是我国社会发展的重要力量”与群际认知中其他两个题项以及内群偏好中的“农民工也可以通过努力或创业富裕起来”题项有很强的共线性；外群敌意中的题项“我在找工作面试或工作中有遇到不公的对待甚至歧视”与内群偏好、内群偏见与外群敌意都有很强的共线性；群际接触中的题项“城市人很进取”与外群偏好有很强的共线性。经综合分析对比进行 CFA 模型优化，去掉这些题项生成新模型，并根据其具体题项情况进行重新命名，其指标参数如表3-27所示。

表 3-27　长三角农民工群体认知与群际接触样本描述

构面	题项	样本数	均值	标准差	方差
内群偏好	农民工在城市生存竞争压力越来越大	3736	3.64	0.891	0.794
	我感觉自己找到满意的工作越来越难	3726	3.59	0.910	0.827
	农民工也可以通过努力或创业富裕起来	3728	3.68	0.904	0.818
内群偏见	农民工往往做的是脏、累、差活	3732	3.20	0.971	0.943
	大多数农民工往往学历低、能力差	3722	2.93	0.968	0.938
外群偏好	城市人是改革开放的最大受益人	3750	3.67	0.836	0.698
	我感觉城里人都有种优越感	3736	3.55	0.850	0.723
外群敌意	有些城里人不值得信任	3730	3.33	0.885	0.784
	有些城里人/当地人不愿意帮助农民工	3732	3.36	0.883	0.780
群际接触	我内心希望多与城里人交朋友	3726	3.27	0.878	0.771
	我参加过当地社区举办的一些公益活动	3722	2.84	1.025	1.050
	我在城市里已有自己固定的朋友圈子	3722	3.19	0.908	0.825
	我在当地有城市的朋友	3728	3.32	0.955	0.913

说明：（1）将群际认知更名为外群偏好。（2）此数据为原始数据统计结果。

四　研究结果

1. 测量模型的评估

本书在探索性分析（EFA）的基础上，考察模型的建构信度（CR）与收敛效度（AVE），在各项指标与系数都满足要求后，最后运行 SEM 结构模型。长三角农民工群体认知与交往状况的信度如表 3-28 所示。

表 3-28 信效度指标

构面	题项	平均值	标准差	Cronbach'sα	CR	AVE
内群偏好	3	10. 92 （3. 641）	2. 129	0. 701	0. 768	0. 534
内群偏见	2	6. 13 （3. 067）	1. 677	0. 666	0. 703	0. 549
群际接触	4	12. 63 （3. 157）	2. 751	0. 708	0. 741	0. 418
外群偏好	2	7. 22 （3. 612）	1. 426	0. 605	0. 697	0. 538
外群敌意	2	6. 69 （3. 347）	1. 586	0. 757	0. 804	0. 673

其中，测量模型的可靠性 α 系数范围为从 0. 605 到 0. 757，除了外群偏好与内群偏见外，均超过了 0. 7 的可靠性建议值（Nunmally，1978）。组成信度（CR）范围为从 0. 697 到 0. 804，接近或超过推荐值 0. 7。而测量模型结构的平均方差提取值（AVE）为从 0. 418 到 0. 673，除了群际接触外，都超过了建议值 0. 5（Fornell 和 Larcker，1981），因此，本书的各维度收敛和判别效度基本有效。同时，本书中各构面的标准差介于 1. 426 到 2. 751，说明我国长三角农民工群体认知与交往状况维度具有较好的内在一致性。除此之外，农民工社会认同的内群偏见、内群偏见、外群偏好、外群敌意和群际接触五维度的平均数都超过 3，说明长三角农民工社会认同五维度内部结构较好，长三角农民在群体认知与交往上都有很强的意愿。同时，本书中各个构面平均方差提取值（AVE）的平方根都大于构面间相关系数，显示本书区别效度较好。如表 3-29、表 3-30 所示。

表 3-29 相关系数矩阵

构面	内群偏好	内群偏见	群际接触	外群偏好	外群敌意
内群偏好	0. 690	0. 433	0. 320	0. 362	0. 210
内群偏见		0. 726	-0. 009	0. 319	0. 350
群际接触			0. 619	0. 221	0. 163
外群偏好				0. 668	0. 141
外群敌意					0. 781

表 3-30 验证性因素分析结果

构面	内群偏好	内群偏见	群际接触	外群偏好	外群敌意
内群偏好 1	0. 776				

续表

构面	内群偏好	内群偏见	群际接触	外群偏好	外群敌意
内群偏好 2	0.810				
内群偏好 3	0.797				
内群偏见 1		0.919			
内群偏见 2		0.914			
群际接触 1			1.021		
群际接触 2			0.657		
群际接触 3			0.803		
群际接触 4			0.889		
外群偏好 1				0.683	
外群偏好 2				0.706	
外群敌意 1					0.764
外群敌意 2					0.762

2. 结构模型的评估

本书使用χ^2、拟合优度指数（GFI）、调整拟合优指数（AGFI）、范拟合指数（NFI）、比较拟合指数（CFI）、近似误差均方根（RMSEA）和绝对拟合指数（SRMR）来检验假设结构模型的拟合优度，如表 3-31 所示，χ^2/df 为 12.63（$\chi^2 = 937.774$；df = 55），大于 5（Kettinger and Lee，1994）；AGFI 和 GFI 值分别为 0.94 和 0.963，均大于 0.8 建议值（Scott，1995）；CFI 和 NFI 值分别为 0.929 和 0.925，二者均高于 0.9 建议值（Bentler and Bonett，1980）。RMSEA 和 SRMR 值分别为 0.065、0.421，其中 RMSEA 值小于推荐值 0.08，SRMR 值小于推荐值 0.5（Arbuckle，2003）。因此，本书构建的结构模型拟合优度较好。如表 3-31 所示。

表 3-31　　结构模型的拟合值

拟合指标	χ^2/df	GFI	AGFI	CFI	NFI	TLI	RMSEA	SRMR
建议值	<5	>0.8	>0.8	>0.9	>0.9	>0.9	<0.08	<0.5
实际值	17.050	0.963	0.940	0.929	0.925	0.9	0.065	0.421

注：因本研究为大样本，因此χ^2/df，可接受。

通过五个变量间的假设关系来检验长三角农民工群体认知与交往状况的结构方程模型。如表 3-32 结果所示，内群偏好（β = 0.509，T =

19.667，P<0.001）对内群偏见，外群偏好（β=0.196，T=4.277，P<0.001）对外群敌意效果都呈强显著性，假设H1A、H1B成立，假设H1成立。内群偏好（β=0.261，T=12.626，P<0.001）对外群偏好，内群偏好（β=0.211，T=7.853，P<0.001）对外群敌意效果都呈强显著性，假设H2A、H2B成立；同时，内群偏见（β=0.196，T=11.134，P<0.001）对外群偏好，内群偏见（β=0.298，T=11.992，P<0.001）对外群敌意效果都呈强显著性，假设H2C、H2D都成立，假设H2成立。

表3-32　　长三角农民工群体认知与群际接触研究假设验证

研究假设		路径	路径系数		T值	结果
H1	H1A	内群偏好-内群偏见	0.509	***	19.667	支持
	H1B	外群偏好-外群敌意	0.196	***	4.277	支持
H2	H2A	内群偏好-外群偏好	0.261	***	12.626	支持
	H2B	内群偏好-外群敌意	0.211	***	7.853	支持
	H2C	内群偏见-外群偏好	0.196	***	11.134	支持
	H2D	内群偏见-外群敌意	0.298	***	11.992	支持
H3	H3A	内群偏好-群际接触	0.221	***	11.799	支持
	H3B	内群偏见-群际接触	-0.006		-0.372	不支持
	H3C	群际接触-外群偏好	0.231	***	9.000	支持
	H3D	群际接触-外群敌意	0.236	***	7.199	支持

说明：（1）+p<0.1，*p<0.05，**p<0.01，***p<0.001。

在群际接触关系中，内群偏好（β=0.221，T=11.799，P<0.001）对群际接触、群际接触（β=0.231，T=9，P<0.001）对外群偏好、群际接触（β=0.236，T=7.199，P<0.001）对外群敌意效果都强显著性，但内群偏见（β=-0.006，T=-0.372，P<0.001）对群际接触不显著、说明假设H3A、H3C、H3D成立，但H3B不成立，因此假设H3不成立。

五　结论与讨论

通过上述研究，可知我国长三角农民工群体接触与群体认知状况、影响要素及其权重。其中对于长三角农民工群体认知中，在内群认知中，内群偏好对内群偏见呈正强显著性，说明长三角农民工的内群偏好在一定程度上也刺激内群偏见的产生，其解释力为43.3%。在外群认知中，外群偏好对外群敌意呈正强显著性，说明长三角农民工的外群偏好在一定程度上也刺激外群敌意的产生，其解释力为14.1%。说明长三角农民工内群与外群认知都处于双重认同状况，同时，综合CR与AEV，对比内群认知与外群认知可知，当前长三角农民工的内群偏见与外群敌意状态相对比较突出。

在长三角农民工内群与外群认知的相互影响情况中，内群偏好对外群偏好与外群敌意呈强显著性，其解释力分别为36.2%、21%；内群偏见对外群偏好与外群敌意呈强显著性，其解释力分别为31.9%、35%。说明长三角农民工内群认知与外群认知都出现了分化，处于混合与矛盾认同阶段，其中内群偏好度高的长三角农民工对外群偏好的倾向度也高，但内群偏见度高的长三角农民工对外群偏好与外群敌意的倾向度差别不大。

在长三角农民工群体接触对内群与外群认知的影响中，除了内群偏见外，内群偏好、外群偏好与外群敌意都与群体接触呈正显著性，三者的解释力分别为32%、22.1%、16.3%。说明长三角农民工的内群偏好在一定程度上能够促进他们与城市人接触与城市融合，并在此基础上，又一定程度上都能促进他们对城市人的外群偏好与外群敌意，但内群偏见虽然有一定的阻碍作用，作用却不显著。具体（如图3-20所示）。

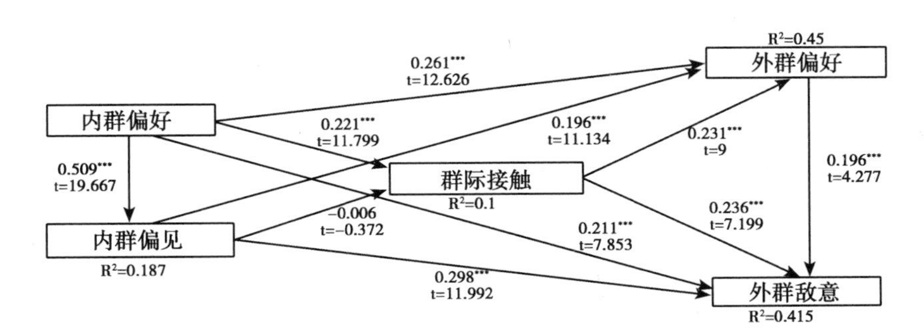

图3-20　长三角农民工群体认知与群际接触研究模型结果

对于长三角农民工群体认知与接触状况各因子维度进一步分析中发现，如表3-33所示。对于长三角农民工内群关系中，存在着内群偏好与内群偏见，其中在内群偏好中，其组成要素及其载荷因子情况为，以“农民工在城市生存竞争压力越来越大”为参照，题项“我感觉自己找到满意的工作越来越难”与“农民工也可以通过努力或创业富裕起来”的回归权重估计值出现分化，二者相对应的载荷因子分别为1.022、0.648，三者相对应的方差贡献率分别为77.1%、77.1%、49.2%，对整个模型的贡献率R^2分别为59.4%、59.4%、24.2%。可见，长三角农民工内群偏好的群体压力主要还在工作上面。在内群偏见中，其组成要素及其载荷因子情况为，以“农民工往往做的是脏、累、差活”为参照，题项“大多数农民工往往学历低、能力差”的回归权重估计值为0.719，二者对内群偏见的方差贡献率R^2分别是83.3%、60%，对整个模型的贡献率R^2分别为69.4%、36.1%。可见，长三角农民工内群偏见的矛盾主要在工作的性质上。

对于群际关系来讲，在外群偏好中，其组成要素及其载荷因子情况为，以“城市人是改革开放的最大受益人”为参照，题项“我感觉城里人都有种优越感”的回归权重估计值仅为1.261，二者对外群偏好的方差贡献率分别是59.3%、73.5%，对整个模型的贡献率R^2分别为35.1%、54.1%。可见，长三角农民工外群偏好的焦点在于城市人的优越性。在外群敌意中，其组成要素及其载荷因子情况为，以“有些城里人不值得信任”为参照，题项“有些城里人/当地人不愿意帮助外来务工人员”的回归权重估计值仅为1.009，二者对外群敌意的方差贡献率都是77.7%、78.5%，对整个模型的贡献率R^2分别为60.4%、61.7%。可见，长三角农民工外群敌意的矛盾主要在于城市人对待农民工的行为方式。综合来看，长三角农民工的外群认知中外群敌意比较明显。

表3-33　　长三角农民工群体认知与接触状况维度构成要素情况

构面	题项	载荷因子	方差贡献率%	残差值	总解释力R^2%
内群偏好	农民工在城市生存竞争压力越来越大	1.000	77.1	0.315	59.4
	我感觉自己找到满意的工作越来越难	1.022	77.1	0.329	59.4
	农民工也可以通过努力或创业富裕起来	0.648	49.2	0.604	24.2
内群偏见	农民工往往做的是脏、累、差活	1.000	83.3	0.281	69.4
	大多数农民工往往学历低、能力差	0.719	60	0.585	36.1
外群偏好	城市人是改革开放的最大受益人	1.000	59.3	0.443	35.1
	我感觉城里人都有种优越感	1.261	73.5	0.324	54.1
外群敌意	有些城里人不值得信任	1.000	77.7	0.302	60.4
	有些城里人/当地人不愿意帮助农民工	1.009	78.5	0.292	61.7

续表

构面	题项	载荷因子	方差贡献率%	残差值	总解释力 R^2%
群际接触	我内心希望多与城市人交朋友	1. 000	54. 2	0. 530	29. 4
	我参加过当地社区举办的一些公益活动	1. 282	59. 6	0. 658	35. 5
	我在城市里已有自己固定的朋友圈子	1. 288	67. 5	0. 437	45. 6
	我在当地有城市的朋友	1. 315	65. 5	0. 507	43

对于群际接触，其组成要素及其载荷因子情况为，以“我内心希望多与城市人交朋友”为参照，其他题项回归权重估计值由低到高依次为，“我参加过当地社区举办的一些公益活动”（1. 282）、“我在城市里已有自己固定的朋友圈子”（1. 288）、“我在当地有城市的朋友”（1. 315），相对应的方差贡献率分别为 54. 2%、59. 6%、67. 5%、65. 5%，对整个模型的贡献率 R^2分别为 29. 4%、35. 5%、45. 6%、43%。可见，长三角农民工群际接触已由接触心理预期向现实城市生活参与实际的人际交往转向，但其中虽然农民工已同城市人建立了一定的联系，但其在整体作用中稍低于自己与老乡等的传统人脉关系。综上所述，长三角农民工群体认知与群际接触的关系（如图 3-21 所示）。

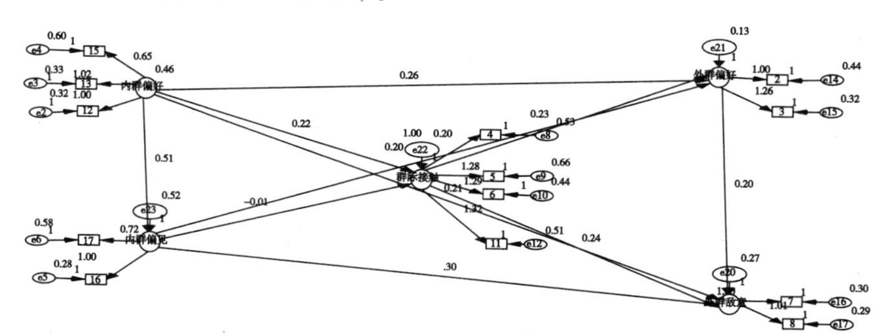

图 3-21　长三角农民工群体认知与群际接触 SEM 模型

第三节　长三角农民工刻板印象

一　引言

随着中国经济社会转型与城镇化建设，在城市中打工与生活的农民工越来越多，而他们面临着不同类型的歧视，常常处于社会边缘，受到一定的偏见与歧视，甚至刻板印象。虽然当前有许多研究让我们动态了解城市居民或其他社会群体对农民工的态度，但往往倾向于忽视农民工这一特定群体的具体社会态度，以及农民工对自身的社会分类与身份威胁认知在他们社会发展中的作用。因此，本书将从刻板印象视角来研究农民工群体的社会认知与群体态度。

二　文献回顾

刻板印象（stereotype）是当代社会认知理论的基本课题之一，社会刻板印象通常是指人们对社会群体所拥有的一般信念。社会认同理论认为，个体通过社会分类，对自己的群体产生认同，并产生内群体偏好和外群体偏好。[①] 当前研究刻板印象有很多方法，譬如，两极特质量表 Gardner 法、典型特征量化检核法（Katz-Braly 法）、自由联想法（Free Response）等直接测量法，以及社会支配倾向程度的高的社会群体词汇判断、再生故事任务测量等实验法来研究。[②③] 其中赵永萍就指出不同效价的刻板印象信息其传递具有选择偏向，并且这种选择偏向会随着沟通者、靶子及听众间关系的变化而变化，个体容易传递内群体的积极刻板印象信息和外群体的消极刻板印象信息，同时群体关系不同则被试对刻板印象信息的传递就不同。

刻板印象还可以通过内隐联想测验（Implicit Association Test）间接测量法测量，有学者认为刻板印象可以由两个基本维度的社会知觉来感知：热情（W）和能力（C），热情和能力是用来对他人印象形成或解释他人行为的基本诊断尺寸，同时认为热情和能力能够预测同类的意图和制定这些意图能力。[④] 其中热情维度主要是捕捉与感知意图相关的特征，其主要

---

① Tajfel，H，*Social Identity and Intergroup relations*，London：Press Syndicate of the University of Cambridge，1982.

② 吴薇：《社会支配倾向与阶层刻板印象的关系研究》，《心理学与创新能力提升——第十六届全国心理学会议论文集》，2013 年 11 月。

③ 赵永萍、张进辅：《群体关系对不同效价的刻板印象信息传递的影响：系列再生法的证据》，《心理科学》2013 年第 3 期。

④ Cuddy，A. J. C.，Fiske，S. T.，& Glick，P，The BIAS map：Behaviors from Intergroup Affect and Stereotypes. *Journal of Personality and Social Psychology*，Vol. 94，No. 4，2007. doi：10. 1037/0022-3514. 92. 4. 631.

为友善、诚信等；而能力维度反映与知觉能力相关的特征，其主要包括技能、效能、才干等。[①] 其中 Fiske 等人提出刻板印象内容模型理论（SCM），认为刻板印象是由道德与能力二维理论构成，[②] 并提出四个假设：第一，双维度假设。提出通过才能和热情（competence and warmth）两个维度来检测社会群体在社会中的位置。第二，混合（mixed）刻板印象假设，认为大部分社会群体在上述两个维度上都是一高一低的。由此将被试划分为四个群体：高热情—高能力群体（high warmth - high competence，HW-HC）、低热情—高能力群体（low warmth-high competence，LW-HC）、高热情—低能力群体（high warmth-low competence，HW-LC）和低热情—低能力群体（low warmth-low competence，LW-LC）。第三，社会结构相关假设，提出社会结构变量可以预测才能和热情。第四，内群体榜样偏好（favoritism）假设，提出人们在评价自身所属群体（即我群或内群）时，通常在两个维度上都给予其以较高的分值。而其他学者，譬如 Leach 等人在此基础上，又加入了道德（morality）维度，[③] 从而发展成道德—才能—社会性这三个维度的群体内容评价标准，研究认为热情维度包括两个不同的部分组成：道德和社会性，其中有学者认为道德是指感知正确别人的行为，其主要包括诚实、可信。而社会性是与他人合作并建立关系的能力，主要包括友好、热情等。虽然热情和能力代表社会认知的尺寸，温暖的判断似乎是压倒一切的能力，热情的评级通常预测感知效价人际评价，譬如积极的或消极的；而能力评级预测相关的大小和是依赖于热情的信息。[④]

刻板印象内容模型现在有 30 多个国家获得广泛的支持范围和目标群

---

① Cuddy，A. J. C.，Fiske，S. T.，& Glick，P，Warmth and competence as universal dimensions of social perception：The stereotype content model and the BIAS map. In M. P. Zanna（Ed.），*Advances in experimental social psychology*（Vol. 40，2008 pp. 61-150）. San Diego，CA：Academic Press. doi：10. 1016/S0065-2601（07）00002-0.

② Fiske，S. T.，Cuddy，A. J. C.，& Glick，P，Universal dimensions of social cognition：Warmth and competence，*Trends in Cognitive Sciences*，Vol. 11，No. 2，2006，doi：10. 1016/j. tics. 2006. 11. 005.

③ Leach，C. W.，N. Ellemers，and M. Barreto，Group Virtue：The Importance of Morality（vs. Competence and Sociability）in the Positive Evaluation of In-Groups，*Journal of Personality and Social Personality*，Vol. 93，No. 2，2007.

④ 同上②。

体，有学者研究发现，按照内群偏好效果，低热情但没能力的人往往会更青睐于内群评价而非外群评价，但也有学者认为当前大部分的研究处理与刻板印象重点关注内容的刻板印象和手段的获得，而对于那些在社会知觉中已存在的刻板印象却很少关注。[①] 同时，以实验的方式对大学生进行评估，但对社会现实中社会群体的真实刻板认知并没有直接的评估，在中国国内关于刻板印象内容的研究很少，尤其是，关于农民工方面的。Fiske 等曾研究发现大部分移民群体都是混合型刻板印象。[②] 在我国，高明华研究了大学生对 21 个社会群体的刻板印象类型，[③] 其中将农民工归类于残疾人、老年人、农民等弱势群体中，并认为其属于混合型刻板印象，其“道德”的分值显著高于“才能”。管健等研究认为外来务工女性群体具有农村和城市双重认同趋势，其中刻板印象威胁可以引发具有较高城市认同融合的外来务工女性群体具有显著的认同维护倾向。[④] 此外，由于刻板印象作为一种特定的社会认知图式，它是有关某一群体成员的特征和原因的比较固定的观念或想法，那么它的具体内容会随着评价者、评价对象、评价时间和情景的不同而变化。[⑤] 而中国以农民工群体为视角来研究其自身的刻板印象的研究还没有，因此，本书以长三角农民工为例来研究他们对其自身与其他社会群体的刻板认知情况。

三　研究设计

本书设计了一个 10×6 刻板印象内容模型量表，选取 200 名农民工进行初试与访谈选取 10 个社会群体。最后，在问卷调研中进行了普测，其中 10 个社会群体分别是：医生（M = 10. 27，SD = 5. 900）、大学生（M =

---

① David A. Wilder, Facilitation of Outgroup Stereotypes by Enhanced lngroup Identity, *Journal of Experimental Social Psychology*, Vol. 27, 1991.

② Fiske, S. T., Cuddy, A. J. C., Glick, P., & Xu, J, A Model of (often mixed) Stereotype Content: Competence and Warmth Respectively Follow from Perceived Status and Competition, *Journal of Personality and Social Psychology*, Vol. 82, No. 6, 2002, doi: 10. 1037//0022 - 3514. 82. 6. 878.

③ 高明华：《刻板印象内容模型的修正与发展——源于大学生群体样本的调查结果》，《社会》2010 年第 5 期。

④ 管健、柴民权：《外来务工女性刻板印象威胁的应对策略与认同管理》，《心理科学》2013 年第 4 期。

⑤ 赵潞：《刻板印象研究综述》，《兰州教育学院学报》2013 年第 1 期。

11. 11，SD=5. 777）、农民工（M=12. 66，SD=6. 103）、个体户（M=12. 55，SD=6. 306）、富人（M=13. 59，SD=7. 126）、农民（M=12. 56，SD=6. 347）、公司白领（M=11. 68，SD=6. 236）、“80后”（M=11. 84，SD=6. 175）、城市居民（M=13. 13，SD=6. 680）、失业者（M=15. 13，SD=7. 826）。而刻板印象内容模型结合前人的研究成果，设计为三个维度：道德（M=39. 75，SD=19. 529）、才能（M=42. 33，SD=18. 551）与社会性（M=42. 51，SD=19. 530），其中道德又细分为诚实（M=18. 91，SD=9. 563）与可信（M=20. 84，SD=10. 666）；才能细分为能力（M=20. 90，SD=9. 303）与才干（M=21. 43，SD=9. 606）；社会性细分为热情（M=21. 27，SD=9. 797）与友好（M=21. 24，SD=10. 163）。

四　研究结果

本书首先对每个群体的整体效度与信度进行了度量，得分都很高，再进一步采用提取因子的方法进行运算，看刻板印象三维度会不会自然归类，结果发现都存在一定的交叉混合现象。其中对于医生群体而言，第一公因子为社会性维度的“热情—友好”与道德维度中的“可信”的共生因子，第二公因子为才能维度的“能力—才干”，第三公因子为道德维度的“诚实—可信”又与才能维度的“能力”的共生因子。如表3-34所示。

表3-34　长三角农民工对医生群体的刻板印象内容认知

	成分		
	1	2	3
诚实—医生	0. 303	0. 266	0. 875
能力—医生	0. 277	0. 716	0. 507
热情—医生	0. 848	0. 268	0. 236
才能—医生	0. 380	0. 855	0. 197
友好—医生	0. 802	0. 338	0. 298
可信—医生	0. 577	0. 361	0. 527

说明：（1）主成分提取方法；（2）Kaiser标准化的正交旋转法，5次迭代后收敛；（3）解释累计总方差为85. 397%。

对于大学生群体而言，第一公因子为社会性维度的“热情—友好”

与道德维度中的“可信”的共生因子，第二公因子为才能维度的“能力—才干”，第三公因子只有道德维度的“诚实”。如表3-35所示。

表3-35　　长三角农民工对大学生群体的刻板印象内容认知

	成分		
	1	2	3
诚实—大学生	0.325	0.275	0.885
能力—大学生	0.269	0.824	0.331
热情—大学生	0.790	0.375	0.176
才干—大学生	0.414	0.797	0.156
友好—大学生	0.815	0.267	0.314
可信—大学生	0.657	0.353	0.426

说明：（1）主成分提取方法；（2）Kaiser标准化的正交旋转法，6次迭代后收敛；（3）解释累计总方差为83.744%。

对于农民工群体自身而言，第一公因子为社会性维度的“热情—友好”与道德维度中的“可信”的共生因子，第二公因子为才能维度的“能力—才干”，第三公因子只有道德维度的“诚实”与“可信”都显著（但可信的值为0.564，虽大于0.5，但小于第一公因子中的0.634）。如表3-36所示。

表3-36　　长三角农民工对农民工自身群体的刻板印象内容认知

	成分		
	1	2	3
诚实—农民工	0.248	0.259	0.891
能力—农民工	0.214	0.870	0.280
热情—农民工	0.724	0.494	0.108
才干—农民工	0.377	0.802	0.191
友好—农民工	0.816	0.245	0.359
可信—农民工	0.634	0.243	0.564

说明：（1）主成分提取方法；（2）Kaiser标准化的正交旋转法，7次迭代后收敛；（3）解释累计总方差为83.997%。

对于个体户群体而言，第一公因子为道德维度的“诚实—可信”与社会性维度中的“友好”的共生因子，第二公因子为才能维度的“能力—才干”，第三公因子只有社会性维度的“热情—友好”（这里的可信值为0.639，大于第一公因子中的0.567）。如表3-37所示。

表3-37　长三角农民工对个体户群体的刻板印象内容认知

	成分		
	1	2	3
诚实—个体户	0.861	0.328	0.162
能力—个体户	0.313	0.839	0.249
热情—个体户	0.247	0.392	0.825
才干—个体户	0.266	0.792	0.354
友好—个体户	0.567	0.290	0.639
可信—个体户	0.783	0.243	0.403

说明：（1）主成分提取方法；（2）Kaiser标准化的正交旋转法，6次迭代后收敛；（3）解释累计总方差为85.130%。

对于富人群体而言，第一公因子为社会性维度的“热情—友好”与道德维度中的“可信”的共生因子，第二公因子为才能维度的“能力—才干”，第三公因子只有道德维度的“诚实”与“可信”都显著（这里的可信值为0.525，小于第一公因子中的0.685）。如表3-38所示。

表3-38　长三角农民工对富人群体的刻板印象内容认知

	成分		
	1	2	3
诚实—富人	0.379	0.275	0.861
能力—富人	0.226	0.882	0.272
热情—富人	0.778	0.407	0.229
才干—富人	0.386	0.837	0.163
友好—富人	0.832	0.270	0.340
可信—富人	0.685	0.275	0.525

说明：（1）主成分提取方法；（2）Kaiser标准化的正交旋转法，6次迭代后收敛；（3）解释累计总方差为87.737%。

对于农民群体而言，第一公因子为社会性维度的“热情—友好”与道德维度中的“可信”的共生因子，第二公因子为才能维度的“能力—才干”，第三公因子只有道德维度的“诚实”。如表3-39所示。

表3-39 长三角农民工对农民群体的刻板印象内容认知

	成分		
	1	2	3
诚实—农民	0.350	0.250	0.883
能力—农民	0.219	0.884	0.264
热情—农民	0.684	0.504	0.179
才干—农民	0.350	0.849	0.138
友好—农民	0.838	0.286	0.283
可信—农民	0.717	0.222	0.479

说明：(1) 主成分提取方法；(2) Kaiser标准化的正交旋转法，6次迭代后收敛；(3) 解释累计总方差为85.598。

对于公司白领群体而言，第一公因子为社会性维度的“热情—友好”与道德维度中的“可信”共生因子，第二公因子为才能维度的“能力—才干”，第三公因子只有道德维度的“诚实”与“可信”都显著（这里的可信值为0.852，大于第一公因子中的0.376）。如表3-40所示。

表3-40 长三角农民工对公司白领群体的刻板印象内容认知

	成分		
	1	2	3
诚实—公司白领	0.312	0.325	0.858
能力—公司白领	0.246	0.822	0.394
热情—公司白领	0.768	0.407	0.234
才干—公司白领	0.488	0.762	0.176
友好—公司白领	0.828	0.294	0.305
可信—公司白领	0.664	0.253	0.567

说明：(1) 主成分提取方法；(2) Kaiser标准化的正交旋转法，6次迭代后收敛；(3) 解释累计总方差为86.370。

对于“80后”群体而言，第一公因子为才能维度的“能力—才干”与道德维度中的“可信”、社会性维度中的“友好”共生因子，第二公因子为道德维度中的“诚实”与才能维度的“能力”（这里的可信值为

0.589，大于第一公因子中的 0.575）共生因子，第三公因子只有社会性维度中的“热情”显著（这里的可信值为 0.852，大于第一公因子中的 0.376）。如表 3-41 所示。

表 3-41　长三角农民工对“80 后”群体的刻板印象内容认知

	成分		
	1	2	3
诚实—“80 后”	0.296	0.882	0.271
能力—“80 后”	0.575	0.589	0.289
热情—“80 后”	0.376	0.327	0.852
才干—“80 后”	0.713	0.326	0.388
友好—“80 后”	0.779	0.217	0.419
可信—“80 后”	0.808	0.386	0.190

说明：（1）主成分提取方法；（2）Kaiser 标准化的正交旋转法，5 次迭代后收敛；（3）解释累计总方差为 85.098。

对于城市居民群体而言，第一公因子为才能维度的“能力—才干”与社会性维度中的“热情”（这里的可信值为 0.548，小于第二公因子中的 0.705）共生因子，第二公因子为社会性维度“热情—友好”与道德维度的“可信”共生因子（这里的可信值为 0.579，小于第三公因子中的 0.658），第三公因子为道德维度“诚实—可信”。如表 3-42 所示。

表 3-42　长三角农民工对城市居民群体的刻板印象内容认知

	成分		
	1	2	3
诚实—城市居民	0.362	0.253	0.853
能力—城市居民	0.813	0.287	0.365
热情—城市居民	0.548	0.705	0.196
才干—城市居民	0.814	0.355	0.277
友好—城市居民	0.309	0.790	0.390
可信—城市居民	0.266	0.579	0.658

说明：（1）主成分提取方法；（2）Kaiser 标准化的正交旋转法，7 次迭代后收敛；（3）解释累计总方差为 86.878。

对于失业者群体而言，第一公因子为才能维度的“能力—才干”与社会性维度中的“热情”，第二公因子为社会性维度“友好”与道德维度的“可信”共生因子，第三公因子只有道德维度中的“诚实”。如表3-43所示。

表3-43　长三角农民工对失业者群体的刻板印象内容认知

	成分		
	1	2	3
诚实—失业者	0.335	0.365	0.857
能力—失业者	0.821	0.255	0.382
热情—失业者	0.729	0.455	0.281
才干—失业者	0.817	0.418	0.194
友好—失业者	0.453	0.792	0.268
可信—失业者	0.349	0.767	0.421

说明：(1) 主成分提取方法；(2) Kaiser标准化的正交旋转法，5次迭代后收敛；(3) 解释累计总方差为89.209。

整体而言，农民工对自身与其他社会群体的认知都处于混合状态，其中农民工与富人、公司白领的模型类似，农民与大学生的模型类似，可见，农民工对自身群体整体状况比较积极，存在着一定的社会精英偏好。本书再次进行了提取两个因子处理，看各群体的变化。如表3-44所示。

表3-44　长三角农民工对社会各群体刻板印象内容两因子分析

		诚实	能力	热情	才干	友好	可信
医生	1	0.784	0.853	0.315	0.732	0.411	0.597
	2	0.333	0.321	0.864	0.424	0.823	0.605
大学生	1	0.811	0.363	0.68	0.357	0.797	0.748
	2	0.258	0.83	0.479	0.838	0.367	0.419
农民工	1	0.83	0.271	0.481	0.306	0.757	0.808
	2	0.223	0.86	0.664	0.85	0.425	0.35
个体户	1	0.842	0.314	0.466	0.307	0.717	0.851
	2	0.296	0.835	0.695	0.843	0.497	0.333
富人	1	0.822	0.309	0.732	0.367	0.85	0.85
	2	0.278	0.889	0.459	0.859	0.324	0.312

续表

		诚实	能力	热情	才干	友好	可信
农民	1	0.833	0.287	0.599	0.302	0.796	0.839
	2	0.232	0.884	0.582	0.878	0.381	0.287
公司白领	1	0.679	0.344	0.743	0.445	0.84	0.837
	2	0.459	0.875	0.438	0.779	0.337	0.341
“80后”	1	0.33	0.6	0.729	0.787	0.867	0.765
	2	0.911	0.625	0.43	0.377	0.274	0.415
城市居民	1	0.346	0.827	0.72	0.857	0.502	0.373
	2	0.823	0.386	0.484	0.347	0.714	0.836
失业者	1	0.331	0.823	0.777	0.863	0.569	0.45
	2	0.859	0.4	0.462	0.367	0.694	0.799

对于医生群体（解释累计总方差为78.114，提取主成分，Kaiser标准化的正交旋转法，3次迭代后收敛）而言，第一旋转因子为才能维度的“能力--才干”与道德维度的“诚实—可信”，第二旋转因子为社会性维度的“热情—友好”与道德维度的“可信”（这里可信值为0.605，大于第一旋转因子中的0.597）。对于大学生群体（解释累计总方差为76.179%，提取主成分，Kaiser标准化的正交旋转法，3次迭代后收敛）而言，第一旋转因子为道德维度的“诚实—可信”与社会性维度的“热情—友好”，第二旋转因子为才能维度的“能力—才干”。对于农民工自身群体（解释累计总方差为76.152%，提取主成分，Kaiser标准化的正交旋转法，3次迭代后收敛）而言，第一旋转因子为道德维度的“诚实—可信”与社会性维度的“友好”，第二旋转因子为才能维度的“能力—才干”与社会性维度的“热情”。对于个体户群体（解释累计总方差为78.236%，提取主成分，Kaiser标准化的正交旋转法，3次迭代后收敛）而言，第一旋转因子为道德维度的“诚实—可信”与社会性维度的“友好”，第二旋转因子为才能维度的“能力—才干”与社会性维度的“热情”。对于富人群体（解释累计总方差为78.236%，提取主成分，Kaiser标准化的正交旋转法，3次迭代后收敛）而言，第一旋转因子为道德维度的“诚实—可信”与社会性维度的“热情—友好”，第二旋转因子为才能维度的“能力—才干”。对于农民群体（解释累计总方差为78.933%，提

取主成分，Kaiser 标准化的正交旋转法，3 次迭代后收敛）而言，第一旋转因子为道德维度的“诚实—可信”与社会性维度的“热情—友好”，第二旋转因子为才能维度的“能力—才干”。对于公司白领群体（解释累计总方差为 79.014%，提取主成分，Kaiser 标准化的正交旋转法，3 次迭代后收敛）而言，第一旋转因子为道德维度的“诚实—可信”与社会性维度的“热情—友好”，第二旋转因子为才能维度的“能力—才干”。对于“80 后”群体（解释累计总方差为 79.169%，提取主成分，Kaiser 标准化的正交旋转法，3 次迭代后收敛）而言，第一旋转因子为社会性维度的“热情—友好”与道德维度的“可信”、社会性维度的“友好”共生一个因子，第二旋转因子为才能维度的“能力”与道德维度的“诚实”共生一个因子。对于城市居民（解释累计总方差为 80.570%，提取主成分，Kaiser 标准化的正交旋转法，3 次迭代后收敛）而言，第一旋转因子为才能维度的“能力—才干”与社会性维度的“热情—友好”，第二旋转因子为道德维度的“诚实—可信”与社会性维度中的“友好”（这里的可信值为 0.714，大于第一旋转因子中的 0.502）。对于失业者群体（解释累计总方差为 83.775%，提取主成分，Kaiser 标准化的正交旋转法，3 次迭代后收敛）而言，第一旋转因子为才能维度的“能力—才干”与社会性维度的“热情—友好”，第二旋转因子为道德维度的“诚实—可信”与社会性维度中的“友好” （这里的可信值为 0.694，大于第一旋转因子中的 0.569）。

综上所述，可见，此时富人、公司白领、大学生、农民的形态一样，都为第一旋转因子为道德维度的“诚实—可信”与社会性维度的“热情—友好”，第二旋转因子为才能维度的“能力—才干”。农民工与个体户的形态一样，都为第一旋转因子为道德维度的“诚实—可信”与社会性维度的“友好”，第二旋转因子为才能维度的“能力—才干”与社会性维度的“热情”。而城市居民与失业者的形态一样，都为第一旋转因子为才能维度的“能力—才干”与社会性维度的“热情—友好”，第二旋转因子为道德维度的“诚实—可信”与社会性维度中的“友好”。但医生、“80 后”的形态比较复杂，为混合型刻板印象。

为了更好地研究，本书又进一步将“诚实”与“可信”合成为“道德”，“热情”与“友好”合成为“社会性”，“能力”与“才干”合并为“才能”，并对各群体进行了横向与纵向比较。如表 3-45、图 3-22—

图3-24所示。

表 3-45　长三角农民工对社会各群体刻板印象内容样本分布情况

内容	群体	非常不重要	比较不重要	一般	比较重要	非常重要	样本合计
道德	医生	1426	1142	566	266	80	3480
	大学生	930	1344	818	296	56	3444
	农民工	974	1152	964	348	62	3500
	个体户	776	1026	962	510	188	3462
	富人	642	838	1018	564	372	3434
	农民	1044	1118	864	370	50	3446
	公司白领	620	1362	1006	336	80	3404
	“80 后”	764	1226	1038	318	78	3424
	城市居民	710	1028	1104	440	126	3408
	失业者	538	846	1014	664	346	3408
才能	医生	1478	1114	580	216	52	3440
	大学生	808	1338	984	302	34	3466
	农民工	388	870	1328	768	96	3450
	个体户	504	1260	1146	464	72	3446
	富人	684	1148	962	434	188	3416
	农民	400	784	1178	876	164	3402
	公司白领	842	1446	800	278	50	3416
	“80 后”	590	1188	1226	360	46	3410
	城市居民	394	770	1476	612	128	3380
	失业者	282	646	1068	966	428	3390
社会性	医生	944	1066	930	348	136	3424
	大学生	818	1324	844	378	64	3434
	农民工	648	1140	1072	538	72	3444
	个体户	514	1234	1118	462	102	3454
	富人	436	778	1220	666	320	3464
	农民	668	1092	1070	502	80	3474
	公司白领	542	1068	1210	482	90	3484
	“80 后”	638	1202	1088	416	56	3494
	城市居民	486	980	1248	584	108	3504
	失业者	322	698	1094	938	324	3514

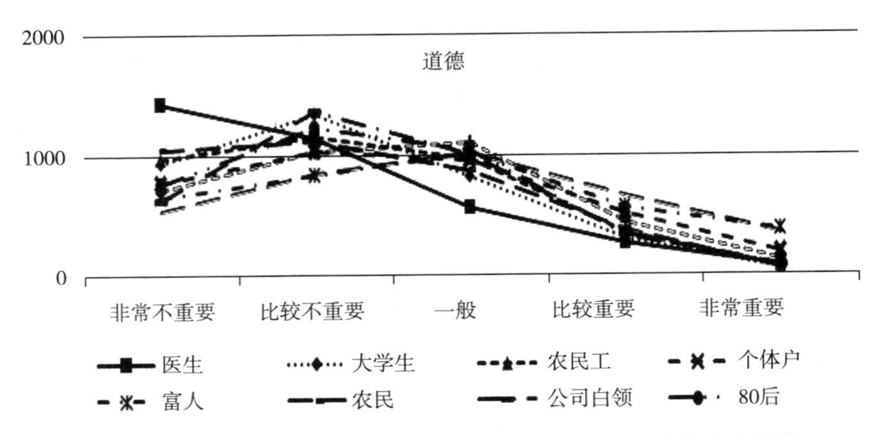

图 3-22 长三角农民工对社会各群体刻板印象内容的道德维度分布情况

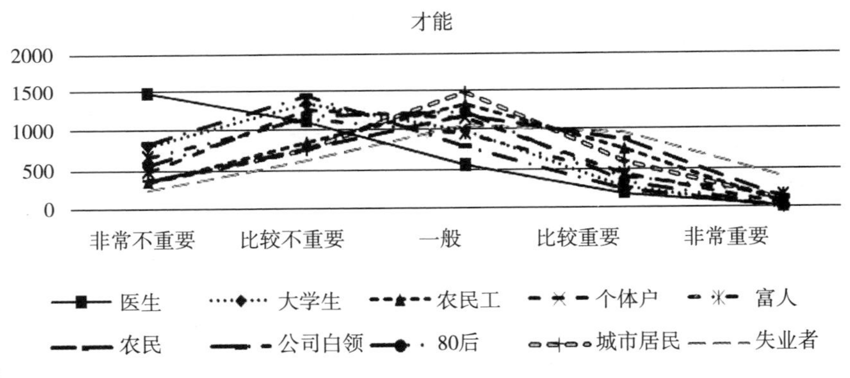

图 3-23 长三角农民工对社会各群体刻板印象内容的才能维度分布情况

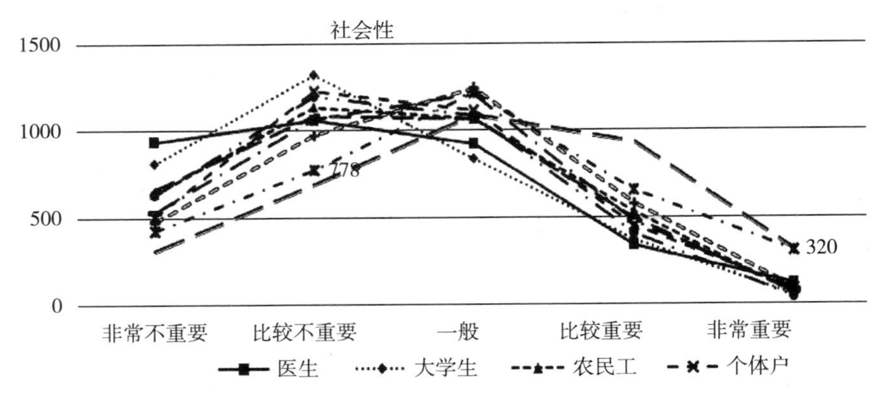

图 3-24 长三角农民工对社会各群体刻板印象内容的社会性维度分布情况

为了发现整体效应，本书又将10个群体的数据合并成为一个总体数据（如图3-25、图3-26与表3-46所示）。

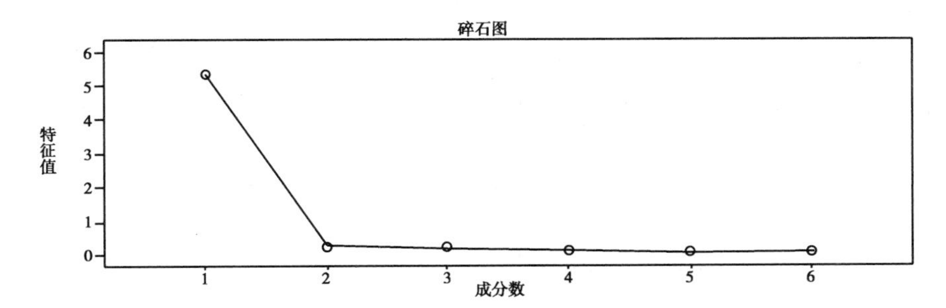

图3-25　长三角农民工对社会各群体刻板印象内容总体数据因素分析碎石

表3-46　长三角农民工对社会各群体刻板印象内容总体数据因素分析的旋转成分矩阵

	成分	
	1	2
诚实	0.456	0.855
能力	0.821	0.502
热情	0.817	0.512
才干	0.850	0.480
友好	0.699	0.663
可信	0.559	0.782

说明：（1）主成分提取方法；（2）Kaiser标准化的正交旋转法，3次迭代后收敛；（3）解释累计总方差为93.320%，Bartlett的球形度检验=35374.637，P<0.0001。

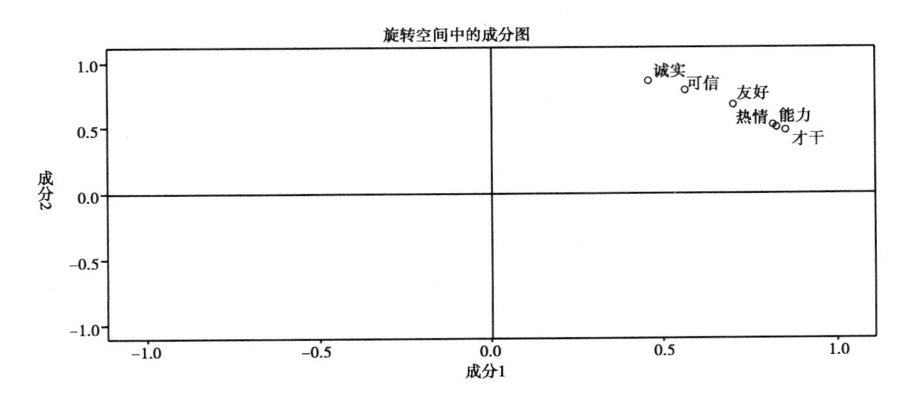

图3-26　长三角农民工对社会各群体刻板印象内容总体数据因素分析维度散点分布

可见，对于长三角农民工而言，“道德”（“诚实”与“可信”）为一个因子，而“才能”（“能力”与“才干”）与社会性（“热情”与“友好”）为一个维度，且才能的作用更强。为了检测长三角农民工对社会群体在双维度空间中的分布情况，本书对10个群体进行了聚类分析。首先使用二阶聚类分析，确定最适合的聚类数目为3类，然后进行快速聚类和系统层次聚类分析，采用ROCK方法进行聚类合并和CHEMALOEN方法构造动态模型来确定每一个群体的类别归属。如表3-47所示。

表3-47 长三角农民工对社会群体认知聚类分析情况

	聚成两类				聚成三类				聚成四类			
	道德	才能	社会性	才能+社会性	道德	才能	社会性	才能+社会性	道德	才能	社会性	才能+社会性
医生	1	1	1	1	1	1	1	1	1	1	1	1
大学生	1	1	1	1	1	2	1	1	2	2	1	1
农民工	1	2	1	1	1	3	2	2	2	3	2	2
个体户	2	1	1	1	2	2	2	2	3	2	2	3
富人	2	1	2	1	2	2	3	2	3	2	3	3
农民	1	2	1	1	1	3	2	2	2	3	2	2
公司白领	1	1	1	1	1	2	2	2	2	2	2	2
“80后”	1	1	1	1	1	2	2	2	2	2	2	2
城市居民	1	2	1	1	1	3	2	2	2	3	2	2
失业者	2	2	2	2	3	3	3	3	4	4	4	4

其中，在聚成三类时（如图3-27、图3-28所示）。发现在“道德”维度中，医生、大学生、农民工、农民、公司白领、“80后”同属第一类，个体户、富人同属第二类，失业者单独分属第三类；在聚成两类时，医生、大学生、农民工、农民、公司白领、“80后”、城市居民同属第一类，而个体户、富人与失业者同属第二类；聚成四类时，医生单独分属第一类，大学生、农民工、农民、公司白领、“80后”、城市居民同属第二类，个体户与富人同属第三类，失业者独属第四类。而通过KNN算法对群体家族预测分析中，发现医生、大学生与农民工有很高的相似性，可见，在道德方面，农民工群体有向“社会榜样群体”聚拢的偏好。

在“才能”维度中（如图3-29、图3-30所示），在聚成三类时，医生单独分属第一类，大学生、个体户、富人、公司白领与“80后”同属第二类，农民工、农民、城市居民与失业者同属第三类；在聚成两类时，医生、大学生、个体户、富人、公司白领与“80后”聚成第一类，而农民工、农

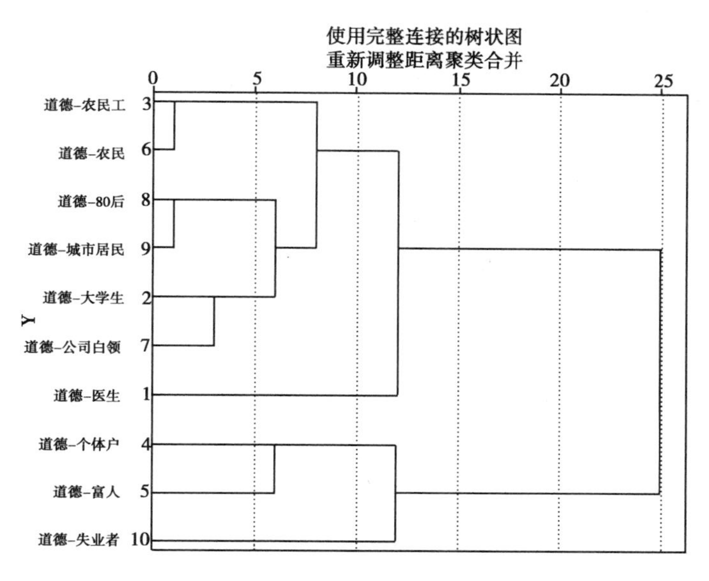

图 3-27　“道德”维度群体聚类树状图分布

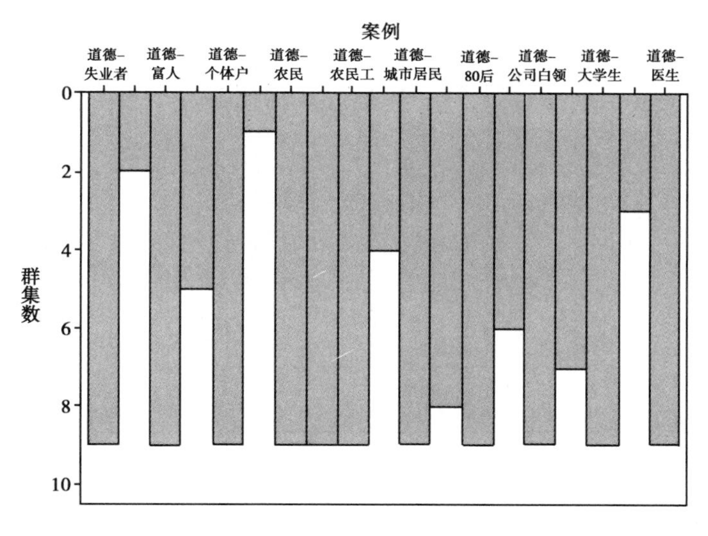

图 3-28　“道德”维度群体聚类样本分布

民、城市居民与失业者同聚成第二类；在聚成四类时，医生单独分属第一类，大学生、个体户、富人、公司白领与“80 后”同属第二类，农民工、农民、城市居民同属第三类，失业者独属第四类。在进一步通过 KNN 算法对群体家族预测分析中，发现医生、大学生与农民工有很高的相似性，可

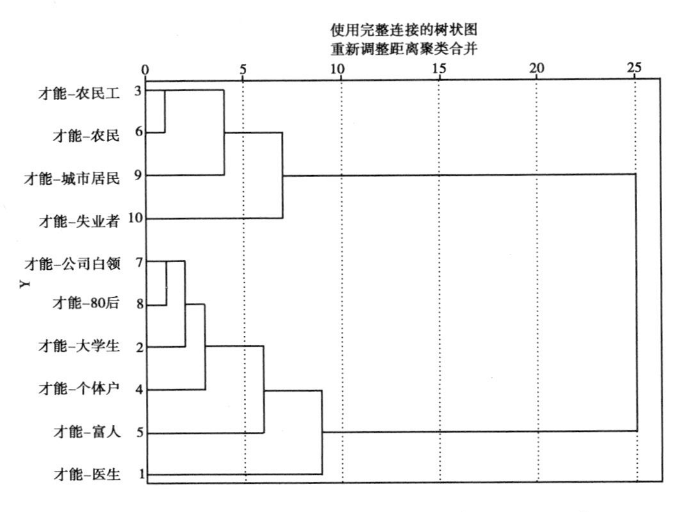

图 3-29　“才能”维度各个群体分类树状图分布

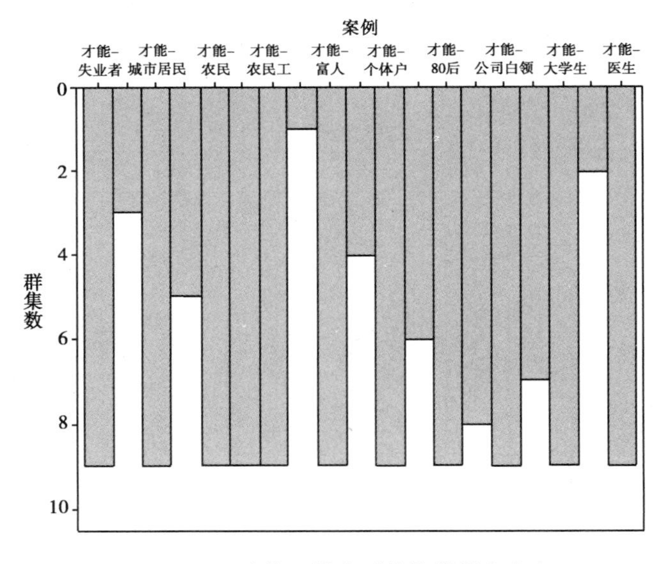

图 3-30　“才能”维度群体聚类样本分布

见，在才能方面，农民工群体也有向“社会榜样群体”聚拢的偏好。

在“社会性”维度中（如图 3-31、图 3-32 所示）。在聚成三类分析中，医生与大学生同属第一类，农民工、个体户、农民、公司白领、“80后”与城市居民同属第二类，富人与失业者同属第三类；在聚成两类时，医生、大学生、农民工、个体户、农民、公司白领、“80 后”与城市居民聚

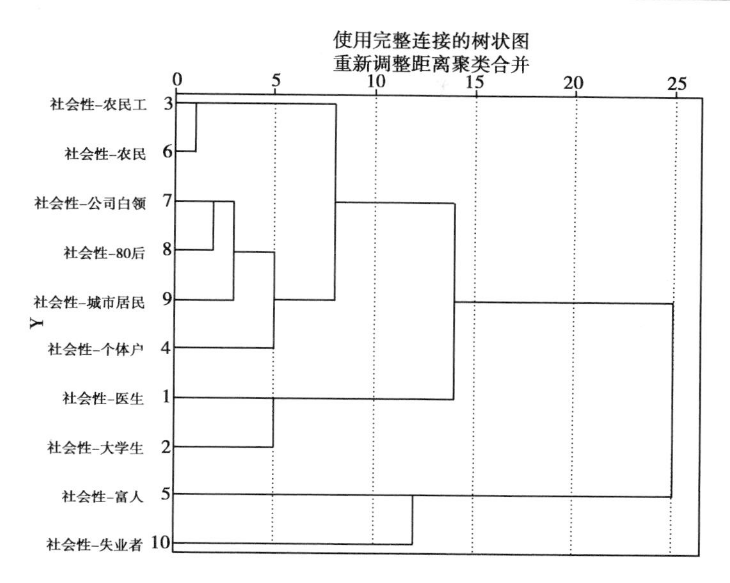

图 3-31　“社会性”维度各个群体分类树状图分布

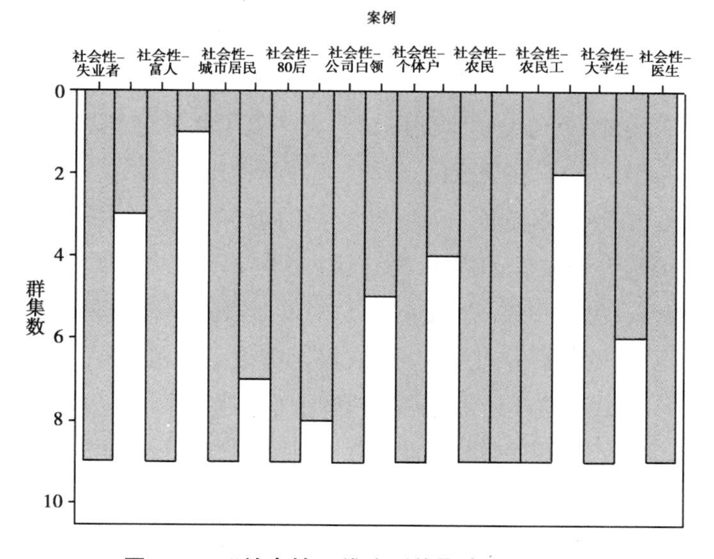

图 3-32　“社会性”维度群体聚类样本分布

成第一类，而富人与失业者同聚成第二类；在聚成四类时，医生与大学生同属第一类，农民工、个体户、农民、公司白领、“80 后”与城市居民同属第二类，富人与失业者分别独属第三类、第四类。在进一步通过 KNN 算法对群体家族预测分析中，发现医生、大学生与农民工有很高的相似性，可见，在社会化方面，农民工群体也有向“社会榜样群体”偏好。

此外，在前面分析时，发现“才能”与社会性可以归为一个维度，因此，本书对“才能社会性”也做了分析（如图 3-33、图 3-34 所示）。在聚

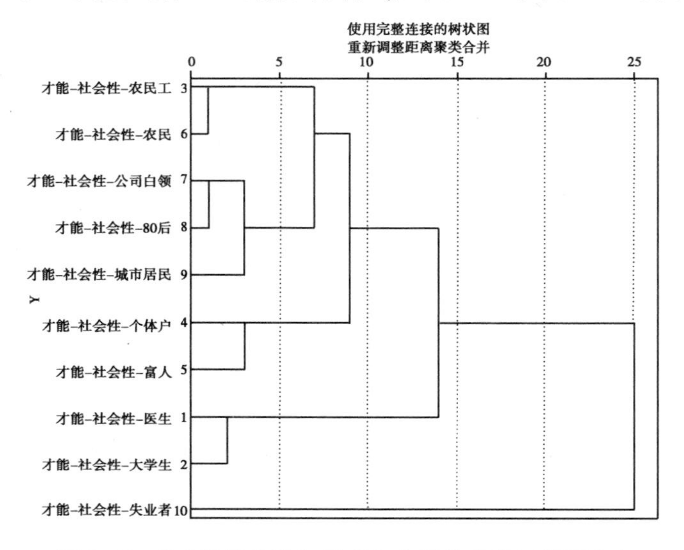

图 3-33　“才能社会性”维度各个群体分类树状图分布

成三类分析中，医生与大学生同属第一类，除了失业者独属第三类外，其他群体都同属第二类；在聚成两类时，除失业者独属第二类外，其他群体都同属第一类；在聚成四类时，医生与大学生同属第一类，农民工、农民、公司白领、“80 后”与城市居民同属第二类，个体户与富人同属第三类，而失业者独属第四类。在进一步通过 KNN 算法对群体家族预测分析中（如图 3-35、图 3-36 所示），发现医生、大学生与农民工有很高的相似性，可见，在才能社会化方面，农民工群体还是有向“社会榜样群体”聚拢的偏好。

从横向上看，发现医生与失业者在三种聚类方法与不同的维度都高度趋同，而公司白领与“80 后”在两类聚类、四类聚类中也趋同，大学生在两类聚类中趋同。其中医生、大学生、公司白领的认知识别度比较高，而失业者却都为孤点的最后群体。同时，在进一步通过 KNN 算法对群体家族预测分析中（如图 3-37、图 3-38 所示），发现，在四个不同维度中，医生、大学生与农民工都有很高的相似性，可见，长三角农民工具有很强的“社会榜样群体”偏好，有崇尚社会精英的倾向。但对比他们弱的群体，则表现排斥敌意的倾向。但对于富人长三角农民工的心态比较复杂，其中在“才能”方面还比较

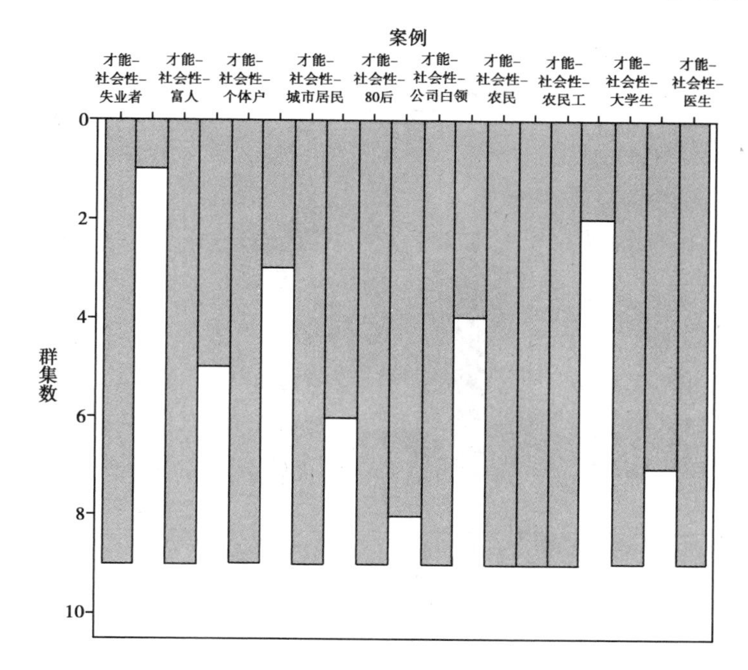

图 3-34　“才能—社会性”维度群体聚类样本分布

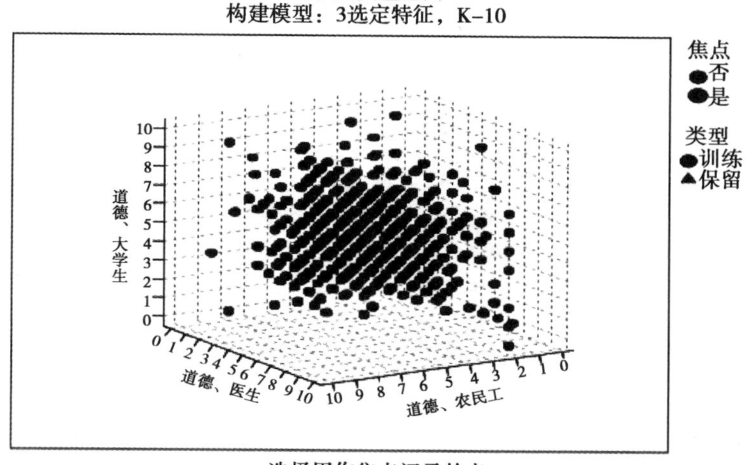

图 3-35　“道德”维度聚类家族预测模型评估

认可，但在“道德”与“社会性”上却比较低，出现了一定嫉妒型偏好。

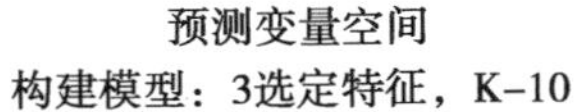

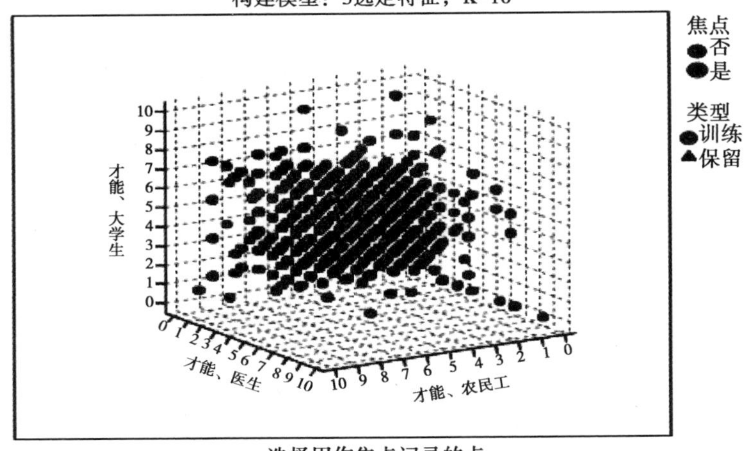

选择用作焦点记录的点
该图是预测变量空间的下维投影，包含总统10个预测变量。

图 3-36　“才能”维度聚类家族预测模型评估

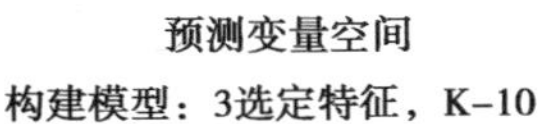

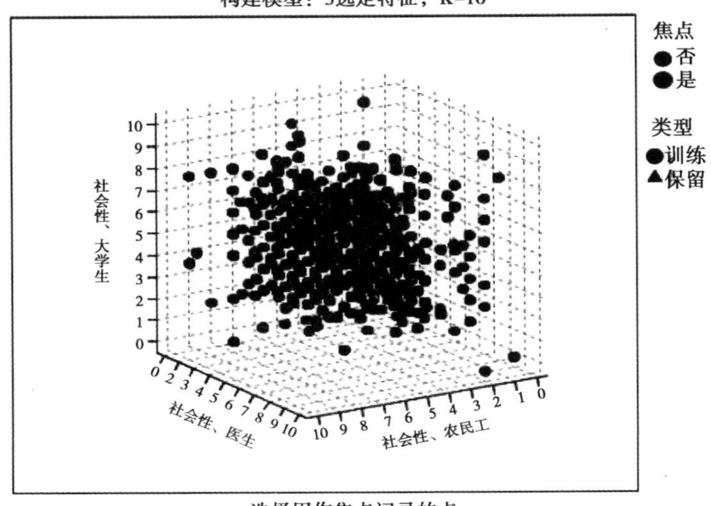

选择用作焦点记录的点
该图是预测变量空间的下维投影，包含总统10个预测变量。

图 3-37　“社会性”维度聚类家族预测模型评估

此外，通过比较各群体“才能”“社会性”“才能社会性”在不同聚类方法

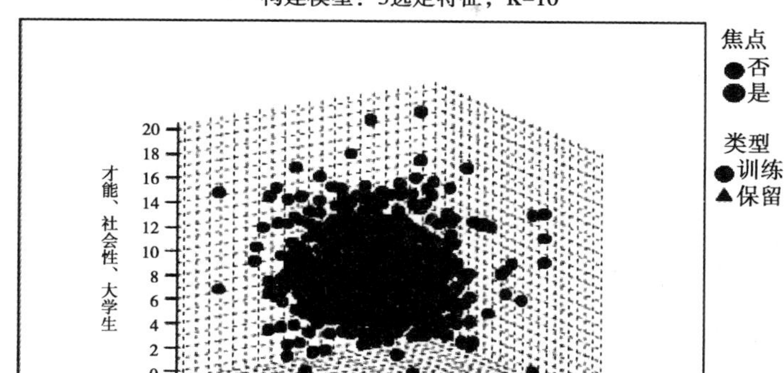

图 3-38　“才能—社会性”维度聚类家族预测模型评估

中的表现，来评估三者的稳定性，发现医生、公司白领、“80后”、农民、失业者三者具有一致性，而个体户在两类聚类与三类聚类中具有趋同性，但在四类中却出现了变异。对于农民工、大学生与城市居民则更倾向于社会性，对于富人，除了在四类聚类外，其他聚类方法中更倾向于才能。为了评估各群体整体维度指标的稳健性，本书还对群体的分布和归属进行了评估。如表 3-48 所示。

表 3-48　长三角农民工对社会群体刻板印象内容整体性聚类分析情况

	聚成两类			聚成三类			聚成四类		
	才能+道德+社会性	才能+道德	社会性+道德	才能+道德+社会性	才能+道德	社会性+道德	才能+道德+社会性	才能+道德	社会性+道德
医生	1	1	1	1	1	1	1	1	1
大学生	1	1	1	1	1	1	1	1	1
农民工	2	2	1	2	2	2	2	2	2
个体户	2	2	1	2	2	2	2	2	2
富人	2	2	2	2	2	3	3	3	3
农民	2	2	1	2	2	2	2	2	2
公司白领	2	1	1	2	1	2	2	1	2
“80后”	2	2	1	2	2	2	2	2	2
城市居民	2	2	1	2	2	2	2	2	2
失业者	2	2	2	3	3	3	4	4	4

除了公司白领外，其他社会群体的“才能+道德+社会性”与“才能+道德”具有一致性，但“才能+道德+社会性”与“社会性+道德”，在二分聚类中农民工、农民、“80后”与城市居民，在三分聚类中富人，都有所变异，可见，除了公司白领更倾向于“道德社会性”外，长三角农民工对于其他社会群体的认识都更倾向于“道德才能”来评价。整体性评价各个群体分类树状图与聚类家族预测模型评估（如图3-39—图3-46所示）。

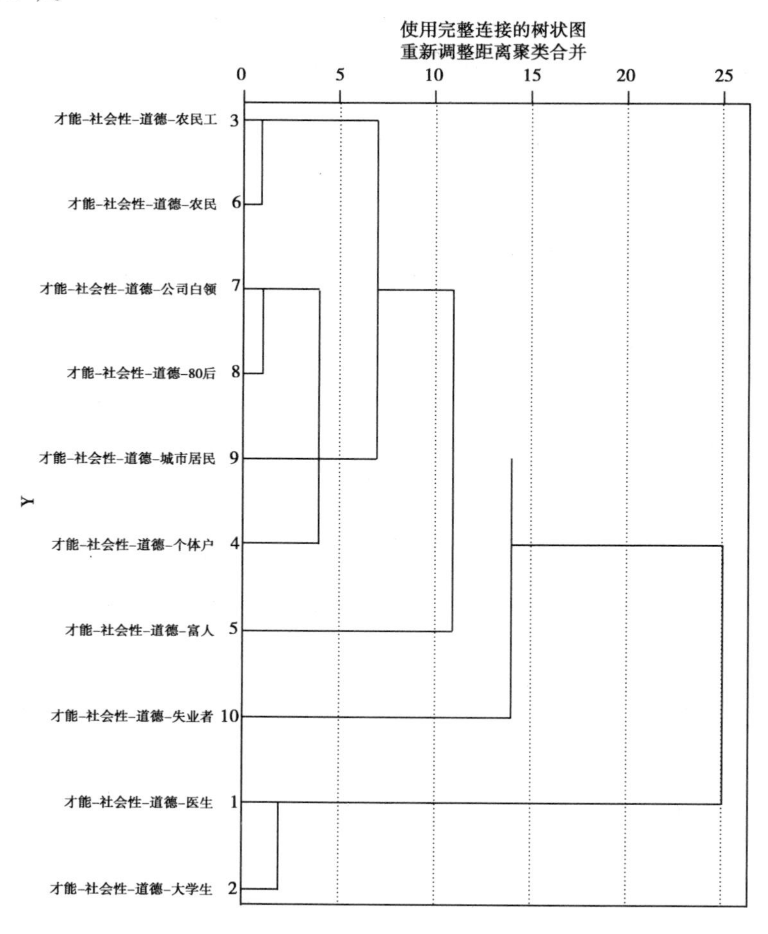

图3-39　“才能—社会性—道德”维度各个群体树状图分布

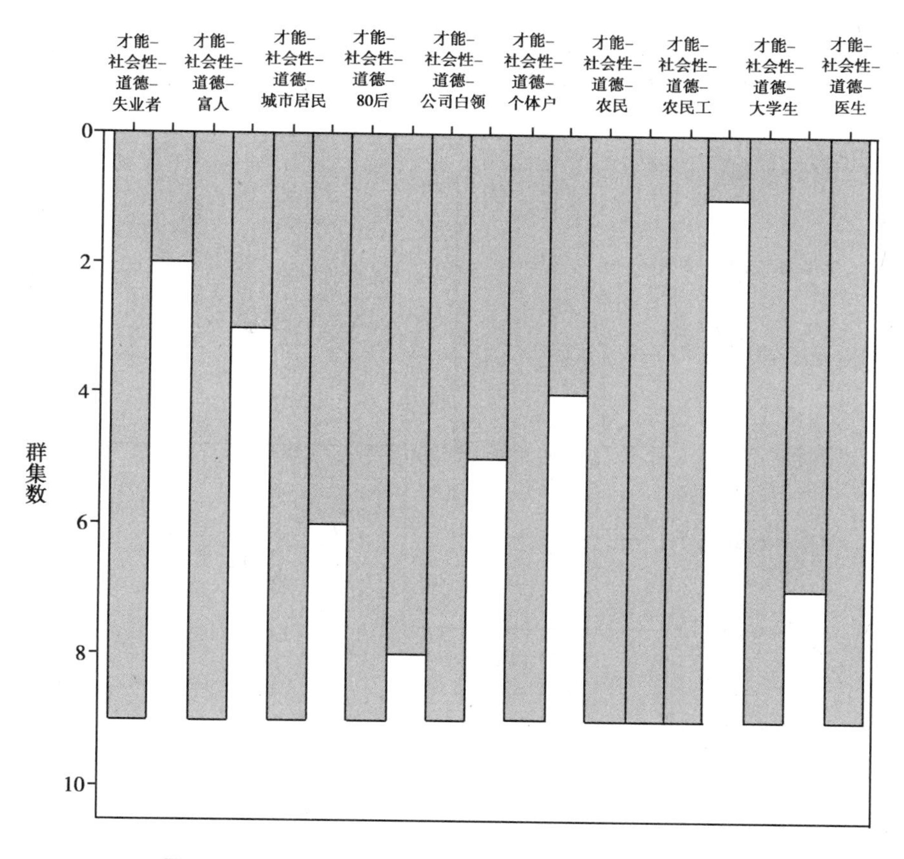

图　3-40　“才能—社会性—道德”维度群体聚类分布

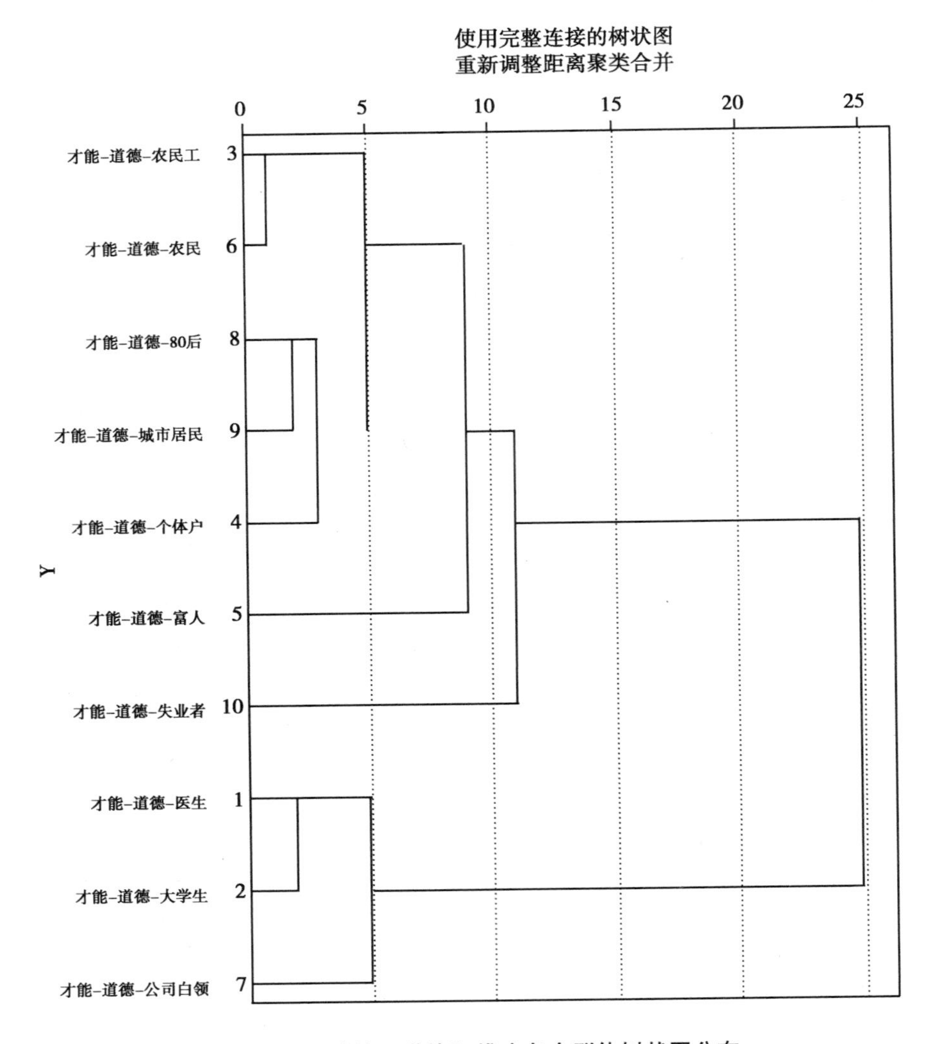

图 3-41 “才能—道德”维度各个群体树状图分布

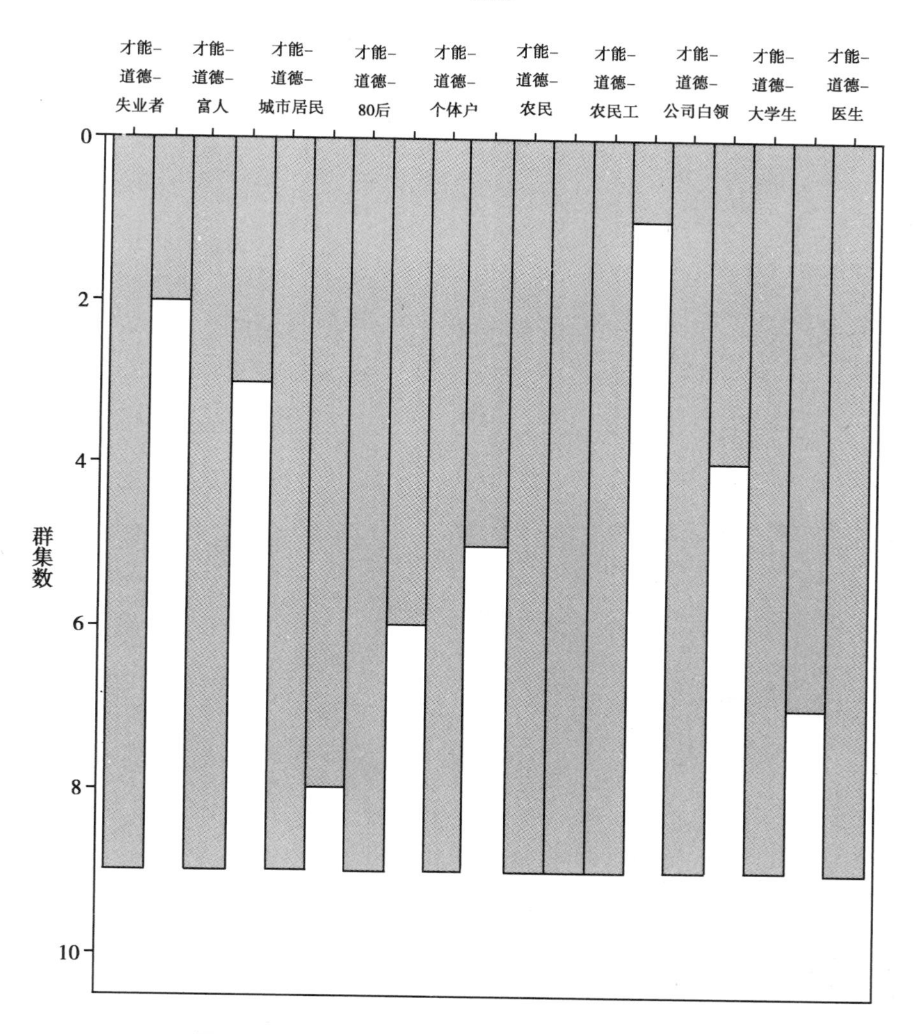

图 3-42　“才能—道德”维度群体聚类样本分布

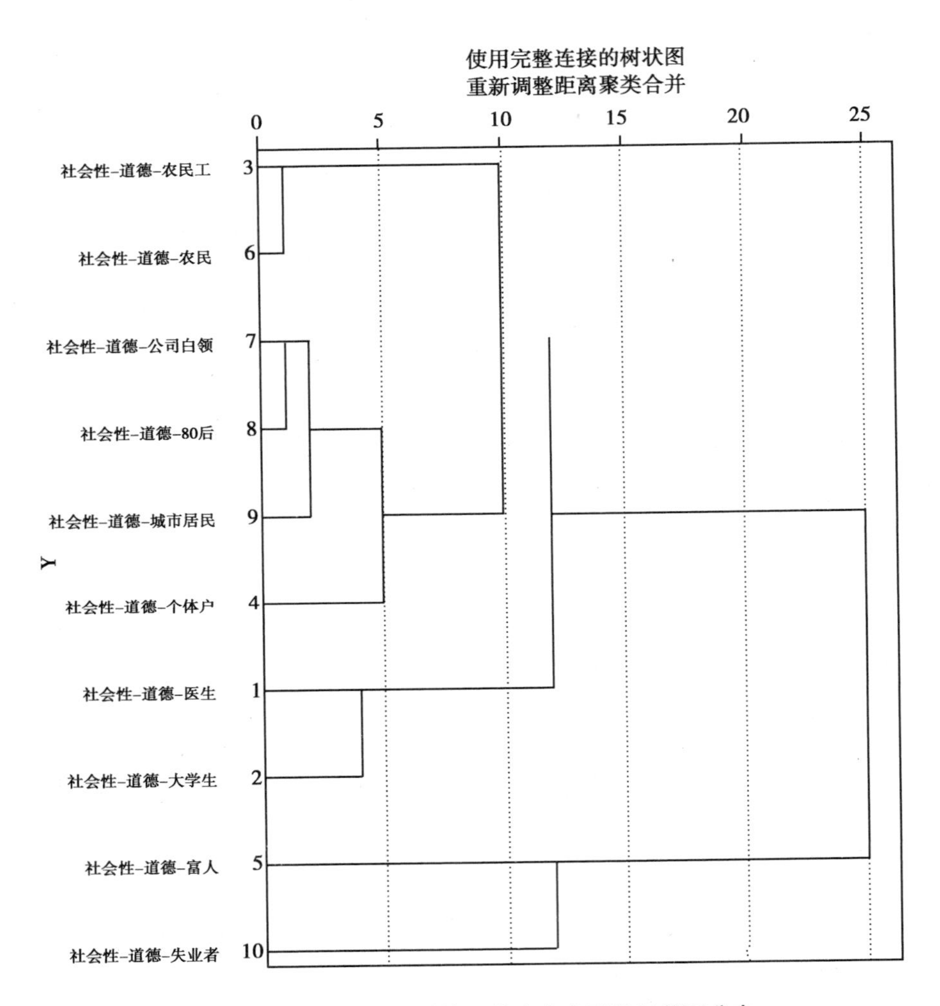

图 3-43　"社会性—道德"维度各个群体树状图分布

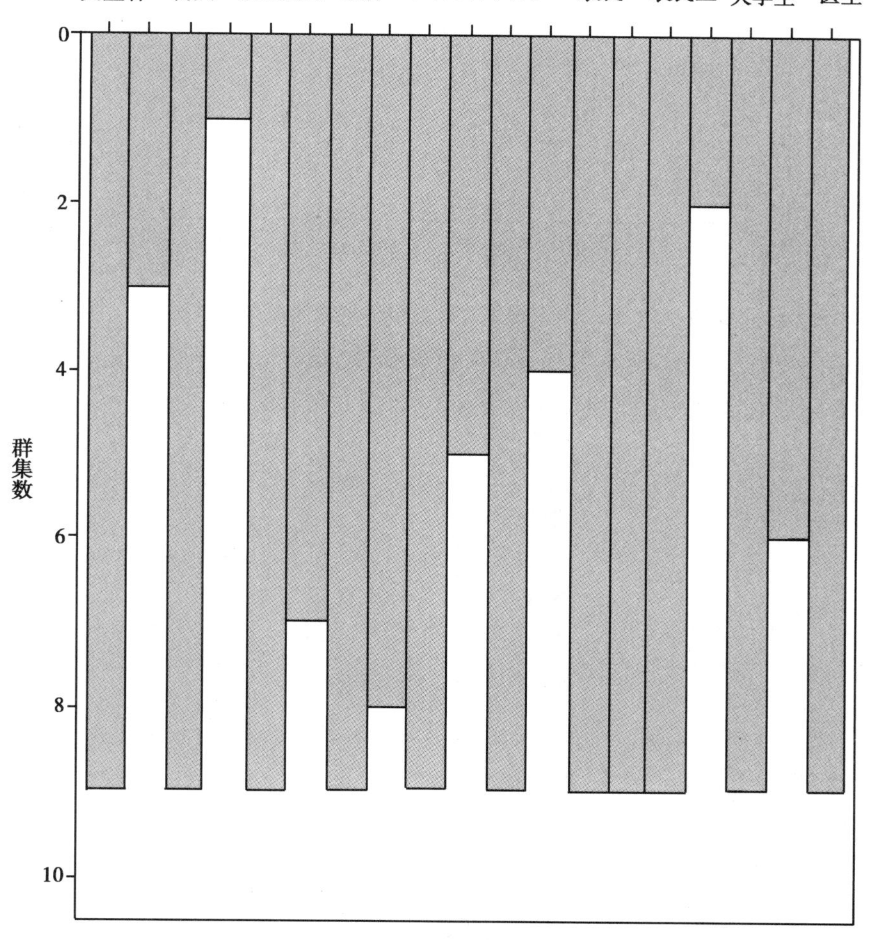

图 3-44 “社会性—道德”维度群体聚类分布

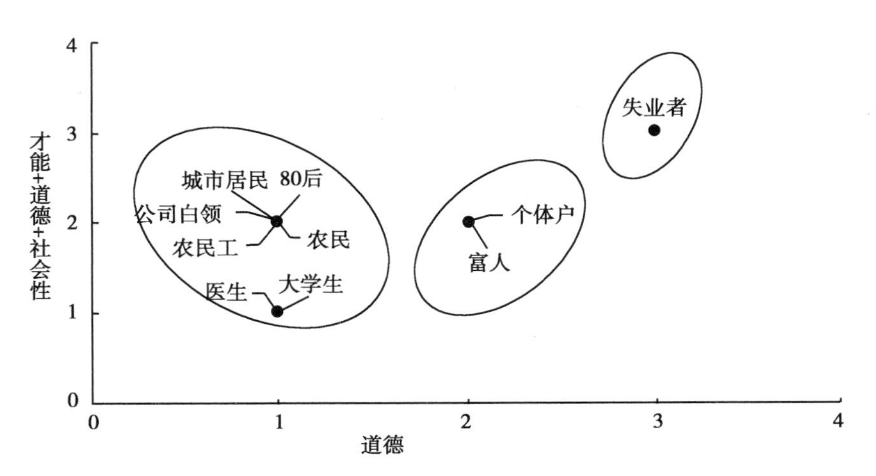

图 3-45 长三角农民工对社会群体刻板印象内容聚类分析（道德+才能+社会性）

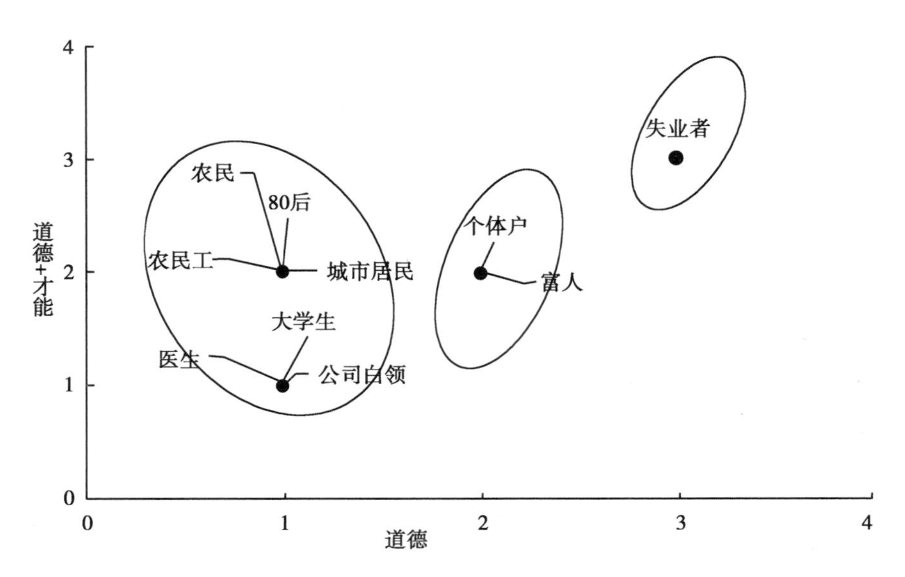

图 3-46 长三角农民工对社会群体刻板印象内容聚类分析（道德+才能）

五 结论与讨论

综上所述，我国长三角农民工对自身群体与其他社会群体的刻板印象，处于混合交错的情况。其中，具体表现如下。

1. 长三角农民工对自身与各个社会群体的刻板印象的评价的标准各有不同

（1）希望自己在能力上向个体户看齐，具有较好的道德水平和才能，但社会性处于分散状况，在道德维度中"友好"发挥作用，在才能维度"热情"占优势。

（2）对社会富人、公司白领、大学生、农民的刻板印象为道德—社会性占主导，其次才是才能。可见，农民工对社会群体的评价还是以道德评价为主，但对城市居民与失业者的评价的主体是才能—社会性维度的"热情—友好"，其次是道德。但对医生、"80后"的评价比较复杂，为混合型刻板印象。

2. 长三角农民工与社会群体社会比较时外群偏好与外群敌意同时存在

（1）长三角农民工将农民工与"80后"、城市居民、农民聚集一类，可见，农民工向城市居民过渡比较成功，处于临界点，同时，长三角农民工又与"80后"聚集一类，说明长三角农民工具有很强的活力。

（2）从纵向来看，长三角农民工群体总体上比较积极，与"80后"、城市居民与农民聚集一类，同时又向医生、公司白领、大学生等知识社会精英群体看齐。

（3）长三角农民工群体对富人与个体户等社会经济精英存在着一定的外群敌意，同时对失业者等弱势群体也存在着一定的外群敌意。

第四节　长三角农民工社会认同

一　引言

现在中国正由长期实行的"城乡二元分割"社会结构体制向城乡一体化跃进，在社会变迁与社会流动双重作用下，大批农民离开农村到城市务工，成为国家现代化建设中举足轻重的劳动力。但由于当前既有户籍等政策性区隔、社会资源配置上的排斥、社会文化记忆的断层以及社会话语表达的缺位等状况引发农民工群体出现了一定的"同一性危机"（ego identity），[1] 甚至逐

---

① 王常娟：《新生代农民工市民化进程中的道德同一性研究》，硕士学位论文，四川农业大学，2011年。

渐被污名化（stigmatization）。① 虽然中国政府近年来出台一系列加快农民工的城市融入与市民化的政策措施，譬如扩大农民工转移就业、保障农民工合法权益、加快推进农民工公共住房、社会保障、户籍等制度的改革等，但这些并没有从根本上改变农民工生存状况，仍影响着我国农民工市民化与和谐社会构建的进程。

二 文献回顾

社会认同理论主要研究个体与社会之间的关系，其主要议题包括自我归属、群际差异与社会分层等问题，其中泰弗尔在20世纪70年代就曾通过“最简群体实验范式”（Minimal-Group paradigm，MGP）来检验与评估了内群偏好、外群歧视和群际信任等问题。② 后来这一方法为其他学者所采纳，对不同群体进行了研究，其中关于移民或农民工社会认同的影响主要有：宗教和民族对法国移民社会认同的影响、双语语境对代际移民语言认同的影响、贫困移民妇女的消费认同研究、不对称地位对移民的影响以及农民工的社区认同等。③④⑤⑥⑦⑧ 但这些研究仍主要以小范围实验为

① 张妍、冯健：《城乡二元体制下的市民对农民工群体污名化现象解析》，《黑龙江社会科学》2011年第6期。

② Tafel. H, *Social categorization*, English manuscript of “la catégroisation social” . in s. Moscvici (ed.) Introduction à la psychologie sociale, Vol. 1, 972a. Pairs: Larousse.

③ Deconchy, Jean-Pierre, Choppard-Lallee, Nathalie, Sife, Matthieu, Effects of Social Categorization (Religious and National) Among Guinean Workers in France, *Journal of Social Psychology*, Vol. 128, No. 3, Jun. 1988.

④ Mirellal, Stroink, Bicultural Identity Conflict in Second-Generation Asian Canadians. *The Journal of Social Psychology*, Vol. 148, No. 2, 2008.

⑤ Ustuner, Tuba, Holt, Douglas B, Dominated Consumer Acculturation: The Social Construction of Poor Migrant Women's Consumer Identity Projects in a Turkish Squatter, *Journal of Consumer Research*, Jun. 2007.

⑥ Park, Hee Sun; Yun, Doshik; Choi, Hye Jeong, Lee, Hye Eun, Lee, Dong Wook, Ahn, Jiyoun, Social Identity, Attribution, and Emotion: Comparisons of Americans, Korean Americans and Koreans, *International Journal of Psychology*, Oct. 2013.

⑦ Deconchy, Jean-Pierre, Choppard-Lallee, Nathalie, Si, Matthieu Effects of Social Categorization (Religious and National) Among Guinean Workers in France. *Journal of Social Psychology*. Jun., Vol. 128, No. 3, 1988.

⑧ Wendy van Rijswijki, Nick Hopkinsi and Hannah Johnston, The Role of Social Categorization and Identity Threat in the Perception of Migrants, *Journal of Community & Applied Social Psychology*, Vol. 19, 2009.

主，其虽然不能完全否定“群体”这一名词常规约定的意思，但一定程度上摒弃了群体或社会的整体性结构特性。

从社会宏观层面上讲，当前我国社会分化与社会结构裂变加剧，各种社会现象与不确定性风险叠加效应明显，使得社会认同问题日益凸显。特别是，农民工社会认同问题已成为我们无法回避的研究议题和实践难题。当前国内学者们从不同维度进行了探讨，但由于社会认同理论构念、议题范式以及研究路径的多元性，关于农民工社会认同状况目前没有达到统一的定论。首先，在农民工社会认同的研究视角方面，有学者从我国农民工社会流动产生的差序格局，使用双重边缘人、二重认同、认同模糊、认同失调等来研究农民工的身份与社会认同状况；①② 还有学者从群际传播视角、涵化理论视角、刻板印象威胁应对策略以及去个性化的认同动员、群体资格获得社会认同管理策略等方面来加以诠释。③④⑤⑥⑦ 在农民工社会认同的研究范式上，主要有社会结构—主体建构关系、结构路径—认同管理模式、社会结构—社会关系范式等。⑧⑨⑩ 在农民工社会认同的内容上，王春光首先将农民工社会认同分为身份认同、职业认同、乡土认同、社区

① 郭星华等：《漂泊与寻根：流动人口的社会认同研究》，中国人民大学出版社 2011 年版，第 252 页。

② 张海波、童星：《被动城市化群体城市适应性与现代性获得中的自我认同：基于南京市 561 位失地农民的实证研究》，《社会学研究》2006 年第 2 期。

③ 叶育登、胡记芳：《民工社会认同形成机制探析——基于群际传播视角》，《西北人口》2008 年第 4 期。

④ 褚荣伟、熊易寒、邹怡：《农民工社会认同的决定因素研究：基于上海的实证分析》，《社会》2014 年第 4 期。

⑤ 柴民权、管健：《代际农民工的社会认同管理基于刻板印象威胁应对策略的视角》，《社会科学》2013 年第 11 期。

⑥ 兰玉娟、佐斌：《去个性化效应的社会认同模型》，《心理科学进展》2009 年第 2 期。

⑦ 管健：《社会认同复杂性与认同管理策略探析》，《南京师大学报》（社会科学版）2011 年第 2 期。

⑧ 汪新建、柴民权：《从社会结构到主体建构：农民工社会认同研究的路径转向与融合期待》，《山东社会科学》2014 年第 6 期。

⑨ 柴民权、管健：《群际关系的社会结构与新生代农民工的认同管理策略》，《心理学探新》2015 年第 4 期。

⑩ 王力平：《关系与身份：中国人社会认同的结构与动机》，《长春工业大学学报》（社会科学版）2009 年第 1 期。

认同、组织认同、管理认同和未来认同等七维度，认为新生代农村流动人口的社会认同趋向不明确和不稳定，他们的制度认同、乡土认同等都在减弱；[①] 周明宝则从制度认同、人际认同和生活认同三个方面对青年农民工的认同进行了考察，[②] 将农民工社会认同划分为身份认同、农村认同、城市认同和未来归属四个类型，[③] 高中建则通过实证研究提出农民工的社会认同应包括身份认同、文化认同、社区认同、经济地位认同、国家认同、职业认同六维度，认为关注农民工群体社会类别的分化和再造，其中存在部分文化（或素质）的冲突，但更多的是经济、文化和社会资源的分配和争取，[④] 褚荣伟等则从文化态度、社会交往、经济成功和社会环境四变量来研究农民工的社会认同状况。[⑤]

随着我国社会变迁、人口流动和时空转换农民工社会认同的内涵与外延也不断地发生变化，有学者就认为生活空间的转换会唤醒移民的社会认同意识和冲突，需要不断地对他们各种“社会身份”进行重新确认，[⑥] 以上研究大多数主要从现象学或方法论上对农民工社会认同进行了阐述，研究内容也往往停留在结构的勾陈阶段，对农民工社会的结构模型的构成维度内在要求、辩证关系、影响权重以及各认同维度本身的组成要素、路径载荷因子等问题没有进行系统的研究。因此，本书在上述研究的基础上，拟解决以下主要问题：当前我国农民工社会认同的构成内容如何？我国农民工社会认同构成各维度的状况、相互关系如何？加强我国农民工社会认同，促进社会和谐的工作重心在哪？

---

① 王春光：《新生代农村流动人口的社会认同与城乡融合的关系》，《社会学研究》2001 年第 3 期。

② 周明宝：《城市滞留型青年农民工的文化适应与身份认同》，《社会》2004 年第 5 期。

③ 郭科、陈倩：《新生代农民工社会认同状况的实证研究——以西安市为例》，《重庆科技学院学报》（社会科学版）2010 年第 12 期。

④ 高中建：《“80 后”新生代社会认同与社会建设参与现状研究——以河南 8 个城市的调查数据为例》，《中国青年研究》2011 年第 9 期。

⑤ 褚荣伟、熊易寒、邹怡：《农民工社会认同的决定因素研究：基于上海的实证分析》，《社会》2014 年第 4 期。

⑥ 雷开春：《城市新移民的社会认同——感性依恋与理性策略》，上海社会科学院出版社 2011 年版。

三　研究设计

1. 研究框架与研究假设

美国社会学家亨廷顿认为人的社会身份应分为归属性身份、文化性身份、疆域性身份、政治性身份、经济性身份以及社会性身份六个方面。①有学者研究了城市新移民的社会认同的结构模型，但其只构建并验证出部分结构，对整体的框架以及各维度间的关系并没有进行系统的论证。因此，本书遵照泰弗尔对社会认同的构念，借鉴亨廷顿和雷开春的研究框架，从我国社会学家郑杭生的社会互构实践论视角来研究我国长三角农民

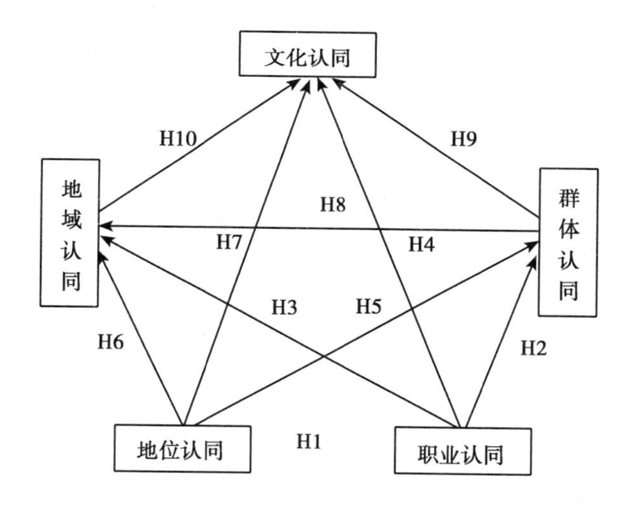

图 3-47　本书假设模型

工的社会认同状况。通过以上研究模型，可以看出我国农民工社会认同的五个认同维度各自分别具有一定特定属性要求和组成要素，同时，五个认同维度又互相影响、交互作用，形成一个辩证统一的整体，因此，本书相应地提出以下研究假设。

假设 1：长三角农民工职业认同对其地位认同具有显著影响

假设 2：长三角农民工职业认同对其群体认同具有显著影响

假设 3：长三角农民工职业认同对其地域认同具有显著影响

① ［美］塞缪尔·亨廷顿：《我们是谁？美国国家特性面临的挑战》，程克雄译，新华出版社 2005 年版，第 25 页。

假设4：长三角农民工职业认同对其文化认同具有显著影响
假设5：长三角农民工地位认同对其群体认同具有显著影响
假设6：长三角农民工地位认同对其地域认同具有显著影响
假设7：长三角农民工地位认同对其文化认同具有显著影响
假设8：长三角农民工群体认同对其地域认同具有显著影响
假设9：长三角农民工群体认同对其文化认同具有显著影响
假设10：长三角农民工地域认同对其文化认同具有显著影响

2. 研究变量指标设计

职业认同（Career Identification）：主要是指农民工在城市中对所从事工作的认知程度。通过此指标来描述长三角农民工的声望资源的分布状况。按照功能主义来说，职业声望是指现代社会中人们的身份地位主要是由其个人在经济方面的成就来决定的，而这种经济方面的成就又通常是与个人的职业身份相一致。[①] 现在西方已有许多相对成熟的研究成果及量表，譬如海特的 NORC 职业声望量表、诺卡等人的职业分类排序量表、布劳等计算的美国职业声望地位排序表等。其中，邓肯等社会学家又通过收入、教育等权数来估算个人职业所对应的社会主义经济地位指数。而职业对我国农民工而言，是他们在城市中生存下来的最基本与最直接的物质基础，是其身份地位、社会声望确定与改变最重要的标志和最直接的动力。

因此，本书结合中外学者研究的成果，并根据我国当前长三角农民工的工作情况设计了含 11 项测量指标的李克特量表，其中包括工资待遇、工作时间强度、工作岗位、工作环境、与老板或上级的关系、单位管理制度、居住条件、升迁机会、技能的提高、社会福利、政府政策支持等题项，其指标程度依次递增为“非常不满意”“不满意”“一般”“满意”“非常满意”五个程度，相应地赋值梯度为 1—5 分。在模型运行中，根据模型指标数要求和题项的显著度，选取了工资待遇、工作时间强度、工作岗位、工作环境四项指标项。

地位认同（SES Identification）：主要是指农民工在城市中对自我社会地位的认知情况。泰弗尔认为先验存在（pre-esisting）的社会分类，譬如权力、地位、声望与社会群体差异是个体所处社会结构的表征，只有他

① 李春玲、吕鹏：《社会分层理论》，中国社会科学出版社 2008 年版，第 73 页。

们获得由社会秩序提供的方式或内容，并通过这种方式使内容发展为认知能力。[①] 从个人的层面上讲，认同危机的核心议题是个人心理状态描绘与群体心理机制的揭示，而当前我国农民工群体总体来讲还处于社会表层融入阶段，仍然游走于传统与现代、乡村与城市的边缘，面对着自身存在和城市设置的诸多市民化藩篱。[②] 从社会动态发展层面看，地位认同是个体身体认同和社会认同的互动过程，存在着赞同与非赞同偏见共存的矛盾刻板印象（Ambivalent stereotypes）。[③④]

为此，本书主要从长三角农民工的城市人身份认知与个人社会地位认知两个层面来考察他们的地位认同状况，其中“城市人身份认知”题项为“您觉得自己多大程度上是城市人，请给自己打分”，级别由低到高设置梯度为1—5分。而社会地位认知则通过“您认为当前您自己的社会地位为”题项来考察，分为下层、中下层、中层、中上层、上层，依次赋值为1—5分。

群体认同（Group Identification）：主要是指农民工的内群与群际认同情况。社会认同一个重要构念和基本理论难题就是内群偏好和外群敌意。泰弗尔认为社会认同是“个人对自己所属特定的社会群体的认知，而且这种群体成员资格会赋予其拥有某种情感和价值的意义”。[⑤] 可见，内群认同主要是强调个体在群体通过强化自我概念和群体共性，不断提升自己在群体中的表现，以获得正向自尊、群体积极评价以及优势资源的过程。但也有学者认为不恰当的脆弱的自我意识、自尊威胁会触发内群偏私

---

① Tajfel. H. , *Human Groups and Social Categories*: *Studies in Social Psychology*, Cambridge: Cambridge University press, 1981, p. 14.

② 宋辰婷、王小平：《新生代农民工的社会关系与自我认同》，《山西师范大学学报》（社会科学版）2014年第5期。

③ Costarelli, Sandro, Call À, Cross-Dimension-Ambivalent In-Group Stereotypes: The Moderating Roles of Social Context of Stereotype Endorsement and In-Group Identification, *Rose Marie Journal of Social Psychology*, Oct. 2007.

④ Durante, Federica; Fiske, Susan T. ; Kervyn, Nicolas; Cuddy, Amy J. C. ; Akande, Adebowale Nations' income inequality predicts ambivalence in stereotype content: How societies mind the gap, *British Journal of Social Psychology*, Dec. 2013.

⑤ Tafel. H, “*Social categorization*”, English manuscript of “la catégroisation social”, in s. Moscvici (ed.) Introduction à la psychologie sociale, Vol. 1, 1972a, Pairs: Larousse.

与外群的偏见。①② 同时泰弗尔在研究群际关系时往往把评价性歧视和表征性歧视联系在一起来解释。③ 目前我国社会正处于改革开放的深水区和攻坚期，社会发展变化节奏快，在这种特定的社会创造和社会竞争环境中，人们不断通过社会比较来对自我概念重新锚定和群体资格再生成，其中附属群体不同的反应选择策略会带来不同的结果，譬如“退出”“穿越”或同化进入高地位的群体。方文就认为群体的界定以及群体成员资格的获得，是内群自我界定和外群的社会界定交互作用的结果，农民工城市社会认同应是一个自身对城市主观期望和城市现实相互接纳、与当地人相互交往融合的过程。④

为此，本书主要从长三角农民工“门镜”边缘认知和穿越情况来考察他们内群认同与群际认同情况。其中内群认同主要考察内群合法性、内群稳定性、内群压力等，其中包括“农民工很勤奋”“农民工也可以通过努力或创业富裕起来”“我感觉自己找到满意的工作越来越难”“农民工在城市生存竞争压力越来越大”等测量题项。内群认同的可靠性 α 系数为 0.723（M=14.51，SD=2.590）。群际认同主要考察群际威胁、外群敌意等情况，用“城市人是我国社会发展的重要力量”“城市人是改革开放的最大受益人”“我感觉城里人都有种优越感”等题项来考察，其可靠性 α 系数为 0.662（M=11.11，SD=1.897）。综合起来，长三角农民工群体认同的可靠性 α 系数为 0.773（M=25.62，SD=3.880），但在检验性因子分析（CFA）模型运行分析中发现，“我感觉自己找到满意的工作越来越难”“农民工也可以通过努力或创业富裕起来”与社会认同的其他四维度具有内生性。因此，经过对比与优化，长三角农民工群体认同选取“农民工很勤奋”“农民工在城市生存竞争压力越来越大”“城市人是我国社会发展的重要力量”“我感觉城里人都有种优越感”四个指标项。

地域认同（Region Identification）：主要指农民工对所在城市的认同

① Lemyre L. & Smith, Intergroup Discrimination and Self-Esteem in the Minimal Group Paradigm. *Journal of Personality and Social Psychology*, Vol. 49, 1985.

② Duckitt, J, *The social psychology of prejudice*, New York: Praeger, 1992.

③ ［比利时］威谦·杜瓦斯：《社会心理学的解释水平》，赵蜜、刘保中译，中国人民大学出版社 2012 年版，第 71 页。

④ 方文：《群体资格：社会认同事件的新路径》，《中国农业大学学报》（社会科学版）2008 年第 1 期。

情况。社会表征其实就是一个产生锚定和具体化,① 并将其不断内化的过程。而地域认同在某种意义上讲，就是这一过程制度性的外化解释或时空上的力量布局。有学者通过子女城市期望、定居打算、置房意愿等间接测量指标来考察。② 但本书认为这些指标对离开农村到城市打工的农民工而言，现实实现的难度很大，测量跨度过远。有学者就认为我国人社会认同的心理历程通过人际信任过程和人际关系动机两个方面来展开，其实现过程就是在日常生活中“外人”变成“自己人”的过程。③

因此，本书通过日常生活习性来研究农民工在城市中与当地社区、人际交往的过程，考察他们对所在城市的信任、归属感状况。主要从“我参加过当地社区举办的一些公益活动”“我在城市里已有自己固定的朋友圈子”“我在当地有城市的朋友”三个柔性指标来动态了解农民工与所在城市融合程度，并用李克特五级量表测量，分别赋值为1—5分，其可靠性α系数为0.677（M=9.36，SD=2.25）。

文化认同（Culture Identification）：指农民工对所在城市的文化接受与融入状况。文化认同是一个人或群体社会化达到一定程度的积累结果或累加效果，是社会认同的高级阶段。布迪尔就认为，从艺术趣味、服饰风格、饮食习惯，到宗教、科学以至语言本身都体现并强化社会区隔的利益与功能。④ 有学者就认为人们社会嵌入程度主要由宽泛文化实践和现实物质状况所决定，其中包括自我存在的文化类型，譬如存在描述、知识类型和道德属性等。⑤ 我国社会学家费孝通也认为我国社会结构差序格局引起了不同的道德观念，包括行为规范、行为者的信念和社会的制裁。⑥ 群体通过公共（群体）记忆，不断地表征和再生产自身群体风格和社会表征

① ［法］塞尔日·莫斯科维奇：《社会表征》，管健、高文珺、俞容龄译，中国人民大学出版社2011年版，第46页。

② 雷开春：《城市新移民的社会认同——感性依恋与理性策略》，上海社会科学院出版社2011年版，第93页。

③ 王力平：《关系与身份：我国人社会认同的结构与动机》，《长春工业大学学报》（社会科学版）2009年第1期。

④ ［美］戴维·斯沃茨：《文化与权力：布尔迪厄的社会学》，陶东风译，上海世纪出版集团2005年版，第7、158页。

⑤ Steven D. Brown，Peter lunt，A Genealogy of the Social Identity Tradition：Deleuze and Guattari and Social Psychology，*British Journal of Social Psychology*，Mar. 2002.

⑥ 费孝通：《乡土中国》，人民出版社2008年版，第36页。

体系，进一步再产生群体符号边界以及强化社会认同。① 有学者认为农民工的这种认同困境是在“过去”的历史性记忆的乡土文化和“现在”的共时性记忆的城市文化基础上建构起来的，记忆的再现与传承导致乡土认同的解构，记忆的社会性造就了城市认同的模糊性；② 但其中有些农民工为了迎合城市居民群体，获得城市居民的肯定和接纳，免受歧视，会在消费选择或决策中被迫遵从城市居民的某些消费规范和标准，③ 甚至是通过畸形的炫耀性消费行为建构新的社会认同。④ 而在社会互动中语言和言语风格的改变是以横向的或两极的分离与聚合为特征的，其目的是相似性吸引的动机以及获取积极社会认同的动机。⑤

因此，本书对农民工社会文化认同采用李克特量表从“经常买当地报纸或杂志看”“经常光顾大型超市或购物中心”“饮食与穿着与城里人/当地人一样”“了解当地的风俗习惯”“会说或能听得懂当地语言”这五个维度来考察，整个量表的可靠性 α 系数为 0.719（M = 15.09，SD = 3.315）。但在检验性因子分析模型运行中，发现农民工购物消费题项与社会认同其他四个认同维度有很强的内生性，而当地媒体消费题项与农民工的职业认同、购物消费以及文化认同本身都有很强的内生性，因此，经过对比优化，本书将长三角农民工的文化认同精简为“饮食与穿着与城里人/当地人一样”“了解当地的风俗习惯”“会说或能听得懂当地语言”三个指标项。其可靠性 α 为 0.744（M = 9.04，SD = 2.321）。综上所述，本书的主要依据及来源如下。

① 邓欣媚、林佳、曹敏莹、黄玄凤：《内群偏私：自我锚定还是社会认同?》，《社会心理科学》2008 年第 5 期。

② 胡晓红：《社会记忆中的新生代农民工自我身份认同困境》，《中国青年研究》2008 年第 9 期。

③ 闫超：《基于社会认同视角的新生代农民工炫耀性消费行为影响机理研究》，博士学位论文，吉林大学，2012 年。

④ 金晓彤、崔宏静：《新生代农民工社会认同建构与炫耀性消费的悖反性思考》，《社会科学研究》2013 年第 4 期。

⑤ ［澳］迈克尔·A. 豪格、［英］多米尼克·阿布拉姆斯：《社会认同过程》，高明华译，中国人民大学出版社 2011 年版，第 254 页。

表 3-49　可操作性定义及各测量题项

构面	定义	测量题项	来源
职业认同	农民工在城市中对所从事工作的认同状况	工资待遇； 工作时间强度； 工作岗位； 工作环境	Tajfel（1981）；雷开春（2011） 刘林平、孙中伟（2011）
地位认同	农民工在城市中对自我社会地位的认同情况	当前自己的社会地位； 觉得自己多大程度上是城市人	Phinney，Ahu - Rayya（2009）；雷开春（2011）
群体认同	指农民工的内群与群际认同情况	农民工很勤奋； 农民工在城市生存竞争压力越来越大； 城市人是我国社会发展的重要力量； 我感觉城里人都有种优—越感	Brown，Rupert（2007）； Bornewasser（1987）
地域认同	农民工对所在城市的认同情况	参加社区举办的一些公益—活动； 在城市里已有自己固定的朋友圈子； 有城市的朋友	褚荣伟（2014）； FilipBoen（2001）
文化认同	农民工对所在城市的文化接受与融入状况	饮食与穿着； 风俗习惯； 当地语言	雷开春（2011）；郭星华—（2011）； Van rijswijkwemdy（2009）； Wendy Van Rijswijk（2009）

根据文献综述与研究假设，本书所选取相关变量指标的描述性统计分析情况，如表 3-50 所示。

表 3-50　样本描述

测量	项目	样本	百分比（%）	均值	标准差
职业认同	工资待遇	3804	99.1	3.27	0.770
	工作时间强度	3794	98.8	3.16	0.811
	工作岗位	3792	98.8	3.27	0.754
	工作环境	3778	98.4	3.24	0.809
地位认同	觉得您现在的社会身份	3680	95.8	2.39	0.855
	觉得自己多大程度上是城市人	3660	95.3	2.83	1.005

续表

测量	项目	样本	百分比（%）	均值	标准差
群体认同	农民工很勤奋	3734	97.2	3.58	0.838
	农民工在城市生存竞争压力越来越大	3736	97.3	3.64	0.891
	城市人是我国社会发展的重要力量	3758	97.9	3.89	0.797
	我感觉城里人都有种优越感	3736	97.3	3.55	0.850
地域认同	参与社区举办的一些公益活动	3722	96.9	2.84	1.025
	在城市里已有自己固定的朋友圈子	3722	96.9	3.19	0.908
	有城市的朋友	3728	97.1	3.32	0.955
文化认同	饮食与穿着与城里人/当地人一样	3746	97.6	3.12	0.896
	了解当地的风俗习惯	3736	97.3	3.05	0.909
	会说或能听得懂当地语言	3738	97.3	2.89	1.047

四 研究结果

1. 测量模型的评估

首先用SPSS19.0做探索性分析（EFA），并根据Hairetal（1992）等人的建议，选取可靠性系数（Cronbach's α）在0.7以上的题项（最小值不能小于0.55），然后再用Amos17.0做检验性因子分析（CFA），检查各条潜变量与题目之间的路径是否显著（$p<0.05$）和路径系数是否大于0.50，并考察模型的建构信度（CR）与收敛效度（AVE），在各项指标与系数都满足要求后，最后运行SEM结构模型。其中本书长三角农民工社会认同各认同维度的信度如表3-51所示。

表3-51 信效度指标

构面	题项	平均值	标准差	Cronbach'sα	CR	AVE
职业认同	4	12.93（3.233）	2.575	0.844	0.899	0.578
地位认同	2	5.25（2.625）	1.541	0.622	0.667	0.469
群体认同	4	14.31（3.578）	2.514	0.701	0.771	0.396
地域认同	3	9.34（3.113）	2.216	0.680	0.706	0.425
文化认同	3	9.06（3.02）	2.289	0.747	0.789	0.531

本书使用项目可靠性（Cronbach's α）、组成信度（CR）和平均方差提取（AVE）（Fornell，Larcker，1981）来评估模型的可靠性，使用因子负载值来评估项目的可靠性。其中，测量模型的可靠性 α 系数范围为从 0.622 到 0.844，除了地域认同与地位认同外，均超过了 0.7 的可靠性建议值（Nunmally，1978）。组成信度（CR）范围为从 0.667 到 0.899，接近或超过推荐值 0.7。而测量模型结构的平均方差提取值（AVE）为从 0.396 到 0.578，接近或超过了建议值 0.5（Fornell and Larcker，1981），因此，本书的各认同维度收敛和判别效度有效。同时，本书中各构面的标准差介于 1.541 到 2.575，说明我国长三角农民工各认同维度具有很好的内在一致性。除此以外，农民工社会认同的职业认同、地位认同、群体认同、地域认同和文化认同五维度的平均数介于 2.625 到 3.578，皆高于中间值 2.5，说明长三角农民工社会认同五维度内部结构较好，长三角农民在整体社会认同上能够达到自我与群体的认同。

如表 3-52 所示，本书中各个构面平均方差提取值（AVE）的平方根都大于构面间相关系数，显示本研究区别效度较好。

表 3-52　相关系数矩阵

构面	职业认同	地位认同	群体认同	地域认同	文化认同
职业认同	0.760				
地位认同	0.441	0.685			
群体认同	0.419	0.401	0.652		
地域认同	0.114	0.007	0.325	0.629	
文化认同	0.221	0.312	0.54	0.194	0.729

2. 结构模型的评估

本研究使用 x^2、拟合优度指数（GFI）、调整拟合优指数（AGFI）、范拟合指数（NFI）、比较拟合指数（CFI）、近似误差均方根（RMSEA）和绝对拟合指数（SRMR）来检验假设结构模型的拟合优度，如表 3-53 所示，χ^2/df 为 12.63（$\chi^2 = 1186.953$；$df = 94$），大于 5（Kettinger and Lee，1994）；GFI 和 AGFI 值分别为 0.962 和 0.945，均大于 0.8 建议值（Scott，1995）；NFI 和 CFI 值分别为 0.934、0.939，二者均高于 0.9 建议

值（Bentler and Bonett，1980）。RMSEA 和 SRMR 值分别为 0.055、0.0462，其中 RMSEA 值小于推荐值 0.08，SRMR 值小于推荐值 0.05（Arbuckle，2003）。因此，本研究构建的结构模型拟合优度较好。如表 3-53所示。

表 3-53　　结构模型的拟合值

拟合指标	x^2 /df	GFI	AGFI	CFI	NFI	TLI	RMSEA	SRMR
建议值	<3	>0.09	>0.09	>0.09	>0.09	>0.09	<0.08	<0.5
实际值	12.63	0.962	0.945	0.939	0.934	0.922	0.055	0.0462

注：因本研究为大样本，因此χ^2/df 仅为参考，可接受。

本研究通过五个变量间的假设关系来检验长三角农民工社会认同的结构方程模型。如表 3-54 结果所示，职业认同（β=0.498，T=16.487，P<0.001）对地位认同效果强显著性，假设 H1 成立。同理，职业认同（β=0.350，T=12.064，P<0.001）对地域认同、地位认同（β=-0.083，T=-4.404，P<0.001）对群体认同、地位认同（β=0.281，T=9.560，P<0.001）对地域认同、地位认同（β=0.102，T=4.581，P<0.001）对文化认同、群体认同（β=0.230，T=12.112，P<0.001）对地域认同和地域认同（β=0.398，T=15.675，P<0.001）对文化认同，效果均呈强显著性；群体认同（β=0.057，T=2.112，P<0.05）对文化认同效果呈显著。说明假设 H3、H4、H5、H6、H7、H8、H8、H10 都成立。但与预期相反，职业认同（β=0.013，T=0.691，P>0.1）对群体认同效果不显著，因此，假设 H2 不成立。职业认同（β=-0.041，T=-1.907，P<0.1）对文化认同具有边际效果，从严格意义上讲，H4 不成立。

表 3-54　　研究假设验证

假设	路径	路径系数		T 值	结果
H1	职业认同—地位认同	0.498	***	16.487	支持
H2	职业认同—群体认同	0.013		0.691	不支持
H3	职业认同—地域认同	0.350	***	12.064	支持
H4	职业认同—文化认同	-0.041	+	-1.907	不支持
H5	地位认同—群体认同	-0.083	***	-4.404	支持
H6	地位认同—地域认同	0.281	***	9.560	支持

续表

假设	路径	路径系数		T值	结果
H7	地位认同—文化认同	0. 102	***	4. 581	支持
H8	群体认同—地域认同	0. 230	***	12. 112	支持
H9	群体认同—文化认同	0. 057	*	2. 112	支持
H10	地域认同—文化认同	0. 398	***	15. 675	支持

说明：(1) +p<0. 1， * p<0. 05， ** p<0. 01， *** p<0. 001。

五　结论与讨论

通过上述研究，最终得出我国长三角农民工社会认同各维度构成要素、影响权重以及社会认同整体状况，同时从结构模型也能够看出长三角农民工社会认同中存在的问题和不足，找出改善与提升他们社会认同工作的路径和策略。

1. 长三角农民工社会认同的各维度内容要素组成及其影响因子情况

由 SEM 结构模型结果，如表 3-55 所示，可以看到长三角农民工社会认同各维度组成要素的载荷因子、解释力和残差情况。其中对长三角农民工的职业认同来讲，其内部组成要素及其载荷因子情况为，以工资待遇为参照，其他要素由低到高的依次是工作时间（1. 12）、工作环境（1. 14）、工作岗位（1. 14），其解释力 R^2 相对应的是 43%、56%、58%、69%。可见，相对于工作收入和工作时长，长三角农民工最关注自身的工作岗位和环境。

表 3-55　　各认同维度构成要素情况

构面	题项	载荷因子	方差贡献率（%）	残差值
职业认同	工资待遇（参照）	1	43	0. 30
	工作时间强度	1. 12	56	0. 29
	工作岗位	1. 14	58	0. 18
	工作环境	1. 14	69	0. 27
地位认同	觉得自己多大程度上是城市人（参照）	1	36	0. 62
	您觉得您现在的社会身份	1. 07	58	0. 30

续表

构面	题项	载荷因子	方差贡献率（%）	残差值
群体认同	农民工很勤奋（参照）	1	33	0.53
	农民工在城市生存竞争压力越来越大	1.78	49	0.28
	城市人是我国社会发展的重要力量	0.93	19	0.57
	我感觉城里人都有种优越感	1.66	46	0.38
地域认同	在城市里已有自己固定的朋友圈子（参照）	1	49	0.41
	社区举办的一些公益活动	0.92	33	0.69
	有城市的朋友	1.01	48	0.48
文化认同	饮食与穿着（参照）	1	33	0.53
	风俗习惯	1.53	52	0.20
	当地语言	1.46	75	0.52

对于长三角农民工地位认同而言，其内部要素组成及其载荷因子情况为，以长三角农民工的城市嵌入程度（觉得自己多大程度）为参照，其社会地位认同（觉得您现在的社会身份）的认知更强烈些，为1.07，二者的解释力对应的分别为36%、58%。可见，长三角农民工现在还处于集体焦虑阶段，还没有形成积极的向上社会聚合或过多的穿越群际边界行为。

对长三角农民工群体认同来讲，其内容组成要素及其载荷因子情况为，以内群认知（农民工都勤奋，解释力为33%）为参照，发现外群认知（城市人是我国社会发展的重要力量，解释力为19%）要低，为0.93，说明长三角农民工存在着一定的内群偏好和外群敌意倾向。而长三角农民工内群压力（农民工在城市生存竞争压力越来越大）和外群威胁（我感觉城里人都有种优越感）分别为1.78、1.66，解释力分别为49%、46%，说明在群体认同中长三角农民工面临着巨大的内外群集体压力。

对于长三角农民工地域认同而言，其内部要素组成及其载荷因子情况为，以农民工“自己固定朋友圈”为参照，其参与“社区活动”的程度仅为0.92，但“具有城市朋友”载荷因子却为1.01，三者对应的解释力分别为49%、33%、48%。这说明长三角农民工在城市中，开始与城市居民有了更多的人际交往，但深入参与城市生活的能力与嵌入程度还明显不足。

对于长三角农民工文化认同而言，其内部要素组成及其载荷因子情况为，以城市人的“饮食穿着”为参照，“当地语言”“风俗习惯”的载荷因子分别为1.46、1.53，三者对应的解释力分别为33%、75%、52%。说明长三角农民工在熟悉与融入城市基本生活的同时，正逐渐关注其所在城市的语言、风俗习惯等文化习俗，文化嵌入程度正由表及深，向正向积极的文化卷入方向发展。

2. 长三角农民工社会认同结构模型及其相互关系

本文研究并验证了假设结构模型成立，说明亨廷顿的社会身份划分标准适用于我国长三角农民工社会认同状况。对于其社会认同各维度比构成及相互关系（如图3-48所示）。职业认同对长三角农民工的地位认同、地域认同都呈显著正相关。而地位认同对其他四个维度认同都呈显著相关，其中对职业认同、群体认同为负相关，对文化认同、地域认同呈正相关，说明在整个模型中长三角农民工的地域认同受长三角农民工职业认同、地位认同、群体认同的正显著影响，但其又对文化认同产生正显著影响。对于文化认同而言，与地位认同、群体认同、地域认同呈正显著相关。可见，就整体而言，职业认同与群体认同构成了长三角农民工社会认同的基础，其他认同不断传递与累加，其中文化认同处于社会认同结构模型关系链的顶端。同时，除了职业认同与群体认同、文化认同外，长三角农民工社会认同的主要框架已基本构建完成，形成一定的内在交互作用。

其中，长三角农民工的职业认同与其群体认同（解释力为12%）、文化认同并无显著关联，但其影响着长三角农民工的地位认同与地域认同。而群体认同虽与职业认同不显著相关，却影响着长三角农民工地位认同、地域认同和群体认同的程度。

就长三角农民工的地位认同而言，职业认同、群体认同都呈强显著性，二者的解释力分别为25%、1%，联合解释力为20.3%，说明长三角农民工的职业认同和群体认同越高，其地位认同也越高，其中职业认同的影响权重更大些。说明长三角农民工的工作岗位、收入、时长以及环境等情况的改善与加强比那些仅仅达到了内群与外群认同的人更容易认同自身现在的社会地位和城市人身份趋向。同时可见，要提升长三角农民工的地位认同，就内部而言，要加强和改善长三角农民工城市人身份认知与个人社会地位认知；就外部要素而言，要加强他们群体认同、职业认同各要素

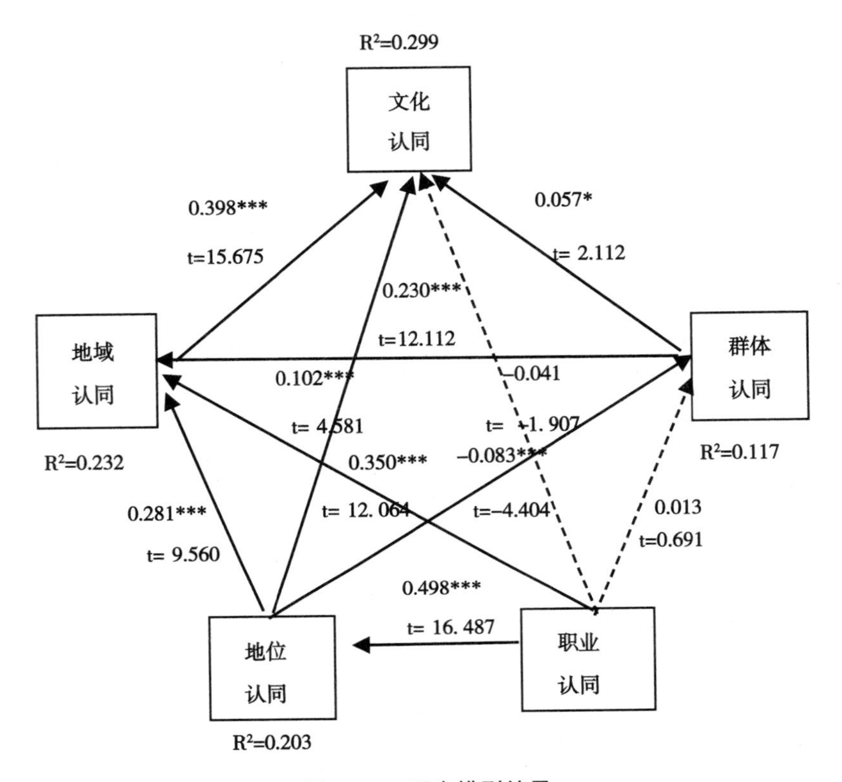

图 3-48　研究模型结果

的程度与质量，提高他们的工作质量和环境，提高他们内群与群际交往的能力。

就长三角农民工群体认同而言，职业认同与其具有强显著性，但为负相关，其解释力为 11.7%。说明那些对自身职业认同度较低的农民工反而更趋向于群体认同，因此，要加强他们的群体认同，在加强其内部要素建设的同时，也要关注他们的职业认同与群体认同的悖论作用。

就长三角农民工地域认同而言，职业认同、地位认同、群体认同都呈强显著性，三者的解释力依次为 12%、8%、5%，联合解释力为 23.2%。可见，长三角农民工中那些对所在城市更容易产生认同的外在影响因素中，影响度由低到高的依次为群体认同、地位认同、职业认同，也说明对自己现在工作和社会、城市身份认知比较高的长三角农民工比那些群体认同度高的农民工更趋向于对所在城市产生认同。而要提升长三角农民工的地域认同，就内部而言，要改善他们对所在城市的信任、归属感状况，要加强他们与城市人的交往与融合，加快农民工与城市软硬件的对接；就外部要素而言，要加强改善他们职业认同、群体认同，改善长三角农民工工作待遇等情况，提高他们的社会地位以及改善他们和城市居民之间的交往和沟通。

就长三角农民工文化认同而言，地位认同、群体认同、地域认同都呈显著性，三者的解释力相应地为 1%、0.3%、16%，联合解释力为 29.3%。由此可见，对文化认同的影响权重由低到高依次为群体认同、地位认同、地域认同，也就是说，在长三角农民工群体中，那些对所在城市更加认同的人比那些仅仅对社会身份地位比较关注的人或那些比较关注农民工群体关系的人更容易融入城市文化。这也说明，要提升长三角农民工的文化认同，就自身要素而言，要加强与当地人饮食、风俗习惯、当地语言为主要形式的了解与融合。就外部环境要素而言，则要系统加强他们地位认同、群体认同和地域认同各维度的建设，并协调好各维度之间的作用。

第四章 长三角农民工媒介表征、卷入与利益表达

第一节 长三角农民工媒介表征

一 引言

如今以互联网为代表的新媒介连接已作为当代移动性新革命的核心,[①②] 特别是，新媒体的蓬勃发展，给我们带来空前的社会图景，而我们与媒体的关系至少部分地是由我们从他们收集的信息的感知效用决定的。人们也越来越期待网络等媒体履行一定的监督职能，譬如，社会化与娱乐等。[③] Myria 研究认为以性别、种族和移民等类别为中介表征的方式在对公共领域和私人领域的理解中发挥着越来越重要的作用，由于媒体经常干预个人和机构的沟通过程，并为他们提供生产和消费类别的表征框架。[④] 因此，媒体在人们的生产、陈述和消费过程中的作用需要进行分析，这不仅是作为预先存在的思考社会政治的现实，也是农民工自我生产和其他意义的构成要素。

---

① Borkert M, Cingolani P, Premazzi V, *The State of the Art of Research in the EU on the Take Up and Use of ICT by Immigrants and Ethnic Minorities*, Seville: Institute for Perspective Technological Studies, 2009.

② Levitt P, De Wind J, Vertovec S (eds), Transnational Migration: International Perspectives, *International Migration Review*, Vol. 37, No. 3, 2003.

③ Wright, C, *Mass Communication: A Sociological Perspective*, New York: Random House, 1986, p. 125.

④ Myria Georgiou, Introduction: Gender, Migration and the Media, *Ethnic and Racial Studies*, Vol. 35, No. 5, May 2012.

二　文献综述

大众传媒在移民的生活中扮演各种角色，在一个新的社会中保持与持续调整的多样性和多变性的同时，又要保存自己原有的文化身份。①②③ 近年来，互联网已成为一个主要的媒体协助移民实现这些过程，网络提供了一个空间，为缺乏经济或政治权力的移民开发有效的渠道传播信息作用，这对他们在新的社会的生存是至关重要的，④⑤⑥ 作为一种宝贵的资源稀缺或不可或缺的平台为他们提供了个人和小组授权。同时，网络等新媒体的快速发展也扩展延伸了移民或农民工人群中的跨国生活方式，如果在过去许多移民由于成本高或政治上的限制不能经常接触到国外的亲戚，祖国访问或海外业务合作，那么今天由于在网络上技术工具的突破可以让移民的跨国关系出现前所未有的范围、深度和意义。⑦

当前对农民工媒介表征的研究主要是从其社会、经济、文化等属性进行研究，譬如有学者研究了希腊移民的犯罪表征和社会福利系统的开发或是欧洲非洲裔的代表野蛮、污垢和魔鬼等特征的表征。⑧⑨ 但对媒介的中

---

① Baltes PB and Baltes MM, *Successful Aging: Perspectives from the Behavioral Sciences*, New York: Cambridge University Press, 1990.

② Elias N, *Coming Home: Media and Returning Diaspora in Israel and Germany*, Albany: SUNY Press, 2008.

③ Georgiou M, *Diaspora, Identity and the Media: Diasporic Transnationalism and Mediated Spatialities*. Cresskill, NJ: Hampton Press, 2006a.

④ Elias N and Lemish D, Spinning the Web of Identity: The Roles of the Internet in the Lives of Immigrant Adolescents, *New Media & Society*, Vol. 11, No. 4, 2009.

⑤ Elias N and Shorer-Zeltser M, Immigrants of the World Unite? A Virtual Community of Russian-speaking Immigrants on the Web, *Journal of International Communication*, Vol. 12, No. 2, 2006.

⑥ Georgiou M, *Diasporic Communities Online: A Bottom-up Experience of Transnationalism*, In: Sarikakis K and Thussu D (eds) The Ideology of the Internet: Concepts, Policies, Uses. Cresskill, NJ: Hampton Press, 2006b, pp. 131-146.

⑦ Hafkin NH, "Whatsupoch" on theNnet: The Role of Information and Communication Technology in the Shaping of Transnational Ethiopian Identity, *Diaspora*, Vol. 15, No. 2/3, 2006.

⑧ Figgou, L., Sapountzis, A., Bozatzis, N., Gardikiotis, A., & Pantazis, P, Constructing the Stereotype of Immigrants' Criminality: Accounts of Fear and Risk Intalk about Immigration to Greece, *Journal of Community and Applied Social Psychology*, Vol. 21, 2011.

⑨ Kadianaki, I., The Transformative Effects of Stigma: Coping Strategies as Meaningmaking Efforts for Immigrants Living in Greece. *Journal of Community and Applied Social Psychology*, Vol. 24, 2014.

介沟通调解作用与特征的研究并不多。而对于农民工媒介表征的研究，整体上看，主要以传统媒介研究为主，传统大众媒介对农民工社群的报道往往存在着一些问题，有学者对北欧日耳曼语系国家主流媒体内容的少数民族代表结构的研究已取得了两个主要结论，①② 一是缺乏媒体内容的多样性；二是少数民族的媒体形象在很大程度上是负面的，他们被描绘主要是作为一个威胁（犯罪，暴力）或问题的来源（经济，社会和文化的社会负担）。Gullestad 认为，对于少数民族代表性的属性研究，表征往往缺乏少数民族的结构的媒体生产或事实，他们不被允许代表自己的想象界的群体。③ 特别是，应对网络等新媒介的发展，农民工的媒介选择与使用的表征状况研究的并不多，其中学者对网络匿名合作伙伴的选择对其社会交际表达的影响。④

此外，还有学者研究了人们在社会生活中如何运用媒体构建自我、意义等，比如，在媒介框架中媒介作用是否会产生什么争论？少数群体如何通过媒体挑战霸权话语？如何运用媒体和信息反制社会、政治排斥和边缘化？而解决这些问题，需要系统考察研究媒体系统中所有元素：媒体制作、表征内容和媒体消费等。那么，中国农民工的网络等新媒介的使用情况如何？他们的媒介表征如何，有待我们研究。因此，本书将就长三角农民工的网络等新媒介卷入与锚定作用进行研究，探讨他们对不同新媒介的参与使用状况。

三 研究设计

根据历年中国国家互联网络信息中心（CNNIC）发布的《中国互联

---

① Brune Y, Journalistikens Andra: Invandrare och Flyktingar i Nyheterna "Others": Immigrants and Refugees in the News, *Nordicom-Information*, No. 4, 1997.

② Eide E, *The Long Distance Runner and Discourses on Europe's Others: Ethnic Minority Representation in Feature Stories*. In: Tufte T (ed.) Medierne, Minoriterne og det Multikulturelle Samfund: Skandinaviske Perspektiver. Göteborg: Nordicom, 2003, pp. 77-113.

③ Gullestad M, *Imagined Sameness: Shifting Notions of "Us" and "Them"*, In: Ytrehus LA (ed). Forestillinger om den Andre. Kristiansand: Høyskoleforlaget, 2001, pp. 32-57.

④ Eun-Ju Lee, Effects of Gendered Character Representation on Person Perception and Informational Social Influence in Computer-mediated Communication, *Computers in Human Behavior*, Vol. 20, 2004.

网络发展状况统计报告》等相关资料，根据我国农民工媒介使用与参与状况，主要从以下几个层面进行研究。一是长三角农民工手机媒体使用状况，主要包括手机使用时间、流量等硬件指标；二是长三角农民工上网情况，主要包括上网目的、上网功能、上网信息内容以及网购等；三是长三角农民工日常休闲生活方式，以全面考察他们日常休闲方式与媒介在其生活娱乐中所发挥的作用。

四　研究结果

1. 长三角农民工日常休闲方式

由表4-1、图4-1可知，在长三角农民工日常生活中各种休闲方式所占比例由高到低顺序表中，媒介已成为长三角农民工日常休闲的主要方式。其中传统媒介主要为看电视（59.2%）、看报纸杂志（18.5%）、听广播（10.1%），合计为87.8%，而新媒介休闲方式主要有：玩手机（42.2%）、电脑上网（31.5%）、玩网络游戏（10.7%），合计84.4%。

表4-1　　长三角农民工主要日常休闲方式

	N	百分比（%）	均值	标准差	方差	极小值	极大值
看电视	2272	59.2	0.59	0.492	0.242	0	1
玩手机	1620	42.2	0.42	0.494	0.244	0	1
在家睡觉	1414	36.8	0.37	0.482	0.233	0	1
电脑上网	1210	31.5	0.32	0.465	0.216	0	1
搞卫生、干家务	966	25.2	0.25	0.434	0.188	0	1
打牌	828	21.6	0.22	0.411	0.169	0	1
逛街休闲	820	21.4	0.21	0.41	0.168	0	1
看报纸杂志	710	18.5	0.18	0.388	0.151	0	1
同朋友聚会	678	17.7	0.18	0.381	0.145	0	1
玩网络游戏	412	10.7	0.11	0.31	0.096	0	1
锻炼身体	390	10.2	0.1	0.302	0.091	0	1
听广播	386	10.1	0.1	0.301	0.09	0	1
看书学习	364	9.5	0.09	0.293	0.086	0	1
外出旅游	308	8	0.08	0.272	0.074	0	1
其他	98	2.6	0.03	0.158	0.025	0	1

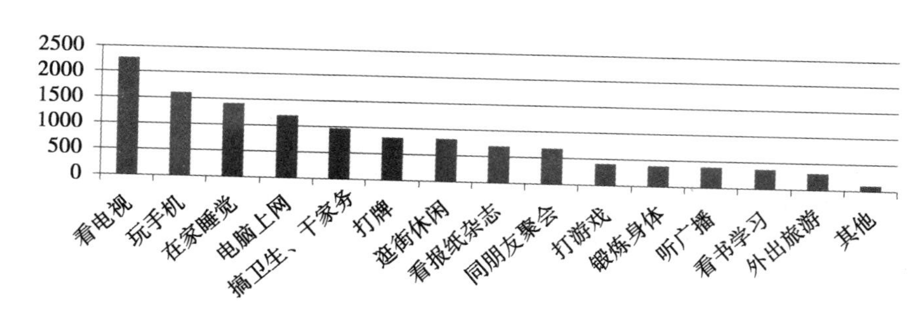

图 4-1 长三角农民工主要日常休闲方式

2. 长三角农民工手机媒介使用情况

（1）手机拥有情况

在长三角农民工走访调查中发现，相对于传统媒介与电脑，现在农民工对手机的使用与依赖程度比例大，手机的便携性、智能性、购买成本等特点，让他们日益成为长三角农民工联络沟通、日常娱乐、了解外界信息的主要渠道。鉴于此，本书做了进一步调查。由表 4-2 可知，当前长三角农民工手机持有率为 97.4%。

表 4-2 长三角农民工手机拥有情况

N	百分比（%）	均值	标准差	方差	极小值	极大值	百分位数
3742	97.4	0.97	0.158	0.025	0	1	1

（2）上网流量情况

对于长三角农民工手机上网与使用情况，目前中国各大手机网络运营商，如移动、电信等，每月手机上网流量套餐各不相同，经过对比各大运营商的上网流量套餐与费用、结合试调研中对农民工上网流量使用的摸底情况，设计出长三角农民工手机月上网流量表，实际调查结果如表 4-3 所示。各种流量中使用比例由高到低依次为，“51—100M”（46.3%）、“101—300M”（21.6%）、“50M 及以下”（16.6%）、“301—500M”（9.7%）、“500M 以上”（5.8%）。

表 4-3 长三角农民工手机月上网流量情况

	频率	百分比（%）	有效百分比（%）	累计百分比（%）
50M 及以下	638	16.6	16.6	16.6

续表

	频率	百分比（%）	有效百分比（%）	累计百分比（%）
51—100M	1776	46.3	46.3	62.9
101—300M	830	21.6	21.6	84.5
301—500M	372	9.7	9.7	94.2
500M 以上	224	5.8	5.8	100
合计	3840	100	100	

（3）平均每天上网时间

对于长三角农民工手机上网时间情况，比例由高到低依次为，“0.5—1 小时”（43.2%）、“1 小时以上至 2 小时”（27.2%）、“2 小时以上至 3 小时”（12.2%）、“0.5 小时以内”（9.8%）、“3 小时以上”（7.6%）。如表 4-4 所示。

表 4-4　　长三角农民工手机每天上网时间情况

	频率	百分比（%）	有效百分比（%）	累计百分比（%）
0.5 小时以内	378	9.8	9.8	9.8
0.5—1 小时	1658	43.2	43.2	53
1 小时以上至 2 小时	1044	27.2	27.2	80.2
2 小时以上至 3 小时	470	12.2	12.2	92.4
3 小时以上	290	7.6	7.6	100
合计	3840	100	100	

3. 长三角农民工上网情况

（1）上网目的

本书采用李克特五级量表对长三角农民工上网目的进行了考察，如表 4-5所示。其中，获取信息知识、便利对外联络、休闲娱乐等上网目的比例分布趋势一致，所占比例由高到低基本上都是“一般”“比较重要”“非常重要”“比较不重要”“非常不重要”；自由展示自我、参与社会事务、满足好奇心、“排遣孤独、宣泄情绪”、购物与理财、结交朋友、发布个人观点等上网目的比例分布趋势一致，所占比例由高到低都是“一般”“比较重要”“比较不重要”“非常重要”“非常不重要”；而制造恶作剧、“随意撒谎、骂人”所占比例由高到低排序为“比较不重要”“非常不重要”“一般”“比较重要”“非常重要”；其他上网目的比例分布比较独特，其中，“反映意见、监督政府”、匿名感情交流、所占比例由高到低排序为“一般”“比较不重要”“比较重要”“非常不重要”“非常重要”；引起他人关注所占比例由高到低排序为“一般”“比较不重要”“非常不重要”“比较重要”“非常重要”；体验助人之乐所占比例由高到低排序为“一般”“比较不重要”“比较重要”“非常重要”“非常不重要”。

表 4-5　　　　长三角农民工上网目的情况

		非常不重要	比较不重要	一般	比较重要	非常重要	合计
获取信息知识	频率	10	102	1792	1276	660	3840
	有效百分比（%）	0.3	2.7	46.7	33.2	17.2	100
自由展示自我	频率	26	366	2434	794	220	3840
	有效百分比（%）	0.7	9.5	63.4	20.7	5.7	100
参与社会事务	频率	66	484	2558	532	200	3840
	有效百分比（%）	1.7	12.6	66.6	13.9	5.2	100
满足好奇心	频率	50	344	2328	880	238	3840
	有效百分比（%）	1.3	9	60.6	22.9	6.2	100
排遣孤独、宣泄情绪	频率	86	572	2056	818	308	3840
	有效百分比（%）	2.2	14.9	53.5	21.3	8	100
购物与理财	频率	88	524	2358	666	204	3840
	有效百分比（%）	2.3	13.6	61.4	17.3	5.3	100
便利对外联络	频率	42	122	1674	1198	804	3840
	有效百分比（%）	1.1	3.2	43.6	31.2	20.9	100
制造恶作剧	频率	926	1800	828	204	82	3840
	有效百分比（%）	24.1	46.9	21.6	5.3	2.1	100
结交朋友	频率	102	422	2334	696	286	3840
	有效百分比（%）	2.7	11	60.8	18.1	7.4	100

续表

		非常不重要	比较不重要	一般	比较重要	非常重要	合计
反映意见、监督政府	频率	310	938	2108	344	140	3840
	有效百分比（%）	8.1	24.4	54.9	9	3.6	100
休闲娱乐	频率	78	246	2260	980	276	3840
	有效百分比（%）	2	6.4	58.9	25.5	7.2	100
匿名感情交流	频率	366	978	1968	392	136	3840
	有效百分比（%）	9.5	25.5	51.3	10.2	3.5	100
随意撒谎、骂人	频率	946	1966	714	158	56	3840
	有效百分比（%）	24.6	51.2	18.6	4.1	1.5	100
引起他人关注	频率	366	1312	1740	308	114	3840
	有效百分比（%）	9.5	34.2	45.3	8	3	100
体验助人之乐	频率	174	638	2412	440	176	3840
	有效百分比（%）	4.5	16.6	62.8	11.5	4.6	100
发布个人观点	频率	126	532	2288	686	208	3840
	有效百分比（%）	3.3	13.9	59.6	17.9	5.4	100

从整体上看，长三角农民工上网目的均值由高到低的顺序，如表4-6所示，可以看出长三角农民工对上网目的的整体认知。其中便利对外联络、获取信息知识认知度最高，基本接近“比较重要”程度，而“制造恶作剧”“随意撒谎、骂人”认知度最低，刚刚超过“比较不重要”程度。

表4-6　　长三角农民工上网目的情况

	均值	标准差	方差	极小值	极大值	N
便利对外联络	3.68	0.876	0.767	1	5	3840
获取信息知识	3.64	0.801	0.642	1	5	3840
参与休闲娱乐	3.29	0.776	0.602	1	5	3840
满足好奇心	3.24	0.75	0.562	1	5	3840
自由展示自我	3.21	0.716	0.513	1	5	3840

续表

	均值	标准差	方差	极小值	极大值	N
排遣孤独、宣泄情绪	3.18	0.86	0.74	1	5	3840
结交各种朋友	3.17	0.817	0.668	1	5	3840
购物与理财	3.1	0.778	0.605	1	5	3840
参与社会事务	3.08	0.731	0.535	1	5	3840
发布个人观点	3.08	0.811	0.658	1	5	3840
体验助人之乐	2.95	0.802	0.643	1	5	3840
反映意见，监督政府	2.76	0.862	0.744	1	5	3840
匿名感情交流	2.73	0.898	0.806	1	5	3840
引起他人关注	2.61	0.876	0.768	1	5	3840
制造恶作剧	2.14	0.917	0.841	1	5	3840
随意撒谎、骂人	2.07	0.851	0.724	1	5	3840

为了更好地了解长三角农民工上网目的情况，进一步进行了因子分析，如表4-7所示。首先，对长三角农民工上网目的李克特量表进行了效度与信度分析，整体效度检验，Cronbach's Alpha为0.855，均值为47.93，F检验P<0.001，表明内在一致性较好。其次，对其又进行了因子分析，采取用特征值大于1，最大方差法旋转提取公因子的方法，共提取特征值大于1的4个公因子（因子总的方差贡献率为59.814%），并根据各个基础变量在不同因子上的负荷的实际代表意义进行命名。再次对提取的公因子进行信度与效度检验，并按均值的大小进行排序，如表4-8所示，从表中均值分析的结果表明，四个维度的上网目的相互之间在重要性上存在着显著差异(P<0.05)。其中长三角农民工上网目的因子由高到低的排序为休闲交往功能（M=3.311，SD=3.167）、实用功能（M=3.259，SD=3.082）、展示体验功能（M=2.880，SD=2.607）、宣泄代偿功能（M=2.424，SD=2.066），其中休闲交往功能、实用功能因子都超过“一般”的程度，而展示体验功能和宣泄代偿功能因子即将达到“一般”程度。

表4-7　　长三角农民工上网目的因子分析

	宣泄代偿功能	休闲交往功能	展示体验功能	实用功能
获取信息知识	-0.196	0.303	0.01	**0.695**
自由展示自我	0.18	0.286	0.288	**0.576**

续表

	宣泄代偿功能	休闲交往功能	展示体验功能	实用功能
参与社会事务	0.221	0.068	0.263	**0.731**
满足好奇心	0.207	**0.622**	0.072	0.326
排遣孤独、宣泄情绪	0.168	**0.727**	0.071	0.133
购物与理财	0.203	0.14	0.131	**0.589**
便利对外联络	-0.259	**0.707**	-0.026	0.18
制造恶作剧	**0.82**	0.069	0.034	0.194
结交各种朋友	0.223	**0.507**	0.402	0.172
反映意见，监督政府	**0.503**	-0.115	0.313	0.429
参与休闲娱乐	0.067	**0.652**	0.367	0.003
匿名感情交流	**0.57**	0.232	0.403	-0.048
随意撒谎、骂人	**0.834**	0.054	0.103	0.088
引起他人关注	0.302	0.139	**0.619**	0.08
体验助人之乐	0.119	-0.046	**0.769**	0.337
发布个人观点	-0.015	0.268	**0.723**	0.249

说明：（1）Kaiser-Meyer-Olkin 度量为 0.879，Bartlett 的球形度检验近似卡方为 20290.468，P=0.000；（2）主成分提取方法，Kaiser 标准化的正交旋转法，7 次迭代后收敛。

表 4-8　　长三角农民工上网目的因子排名分析

排名	因子	均值	极小值	极大值	方差	项数	样本数	Alpha	F	Sig
1	休闲交往功能	3.311	3.167	3.677	0.044	5	3840	0.716	383.925	0.000
2	实用功能	3.259	3.082	3.644	0.069	4	3840	0.700	735.008	0.000
3	展示体验功能	2.880	2.607	3.083	0.060	3	3840	0.738	650.105	0.000
4	宣泄代偿功能	2.424	2.066	2.757	0.136	4	3840	0.766	1222.589	0.000

（2）上网功能

长三角农民工上网功能，如表 4-9 所示，其所占比例由高到低依次为社交类（如 QQ、微信、微博、开心网等）、娱乐类（如网络游戏、看视频、听音乐等）、生活服务类（如天气、日历、公交等）、阅读类（如新闻、电子书、获取信息等）、商务交易类（如网购、旅游预订、手机支付等）等。说明当前长三角农民工上网功能主要以社交与娱乐为主。

表 4-9　　长三角农民工上网功能情况

	N	有效百分比(%)	均值	标准差	极小值	极大值
社交类（如 QQ、微信、微博、开心网等）	2236	58.2	0.58	0.493	0	1
阅读类（如新闻、电子书、获取信息等）	1338	34.8	0.35	0.477	0	1
娱乐类（如网络游戏、看视频、听音乐等）	1802	46.9	0.47	0.499	0	1
商务交易类（如网购、旅游预订、手机支付等）	674	17.6	0.18	0.38	0	1
生活服务类（如天气、日历、公交等）	1362	35.5	0.35	0.478	0	1
其他	208	5.4	0.05	0.226	0	1

而在长三角农民工网络社交软件的使用上，如表 4-10 所示，其中使用最多的为 QQ 和微信，比例分别为 55.1%、46.0%。在试调研中，在对农民工访谈中，了解到一些小众、私密性比较强的社交软件也在农民工中比较流行，譬如，陌陌、秘密等，因此，在此也进行了考察，其中陌陌为 5.5%，秘密为 0.8%。

表 4-10　　长三角农民工网络社交软件使用情况

	N	有效百分比(%)	均值	标准差	极小值	极大值
QQ	2116	55.1	0.55	0.497	0	1
微博	638	16.6	0.17	0.372	0	1
微信	1768	46.0	0.46	0.498	0	1
陌陌	212	5.5	0.06	0.228	0	1
秘密	32	0.8	0.8	0.091	0	1
其他	190	4.9	0.05	0.217	0	1

各种社交软件使用时间上，如表 4-11 所示，长三角农民工使用时间所占比例由高到低依次为 0.5—1 小时（44.2%）、0.5 小时以内（24.1%）、1 小时以上至 2 小时（22.3%）、2 小时以上至 3 小时（5.3%）、3 小时以上（4.1%）。与长三角农民工手机上网时间略有区别，特别是，“0.5 小时以内”比例明显。

表 4-11　长三角农民工社交软件使用时间情况

	频率	百分比（%）	有效百分比（%）	累计百分比（%）
0.5 小时以内	926	24.1	24.1	24.1
0.5—1 小时	1698	44.2	44.2	68.3
1 小时以上至 2 小时	856	22.3	22.3	90.6
2 小时以上至 3 小时	204	5.3	5.3	95.9
3 小时以上	156	4.1	4.1	100
合计	3840	100	100	

（3）上网信息内容

长三角农民工平时手机上网主要搜索与关注的信息，如表 4-12 所示，其中所占比例比较明显主要有：时事新闻（38.1%）、休闲娱乐信息（36.9%）、天气预报（27.9%）、社会趣闻（26.5%）、电子书籍（17.3%）、求职招聘信息（15.3%）。

表 4-12　长三角农民工上网关注信息情况

	N	有效百分比（%）	均值	中值	标准差	极小值	极大值
时事新闻	1462	38.1	0.38	0	0.486	0	1
休闲娱乐信息	1418	36.9	0.37	0	0.483	0	1
电子书籍	666	17.3	0.17	0	0.379	0	1
求职招聘信息	588	15.3	0.15	0	0.36	0	1
科教信息	254	6.6	0.07	0	0.249	0	1
金融证券信息	164	4.3	0.04	0	0.202	0	1
交友征婚	236	6.1	0.06	0	0.24	0	1
社会趣闻	1016	26.5	0.26	0	0.441	0	1
旅游服务	268	7.0	0.07	0	0.255	0	1
网上教育	264	6.9	0.07	0	0.253	0	1
医疗信息	238	6.2	0.06	0	0.241	0	1
时事评论	342	8.9	0.09	0	0.285	0	1
境外新闻	182	4.7	0.05	0	0.213	0	1
名人轶事	288	7.5	0.08	0	0.263	0	1
色情暴力信息	46	1.2	0.01	0	0.109	0	1

续表

	N	有效百分比(%)	均值	中值	标准差	极小值	极大值
法律服务信息	166	4.3	0.04	0	0.203	0	1
心理咨询	68	1.8	0.02	0	0.132	0	1
购物指南	360	9.4	0.09	0	0.292	0	1
天气预报	1072	27.9	0.28	0	0.449	0	1
其他	258	6.7	0.07	0	0.25	0	1

为了更好地了解长三角农民工上网信息应用情况，进一步进行了因子分析。首先，对长三角农民工上网主要关注信息，采用李克特量表进行了效度与信度分析，整体效度检验，Cronbach's Alpha 为 0.690，均值为 2.37，F 检验 $P<0.001$，表明内在一致性较好。然后，对其又进行了因子分析，采取用特征值大于 1，最大方差法旋转提取公因子的方法，共提取特征值大于 1 的 6 个公因子（因子总的方差贡献率为 48.706%），详见表 4-13。根据各个基础变量在不同因子上的负荷的实际代表意义进行命名。可见，当前农民工网络信息出现了一定的类型分层。

表 4-13　　长三角农民工网络信息需求因子分析

	时事类	生活实用类	服务类	财经科教	求职休闲	交友情感
时事新闻	**0.701**	-0.030	0.007	0.205	0.033	-0.094
休闲娱乐信息	0.166	0.265	-0.232	0.075	**0.469**	-0.010
电子书籍	0.079	0.086	0.020	0.043	**0.646**	0.078
求职招聘信息	0.106	-0.081	0.116	0.008	**0.679**	-0.111
科教信息	0.208	0.004	0.194	**0.597**	0.089	-0.063
金融证券信息	-0.029	0.151	-0.153	**0.718**	-0.027	0.160
交友征婚	-0.071	0.036	0.088	0.002	0.254	**0.484**
社会趣闻	**0.612**	0.285	-0.077	-0.022	0.153	0.117
网上教育	-0.116	**0.511**	0.308	0.384	-0.039	0.083
医疗信息	0.001	0.026	**0.650**	0.066	0.123	0.206
时事评论	**0.584**	0.086	0.148	0.204	0.000	0.044
境外新闻	0.336	-0.119	0.271	**0.491**	0.073	-0.149
名人轶事	0.223	**0.528**	0.096	0.076	-0.062	0.008
色情暴力信息	0.090	-0.037	0.045	0.042	-0.063	**0.816**

续表

	时事类	生活实用类	服务类	财经科教	求职休闲	交友情感
法律服务信息	0.247	0.213	**0.583**	-0.064	-0.063	0.089
心理咨询	0.040	0.095	**0.563**	0.186	0.060	-0.270
购物指南	0.098	**0.701**	0.120	-0.067	0.110	-0.064
天气预报	**0.499**	0.210	0.193	-0.186	0.187	0.041

说明：(1) Kaiser-Meyer-Olkin 度量为 0.786，Bartlett 的球形度检验近似卡方为 5496.904，P=0.000；(2) 主成分提取方法，Kaiser 标准化的正交旋转法，11 次迭代后收敛；(3) 题项“旅游服务”因各因子系数都比较小，最后没纳入分析。

(4) 手机网购情况

此外，当前网购作为一个新兴网络应用发展迅速，也是中国社会与人群网络应用程度的一个考察指标，因此，为长三角农民工平时网购情况进行了研究，其中 44.8%（样本数为 1722）的农民工会网购，同时，对于长三角农民工网络的主要商品，如表 4-14 所示，其中所占比例由高到低依次为：衣服、鞋子、化妆品（28.5%）、食品和生活用品（17.3%）、家居用品（7.7%）、电子数码产品（7.3%）、书籍及教育学习用品（5.7%）、其他（1.9%）、医疗保健品（1.8%）、艺术装饰及高档商品（1.1%）。可知，当前长三角农民工网购商品主要以日常生活用品为主，对于电子消耗品、教育、保健以及其他商品的消费能力还比较弱。

表 4-14　　长三角农民工网购商品情况

	N	有效百分比（%）	均值	中值	标准差	极小值	极大值
食品和生活用品	664	17.3	0.17	0	0.378	0	1
衣服、鞋子、化妆品	1096	28.5	0.29	0	0.452	0	1
家居用品	296	7.7	0.08	0	0.267	0	1
电子数码产品	282	7.3	0.07	0	0.261	0	1
书籍及教育学习用品	220	5.7	0.06	0	0.232	0	1
医疗保健品	70	1.8	0.02	0	0.134	0	1
艺术装饰及高档商品	44	1.1	0.01	0	0.106	0	1
其他	72	1.9	0.02	0	0.136	0	1

（5）QQ等社交软件应用情况

由表4-15与表4-16，我们知道，长三角农民工对社交软件，特别是QQ的嵌入程度比较强，那么他们对于QQ应用情况如何，因此，本书对此做了进一步研究。其中有92%的长三角农民工（样本数=3532）使用QQ。而QQ好友构成（M=2.07；SD=0.741）中，其中所占比例由高到低依次是“51—150个”（61.1%）、“50个以下”（18.3%）、“151—300个”（16.6%）、“301—500个”（3.0%）、“501个以上”（0.9%），可见，当前长三角农民工QQ好友数以“51—150个”为主。

表4-15 长三角农民工QQ中好友数

	频率	百分比（%）	有效百分比（%）	累计百分比（%）
50个以下	704	18.3	18.3	18.3
51—150个	2348	61.1	61.1	79.5
151—300个	636	16.6	16.6	96.0
301—500个	116	3.0	3.0	99.1
501个以上	36	0.9	0.9	100.0
合计	3840	100.0	100.0	

而就QQ群数量情况来看，如表4-16所示，其中长三角农民工QQ群数大多数为“3—5个”，占55.3%。

表4-16 长三角农民工QQ群数

	频率	百分比（%）	有效百分比（%）	累计百分比（%）
1—2个	840	21.9	21.9	21.9
3—5个	2124	55.3	55.3	77.2
6—10个	534	13.9	13.9	91.1
11个以上	156	4.1	4.1	95.2
不确定	186	4.8	4.8	100.0
合计	3840	100.0	100.0	

对于QQ群的构成情况，如表4-17所示，可知，长三角农民工QQ群主要为同事群（38.0%）、老乡群（33.3%）与交友群（25.1%）。

表 4-17　　长三角农民工 QQ 群平均群数情况

	N	有效百分数（%）	均值	中值	标准差	极小值	极大值
老乡群	1280	33.3	0.33	0	0.471	0	1
同事群	1460	38.0	0.38	0	0.486	0	1
交友群	964	25.1	0.25	0	0.434	0	1
爱好群	544	14.2	0.14	0	0.349	0	1
理财群	90	2.3	0.02	0	0.151	0	1
其他	382	9.9	0.1	0	0.299	0	1

而对于 QQ 或 QQ 群中的成员构成情况，如表 4-18 所示。其中长三角农民工 QQ 中人员构成中人数最多的是朋友，占 41.9%，其他占比比较多的为家人或亲戚（36.9%）、老乡（34.1%）、同学（32.2%）、同事（28.5%），而网友（17.3%）与工作生活联络（如客户、中介等）（9.2%）也成为长三角农民工 QQ 社交的一部分。

表 4-18　　长三角农民工 QQ 或 QQ 群中主要成员情况

	N	有效百分数（%）	均值	中值	标准差	极小值	极大值
家人或亲戚	1416	36.9	0.37	0	0.483	0	1
老乡	1310	34.1	0.34	0	0.474	0	1
同学	1236	32.2	0.32	0	0.467	0	1
同事	1094	28.5	0.28	0	0.451	0	1
工作生活联络（如客户、中介等）	352	9.2	0.09	0	0.289	0	1
朋友	1610	41.9	0.42	0	0.494	0	1
网友	666	17.3	0.17	0	0.379	0	1
其他	108	2.8	0.03	0	0.165	0	1

此外，对于近几年比较新兴的微信应用，调查显示有 80.6%（样本数=3094），微信中好友人数（M=1.72，SD=0.684），如表 4-19 所示。其中人数为“51—150 个”最多，占 50.7%；其次为“50 个以下”，占 39.3%。

表 4-19 长三角农民工微信中好友数

	N	百分数（%）	有效百分数（%）	累计百分数（%）
50 个以下	1508	39.3	39.3	39.3
51—150 个	1946	50.7	50.7	89.9
151—300 个	334	8.7	8.7	98.6
301—500 个	44	1.1	1.1	99.8
500 个以上	8	0.2	0.2	100.0
合计	3840	100.0	100.0	

五 结论与讨论

1. 长三角农民工日常休闲方式主要以媒介休闲娱乐为主，其中传统媒介与新媒介嵌入程度相当，主要是以看电视、玩手机为主，同时，现在农民工对手机的使用与依赖程度比例大，手机的便携性、智能性、购买成本等特点，让他们日益成为长三角农民工联络沟通、日常娱乐、了解外界信息的主要渠道。其中，在长三角农民工手机上网与使用流量中，主要以“51—100M”为主，上网时间主要集中在“0.5—1 小时”。

2. 在长三角农民工手机上网中，对于上网目的的整体认知，其中便利对外联络、获取信息知识认知度最高，基本接近“比较重要”程度，而“制造恶作剧”“随意撒谎、骂人”认知度最低，刚刚超过“比较不重要”程度。同时，各上网目的具体认知有所区别，细分为休闲交往功能、实用功能、展示体验功能和宣泄代偿功能四个因子。

3. 长三角农民工上网功能中，主要以社交与娱乐为主。其中网络社交软件的使用上，QQ 和微信的嵌入程度最强，而陌陌、秘密等小众社交软件也开始流行；各种社交软件使用时间上，主要以 0.5—1 小时为主。此外，对于 QQ 而言，QQ 群数以“3—5 个”为主，QQ 群构成主要为同事群、老乡群与交友群；当前长三角农民工 QQ 好友数以“51—150 个”为主，其中人数最多的是朋友，其他占比比较多的为家人或亲戚、老乡、同学和同事。而对于微信，人数主要以“51—150 个”为主。

4. 对于长三角农民工网上信息应用情况中，长三角农民工平时手机上网搜索与关注的信息主要为时事新闻、休闲娱乐信息、天气预报和社会趣闻等，各种信息应用综合可分为时事、生活实用、服务、财经科教、求职休闲和交友情感等六类。

5. 对于长三角农民工网购情况，结果显示，目前有近一半的长三角农民工开始使用手机进行网购，其中网购的主要商品集中为衣服、鞋子、化妆品和食品生活用品，对于电子消耗品、教育、保健以及其他商品的消费能力还比较低。

第二节　长三角农民工日常生活方式与网络卷入

一　引言

布尔迪厄在《文化与权力》中把生活方式的差异看作“或许是阶级之间最强有力的屏障”，当前越来越多的学者关注小众群体或弱势群体的社会认同问题，尤其其中移民族群社会认同研究。①② 中国农民工由于其社会经济地位的局限，在实际的生活中其社会消费能力与再生产能力比较弱，形成经济权话语权缺位，有学者就认为“排斥性体制使弱势群体进一步边缘性”和“社会转型后逐渐形成并日益模式化和固化的排斥性体制是中国出现阶层分裂现象的根本原因”，③ 那么是制度性缺失造成他们的弱化，还是有更深层次的原因呢？本书将对此进行探讨。

二　文献综述

布尔迪厄毕生的研究主题是“揭示的是文化、社会结构与行为之间的关系”，试图去分析分层的社会等级与统治系统如何在代际间进行维持与再生产（reproduction）而没有受到强有力的抵抗与有意识的识别。④ 在

---

① Millard, J., A. L. Christensen, *BISER Domain Report No. 4 Regional Identity in the Information Society*, by the European Community Under the “Information Society Technology” Programme (1998-2002), 2004.

② Birgit Jentsch, Migrant Integration in Rural and Urban Areas of New Settlement Countries: Thematic Introduction, *International Journal on Multicultural Societies*, Vol. 9, No. 1, 2007.

③ 于建嵘：《社科院专家：中国阶层分裂源于模化的排斥性体制》，2018年5月20日，凤凰网（http://finance.ifeng.com/opinion/zjgc/20100529/2250092.shtml）。

④ ［美］戴维·斯沃茨：《文化与权力：布尔迪厄的社会学》，陶东风译，上海世纪出版集团2012年版，第120页。

《反思社会学》一书中布尔迪厄认为，“社会阶级并非单单通过人们在生产关系中所处的位置（position）来界定，而是通过阶级惯习来界定的，这种惯习‘通常地’是与阶级地位相关联的”，认为“一个阶级可以通过其存在（its being）和被感知（its being perceived）来界定；通过其在生产关系中的位置，同样地，通过其消费（但这种消费不必为了象征而是炫耀性的）来界定（尽管前者支配着后者）”。[①] 通过研究，他发现教育和社会、文化制度合谋，将文化产品转换成符号权力，掩盖不平等的经济、政治权力分配等级，使社会成员信任其自然和合法性。文化虽然有其独立逻辑，但最终并未摆脱社会权力的影响。同时，布尔迪厄用三资本：一是经济资本，主要包括工资、房产、其他收入等；二是文化资本，主要包括信息、知识（如教育、媒介使用）等；三是社会资本，主要包括信任、规范、网络（如社会支持系统、网络交往能力），其中最重要的资本类高于三基本类型的是权力资本——元资本，三资本中最重要的资本类型是经济资本和文化资本。布尔迪厄认为经济资本与文化资本的交叉结构划分与排列了所有其他的斗争场域，比如经济、政治、大学、艺术、科学、宗教、知识分子等。与阶级结构以及文学与艺术场域相关的权力场域（如图 4-2 所示）。布尔迪厄把社会阶级场域（方框 1）描述为围绕资本的总量轴与类型轴构成的二维空间，垂直轴测量的是资本的总量而水平轴测量的是经济资本与文化资本的相对数量。[②] 权力场域（方框 2）位于 X 轴的上方，即位于拥有最大量资本的社会空间，而它本身则又依据经济资本与文化资本的两极而内在地分化。

在《文化与权力》中，布尔迪厄又提出一种关于符号权力的社会学，首先认为分层的社会等级与统治系统如何在代际之间进行维持与再生产而没有受到强有力的抵抗与有意识的识别，提出所有的文化符号与实践，从艺术趣味、服饰网络、饮食习惯到宗教、科学与哲学乃至语言本身，都体现了强化社会区隔的利益与功能。场域是争夺合法性的斗争领域，是争夺实施“符号暴力”的垄断性权力的领域。其次，场域是由在资本的类型

① Bourdieu, P, *Distinction. A Social Critique of the Judgement of Taste*, London: Routledge, 1984, p. 341.

② ［美］戴维·斯沃茨：《文化与权力：布尔迪厄的社会学》，陶东风译，上海世纪出版集团 2012 年版，第 158 页。

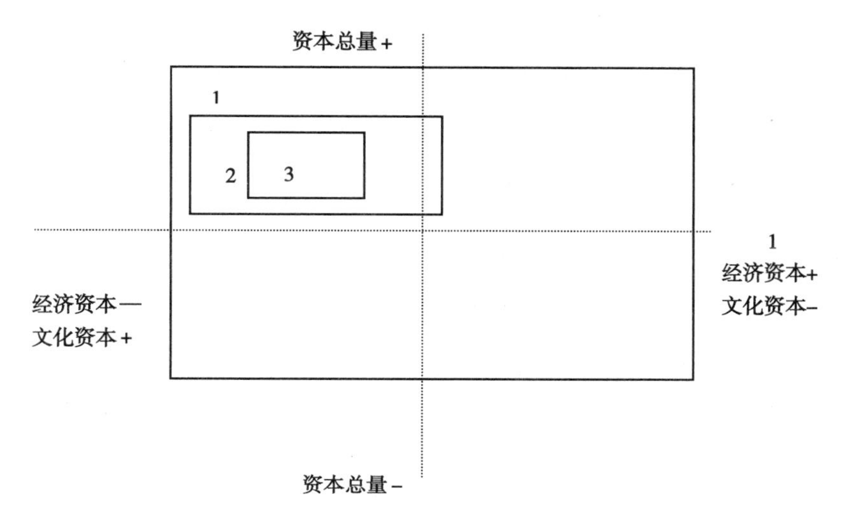

图 4–2　布尔迪厄三资本关系

说明：方框代表直角坐标系上的位置关系，坐标上的 Y 轴测量经济资本与文化资本的总量，而 X 轴测量经济资本与文化资本的比例。

与数量的基础上形成的统治地位与被统治地位所组成的结构性空间。再次，场域把特定的斗争形式加诸行动者。最后，场域在很大程度上，是通过其自己的内在发展机制加以构建的。此外，布尔迪厄研究认为，符号的区隔同时是概念的区隔与社会的区隔，并在《区隔》一书设计测量指标，加以操作化，主要包括生活方式和消费偏好，譬如文化消费（书籍、音乐、艺术、影视等）、日常生活品消费（如服装、食品、家具等）、休闲方式、人格品性评价和道德伦理取向等，其中首要的一项指标为生活方式和消费偏好。因此，本书以布尔迪厄符号资本相关理论为视角，具体探讨长三角农民工日常生活惯习和媒介卷入情况。

三　数据设计

1. 长三角农民工的日常生活状况

对于长三角农民工的日常生活方式，本书进行了二次访谈与试测调研，并根据我国农民工平时的生活状况进行全面的考察与设计。主要分类为：看报纸杂志、听广播、看电视、玩手机、电脑上网、同朋友聚会、打牌、干家务搞卫生、外出旅游、看书学习、逛街休闲、打游戏、在家睡觉、锻炼身体、其他等维度，为多选题，“选中”=1，“未选中”=0。

2. 长三角农民工的文化区隔状况

主要从两个层面进行考察：第一层面，长三角农民工的个体与群体状况，主要包括社会学变量，如性别、年龄、婚恋、受教育水平、户口类型、个性特征等；第二层面，布尔迪厄三资本的考察，其中经济资本，主要包括收入状况、居住方式等；社会资本，主要包括户籍类型、工作状况、工作获得渠道；文化资本，主要包括受教育程度、个性特征与日常生活消费等。

四 分析结果

为了更好地了解长三角农民工日常生活状况，本书首先对长三角农民工的日常生活状况进行了降维分析，其中采取特征值大于 1，最大方差法，贡献率为 50.475%，做了因子分析，并根据其实际意义进行了定义。如表 4-20 所示。可见，当前长三角农民工的日常生活主要分为无媒介、听读媒介、可视媒介、网络媒介与闲暇等生活方式。

表 4-20 长三角农民工日常生活方式因子分析

	网络媒介生存方式	闲暇生活方式	可视媒介生活方式	听读媒介生活方式	无媒介生活方式
看报纸杂志	-0.064	0.307	-0.233	**0.559**	0.320
听广播	-0.069	0.176	0.012	**0.633**	-0.229
看电视	-0.033	-0.235	**0.598**	0.190	0.021
玩手机	**0.701**	-0.096	0.173	-0.040	-0.050
电脑上网	**0.652**	0.131	-0.242	-0.090	0.022
同朋友聚会	0.259	0.302	0.016	0.058	**-0.552**
打牌	0.162	-0.264	0.144	**0.658**	0.033
搞卫生、干家务	-0.158	0.222	**0.680**	-0.074	0.145
看书学习	0.044	**0.661**	0.011	0.052	-0.186
逛街休闲	0.285	0.239	**0.519**	-0.099	-0.083
打游戏	**0.603**	0.085	0.004	0.141	0.063
在家睡觉	0.214	0.060	0.111	-0.014	**0.764**
锻炼身体	0.063	**0.685**	0.097	0.021	0.076

说明：（1）提取方法：主成分；（2）旋转法：具有 Kaiser 标准化的正交旋转法，旋转在 7 次迭代后收敛；（3）Kaiser-Meyer-Olkin 度量 0.574，Bartlett 的球形度检验 1976.17；（4）外出旅游因子值不明显，不纳入分析。

为了全面考察长三角农民工日常生活状况与其群体状况、生存质量与文化区隔之间的关联，进行了回归分析，如表 4-21 所示。其中对于平时生活方式喜欢“网络媒介生活方式”的长三角农民工来说，人口学变量中，性别、年龄、婚恋都呈强显著性，其中年龄、婚恋为负相关，说明男性、年龄较年轻、未婚的长三角农民工更倾向于日常生活方式以网络媒介为主。在经济资本方面，居住方式呈负强显著性，悖论地说明居住条件较差的长三角农民工更趋向平时以网络媒介为主。在社会资本中，各指标都不显著，说明社会资本对长三角农民工日常生活方式是否使用媒介没有明显关系。在文化资本中，教育呈强显著性，说明受教育程度越高的农民工更倾向于平时生活方式选择“网络媒介生活方式”；在个性特征中，求真务实、感情用事呈显著性，独立自主、严谨沉稳、乐于冒险、乐观热情、争强好胜呈强显著性，且程度由低到高，说明具有这些个性特征的长三角农民工平时生活方式越倾向选择“网络媒介生活方式”。在“日常生活状况”中，看当地报纸与杂志、购物消费呈强显著性，其中当地报纸与杂志为负相关，说明对当地报纸等媒介关注比较少，但比较喜欢购物消费的长三角农民工平时生活方式更倾向选择“网络媒介生活方式”。

表 4-21　长三角农民工日常生活方式对布尔迪厄三因子回归分析

	网络媒介生存方式	可视媒介生活方式	听读媒介生活方式	无媒介生活方式	闲暇生活方式
常数项/阈值	0.053 (0.110)	-0.217 (0.117)	-0.942*** (0.116)	0.273* (0.125)	-1.071*** (0.122)
性别（女=0）	0.187*** (0.030)	-0.478*** (0.032)	0.359*** (0.031)	0.081* (0.034)	-0.106*** (0.033)
年龄（18 周岁以下=1）	-0.145*** (0.011)	0.057*** (0.012)	0.004 (0.012)	-0.010 (0.012)	-0.020 (0.012)
婚恋（未婚=1）	-0.187*** (0.035)	0.097** (0.037)	0.241*** (0.037)	-0.029 (0.040)	0.053 (0.039)
收入状况（1000 元及以下=1）	0.004 (0.013)	0.015 (0.014)	-0.028* (0.013)	0.028 (0.015)	0.023 (0.014)
居住方式（工地工棚=1）	-0.027*** (0.008)	0.022* (0.009)	0.034*** (0.009)	0.000 (0.009)	-0.005 (0.009)
户口类型（暂住证=1）	-0.019 (0.011)	-0.026* (0.012)	-0.015 (0.012)	-0.045*** (0.013)	0.017 (0.013)
工作状况（无业/下岗/失业=1）	0.001 (0.005)	-0.001 (0.005)	-0.011* (0.005)	-0.013* (0.006)	0.005 (0.006)
工作渠道（靠自己=1）	-0.001 (0.007)	-0.026*** (0.007)	-0.017* (0.007)	0.006 (0.008)	-0.004 (0.008)

续表

	网络媒介生存方式	可视媒介生活方式	听读媒介生活方式	无媒介生活方式	闲暇生活方式
受教育水平（不识字或识字很少=1）	0.087*** (0.011)	−0.043*** (0.011)	−0.054*** (0.011)	−0.051*** (0.012)	0.068*** (0.012)
您的个性是（未选=0）					
节俭朴素	−0.026 (0.030)	0.207*** (0.032)	0.123*** (0.032)	0.163*** (0.034)	0.062 (0.034)
争强好胜	0.244*** (0.039)	0.075 (0.041)	0.247*** (0.041)	0.049 (0.044)	−0.051 (0.043)
乐于冒险	0.180*** (0.040)	0.176*** (0.042)	0.252*** (0.042)	−0.281*** (0.045)	0.161*** (0.044)
呆板固执	0.126 (0.077)	0.342*** (0.082)	0.399*** (0.081)	0.044 (0.087)	−0.088 (0.085)
乐观热情	0.188*** (0.030)	0.166*** (0.031)	0.160*** (0.031)	−0.112*** (0.034)	0.166*** (0.033)
个人中心	0.042 (0.057)	0.022 (0.060)	0.199*** (0.060)	0.042 (0.064)	0.181** (0.062)
独立自主	0.138*** (0.030)	0.106*** (0.032)	0.110*** (0.032)	0.014 (0.034)	−0.019 (0.034)
感情用事	0.148** (0.047)	0.246*** (0.050)	−0.074 (0.050)	0.104 (0.053)	0.022 (0.052)
严谨沉稳	0.139*** (0.038)	0.042 (0.040)	0.120** (0.040)	0.045 (0.043)	0.286*** (0.042)
自卑压抑	0.109 (0.064)	0.310*** (0.068)	0.358*** (0.068)	0.070 (0.073)	0.111 (0.071)
求真务实	0.085** (0.030)	0.268*** (0.032)	0.128*** (0.031)	0.084* (0.034)	0.074* (0.033)
不拘小节	0.044 (0.037)	0.110** (0.039)	0.106** (0.039)	0.020 (0.042)	0.278*** (0.041)
生活状况（完全不=1）					
报纸或杂志	−0.131*** (0.014)	−0.107*** (0.015)	0.220*** (0.015)	0.070*** (0.016)	0.084*** (0.016)
超市或购物中心	0.123*** (0.019)	0.048* (0.020)	−0.037 (0.020)	−0.035 (0.021)	0.022 (0.021)
饮食穿着同城里一样	0.037 (0.020)	−0.029 (0.021)	−0.017 (0.021)	−0.007 (0.023)	0.031 (0.022)
了解当地的风俗习惯	0.037 (0.022)	−0.009 (0.023)	−0.091*** (0.023)	−0.030 (0.025)	0.029 (0.024)
会说当地语言	0.001 (0.018)	0.025 (0.019)	0.021 (0.019)	−0.016 (0.020)	0.001 (0.020)
R^2	0.257	0.169	0.177	0.049	0.094

说明：（1）括号内是标准误；（2）*p≤0.05，**p≤0.01，***p≤0.001。

对于平时喜欢主要看电视等“可视媒介生活方式”的长三角农民工来说，人口学变量中，性别、年龄、婚恋呈显著性，其中性别为强负相关，说明女性、年龄较大、已婚的长三角农民工更倾向于平时以“可视媒介生活方式”为主。在经济资本中，居住方式呈显著性，说明居住条件比较好的长三角农民工平时更喜欢“可视媒介生活方式”，在社会资本中，户口类型呈显著性、工作渠道呈强显著性，二者都为负相关，说明户口类型以“暂住证”为主、找工作主要靠自己的长三角农民工平时更喜欢“可视媒介生活方式”。在文化资本中，教育呈负强显著性，说明受教育程度越低的农民工平时生活方式更倾向于选择“可视媒介生活方式”；在个性特征中，不拘小节呈显著性，独立自主、乐观热情、乐于冒险、节俭朴素、感情用事、求真务实、自卑压抑、呆板固执呈强显著性，且程度由低到高，说明具有这些个性特征的长三角农民工平时生活方式更倾向选择“可视媒介生活方式”。在“日常生活状况”中，看当地报纸与杂志呈负强显著性，超市或购物中心消费呈显著性，说明对当地媒体关注较少、购物消费较多的长三角农民工平时生活方式越倾向选择“可视媒介生活方式”。

对于平时喜欢主要听广播、看报纸等“听读媒介生活方式”的长三角农民工来说，人口学变量中，性别、婚恋呈显著性，说明男性、已婚的长三角农民工更倾向于平时以“听读媒介生活方式”为主。在经济资本中，收入呈负显著性，居住方式呈强显著性，说明工资收入比较差，但居住条件比较好的长三角农民工平时更喜欢“听读媒介生活方式”，在社会资本中，工作职业、工作渠道都呈负显著性，说明工作职业较差、找工作主要靠自己的长三角农民工平时更喜欢“听读媒介生活方式”。文化资本中，教育呈负强显著性，说明受教育程度越低的农民工平时生活方式越倾向于选择“听读媒介生活方式”；在个性特征中，不拘小节、严谨沉稳呈显著性，独立自主、节俭朴素、求真务实、乐观热情、个人中心、争强好胜、乐于冒险、自卑压抑、呆板固执呈强显著性，且程度由低到高，说明具有这些个性特征的长三角农民工平时生活方式更倾向选择“听读媒介生活方式”。在“日常生活状况”中，看当地报纸与杂志、了解当地的风俗习惯呈强显著性，其中“了解当地的风俗习惯”为负相关，说明对当地媒体越关注较多、对当地文化有一定的融合的长三角农民工平时生活方式更倾向选择“听读媒介生活方式”。

对于平时“无媒介生活方式”的长三角农民工来说，人口学变量中，性别呈显著性，说明男性的长三角农民工更倾向于平时以“无媒介生活方式”为主。在经济资本中，各指标不显著。在社会资本中，户口类型、工作职业都呈负显著性，其中户口类型强显著性，说明以暂住证为主、工作职业较差的长三角农民工平时更喜欢“无媒介生活方式”。文化资本中，教育呈负强显著性，说明受教育程度越低的农民工平时生活方式越倾向于选择“无媒介生活方式”；在个性特征中，求真务实呈显著性，乐于冒险、乐观热情、节俭朴素呈强显著性，其中乐于冒险、乐观热情为负相关，说明节俭朴素个性比较强，乐于冒险、乐观热情个性比较弱的长三角农民工平时生活方式更倾向选择“无媒介生活方式”。在“日常生活状况”中，看当地报纸与杂志呈强显著性，说明对当地媒体越关注较多的长三角农民工平时生活方式更倾向选择“无媒介生活方式”。

对于平时喜欢“闲暇生活方式”的长三角农民工来说，人口学变量中，只有性别呈负强显著性，说明女性长三角农民工更倾向于日常生活方式以“闲暇生活方式”为主。但经济资本与社会资本中，各指标都不显著，说明经济资本、社会资本对日常喜欢“闲暇生活方式”的长三角农民工来说，没有明显影响。在文化资本中，教育呈强显著性，说明受教育程度越高的农民工平时生活方式更倾向于选择“闲暇生活方式”；在个性特征中，求真务实、个人中心呈显著性，乐于冒险、乐观热情、不拘小节、严谨沉稳呈强显著性，且程度由低到高，说明具有这些个性特征的长三角农民工平时生活方式更倾向选择“闲暇生活方式”。在“日常生活状况”中，看当地报纸与杂志呈强显著性，说明对当地媒体越关注的长三角农民工平时生活方式更倾向选择“闲暇生活方式”。

五　结论与讨论

1. 长三角农民工日常生活大多数被媒介所裹挟

传统的听读、可视媒介以及网络媒介在农民工日常生活中发挥着越来越重要的作用。其中，网络媒介生存方式，主要为玩手机、电脑上网与打游戏，权重由高到低依次为 0.701、0.652、0.603；可视媒介生活方式主要包括干家务、看电视与逛街，权重由高到低依次为 0.680、0.598、0.519；听读媒介生活方式主要包括打牌、听广播、看报纸杂志，其权重由高到低依次为 0.658、0.633、0.559。此外，无媒介生活方式和闲暇生活方式也占一定的比例。

2. 长三角农民工群体特征对其日常生活起到一定的分层使用

其中，对于不同群体长三角农民工的日常生活状况考察中，结果显示，新生代农民工，特别是男性、年纪轻的、未婚长三角农民工更倾向于日常生活方式以网络媒介生活方式为主；女性、年龄较大、已婚的长三角农民工更倾向于平时以“可视媒介生活方式”为主；男性、已婚的长三角农民工更倾向于平时以“听读媒介生活方式”为主。整体说明，新生代农民工平时更喜欢网络生活，而老一代农民工平时更喜欢传统媒介生活。而研究结果还显示，女性长三角农民工更倾向于日常生活方式以“闲暇生活方式”为主，男性的长三角农民工更倾向于平时以“无媒介生活方式”为主，说明长三角农民工的性别对其日常生活质量的导向也有所差别，其中女性更加注重自身素质与生活质量的提升，但男性相对比较保守。

3. 长三角农民工的布尔迪厄三资本对其日常生活起到一定的区隔影响

在经济资本中，居住条件较差的长三角农民工更趋向平时以网络媒介生活方式为主；居住条件比较好的长三角农民工平时更喜欢“可视媒介生活方式”；工资收入比较差，但居住条件比较好的长三角农民工平时更喜欢“听读媒介生活方式”。整体说明，长三角农民工的居住条件对其平时生活状况选择影响最大，并且悖论的是，居住条件较差的长三角农民工平时更喜欢网络媒介生活方式，而居住条件比较好的则更倾向于传统媒介生活方式。

在社会资本中，其中户口类型以暂住证为主、找工作主要靠自己的长三角农民工平时更喜欢“可视媒介生活方式”；工作职业较差、找工作主要靠自己的长三角农民工平时更喜欢“听读媒介生活方式”；以暂住证为主、工作职业较差的长三角农民工平时更喜欢“无媒介生活方式”；而社会资本对日常喜欢“网络媒介生活方式”与“闲暇生活方式”没有明显影响。整体说明长三角农民工的户籍类型、工作类型、工作渠道对其传统媒介生活方式，以及无媒介生活方式的影响更明显。

在文化资本中，受教育程度越高、个性特征比较乐观积极、对当地报纸等媒介关注比较少，但比较喜欢购物消费的长三角农民工平时生活方式更倾向选择“网络媒介生活方式”；受教育程度越低、个性特征较自卑的长三角农民工平时生活方式更倾向选择“可视媒介生活方式”与“听读媒介生活方式”。但在“文化区隔”中，对当地报纸等媒介关注比较少，但比较喜欢购物消费的长三角农民工平时生活方式更倾向选择“网络媒介生活方式”，而对当地媒体越关注、对当地文化有一定的融合的长三角农民工平时生活方式更倾向选择“听读媒介生活方式”。此外，受教育程度越高、个性特征乐观沉稳的长三角农民工平时生活方式更倾向选择“闲暇生活方式”。受教育程度越低、个性特征比较节俭朴素的长三角农民工平时生活方式更倾向选择“无媒介生活方式”。但在“文化区隔”中，对当地报纸与杂志等当地媒体越关注的长三角农民工平时生活方式更倾向选择“闲暇生活方式”与“无媒介生活方式”，出现了两极分化的趋势。

第三节 长三角农民工媒介利益表达

一 引言

随着我国经济社会深化与转型发展，社会矛盾有所增多，利益表达分化多元，社会公众的利益表达逐渐成为学界研究的热点问题。其中，有学者认为农民工等弱势群体的利益表达处于困境，[①] 农民工利益表达的行为选择对非正式表达途径具有较高的认同感，对正式利益表达途径缺乏认同感，[②] 存在着相关利益问题上缺乏表达、低效表达、无效表达等问题。[③]那么，农民工作为我国未来产业工人新兴的力量，在为社会做出巨大贡献的同时，他们作为一个弱势群体，也是最需要社会关注的群体，他们是否遭受着由结构性壁垒、社会排斥与边缘化处境等所带来的各种不公正待遇，因此，本书将关注农民工的城市生存与发展生态如何，关注农民工的“主体性”抗争与生存境遇如何。

---

① 王高贺：《沉与浮：我国弱势群体利益表达困境及其突破》，《理论导刊》2010 年第 4 期。

② 王金红、黄振辉：《制度供给与行为选择的背离：珠江三角洲地区农民工利益表达行为的实证分析》，《开放时代》2008 年第 3 期。

③ 张胜志：《表达阙如与黑夜政治——利益视域下的新生代农民工犯罪问题研究》，《青少年犯罪问题》2011 年第 2 期。

二　文献综述

由于研究学者多以自身背景领域为依托来研究利益表达，目前国内外对利益表达还没有一个统一的定义。国外学者对利益表达研究开展较早，其中具有影响力的定义是阿尔蒙德和鲍威尔的观点，认为利益表达是“当某个集团或个人提出一项政治要求时，政治过程就开始了，而这种提出政治要求的过程称为利益表达”。[①]可见，利益表达就是社会大众向社会管理者表达自身合理利益诉求的行为。对于农民工的利益诉求来讲，有学者认为农民工的利益诉求从“底线型”利益向“增长型”利益或发展型利益诉求转向。[②][③] 就农民工利益表达的群体行动类型来讲，由于受到各种因素的影响，他们的行动选择主要分为多数人的沉默、少部分的个体行动和突发性群体事件。[④]就利益表达的路径来讲，主要包括行动的逻辑和行动的结构两种基本路径。[⑤]但农民工的利益表达的行动策略却形成多元、复合的维权抗争策略，[⑥]有学者指出我国农民工非制度化利益表达主要有舆论表达、身体表达和暴力表达三种社会学类型，[⑦]往往带有鲜明的利益取向，从最初的“日常化的隐性抗争”，[⑧]发展到以求助于内的“以身抗争”和求助于外的“以法抗争”。[⑨] 其中董延芳对劳动报酬不合理、拖欠

---

① 胡旭：《利益表达内涵、问题及其解决思路——利益表达文献综述》，《中国市场》2011年第1期。

② 蔡禾：《从“底线型”利益到“增长型”利益——农民工利益诉求的转变与劳资关系秩序》，《哲学基础理论研究》2013年第1期。

③ 涂敏霞：《从“生存”到“发展”——广东新生代农民工的利益诉粉》，《中国青年研究》2012年第8期。

④ 李尚旗：《农民工利益表达的行动选择分析》，《理论导刊》2012年第2期。

⑤ 于建嵘：《利益表达、法定秩序与社会习惯——对当代中国农民维权抗争行为取向的实证研究》，《中国农村观察》2007年第6期。

⑥ 张丽琴：《底层抗争策略的确立与变换诱因分析——对一个维权组织的持续性观察》，《云南行政学院学报》2015年第1期。

⑦ 梁德友：《论弱势群体非制度化利益表达的几个理论问题——概念、结构与社会学分类》，《社会科学辑刊》2016年第3期。

⑧ ［美］詹姆斯·斯科特：《弱者的武器》，郑广怀、张敏、何江穗译，译林出版社2011年版，第131页。

⑨ 王洪伟：《“以身抗争”与“以法抗争”：当代中国底层社会抗争的两种社会学逻辑》，中国社会学年会——“社会稳定与危机预警预控管理系统研究”论坛，2010年7月。

工资、作业环境恶劣、超时加班、工伤等情境下农民工维权行动偏好进行了研究，发现农民工通常并不热衷于以集体行动维权，反而在遭遇权益侵害的多数时候更倾向于选择不行动。①

在我国随着农民工群体维权意识的增加与媒介的快速发展，媒介利益表达诉求也越来越成为农民工等弱势群体利益表达的重要渠道。其中有学者对大众媒体的利益表达做了研究，②③④ 主要有电视民生新闻、⑤⑥新闻报道、⑦⑧ 媒介话语表达、⑨⑩ 媒介机制构建⑪等方面进行了研究。近几年来，我国农民工网络维权与群体性事件有上升趋势，主要涉及劳资矛盾、利益维权与人权表达等方面，如 2011 年轰动全国的湖州织里农民工抗税、广东农民工“裸体讨薪”、重庆百事中国分公司近千名职工集体维权等事件、张海涛“开胸验肺”事件等，农民工具有了一定的使用网络进行利益表达与信息生产的能力。⑫ 有学者对微博信访、微博维权、网络利益表

① 董延芳：《不同情境下的农民工维权行动偏好》，《农业技术经济》2016 年第 6 期。

② 郑素侠：《传媒在弱势群体利益表达中的角色与责任——基于中层组织理论的视角》，《新闻爱好者》2012 年 12 月（下半月）。

③ 曹茸、刘家益：《传播学视角下新生代农民工利益表达探析——以中西部劳动力输出大省的典型地区为例》，《前沿》2013 年第 15 期。

④ 李欣、詹小路：《利益表达中的大众媒介之困境与优势》，《浙江传媒学院学报》2012 年第 2 期。

⑤ 范鼓、余奇敏：《电视民生新闻与社会弱势群体的利益表达——基于湖北电视〈经视直播〉的个案分析》，《南方论刊》2016 年第 1 期。

⑥ 张文娟：《电视民生新闻节目中弱势群体利益表达存在的问题及对策》，硕士学位论文，河北大学，2012 年。

⑦ 李娟：《弱势群体利益诉求在新闻媒体中的表达》，《传媒》2015 年第 7 期上。

⑧ 曾寿梅：《新常态下农民工维权事件新闻报道分析》，《新闻研究导刊》2015 年第 14 期。

⑨ 陆旻旸：《弱势群体媒介话语权缺失现象的传播学解读——以农民工为例》，《青年与社会》2013 年第 4 期。

⑩ 吴麟：《主体性表达缺失：论新生代农民工的媒介话语权》，《青年研究》2013 年第 4 期。

⑪ 方启雄：《新闻传媒与农民工利益表达机制的构建》，《河南社会科学》2013 年第 5 期。

⑫ 宋红岩：《农民工新媒介参与和利益表达调研与分析》，《中国广播电视学刊》2012 年第 6 期。

达困境与风险、网络利益表达的现状、话语表达机制等进行了研究。[1][2][3][4][5][6]当前我国应对这种变化，也相应地加强了农民工网络利益表达与维权路径机制的建设，譬如，沈阳市工会在2016年建立起农民工出工查询、工资查询和维权投诉体系，实现农民工维权、企业管理与政府监管一体化智能管理的“互联网+工地——智慧工地维权管理系统”手机服务系统。[7] 但就整体而言，当前我国农民工的现实利益表达与媒介诉求的关联情况，传统媒介诉求与网络参与的转化情况，以及农民工的群体特征与媒介接触使用状况对其利益表达策略影响情况等问题，目前都没有很好地进行研究，因此，本书将对此进行探讨，并提出以下研究框架（如图4–3所示）。

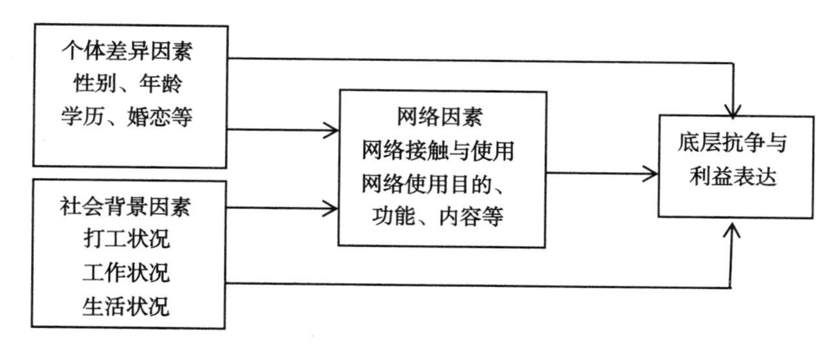

图4–3　长三角农民工底层抗争与媒介利益表达研究框架

三　研究设计

1. 长三角农民工现实底层抗争路径情况

在参考上述文献研究中相关学者的研究，并按照当前我国农民工群

---

① 段瑞群：《“微博信访”：利益表达新渠道》，《人民法院报》2011年8月11日。

② 文远竹：《微博维权与底层抗争》，《青年记者》2013年第34期。

③ 郭鹏：《弱势群体网络利益表达的困境及其消解》，《党政干部论坛》2015年第9期。

④ 陈浩然、刘敏华：《社会弱势群体网络化利益表达：风险与应对》，《社会主义研究》2014年第6期。

⑤ 刘春明：《新媒体时代农民工维权现状研究——评〈自媒体时代农民工维权表达研究〉》《新闻战线》2016年第2期。

⑥ 王文娟：《新媒体与农民工的维权表达》，《理论界》2014年第10期。

⑦ 刘大毅：《沈阳市总工会用“互联网+”做服务农民工大文章：2万余名农民工手机刷卡能维权》，《辽宁日报》2016年4月26日。

体实际的利益表达路径，通过对长三角农民工进行测量与调研后，本书对其现实底层抗争与利益表达设计以下11项表达路径："找上级主管或老板""找老乡、朋友帮忙""寻求法律的帮助""默默忍受""在媒体上求助""找其他工友一起来维权""找地方政府有关部门""消极怠工""在网上发帖""破坏工具或设备""辞职不干"、其他。为多选题，"选中"为1；"未选中"为0。其整体描述性统计分析如表4-22所示。

表4-22　　长三角农民工现实维权路径选择描述性分析

	频率	有效百分比（%）	均值	标准差	方差
找老乡、朋友帮忙	1624	42.3	0.42	0.494	0.244
找上级主管或老板	1610	41.9	0.42	0.494	0.244
寻求法律的帮助	1260	32.8	0.33	0.47	0.221
找工友一起来维权	700	18.2	0.18	0.386	0.149
找地方政府有关部门	552	14.4	0.14	0.351	0.123
辞职不干	536	14	0.14	0.347	0.12
默默忍受	410	10.7	0.11	0.309	0.095
在媒体上求助或发泄	308	8	0.08	0.272	0.074
在网上发帖	174	4.5	0.05	0.208	0.043
消极怠工	110	2.9	0.03	0.167	0.028
破坏工具或设备	68	1.8	0.02	0.132	0.017

2. 长三角农民工网络群体抗争表达策略

关于长三角农民工网络抗争与利益表达，即"当在老乡群中有人提到工作或生活中的不公时，您会"时，设计为："很气愤，感同身受""劝导或安慰""也说自己遇到的不公""说些八卦""抱怨社会的不满""支持老乡去维权""帮老乡出主意"、其他等。为多选题，"选中"为1；"未选中"为0。其整体描述性统计分析如表4-23所示。

表4-23　　当在网上有人提到工作或生活中的不公时，农民工的反应

	频率	百分比（%）	有效百分比（%）	累计百分比（%）
说些八卦	12	0.3	0.3	0.3
劝导或安慰	1070	27.9	27.9	28.2
很气愤，感同身受	310	8.1	8.1	36.3

续表

	频率	百分比（%）	有效百分比（%）	累计百分比（%）
也说自己遇到的不公	798	20.8	20.8	57.0
抱怨社会的不满	794	20.7	20.7	77.7
帮着出主意	368	9.6	9.6	87.3
支持去维权	304	7.9	7.9	95.2
其他	184	4.8	4.8	100.0
合计	3840	100.0	100.0	

说明：均值为 4.18，标准差 1.806，方差 3.261。

四　研究结果

1. 长三角农民工现实底层抗争与利益表达路径

由表 4-22 可知，在各种维权路径中，“找老乡、朋友帮忙”“找上级主管或老板”“寻求法律的帮助”三种方式都超过 30%，可见，在长三角农民工现实维权中，社会关系、直接协商与法律维权成为最主要的方式。特别是，社会关系在长三角农民工工作中担当着重要的角色。为了进一步了解长三角农民工各种维权路径的效应，采取特征值大于 1，最大方差法，贡献率为 61.137%，做了因子分析。如表 4-24 所示。

表 4-24　　　　长三角农民工现实维权路径选择因子分析

	消极忍受	媒介表达	维权保护	社会关系互助	直接协商
找上级主管或老板	0.012	0.115	-0.119	-0.069	**0.866**
找老乡、朋友帮忙	-0.098	0.057	-0.301	**0.701**	-0.266
寻求法律的帮助	-0.119	0.117	**0.791**	-0.145	-0.141
默默忍受	0.356	0.156	-0.335	-0.319	**-0.460**
在媒体上求助或发泄	0.060	**0.798**	0.171	0.087	0.003
找工友一起来维权	0.165	0.031	0.107	**0.746**	0.150
找地方政府有关部门	0.154	0.076	**0.708**	0.056	0.055
消极怠工	**0.701**	0.148	0.021	0.070	-0.127
在网上发帖	0.089	**0.821**	0.005	-0.018	0.062
破坏工具或设备	**0.662**	0.163	0.112	0.256	-0.076
辞职不干	**0.580**	-0.115	-0.048	-0.166	0.157

说明：（1）提取方法：主成分；（2）旋转法：具有 Kaiser 标准化的正交旋转法，旋转在 6 次迭代后收敛；（3）Kaiser-Meyer-Olkin 度量 0.580，Bartlett 的球形度检验 2942.299。

说明现实中长三角农民工在工作遇到不公时，单位直接反映问题或维权的路径并不畅通。其选择路径主要为消极忍受、媒介表达、维权保护、社会关系互助、直接协商等，它们的旋转方差贡献率分别为13.441%、13.039%、12.721%、11.685%、10.251%，整体的方差贡献率为61.137%。可见，当前大多数情况下，长三角农民工还是以消极对待为主，而选择发声渠道中，媒介是最主要的方式，因此本书将就此做进一步研究。

2. 长三角农民工网络群体抗争表达策略研究

在研究长三角农民工网络抗争表达策略时，如表4-23所示，其中所占比例比较突出的前三位分别为，“劝导或安慰”（27.9%）、“也说自己遇到的不公”（20.8%）、“抱怨社会的不满”（20.7%），合计为69.4%，而“帮着出主意”与“支持去维权”的分别占9.6%、7.9%，合计17.5%。可见，长三角农民工网络发声与维权能力还比较弱。将现实不公中的媒介表达与网络发声进行MAVOVA分析，如表4-25所示。Pillai跟踪结果显示，媒介求助与网络发帖与长三角农民工网络表达策略呈强显著性，V=0.02，F（14，7664）=5.59，p=0.000。同时，单变量ANOVA分析中，“在媒体上求助或发泄”，F（7，3832）=8.81，p=0.000，“在网上发帖”，F（7，3832）=3.59，p=0.001，可见，这两个变量分别同长三角农民工网络表达策略呈显著性。

表4-25　长三角农民工利益媒介诉求与网络表达策略MAOVA分析

		在媒体上求助或发泄				在网上发帖			
		均值	标准差	样本数	百分比（%）	均值	标准差	样本数	百分比（%）
网络发声	说些八卦	0.17	0.389	2	0.6	0.33	0.492	4	2.3
	劝导或安慰	0.09	0.291	100	32.5	0.05	0.227	58	33.3
	很气愤，感同身受	0.1	0.296	30	9.7	0.09	0.287	28	16.1
	也说自己遇到的不公	0.08	0.272	64	20.8	0.03	0.164	22	12.6
	抱怨社会的不满	0.04	0.197	32	10.4	0.02	0.149	18	10.3
	帮着出主意	0.09	0.282	32	10.4	0.07	0.247	24	13.8
	支持去维权	0.11	0.307	32	10.4	0.05	0.224	16	9.2
	其他	0.09	0.283	16	5.2	0.02	0.146	4	2.3
	总计	0.08	0.272	308	100	0.05	0.208	174	100

说明：（1）协方差矩阵等同性Box检验M=875.882，F=41.215，P<0.0001；（2）Bartlett的球形度检验，近似卡方=926.827，P<0.0001。

其中选择“在媒体上求助与发泄”的人数为308人，其中各题项所占百分比由高到低前五位分别为“劝导或安慰”（32.5%）、“也说自己遇到的不公”（20.8%）、“抱怨社会的不满”（10.4%）、“帮着出主意”（10.4%）、“支持去维权”（10.4%）；而选择“在网上发帖”的人数为174人，各题项所占百分比由高到低前五位的分别为“劝导或安慰”（33.3%）、“很气愤，感同身受”（16.1%）、“帮着出主意”（13.8%）、“也说自己遇到的不公”（12.6%）、“抱怨社会的不满”（10.3%）。可见，一般情况下，当现实中遇到不公时，在选择媒介诉求时，选择“在媒体上求助与发泄”要比“在网上发帖”的多，同时，长三角农民工在二种不同方式中的话语表达策略也有所不同。

3. 长三角农民工媒介诉求与网络抗争回归分析

为了进一步研究长三角农民工的社会背景与媒介使用对其媒介诉求与网络抗争间的关联，本书进一步做了回归分析。如表4-26所示。

表4-26　长三角媒介诉求与网络抗争回归分析

	在媒介上求助	在网上发帖	媒介诉求
性别（以“女=0”）	0.246 （0.136）	0.157 （0.181）	0.036 （0.034）
年龄（18周岁以下=1）	0.013 （0.056）	0.180* （0.076）	0.026 （0.013）
教育程度（不识字或识字很少=1）	0.064 （0.046）	0.087 （0.061）	0.025* （0.012）
婚恋（未婚=1）	0.137 （0.156）	0.025 （0.208）	0.018 （0.041）
户籍类型（暂住证=1）	0.132** （0.046）	−0.008 （0.062）	0.018 （0.013）
来打工地时长（1年以内=1）	0.003 （0.057）	−0.132 （0.072）	−0.013 （0.015）
外出打工方式（自己一个=1）	0.405*** （0.100）	0.379** （0.131）	0.100*** （0.028）
目前的工作（失业/下岗/失业=1）	−0.011 （0.021）	−0.014 （0.028）	−0.004 （0.006）
收入状况（1000元及以下=1）	−0.282*** （0.054）	−0.234*** （0.072）	−0.071*** （0.015）
每天工作时间（8小时及以下=1）	−0.071 （0.079）	0.019 （0.100）	−0.007 （0.020）

续表

	在媒介上求助	在网上发帖	媒介诉求
居住条件（工地工棚=1）	-0.029 (0.037)	-0.088 (0.047)	-0.016 (0.009)
每月手机上网流量（50M及以下=1）	0.193** (0.067)	0.244** (0.084)	0.076*** (0.019)
每天上网时间 (0.5小时以内=1)	-0.050 (0.073)	0.083 (0.092)	-0.016 (0.020)
上网目的：宣泄代偿功能	0.151* (0.063)	0.031 (0.080)	0.031 (0.017)
上网目的：实用功能	-0.049 (0.062)	0.102 (0.077)	0.011 (0.017)
上网目的：休闲交往功能	-0.163* (0.0.06067)	0.137 (0.082)	-0.002 (0.018)
上网目的：展示体验功能	0.054 (0.060)	0.193** (0.072)	0.032* (0.016)
手机功能：社交类（如QQ、微信、微博、开心网等））	0.489** (0.181)	0.434 (0.255)	0.052 (0.044)
手机功能：阅读类（如新闻、电子书、获取信息等）	0.415** (0.143)	0.268 (0.186)	0.069 (0.039)
手机功能：娱乐类（如网络游戏、看视频、听音乐等）	-0.121 (0.163)	-0.076 (0.214)	-0.025 (0.042)
手机功能：商务交易类（如网购、旅游预订、手机支付等）	0.268 (0.165)	0.687*** (0.201)	0.179*** (0.049)
手机功能：生活服务类（如天气、日历、公交等）	-0.008 (0.148)	-0.265 (0.193)	-0.018 (0.039)
手机功能：其他	-0.416 (0.323)	-0.747 (0.458)	-0.154* (0.073)
上网内容：时事类	0.085 (0.068)	0.258** (0.085)	0.080 (0.020)
上网内容：生活实用类	0.129* (0.063)	0.074 (0.076)	0.026 (0.019)
上网内容：服务类	-0.077 (0.056)	-0.007 (0.064)	-0.006 (0.016)
上网内容：财经科教	0.319*** (0.048)	0.120 (0.063)	0.111*** (0.017)
上网内容：求职休闲	0.179** (0.064)	0.162* (0.080)	0.043* (0.019)
上网内容：色情交友	0.010 (0.055)	-0.107 (0.080)	-0.025 (0.016)

续表

	在媒介上求助	在网上发帖	媒介诉求
上网内容：其他	0.076 (0.056)	0.203 ** (0.068)	0.048 ** (0.016)
常数	-3.597 *** (0.515)	-4.515 *** (0.670)	-0.226 (0.138)
-2 对数似然值（R^2）	1942.742	1244.597	0.063
Hosmer 和 Lemeshow 检验	0.579	0.111	
样本数	3840	3840	3840

说明：（1）括号内是标准误；（2）* $p\leq0.05$，** $p\leq0.01$，*** $p\leq0.001$。

对于“在媒介上求助”，在长三角农民工人口学背景变量中，都不呈显著性。在外出打工中，户籍类型、外出打工方式、工资收入呈显著性，其中工资收入为负相关，说明越接近城市人，与家人一起外出打工，或工资收入较低的长三角农民工较倾向遇到不公时，在媒介上求助。在上网情况中，每月手机上网流量呈显著性，说明随着长三角农民工手机上网嵌入程度的加深，其遇到不公时，在媒介上求助的可能性越大。在上网目的中，“宣泄代偿功能”与“休闲交往功能”呈显著性，其中“休闲交往功能”为负相关，说明随着长三角农民工上网宣泄代偿功能的增强或休闲交往功能的减弱，其遇到不公时，在媒介上求助的可能性越大。在手机功能中，社交类（如QQ、微信、微博、开心网等）、阅读类（如新闻、电子书、获取信息等）呈显著性，说明随着长三角农民工这两个手机功能使用嵌入程度的加深，其遇到不公时，越倾向于在媒介上求助。在上网内容中，生活实用类、财经科教类、求职休闲类呈显著性，其中财经科教类呈强显著性，说明随着长三角农民工对这三类上网内容关注程度的加深，其遇到不公时，越倾向于在媒介上求助。

对于“在网上发帖”，在长三角农民工人口学背景变量中，年龄呈显著性，说明随着年龄的增加，在遇到不公时，其通过“网上发帖”的可能性越大。在外出打工情况中，外出打工方式、工资收入呈显著性，其中工资收入为强负相关，说明与家人外出打工，工资收入较低的长三角农民工在遇到不公时，越倾向于“网上发帖”。在手机上网使用中，上网流量呈显著性，说明随着长三角农民工手机网络嵌入程度的加深，其遇到不公时，其“网上发帖”的可能性越大。在上网目的中，“展示体验功能”呈显著性，说明随着长三角农民工网络“展示体验功能”的加深，其遇到不公时，越倾向于“网上发帖”。在手机使用功能中，商务交易类（如网购、旅游预订、手机支付等）呈强显著性，说明长三角农民工这类手机使用越多，遇到不公时，其越倾向于“网上发帖”。在上网内容中，时事类，求职休闲、其他呈显著性，说明长三角农民工对时事类、求职休闲等网络内容应用的嵌入程度越深，其遇到不公时，越倾向于“网上发帖”。

将长三角农民工“在媒介上求助”“网上发帖”在因子分析中，生成的公因子为因变量进行回归分析，综合看长三角农民工媒介诉求情况。在人口学变量中，教育程度呈显著性，说明随着受教育程度的增加，在遇到不公时，长三角农民工越倾向通过媒介诉求来解决。在外出打工情况中，外出打工方式、工资收入均呈强显著性，其中工资收入为负相关，说明“与家人一起外出打工”、工资收入较低的长三角农民工遇到不公时，越倾向于通过媒介诉求来解决。在手机网络使用中，上网流量呈强显著性，说明随着长三角农民工网络使用嵌入程度的加深，其遇到不公时，通过媒介诉求的可能性越高。在上网目的中，“展示体验功能”呈显著性，说明长三角农民工网络“展示体验功能”程度越强，其遇到不公时，通过媒介诉求的倾向越高。在手机使用功能中，商务交易类呈显著性，说明随着网购、旅游预订、手机支付等使用程度的加深，在遇到不公时，长三角农民工越倾向于通过媒介来诉求自己的权益。在上网内容中，财经科教、求职休闲、其他呈显著性，说明这些网络内容使用程度的加深，长三角农民工在遇到不公时，其通过媒介诉求来主张权益的倾向越强。

五　结论与讨论

1. 长三角农民工现实利益表达路径呈现多元化

综上所述，可知，在遇到不公时，长三角农民工媒介表达路径对于人口学变量来讲，略有所差别，其中年龄与网络使用相关，教育程度与媒介相关。在打工情况中，除了户籍类型与传统媒介上求助外，打工方式与工资收入都同媒介表达路径相关，说明经济条件与生活压力在很大程度上决定了他们在遇到不公时，采取媒介求助与诉求的方式。在上网情况中，网络流量与各种媒介诉求路径都相关，可见，网络在长三角农民工媒介参与和权益表达中的作用越来越大。但上网目的、使用功能与内容上出现了分化，从整体效果来看，在上网目的与使用功能上，“在网络上发帖”的作用强于“在媒介上求助”，但在使用内容中，“在媒介上求助”“在网上发帖”的作用各有偏重，其中“财经科教”类对“在媒介求助”和整体影响作用越强，“求职休闲”对各种媒介表达路径都有影响力。

2. 长三角农民工媒介利益表达的话语策略各有侧重

从整体上看，长三角农民工网络发声与维权能力还比较弱，同时，媒介求助与网络发帖与长三角农民工网络表达策略呈强显著性，研究发现，一般情况下，当现实中遇到不公时，在选择媒介诉求时，长三角农民工选择“在媒体上求助与发泄”要比“在网上发帖”多，同时，长三角农民工在二种不同方式中的话语表达策略也有所不同。同时，对于长三角农民工不同的上网需求与使用内容在不同的媒介语境下其话语表达影响要素也不同。

第五章　长三角农民工数字嵌入与认同

第一节　长三角农民工网络数字鸿沟

一　引言

从一般意义上来讲，数字鸿沟是指一定社会中不同社会群体或不同地域人们对于信息技术的使用差异，而狭义的数字鸿沟是指群体间对某一种信息技术采纳的差异。[①] 当前国内外对于数字鸿沟的研究很多，其中一个重要研究领域由关注社会信息不平等到重视弱势群体的信息融合，研究的范畴也由概念化阐述向实证化论证转向。

二　文献综述

虽然现在国外有学者认为许多网络使用者都是通过手机实现的，手机的无线连接，不需要太复杂的基础设备，能够克服城乡、发达与不发达地区间的差别。[②③] 有的学者还通过实验证实手机能够提高不发达国家中的

---

① 张伦、祝建华：《瓶颈效应还是马太效应——数字知沟指数演化的跨国比较分析》，《科学与社会》2013年第3期。

② Zainudeen, A., & Ratnadiwakara, D, Are the Poor Stuck in Voice? Conditions for Adoption of More - than - voice Mobile Services, *Information Technologies & International Development*, Vol. 7, No. 3, 2011.

③ Chigona, W., Beukes, D., Vally, J., & Tanner, M, Can mobile Internet Help Alleviate Locial Exclusion in Developing Countries? *The Electronic Journal Of Information Systems in Developing Countries*, Vol. 36, 2009.

穷人的生活，譬如印度的渔民、非洲的农民等。[①②] 但仍有学者认为数字鸿沟就是信息技术所反映的社会分层现象，[③] 在不发达国家，甚至存在低互联网使用率与高手机拥有率的悖论，[④] 认为当前市场上提供的手机并不能很好地关注那些贫困和没多少文化的消费者。[⑤] 而在我国，龙慧君认为在信息技术迅速发展的当下，廉价智能手机的出现，降低了人们获取信息的技术门槛和经济门槛，为弱势群体的表达提供了一个有利的平台。[⑥] 手机等移动智能媒体的应用给农民工带来了曙光，为破解新生代农民工信息饥渴提供了新契机，[⑦] 新生代农民工手机的普及率显著高于全国公众的平均水平，属于社会中新媒体使用的活跃群体，[⑧] 绝大部分新生代农民工已经完成了对移动互联网的兴趣接入，部分完成了物质接入及技能接入，但在内容接入的过程中存在较严重的障碍。[⑨] 当前我国三网融合以及智能手机等移动终端数字化应用日益成为常态，人们由现实日常生活向以数字信息技术为核心的在线生活转向，掌握信息机会的扁平化与信息资源的平民化加剧。因此，有学者提出了希望，认为在富裕的后工业化社会，数字鸿

① Abraham, R, Mobile Phones and Economic Development: Evidence from the fishing Industry in India, *Information Technologies and International Development*, Vol. 4, No. 1, Febuary 2007.

② Martin, B. L., & Abbott, E, Mobile Phones and Rural Livelihoods: Diffusion, Uses, and Perceived Impacts among Farmers in Rural Uganda, *Information Technologies & International Development*, Vol. 7, No. 4, 2011.

③ Steyaert J, *Inequality and the Digital Divide: Myths and Realities*, Hick S F., Mcnutt J G. Advocacy, Activism, and the Internet: Community Organization and Social Policy. Chicago: Lyceum Books, 2002, pp. 199-212.

④ Katy E. Pearce1& Ronald E. Rice, Digital Divides From Access to Activities: Comparing mobile and Personal Computer Internet Users, *Journal of Communication*. Vol. 63, 2013

⑤ Parikh, T. S, *Mobile phones may be the right devices for supporting developing world accessibility, but is the www the right delivery model*? Paper presented at the International Cross-Disciplinary Workshop on Web Accessibility (W4A): Building the mobile web: discovering accessibility? Edinburgh, Uk, 2006.

⑥ 龙慧君：《"数字鸿沟"环境下廉价智能手机的生存优势》，《新闻世界》2013 年第 4 期。

⑦ 王士军、彭忠良：《论移动新媒体破解新生代农民工信息饥渴的机遇与挑战》，《河北北方学院学报》2013 年第 3 期。

⑧ 周葆华：《上海市新生代农民工新媒体使用与评价的实证研究》，《新闻大学》2011 年第 2 期。

⑨ 王逊：《难以跨越的"数字鸿沟"——新生代农民工移动互联网使用行为研究》，《前沿》2013 年第 4 期。

沟最终将在技术创新、市场和国家等力量的联合作用下得以消除。[①] 同时，在不发达国家手机已经以惊人的速度在农村以及城市穷人中普及，其将在消除数字鸿沟中起到关键性的作用，[②] 成为“信息无产者”提升生活质量的重要途径。[③] 但也有学者认为数字鸿沟作为信息技术革新的必然产物，同时也是知沟效应在网络时代的表现。伴随网络媒介环境的变化和互联网技术的革新，数字鸿沟的影响显现出一种由于数字媒介技术发展过程中，人们对数字媒体接触时间、接触习惯、信息占有差距导致社会阶层的分化。[④] 那么，当前我国手机的普及与使用对农民工来说，是产生了“数字鸿沟”，还是提供了“信息赋权”。现实社会弱势群体在这种数字鸿沟场域中是否能被填平？因此，本书立足我国农民工群体市民化的前瞻性视角，并根据我国的具体国情与农民工生存状况，重点考察手机移动终端使用对长三角农民工所带来的影响。

三　研究设计

1. 长三角农民工人口学特征与社会经济状况变量设计

本书以我国发布的《全国农民工全国监测调查报告》为参照设计长三角地区农民工的社会人口学特征与社会经济状况变量，其中人口学特征主要包括性别、年龄、受教育程度、婚姻状况。社会经济状况变量主要包括户籍类型、打工方式、来打工地时长、工作收入、每天工作时间以及居住方式等方面。其中户籍类型、打工方式、来打工地时长体现农民工的市民化倾向，细分为长三角农民工社会身份属性因子。工作收入、每天工作时间与居住方式来体现农民工的生活工作质量，细分为经济地位属性因子。

2. 长三角农民工数字鸿沟变量设计

首先，对长三角农民工手机使用数据鸿沟研究采用层次分析法（柯

---

① Norris, Pippa, *The Digital Divide*, Cambridge: Cambridge Press, October, 2001.

② BBC, Mobile growth "fastest in Africa" [*Online news post*], 2005. http://news.bbc.co.uk/2/hi/business/4331863.stm.

③ Iqbal, T., & Samarajiva, R, Who's Got the Phone? Gender and the Use of the Telephone at the Bottom of the Pyramid. New Media & Society, Vol. 12, No. 4, 2010, 10.1177/146144480934672.

④ 严励、邱理：《从网络传播的阶层分化到自媒体时代的文化壁垒——数字鸿沟发展形态的演变与影响》，《新闻与传播研究》2014 年第 6 期。

惠新、王锡苓，2005；闫慧、孙立立，2012）来设计研究框架，并结合我国实际对指标内容进行本土化优化与补充，建立一个由目标层、标准层、指标层、指标内容构成的测度指标体系，如表 5-1 所示。

表 5-1　长三角农民工手机使用与数字知沟测量指标体系

目标层	标准层	标准意义	指标层	指标内容
农民工手机使用与数字鸿沟	接入沟（Access）	互联网接入所需要的硬/软件设施等	硬/软件提供	第一数字知沟
			接入费	
	技能沟（Basicskills）	群体利用信息技术的能力	信息智能差异	手机拥有、上网及使用等情况
	内容沟（Content）	信息的技能、内容与产品的选择与渗透程度	信息内容网络信息产品	手机使用功能及内容等
	愿望沟（Desire）	个人上网动机、兴趣、偏好等	使用与满足的类型	手机上网目的、类型、使用频率等

四　研究结果

麦克卢汉曾提出媒介“尺度的改变影响了人类表意甚至文化”。当前中国农民工已成为经济社会发展的重要力量和城镇化人口大转移的主体，他们对新媒体的嵌入与依赖已成不争事实。因此，本书以长三角地区农民工为研究对象，根据数字鸿沟的定义、测量方法以及设计思路，共确定 16 项研究指标，其描述性分析详见表 5-2。

表 5-2　长三角农民工手机使用与数字鸿沟相关变量描述性统计分析（N=3840）

变量	均值	标准差
性别（男=1）	1.41	0.493
年龄（18 周岁以下=1）	3.58	1.595
教育程度（不识字或识字很少=1）	3.52	1.482
婚恋（未婚=1）	1.66	0.502
户口类型（本市非农业=1）	3.54	0.978
外出打工方式（自己一个人=1）	1.60	0.615
来打工地时长（1 年以内=1）	3.27	1.296
收入状况（1000 元及以下=1）	4.22	1.175
每天工作时间（8 小时及以下=1）	2.02	0.792

续表

变量	均值	标准差
居住方式（务工地自购房=1）	3.66	1.991
你有手机吗（有=1）	1.03	0.161
手机每个月上网流量（50M 及以下=1）	2.96	1.507
每天平均使用手机上网时间（0.5 小时以内=1）	2.83	1.161
平时用手机网购过（有=1）	1.51	0.500
除打电话发短信外，手机其他功能（社交类=1）		
社交类（如 QQ、微信、微博等）	0.58	0.493
阅读类（如看新闻、电子书、获取信息等）	0.35	0.477
娱乐类（如玩游戏、看视频、听音乐等）	0.47	0.499
商务交易类（如网购、旅行预订、手机支付等）	0.18	0.380
生活服务类（如天气、日历、公交等）	0.35	0.478
其他	0.05	0.226
平时经常使用以下哪种交友软件（QQ=1）		
QQ	0.55	0.497
陌陌	0.17	0.372
微博	0.46	0.498
微信	0.06	0.228
秘密	0.01	0.091
其他	0.05	0.217

由于长三角在我国属于社会经济发达的地区，在调研中了解到该地区各大中城市的通信基础设施、手机信号覆盖率以及产品与服务提供等方面都比较完善、均匀，农民工的第一数字知沟并无明显差别，因此，本书主要从技能沟、意愿沟与内容沟三个维度运用回归模型来研究长三角农民工手机使用对数字知沟影响状况。

1. 技能沟

在分析长三角农民工手机使用中是否存在数字知沟时，主要从农民工对手机拥有、上网应用和手机网购应用来考察，以期研究其是否存在了技术分层与隔离。在分析中，将农民工的人口学特征、社会经济地位变量作为控制变量进行回归（见表 5-3）。结果显示，在手机使用层面，与年龄、来打工地的时间长短、收入状况相关；在手机上网方面，与年龄、受教育程度、婚恋状况、收入及工作时间相关；在手机网购等手机高端应用上，与性别、年龄、受教育程度、收入、工作时间和居住方式相关。这说明随着农民工对手机拥有与应用程度的加深其人口学差异与经济生活状况的嵌入程度也越深，信息格差现象越明显，手机应用在一定程度上催化了农民工群体的信息分化与社会分层。但同时也看到农民工的户籍、工作性质、外出打工方式并不相关，这说明当前我国农民工最大社会属性区隔的城乡身份差别在数字知沟方面没有明显的体现，没有出现身份鸿沟与数字知沟叠加现象。此外，经细分研究发现：（1）在手机使用方面，显示与年龄为正相关，与“收入状况”和“来打工地时长”呈负相关。（2）在上网方面，年龄、婚恋出现了背离，说明农民工手机信息接触与使用出现了分化，受教育程度好、收入高、工作强度不大的单身新生代农民工手机上网的热情比较高。（3）在手机网购方面，性别首次相关，表明男性在手机网购应用方面占有优势，但随着受教育程度、收入的增加以及居住条件的变差其网购意愿相应地出现下降趋势。

表 5-3　长三角农民工手机使用数字知沟技能沟的二分类 logit 回归模型

	是否使用手机	是否可以上网	平时是否用手机网购过
性别（男=1）	0.278（0.257）	0.054（0.106）	-0.717***（0.094）
年龄（18 周岁以下=1）	0.400***（0.095）	-0.303***（0.038）	0.280***（0.044）
教育程度（不识字或识字很少=1）	0.032（0.095）	0.703***（0.053）	-0.221***（0.032）
婚恋（未婚=1）	-0.291（0.354）	-0.602***（0.140）	-0.017（0.113）
外出打工方式（自己一个人=1）	-0.127（0.125）	0.013（0.093）	-0.009（0.076）
户口类型（本市非农业=1）	0.220（0.214）	0.070（0.054）	-0.037（0.049）
来打工地时长（1 年以内=1）	-0.378**（0.109）	0.014（0.047）	0.048（0.041）
目前的工作（企业管理人员=1）	-0.037（0.039）	0.008（0.017）	0.022（0.015）
收入状况（1000 元及以下=1）	-0.372***（0.105）	0.304***（0.048）	-0.260***（0.043）
每天工作时间（8 小时及以下=1）	0.331（0.140）	-0.189**（0.065）	0.185**（0.057）
居住方式（务工地自购房=1）	0.046（0.062）	-0.006（0.027）	-0.092***（0.023）
常数项	-3.290**（1.150）	-0.132（0.492）	1.978***（0.422）
-2 对数似然值（R^2）	592.873	2470.381	2935.026
样本数	3060	2792	2324

说明：（1）括号内是标准误；（2）+p<0.1，*p<0.05，**p<0.01，***p<0.001。

2. 意愿沟

意愿沟主要考察研究长三角农民工手机使用的个人上网动机、兴趣、偏好等对其手机上网影响的程度。

在农民工上网目的因子分析的基础上，从手机使用时间、上网流量两个方面进行了定序回归，来研究手机对长三角农民工的渗透与依赖程度，见表 5-4。

表 5-4　长三角农民工手机使用数字知沟意愿沟的回归模型

因变量 / 自变量	手机使用目的 OLS 回归				每天平均手机上网时间	每个月手机上网流量
	展示体验需求因子	宣泄代偿需求因子	实用需求因子	休闲交往需求因子		
常数项/阈值	-0.058 (0.199)	-0.957*** (0.197)	0.564** (0.199)	-0.157 (0.198)	-2.555*** (0.369) -0.792* (0.365) 0.775* (0.365) 1.944*** (0.368)	-1.307*** (0.359) 0.187 (0.357) 1.502*** (0.359) 2.705*** (0.364)
性别（男=1）	0.101* (0.044)	0.102* (0.044)	-0.030 (0.044)	-0.032 (0.044)	-0.060 (0.081)	-0.194* (0.080)
年龄（18 周岁以下=1）	0.087*** (0.020)	0.069*** (0.019)	0.030 (0.020)	0.085*** (0.020)	-0.336*** (0.037)	-0.250*** (0.036)
教育程度（不识字或识字很少=1）	0.036* (0.015)	0.055*** (0.015)	-0.085*** (0.015)	-0.009 (0.015)	0.207*** (0.028)	0.147*** (0.027)
婚恋（未婚=1）	0.047 (0.053)	-0.139** (0.053)	0.020 (0.053)	0.117* (0.053)	-0.265** (0.097)	-0.400*** (0.097)
外出打工方式（自己一个人=1）	-0.036 (0.036)	-0.035 (0.035)	-0.049 (0.036)	0.076* (0.036)	0.145* (0.066)	0.156* (0.065)
户籍类型（本市非农业=1）	0.004 (0.023)	0.174*** (0.023)	-0.031 (0.023)	-0.046* (0.023)	-0.022 (0.043)	0.000 (0.042)
来打工地时长（1 年以内=1）	-0.006 (0.019)	0.127*** (0.019)	-0.044* (0.019)	-0.029 (0.019)	-0.059 (0.036)	-0.039 (0.035)
目前的工作（企业管理人员=1）	-0.009 (0.007)	-0.026*** (0.007)	0.006 (0.007)	0.000 (0.007)	-0.033** (0.013)	-0.007 (0.012)
收入状况（1000 元及以下=1）	-0.144*** (0.020)	-0.070*** (0.020)	-0.068*** (0.020)	-0.044* (0.020)	0.040 (0.036)	0.254*** (0.036)
每天工作时间（8 小时及以下=1）	0.119*** (0.027)	0.056* (0.026)	0.118*** (0.027)	0.073** (0.026)	0.145** (0.049)	-0.055 (0.049)
居住方式（务工地自购房=1）	-0.015 (0.011)	-0.008 (0.011)	0.007 (0.011)	-0.015 (0.011)	0.060** (0.020)	0.053** (0.019)
R^2	0.045	0.068	0.042	0.036	6702.288	6897.516

续表

自变量＼因变量	手机使用目的 OLS 回归				每天平均手机上网时间	每个月手机上网流量
	展示体验需求因子	宣泄代偿需求因子	实用需求因子	休闲交往需求因子		
样本数	2214	2214	2214	2214	2252	2290

说明：（1）括号内是标准误；（2）+p<0.1，＊p<0.05，＊＊p<0.01，＊＊＊p<0.001。

从表 5-4 可以看出，（1）在长三角农民工人口学特征上，性别与年龄、受教育程度、婚恋状况三个指标出现背离情况。其中在性别上，与手机上网流量相关，说明女性农民工更趋向使用手机上网，但男性农民工更喜欢手机上网满足自己展示体验与宣泄代偿需求。在年龄与受教育程度上，除了实用功能、休闲交往功能外，其他观测变量都相关，显示年纪轻的、受教育程度较高的农民工更依赖手机和喜欢用手机上网。在手机功能方面，受教育程度较高的农民工比较喜欢宣泄代偿性功能，受教育程度较低的更喜欢实用性功能。此外，在婚恋方面，未婚的农民工更依赖手机和使用手机上网，喜欢宣泄代偿功能，已婚的农民工更喜欢休闲交往功能。（2）在农民工社会身份属性上，户籍、工作类型与“来打工地时长”都与手机上网宣泄代偿性功能呈强相关。说明外出打工年头越长、工作越好但户籍在农村的农民工越依赖手机宣泄代偿功能。（3）在农民工经济地位上，收入状况、工作时长都与手机四个功能相关，但其中收入呈负相关，说明收入较低、工作时间比较长的农民工更趋向于使用手机来满足自己各方面的需求，更依赖手机上网，但其收入状况与上网流量相关，说明他们比较在乎上网成本。工作时间与手机使用时长相关，说明工作时间长的农民工更喜欢用手机上网。此外，长三角农民工居住条件的好坏也影响其上网的时间与流量。

3. 内容沟

内容沟是考察长三角农民工手机使用数字知沟最核心的部分，其主要考察长三角农民工对手机信息的技能、内容与产品的选择与渗透程度。因此，对农民工手机上网使用功能和内容两个方面进行多元 logit 回归分析，见表 5-5 所示，并在前面研究的基础上，引入了手机上网的时长与流量两个指标。

表 5-5 长三角农民工手机使用数字知沟内容沟的多元 logit 回归分析

因变量 / 自变量	手机功能					交友软件				
	社交类	阅读类	娱乐类	商务交易类	生活服务类	QQ	微博	微信	陌陌	秘密
性别（男=1）	0.140 (0.122)	−0.158^{+} (0.092)	0.224* (0.102)	0.723*** (0.113)	0.555*** (0.093)	0.142 (0.113)	0.004 (0.113)	0.002 (0.098)	−0.170 (0.184)	−0.697 (0.497)
年龄（18 周岁以下=1）	−0.256*** (0.050)	0.030 (0.042)	−0.322*** (0.045)	−0.162* (0.057)	0.025 (0.042)	−0.254*** (0.047)	−0.266*** (0.061)	−0.176*** (0.044)	−0.122 (0.093)	0.300 (0.200)
教育程度（不识字或识字很少=1）	−0.048 (0.043)	0.153*** (0.032)	0.052 (0.035)	0.335*** (0.038)	0.116*** (0.032)	0.090* (0.040)	0.180*** (0.037)	0.149*** (0.034)	−0.116^{+} (0.063)	0.457** (0.146)
婚恋（未婚=1）	−0.441** (0.149)	0.100 (0.111)	−0.188 (0.121)	0.471** (0.137)	0.062 (0.111)	−0.189 (0.137)	0.021 (0.135)	−0.040 (0.118)	−0.166 (0.218)	0.663 (0.485)
外出打工方式（自己一个人=1）	−0.191^{+} (0.098)	0.028 (0.075)	0.019 (0.083)	−0.019 (0.092)	−0.159* (0.075)	−0.077 (0.092)	−0.364*** (0.096)	−0.169* (0.080)	0.063 (0.144)	0.029 (0.334)
户口类型（本市非农业=1）	0.076 (0.062)	−0.105* (0.049)	−0.060 (0.054)	0.008 (0.059)	0.036 (0.049)	0.174** (0.057)	−0.046 (0.059)	0.057 (0.052)	0.115 (0.102)	0.520* (0.258)
来打工地时长（1 年以内=1）	0.130* (0.054)	0.104* (0.041)	0.078^{+} (0.045)	0.080 (0.050)	0.118** (0.041)	0.050 (0.050)	0.112* (0.050)	0.141** (0.044)	−0.006 (0.079)	−0.029 (0.190)
目前的工作（企业管理人员=1）	0.023 (0.019)	−0.023 (0.014)	0.003 (0.016)	−0.022 (0.017)	0.022 (0.014)	−0.016 (0.018)	−0.004 (0.017)	−0.024 (0.015)	0.023 (0.027)	0.038 (0.066)
收入状况（1000 元及以下=1）	0.201*** (0.056)	−0.040 (0.042)	0.028 (0.047)	0.223*** (0.053)	0.006 (0.042)	−0.004 (0.051)	−0.061 (0.052)	0.161*** (0.045)	0.140^{+} (0.080)	0.377^{+} (0.207)

续表

自变量 \ 因变量	手机功能					交友软件				
	社交类	阅读类	娱乐类	商务交易类	生活服务类	QQ	微博	微信	陌陌	秘密
居住方式（务工地自购房=1）	-0.053+ (0.029)	-0.034 (0.023)	-0.052* (0.025)	-0.011 (0.027)	-0.057+ (0.023)	0.069 (0.070)	-0.080 (0.069)	-0.211*** (0.060)	-0.100 (0.110)	-0.315 (0.264)
每天工作时间（8小时及以下=1）	-0.049 (0.074)	0.060 (0.056)	-0.107+ (0.062)	-0.040 (0.069)	0.008 (0.056)	0.027 (0.028)	0.042 (0.027)	-0.004 (0.024)	0.028 (0.042)	0.209* (0.086)
手机每个月上网流量（50M及以下=1）	0.289*** (0.061)	0.039 (0.043)	0.174*** (0.048)	0.300*** (0.051)	0.037 (0.043)	0.074 (0.054)	0.166** (0.051)	0.163*** (0.046)	0.107 (0.081)	-0.003 (0.190)
平均每天使用手机上网时间（0.5小时以内=1）	0.279*** (0.063)	0.149* (0.046)	0.215*** (0.051)	0.288*** (0.055)	0.083+ (0.046)	0.255*** (0.058)	0.255*** (0.055)	0.192*** (0.049)	0.341*** (0.087)	0.556** (0.209)
常数项	0.237 (0.574)	-0.914 (0.440)	0.520 (0.482)	-6.695*** (0.577)	-2.018*** (0.441)	0.120 (0.533)	-1.877*** (0.534)	-1.004* (0.465)	-3.897*** (0.862)	-13.481*** (2.110)
-2对数似然值（R^2）	1943.281	2970.137	2604.631	2131.633	2974.796	2207.775	2163.706	2715.985	1063.435	238.872
样本数	2204	2204	2204	2204	2204	2204	2204	2204	2204	2204

说明：+p<0.1，*p<0.05，**p<0.01，***p<0.001。

在长三角农民工手机上网使用功能方面，结果显示：（1）在人口学特征中，对性别而言，娱乐类、商务交易类、生活服务类应用与其相关。年龄与社交类、娱乐类、商务交易类为负相关，说明新生代农民工在娱乐展示应用上比较活跃。受教育程度与阅读类、商务交易类、生活服务类相关，说明受教育程度越高的农民工越趋于知识实用型消费。在婚恋方面，分别与社交类呈负相关，而与商务交易类呈正相关，说明单身的农民工更倾向通过手机社交平台交友交流，而结婚的农民工更重视生活上的消费需求。（2）在社会身份属性中，农民工的户籍仅与阅读类呈负相关；“外出打工方式”与生活服务类、社交类（边际）为负相关；工作类型全部不相关，但在“打工时长”方面，除了商务交易类外，其他都相关。（3）在经济地位上，收入与社交类、商务交易类强相关；工作时间仅与娱乐类应用具有边际相关性；居住方式与社交类（边际）、娱乐类负相关。

本书在调研中还关注到农民工对当前手机沟通交流类软件应用比较普遍，特别是一些小众的交流平台的应用，譬如陌陌、秘密等。因此，本书对农民工手机社交类应用做了进一步的回归分析，结果发现：（1）在长三角农民工人口学特征上，只有年龄与受教育程度与三大主流交流平台QQ、微博、微信相关，其中年龄为负相关。对新兴的社交平台来讲，受教育程度与“秘密”相关，与“陌陌”边际相关，并且数据显示长三角农民工受教育程度越高越倾向选择“秘密”，而受教育程度越低的农民工越喜欢“陌陌”。（2）在长三角农民工社会身份属性上，户籍与QQ、“秘密”相关，“来打工地时长”和“外出打工方式”同时与微博、微信相关，其中“外出打工方式”为负相关。（3）在长三角农民工经济地位上，收入状况、居住方式都与“微信”相关，收入状况与“陌陌”“秘密”呈边际相关，每天工作时间与“秘密”相关。此外，长三角农民工手机上网的频度与流量两个指标中，手机流量在手机功能方面主要与社交类、娱乐类、商务交易类手机应用平台相关，对社交类平台的细分考察中，手机流量与微博、微信相关，手机使用时间在农民工手机功能选择与社交平台上都相关，这些说明长三角农民工手机应用比较普及，但手机上网的应用与功能选择有一定的偏好差别。

五 结论与讨论

社会学家吉登斯在《社会学》中预测“移民时代已经到来”，中国媒介文化的蓬勃发展与传播途径的多元化，已成为社会公众媒介生活场域与传播的重要载体，对个人成长、群体教化以及社会认同生成起到重要的作用，本文研究在一定程度上真实反映了当前我国农民工的手机使用与数字知沟状况。

1. 有学者认为中国城乡二元差别中，农民工处于双重脱嵌状况（黄斌欢，2014），本书显示农民工在手机拥有与使用上与城乡户籍差别、工作性质没有统计显著性，这说明农民工没有明显出现手机数字知沟脱嵌现象，更没出现身份鸿沟与数字知沟重叠问题。虽然研究也显示，农民工在手机使用中的应用与消费能力比较弱。总体来讲，长三角农民工手机网络应用出现低龄化、低学历、女性化趋势。其中，未婚的女性往往对手机使用上网依赖与渗透度比较高；新生代农民工、初到城里打工的农民工更喜欢娱乐交友类的手机消费。这同人们普遍认为的“对高科技掌握与追求往往是经济条件好、教育程度高、有素质人”观点出现了背离。同时，手机网络应用在农民工中的广泛普及与应用，能够减轻和缓冲长三角农民工城乡差别，在城市融合中起到重要的桥梁作用。

2. 在农民工群体内部，不存在城乡或明显的地域差别，但存在着一定的代际鸿沟，本书经 ANOA 交叉分析发现，无论在手机上网频度（时间）、深度（流量）、使用内容以及对信息网络新应用的更新上都存在着一定的差距。当前随着社会发展与电信技术的不断融合，人们对网络应用的普及差距将逐渐缩小，但手机网络应用与信息更新不断地推陈出新，譬如，社交平台、购物等智能数字应用。因此，如何提升新老农民工的手机数字应用的可持续发展，如何应对农民工城市市民化、素质提升等方面的课题，都对我们提出了契机与挑战。

第二节　长三角农民工网络“沉默的螺旋”

一　引言

农民工是我国城乡二元融合过程中形成的特定社会群体，在现实社会公众的认知中通常被“边缘化”成弱势群体，在现实主流媒体中，他们也往往处于失语状态，被动地选择沉默的螺旋。而网络的发展，特别是，手机等移动智能媒体的应用给农民工带来了曙光，为破解新生代农民工信息饥渴提供了新契机。[①] 在手机各种应用中，有学者研究发现，无论是网络还是手机，新生代农民工新媒体的普及率均显著高于全国公众的平均水平，属于社会中新媒体使用的活跃群体，其中新生代农民工最为普及的网络活动是上QQ。[②] 还有学者认为新生代农民工使用QQ构建规模较大的社交网络，从而为自己提供情感支持和实际支持，可以实现某种程度的自我赋权。[③] 甚至成了农民工网络维权与底层抗争的重要途径，从诉求外部力量的上访请愿转向依靠自身组织来维权。[④] 那么当前农民工在QQ社交平台使用中有没有摆脱沉默的螺旋的桎梏，具有自己的话语权，甚至出现了反螺旋的能量？又间或看似得到了一定的话语权，但仅仅是沉默螺旋网络版的演绎呢？本书将就此进行验证与研究。

二　文献回顾

沉默的螺旋理论（SoSt）自伊丽莎白·诺尔-诺依曼提出40多年来，主要是用来阐述当人们觉得其他大多数人的意见与自己的意见不同时，他们公开地会采取怎样的行为。沉默的螺旋理论预设了当人们认为自己的意见是少数和不被公众所支持时，他们将可能更少地表达自己的观点，变得更加沉默，而害怕被社会孤立是造成沉默的螺旋的主要原因之一。[⑤⑥⑦⑧] 同时，人们往往通过大众媒介或现实人际传播（个人社会环境）来测量

---

① 王士军、彭忠良：《论移动新媒体破解新生代农民工信息饥渴的机遇与挑战》，《河北北方学院学报》2013年第3期。

② 周葆华：《上海市新生代农民工新媒体使用与评价的实证研究》，《新闻大学》2011年第2期。

③ 陈韵博：《新一代农民工使用QQ建立的社会网络分析》，《国际新闻界》2010年第8期。

④ 于建嵘：《转型中国的社会冲突——对当代工农维权抗争活动的观察和分析》，《领导者》2008年第2期。

⑤ Noelle-Neumann, E, The Spiral of Silence: A Theory of Public Opinion, *Journal of Communication*, Vol. 24, 1974.

⑥ Noelle-Neumann, E, Turbulences in the Climate of Opinion: Methodological Applications of the Spiral of Silence Theory, *Public Opinion Quarterly*, Vol. 41, No. 2, 1977.

⑦ Noelle-Neumann, E, The Theory of Public Opinion: The Concept of the Spiral of Silence, *Communication Yearbook*, Vol. 14, 1991.

⑧ Noelle-Neumann, E, *The Spiral of Silence: Public Opinion, Our Social Skin* (2nd ed.). Chicago: University of Chicago Press, 1993.

公众的意见气候。[①][②]可见，沉默的螺旋强调的是社会公众，特别是，少数人（或特定群体）在大众传播时代对社会孤立的恐惧所震慑以及受大多数或优势话语形成的意见气候所淹没而处于失语状态。当前沉默的螺旋研究的语境和范畴随着媒介的巨大飞跃而发生变迁，其理论的背景、前提以及特性在新的传播环境中受到了前所未有的挑战。由于 Web3.0、手机等智能数字媒介的广泛应用，以及网络等新媒体的去中心化、零把关人、匿名性，使每个人都是传播者与发言人，社会公众甚至弱势群体有了发声的管道与话语权，表达的意愿也大大提高。因此，对网络中沉默的螺旋的研究也成为热点，目前国内外对其研究主要集中在网络或公共交流平台，譬如电子公告栏、在线新闻网站、微博、Google 搜索、虚拟社群或论坛[③][④][⑤][⑥][⑦][⑧][⑨]，或对特定社会公共事件进行问卷、访谈、实验以及内容文

① Noelle - Neumann, E, *Die Schweigespirale*, Öffentliche Meinung - Unsere soziale Haut. München: Langen Müller, 2001.

② De Vreese, C. H., & Boomgaarden, H. G, Media Message Flows and Interpersonal Communication: The Conditional Nature of Effects on Public Opinion, *Communication Research*, Vol. 33, No. 1, 2006.

③ Jong Hyuk Lee, Influence of Poll Results on the Advocates' Political Discourse: An Application of Functional Analysis Debates to Online Messages in the 2002 Korean Presidential Election, *Asian Journal of Communication*, Vol. 14, No. 1, 2004.

④ Kwan Min, L, Effects of Internet Use on College Students' Political Efficacy, *Cyber Psychology & Behavior*, Vol. 9, No. 4, 2006.

⑤ Rainie, L, The Sate of Blogging. Pew Internet and American Life Project. Pew Research center. *Retrieved March*, 20, 2009, from http://www.pewinternet.org.

⑥ Ward, I., and Cahill, I, Old and New Media: Blog in the Third Age of Political Communication, *Australian Journal of Communication*, Vol. 34, No. 3, 2007.

⑦ Singer, B. J, The Socially Responsible Existentialist: A Normative Emphasis for Journalists in a New Media Environment, *Journalism Studies*, Vol. 7, No. 1, 2006.

⑧ Domingo, D, Interactivity in the Daily Routines of Online Newsrooms: Dealin with an Testing The Spiral of Silence In The Virtual World, 28 Uncomfortable Myth. *Journal of Computer-Mediated Communication*, Vol. 13, 2008.

⑨ 侯斐斐：《探索网络舆论中的沉默螺旋现象——以天涯论坛为例》，《学理论》2013 年第 5 期。

本的跟踪与观测。[①②③④⑤]研究的重点在于沉默的螺旋发生的机制、演化路径及影响要素等。而对特定群体，特别是，现实社会中的弱势群体在网络中的话语表达与沉默螺旋的研究并不多，其中有美国阿拉伯少数群体、同性恋群体等。[⑥⑦]

根据沉默的螺旋理论，当人们认为自己的意见有被视为少数意见时，由于隐藏内心“被社会孤立”的恐惧将使人们很难表达自己的意见。虽然是一种人际交往与社会心理活动，但现在大多数对沉默的螺旋研究都过于关注其过程的研究，往往把对社会孤立的恐惧作为一个隐含先决条件或常数项存在，而忽略参与者现实中的个体、社会差异以及道德认知等要素。有研究表明，由于害怕社会孤立的压力，人们在表达自己意见之前，趋向于通过自己审查（self-censorship）或自我归类（Self-Categorization）来评估意见气候，[⑧⑨] 并发现自我审查意愿得分比较高的人也往往拥有较低的自尊、更易害羞，有高程度的恐惧负反馈以及公共场合有较高的自我意识，而在行为方面，也更倾向选择沉默的螺旋。[⑩] 同时，也有学者提

① Blumenthet, M. M, Toward an Open-source Methodology: What We can Learn form the Blogosphere. *Public Opinion Quarterly*, Vol. 69, No. 5, 2005.

② Zuercher, Robert, In My Humble Opinion: The Spiral of Silence in Computer-Mediated Communication, *National Communication Association*, 2008.

③ 朱珉旭：《网络交往环境下的个人态度与意见表达——沉默的螺旋理论之检视与修正》，博士学位论文，武汉大学，2012年。

④ 张金海、周丽玲、李博：《沉默的螺旋与意见表达——以抵制“家乐福”事件为例》，《国际新闻界》2009年第1期。

⑤ 黄京华、常宁：《新媒体环境下沉默螺旋理论的复杂表现》，《现代传播》2014年第6期。

⑥ Muhtaseb, A, & Frey, L. R, Arab Americans' Motives for Using the Internet as a Functional Media Alternative and Their Perceptions of U. S. Public Opinion, *Journal of Computer-Mediated Communication*, Vol. 13, No. 3, 2008.

⑦ Yang, C, The Use of the Internet among Academic Gay Communities in Taiwan: An Exploratory Study, *Information*, *Communication & Society*, Vol. 3, No. 2, 2000.

⑧ Myers, Paul; Patton, Rob; Stoltzfus, Kimberly, A Comparison of Self - Categorization and Spiral of Silence Explanations for Speaking Out, *International Communication Association*. 2006, pp. 1-29.

⑨ Matthes, J., Hayes, A. F., Rojas, H., Shen, F. C., Min, S., & Dylko, T. B, *Testing Spiral of Silence Theory in Nine Countries*, Paper Presented at the Annual Meeting of the International Communication Association, Santeev city, Singapee, 2010.

⑩ Hayes, A.F., Uldall, B., &Glynn, C.J, Validating the Willingness to Self-censor sale ii: Inhibition of Option Expression in a Real Conversational Setting, *Communication Methods and Measures*, No.2, 2010.

出，那些无论是媒体还是在其他公共领域被排除作用的群体，[①] 或弱势群体媒体话语权螺旋下降，将危及社会稳定与造成社会生态系统失衡。[②] 农民工作为我国社会中的弱势群体，他们在现实社会中仅仅在经济体系上被接纳，在其他体系上却受到排斥，在心理认同上，也缺乏对城市社会的归属感。[③] 那么在手机社交应用平台中是否存在着数字鸿沟与沉默的螺旋，若存在，他们会以什么样的或何种程度的恐惧来触发沉默的螺旋？以往并没有有效的研究。因此，本书将基于沉默的螺旋理论框架和相关文献资料，对长三角农民工的 QQ 使用与沉默的螺旋进行研究，提出以下研究假设：

假设 1：长三角农民工在 QQ 使用表达中存在着沉默的螺旋

假设 1A：长三角农民工 QQ 表达与自我审查具有统计学显著性；

假设 1B：长三角农民工现实的社会孤立的压力与 QQ 表达一致，并且在 QQ 中农民工的表达与参与的意愿有所加强；

假设 1C：在 QQ 参与表达中，长三角农民工“个体表达”与“意见气候”一致。

网络以及移动智能终端的蓬勃发展，使信息交换成为人们日常生活的重要组成部分，它直接或间接影响着人类行为的诸多方面，而不同社会人口学背景的受众、多样性应用以及表达场域，可能形成不同的新媒介意见气候。在大众传播时代，意见气候往往为大多数人或主流舆论媒介所主导，人们更关注大多数人的话语表达，而对少数人（或弱势群体）、中坚分子（中间派）的作用研究不够。我国学者刘海龙就认为沉默螺旋产生的基本条件在网络空间中仍然存在。[④] 特别是，在移动互联网语境下，能够促进公众讨论，[⑤][⑥] 甚至有学者提出反沉默螺旋与双螺旋

① Witschge, T, Representation and Inclusion in the Online Debate: The Issue of Honor Killings, *European Communication Research & Education Association*, Vol. 7, No. 3, 2007.

② 王宏昌：《“沉默的螺旋”与弱势群体媒体话语权的关联辨析》，《宜宾学院学报》2007年第4期。

③ 崔岩：《流动人口心理层面的社会融入和身份认同问题研究》，《社会学研究》2012年第5期。

④ 刘海龙：《沉默的螺旋是否会在互联网上消失》，《国际新闻界》2001年第5期。

⑤ Ho, S. S., & McLeod, D. M, Social-psychological Influences on Opinion Expression in Face-to-face and Computer-mediated Communication, *Communication Research*, Vol. 35, No. 2, 2008.

⑥ Li, X, *Information Exchange in the Internet and Likelihood of Expressing Deviant Views on Current Affairs in Public*, Paper Presented at the International Communication Association, San Francisco, CA, 2007.

的概念。[①] 认为人们在不同环境下“意见表达”的差异和“意见表达”的多重影响因素显现出沉默螺旋理论在新媒体环境下的复杂性。[②] 而且在互联网上表达越轨的意见可能性与人们在公共场合表达意见的偏差具有相关性,[③] 譬如,近年来,农民工越来越通过微博等新媒介进行底层抗争与维权。[④] 但这些研究没有探讨阐述在虚拟的环境中沉默的螺旋发生作用的形态、程度等。因此,本书将对长三角农民工 QQ 使用与沉默的螺旋进行多维度的检验,并提出以下研究假设:

假设 2:长三角农民工 QQ 视域下沉默的螺旋表现比较复杂

假设 2A:在 QQ 视域下沉默的螺旋表现形态,在不同功能的 QQ 使用或语境中存在着差异;

假设 2B:在 QQ 沉默的螺旋情境中,长三角农民工不同的表达反应策略使其在现实与虚拟两个场域中的选择方向或行动策略也有所不同;

假设 2C:长三角农民工的不同的 QQ 表达反应策略也使其维权与底层抗争的路径有所不同。

三 研究设计

根据沉默的螺旋理论、文献及研究假设,本书除了关注长三角农民工的个体差异外,还从三个层面进行了设计研究:(1)QQ 使用的意愿与能力;(2)社会孤立压力与自我审查因素;(3)沉默的螺旋的形态、程度及走向。

1. 长三角农民工社会人口学特征变量

长三角农民工的社会人口学特征变量主要包括性别、年龄、受教育程度、婚姻状况。其中性别、受教育程度、婚恋状况都根据国家统计局相关报告的划分标准来设计,而年龄方面为研究需要,按代群进行分类为 18

① 高宪春:《新媒体环境下“沉默的双螺旋”》,《中国社会科学报》2013 年 1 月 9 日第 A08 版。

② 孟威:《新媒体语境下对—反沉默螺旋—现象的思考》,《中国广播电视学刊》2014 年第 8 期。

③ Glynn, Carroll J, The Spiral of Silence and the Internet: Selection of Online Content and the Perception of the Public Opinion Climate in Computer-Mediated Communication Environments. *International Communication Association. Annual Meeting*, 2012, pp.1-34.

④ 文远竹:《微博维权与底层抗争》,《青年记者》2013 年第 34 期。

周岁以下＝1；18—24 岁（90 后）＝2；5—29 岁（85 后）＝3；30—34 岁（80 后）＝4；35—39 岁＝5；40—49 岁＝6；50—59 岁＝7；60 岁及以上＝8。

2. 长三角农民工 QQ 视域下沉默的螺旋相关变量

（1）QQ 的使用与参与表达

对长三角农民工的 QQ 使用状况主要从拥有状况与参与状况两个方面进行考察，其中农民工 QQ 拥有状况主要包括 QQ 好友数与 QQ 群数，农民工 QQ 表达主要分为个体与群体活跃程度等。

（2）社会孤立的压力

对于长三角农民工 QQ 使用沉默的螺旋中对他们社会孤立压力的考察，则采用间接变量的方法来研究。当前我国正处于改革开放与社会转型的攻坚时期，由于职业地位所拥有的不同组织资源、文化资源和经济资源，决定了职业地位的高低，导致中国社会形成了基于职业地位的阶层结构。[①] 本书认为我国现实社会的社会分层与认知格差，不仅在一定程度上造成了农民工在现实媒介舆论场中的失语状况，也制约着其网络虚拟空间的参与和表达。因此，本书结合我国农民工生存状况选取了对其社会地位身份属性影响显著性比较高的户籍性质、工作类型和社会地位认知三个指标来考察。

（3）意见气候

意见气候本书主要是考察长三角农民工 QQ 群的民主氛围及活跃程度。基于此，设计以下两个测量指标，一是个人在 QQ 群中的参与表达程度。二是参与者在 QQ 群中存在着意见气候情况下的反应策略，看个人意见与优势群体（QQ 群）的意见二者之间是否达成一致。

四　研究结果

1. 长三角农民工 QQ 使用沉默的螺旋回归分析

综上所述，我们知道沉默螺旋理论是个多层的理论，根据诺尔-诺依曼 1994 年研究的框架，对长三角农民 QQ 使用与沉默的螺旋进行了多分类 LOGIT 回归分析，详见表 5-6。模型中综合考量了长三角农民工的人口

① 陆学艺：《当代中国社会阶层研究报告》，社会科学文献出版社 2002 年版。

表 5-6　农民工 QQ 表达与沉默的螺旋多分类 logit 回归分析

因变量 / 自变量	当自己发表的意见与大家不同时（个体表达）				当群里人的观点与您不一致时（意见气候）				
	网友都尊重我	大多都很友好	有网友会取笑我	会攻击我或孤立我	坚持自己的观点	会迎合大家	选择沉默	下线或退群	听从群主的意见
截距	5.812*** (0.877)	4.907*** (0.727)	2.421+ (1.257)	-3.324 (2.113)	6.830*** (0.862)	6.963*** (0.836)	2.905*** (0.853)	-0.042 (1.354)	6.150*** (1.192)
性别（男=1）	-0.090 (0.175)	0.257+ (0.142)	0.059 (0.249)	-0.521 (0.449)	-0.302+ (0.165)	-0.322* (0.161)	-0.009 (0.158)	-0.409 (0.249)	-0.717** (0.246)
年龄（18 周岁以下=1）	-0.140+ (0.082)	-0.065 (0.065)	-0.350** (0.127)	-0.597 (0.235)	-0.024 (0.078)	-0.227** (0.077)	-0.039 (0.075)	-0.219+ (0.122)	-0.360** (0.116)
教育程度（不识字或识字很少=1）	-0.115+ (0.059)	0.001 (0.049)	-0.067 (0.085)	0.177 (0.138)	-0.012 (0.056)	-0.053 (0.055)	0.046 (0.055)	0.125 (0.084)	-0.012 (0.082)
婚恋（未婚=1）	-0.375+ (0.204)	-0.155 (0.170)	0.122 (0.282)	1.124** (0.397)	-0.320+ (0.193)	-0.027 (0.187)	-0.254 (0.191)	0.292 (0.278)	0.157 (0.270)
户籍类型（本市非农业=1）	0.136 (0.091)	0.026 (0.071)	0.418** (0.153)	-0.106 (0.197)	-0.061 (0.087)	-0.318*** (0.082)	0.015 (0.086)	0.330* (0.159)	-0.267* (0.120)
工作性质（企业管理人员=1）	-0.034 (0.027)	-0.004 (0.022)	0.025 (0.039)	0.161** (0.061)	-0.086*** (0.026)	-0.004 (0.024)	-0.034 (0.024)	0.032 (0.037)	-0.024 (0.038)

续表

自变量 \ 因变量	当自己发表的意见与大家不同时（个体表达）				当群里人的观点与您不一致时（意见气候）				
	网友都尊重我	大多都很友好	有网友会取笑我	会攻击我或孤立我	坚持自己的观点	会迎合大家	选择沉默	下线或退群	听从群主的意见
社会地位（上层=1）	0. 225* （0. 106）	0. 179* （0. 087）	0. 074 （0. 153）	0. 767** （0. 265）	0. 037 （0. 102）	0. 117 （0. 099）	0. 379*** （0. 100）	0. 592*** （0. 157）	0. 091 （0. 146）
QQ 中好友数（50 个及以下=1）	0. 246* （0. 114）	0. 117 （0. 095）	−0. 052 （0. 165）	0. 355 （0. 261）	−0. 210* （0. 105）	−0. 409*** （0. 103）	−0. 369*** （0. 106）	−0. 330* （0. 163）	−0. 551*** （0. 163）
QQ 群数（1—2 个=1）	−0. 248** （0. 081）	−0. 249*** （0. 062）	−0. 097 （0. 113）	−0. 053 （0. 209）	−0. 085 （0. 074）	0. 052 （0. 068）	−0. 323*** （0. 072）	−0. 207+ （0. 121）	−0. 186 （0. 118）
您在 QQ 群中的作用（活跃并受欢迎=1）	−0. 739*** （0. 072）	−0. 486*** （0. 060）	−0. 632*** （0. 100）	−0. 764*** （0. 174）	−0. 606*** （0. 067）	−0. 435*** （0. 065）	−0. 173** （0. 066）	−0. 458*** （0. 099）	−0. 386*** （0. 094）
QQ 群中人的作用（大家都很活跃=1）	−1. 031*** （0. 119）	−0. 842*** （0. 094）	−0. 730*** （0. 167）	−0. 212 （0. 300）	−0. 793*** （0. 112）	−0. 768*** （0. 108）	−0. 446*** （0. 105）	−0. 588*** （0. 164）	−0. 578*** （0. 161）

说明：（1）+p<0. 1，*p<0. 05，**p<0. 01，***p<0. 001；（2）在“当自己发表的意见与大家不同时”中，对数似然值（R^2）= 4566. 997，N=1990；在“当群里人的观点与您不一致时”中，对数似然值（R^2）= 6512. 984，N=1996。

学特征差异、社会孤立压力、QQ 群意见气候等因素的影响，并从长三角农民工 QQ 个体表达（少数人）与意见气候（多数人）两股势力对比研究沉默的螺旋现象。结果显示，长三角农民工在 QQ 个体表达中，其社会人口学特征中性别、教育对农民工个人表达影响不大，但年龄与“有网友会取笑我”、婚恋状况与“会攻击我或孤立我”具有统计显著性，其中对年纪轻的、已婚的农民工个体更显著。在社会孤立压力方面，户籍类型与“有网友会取笑我”，工作性质、社会地位与“会攻击我或孤立我”具有统计学显著性，这说明长三角农民工的社会孤立压力对他们的 QQ 参与表达具有普遍的影响作用。而在 QQ 使用与意见气候中，则显示出与长三角农民工的 QQ 使用的好友数与 QQ 群数相关性不是很大，这说明，从总体上来讲，QQ 使用空间相对比较民主、松散。但结果也显示，农民工的意见气候与个体参与作用和群的活跃程度都具有统计强显著性，出现了沉默的螺旋与反沉默的螺旋相互制衡的局面。

在对长三角农民工 QQ 使用“当群里人的观点与您不一致时（意见气候）”出现情况下，研究他们的反应策略时，回归结果显示，在社会人口学特征中，农民工的教育程度与婚恋情况对其沉默的螺旋影响不大，而性别和年龄都与“会迎合大家”“听从群主的意见”具有统计显著性，这说明男的、年轻的更倾向选择优势意见。但在社会孤立压力方面，则出现了分化，其中户籍类型与“会迎合大家”具有统计强显著性，而同“下线或退群”“听从群主的意见”具有统计弱显著；工作性质与“坚持自己的观点”呈现统计学显著，而社会地位认知则与“选择沉默”“下线或退群”具有统计学强显著性。可见，社会地位认知对长三角农民工的沉默的螺旋影响最大。在 QQ 使用与意见气候中，QQ 使用的好友数都具有统计显著性，其中与“会迎合大家”“听从群主的意见”“选择沉默”具有统计强显著性。而 QQ 群数则与“选择沉默”具有统计强显著性。此外，还出现了农民工的意见气候与“您在 QQ 群里的作用”“群中人的作用”都具有统计强显著性，这说明在意见气候强势下，长三角农民工 QQ 表达也存在双螺旋现象。综上所述，可见假设 1 成立。同时，长三角农民工的社会孤立压力，特别是社会身份认知，对其 QQ 参与表达造成了自我审查效应，假设 1A 成立；但结果也显示，长三角农民工的现实社会孤立压力与 QQ 的“个人表达”、QQ 的“个人表达”与 QQ 的“意见气候”并不总是一致，因此，假设 1B 与

1C 不成立。

2. 长三角农民工 QQ 使用沉默的螺旋的形态研究

鉴于上面的研究结果，本书又对长三角农民工 QQ 沉默的螺旋的形态进行了深入的研究。首先，通过对照回归结果中显著的指标，选取上述回归模型中的性别、年龄、社会地位等因素与长三角农民工 QQ 个体表达与意见气候进行交叉分析。其中在性别方面，女性（61.5%）比男性（54.3%）更倾向认为 QQ 群中“网络都很友好”，而“当群里的观点与自己不一致时”，男性（33.7%）比女性（29.2%）更趋向于选择“迎合大家”“听从群主的意见”。在年龄方面，30—34 岁（“80 后”）与 35—39 岁（“75 后”）分别在“网友都会尊重我”（23.8%）、“网友都很友好”（64.6%）中占比最高，而 18 岁以下（95 后）却同时在“网友会取笑我”（8.3%）、“会攻击或孤立我”（4.2%）中占比最大。在意见气候方面，18 岁以下（95 后）的年轻人最倾向“迎合大家”（38.3%），而 50—59 岁最喜欢“听从群主的意见”。从回归模型中，我们看出长三角农民工的社会地位认知对其 QQ 表达影响最显著，因此，将其与长三角农民工沉默的螺旋进行了交叉分析，结果显示，中上层的农民工同时在“网友都会尊重我”（21.4%）、“网友都很友好”（64.3%）中占比最高，有较强的认同感。但在“会攻击或孤立我”“选择沉默”“下线或退群”方面却显示下层或中下层的比例最高，并随着社会身份认同越强，其选择沉默与下线的意愿越弱。

同时，对长三角农民工的 QQ 群构成、话题表达等进行了细分研究。为了研究方便，本书将其经常使用的 QQ 群划分为地缘（老乡群）、业缘（同事群）和网缘（包括兴趣群与交友群），将以上四个群与长三角农民工 QQ 表达进行交叉分析发现，各个群的大多数农民工在个体表达中都选择了“网友都会尊重我”“网友都很友好”，只有平均 7.4%的农民工选择“网友会取笑我”，平均 2.1%选择“会攻击或孤立我”，但意见气候中，各个群中的农民工选择“迎合大家”和“选择沉默”的基本上都有近 1/3的人，出现了个体表达与意见气候不一致的现象。又进一步加入“QQ 群中的主要话题”进行三因子交叉分析（如图 5-1 所示），长三角农民工在意见气候情境下，在四个群中分别对同一话题进行横向比较时，不约而同地都出现一致的现象：有关情感与交友方面的话题都更愿意“迎合大家”，而有关工作与生活方面的话题都倾向于“坚持自己的观点”或者

"选择沉默"。

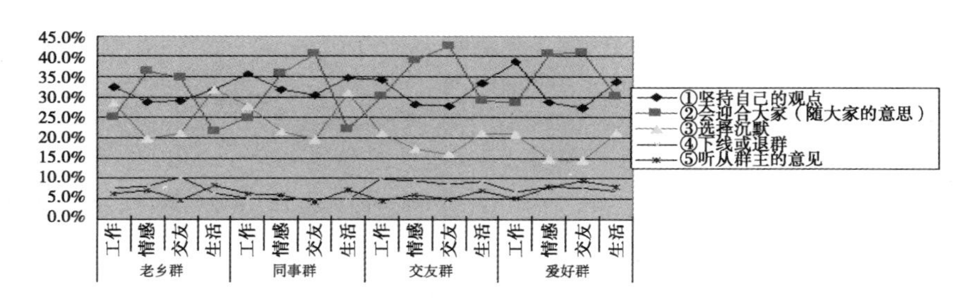

图 5-1 意见气候情境下 QQ 群中长三角农民工不同话题的反应策略对比情况

再对同一群中长三角农民工不同的反应策略的话题占比情况进行纵向对比研究（如图 5-2 所示），结果发现，在"坚持自己的观点""听从群主意见"与"选择沉默"反应策略上，在四个群中有关生活方面的话题都占比最高，出现了相互矛盾冲突的现象。而在"迎合大家"反应策略上，在老乡群、同事群中都是工作方面的话题最高，但在交友群中是有关交友（67.1%）的话题、在爱好群中是有关生活（64.6%）方面的话题。在"下线或退群"反应策略上，在老乡群中工作方面的最多（71.1%）；在同事群中是工作与生活的话题并重（65.6%），但在交友群（64%）与爱好群（85.7%）都是生活方面的话题最多。

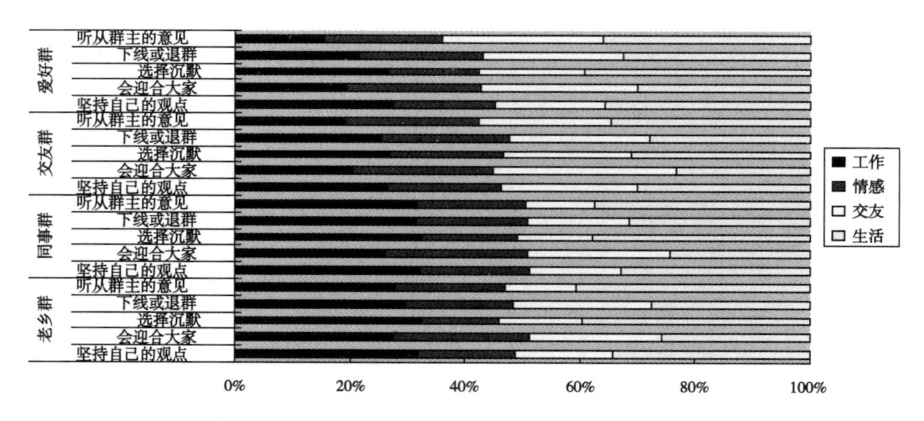

图 5-2 意见气候情境下 QQ 群中长三角农民工不同话题对比情况

为了进一步观察，本书根据沉默的螺旋的表现形式的不同又将长三角农民工相近的反应策略"会迎合大家"与"听从群主意见"合并生成新变量“迎合式沉默的螺旋”；将“选择沉默”与“下线或退群”合并生成新变量“回避式沉默的螺旋”，如表5-7中模型2所示，观察结果的变化，从横向比较来看，在老乡群、同事群中，有关情感与交友方面的话题选择“迎合式沉默的螺旋”的最多，有关工作与生活方面的话题选择“回避式沉默的螺旋”的最多。除了同事群外，其他各话题的占比都相应地比“坚持自己的观点”多。而在交友群、爱好群中，所有的话题都倾向于选择“迎合式沉默的螺旋”，相应地，除了爱好群的工作外，其他话题都比“坚持自己的观点”多。而在同一群中，对两种不同的沉默螺旋的形态的四个话题的占比情况进行纵向对比时，在四个群中有关生活方面的话题比其他话题都倾向于选择“回避式沉默的螺旋”，但在“迎合式沉默的螺旋”中有所分化，其中在老乡群、爱好群中，生活方面的话题最高，分别为58.9%和65.7%；在同事群中，工作方面的话题最高，占57.3%；而在交友群中，交友方面的话题最高，为63.7%。可见，在QQ群中，“迎合式沉默螺旋”与“回避式沉默螺旋”并存，但在话语表达方面存在差异，假设2与假设2A成立。

表5-7　长三角农民工QQ群沉默的螺旋形态与程度

QQ群使用	经常谈论的话题		公共因子	模型2		模型3	总计
			坚持自己观点	迎合式沉默的螺旋	回避式沉默的螺旋	沉默的螺旋	
老乡群	工作	计数（行%）	230（32.5）	222（31.4）	256（36.2）	478（67.5）	708
		列%	68.9	56.3	68.4	62.2	
	情感	计数（行%）	122（28.8）	184（43.4）	118（27.8）	302（71.2）	424
		列%	36.5	46.7	31.6	39.3	
	交友	计数（行%）	124（29.1）	168（39.4）	134（31.5）	302（70.9）	426
		列%	37.1	42.6	35.8	39.3	
	生活	计数（行%）	248（31.9）	232（29.8）	298（38.3）	530（68.1）	778
		列%	74.3	58.9	79.7	69	

续表

QQ 群使用	经常谈论的话题		公共因子	模型 2		模型 3	总计
			坚持自己观点	迎合式沉默的螺旋	回避式沉默的螺旋	沉默的螺旋	
同事群	工作	计数（行%）	294（35.7）	258（31.3）	272（33）	530（64.3）	824
		列%	72.4	57.3	67.3	62.1	
	情感	计数（行%）	174（31.9）	228（41.8）	144（26.4）	372（68.1）	546
		列%	42.9	50.7	35.6	43.6	
	交友	计数（行%）	146（30.5）	214（44.8）	118（24.7）	332（69.5）	478
		列%	36	47.6	29.2	38.9	
	生活	计数（行%）	300（34.7）	254（29.4）	310（35.9）	564（65.3）	864
		列%	73.9	56.4	76.7	66	
交友群	工作	计数（行%）	152（34.2）	154（34.7）	138（31.1）	292（65.8）	444
		列%	62.8	42.3	60.5	49.3	
	情感	计数（行%）	114（28.2）	182（45）	108（26.7）	290（71.8）	404
		列%	47.1	50	47.4	49	
	交友	计数（行%）	136（27.9）	232（47.5）	120（24.6）	352（72.1）	488
		列%	56.2	63.7	52.6	59.5	
	生活	计数（行%）	174（33.5）	188（36.2）	158（30.4）	346（66.5）	520
		列%	71.9	51.6	69.3	58.4	
爱好群	工作	计数（行%）	92（38.7）	80（33.6）	66（27.7）	146（61.3）	238
		列%	62.2	39.2	55	45.1	
	情感	计数（行%）	58（28.7）	98（48.5）	46（22.8）	144（71.3）	202
		列%	39.2	48	38.3	44.4	
	交友	计数（行%）	64（27.4）	118（50.4）	52（22.2）	170（72.6）	234
		列%	43.2	57.8	43.3	52.5	
	生活	计数（行%）	118（33.7）	134（38.3）	98（28）	232（66.3）	350
		列%	79.7	65.7	81.7	71.6	

3. 长三角农民工 QQ 表达与底层抗争

本书为了研究长三角农民工 QQ 表达的沉默的螺旋的状态，进一步将表 5-7 中的模型 2 最终合并成“沉默的螺旋”，并与“坚持自己的观点”生成一个二分变量，见表 5-8 模型 3。结果发现在长三角农民工 QQ 表达中沉默的螺旋现象比较突出，但同时也发现，在不同的 QQ 群中仍有 30% 左右的长三角农民工会选择“坚持自己的观点”，其中有关工作与生活方面的话题最趋于“坚持自己的观点”，这说明长三角农民工已拥有了一定的自己的话语权，特别是在自己工作与生活方面。同时研究还发现，沉默的螺旋与“坚持自己的观点”（中坚分子）在长三角农民工使用的横向对比中，在同个 QQ 群中相同的话题不仅比例差距比较大，从总体上讲二者的趋势还明显地出现背离现象（如图 5-3 所示）。

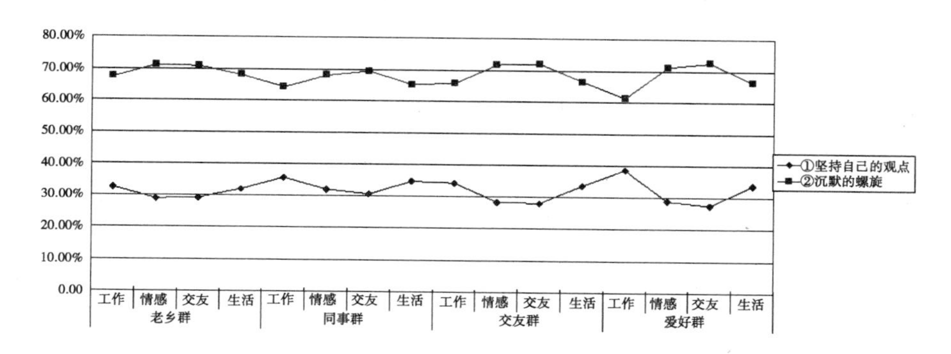

图 5-3　意见气候情境下 QQ 群中长三角农民工各话题沉默的螺旋对比情况

而不同群中长三角农民工沉默的螺旋与中坚分子的各话题力量对比情况（如图 5-4 所示）。发现在老乡群、同事群与爱好群中选择“坚持自己的观点”与“沉默的螺旋”反应策略的长三角农民工都出现同一趋势变化，其中在老乡群与爱好群中各话题所占比例由高到低依次为生活、工作、交友、情感，而在同事群中由高到低的话题依次为生活、工作、情感、交友。但在交友群中选择“坚持自己的观点”与“沉默的螺旋”反应策略的长三角农民工却比较分散，其中选择“坚持自己的观点”反应策略最高的话题是有关“生活”方面的，占 71.9%，而选择沉默的螺旋反应策略的最高的话题是有关“交友”方面的，占 59.5%。综上所述，可见，在 QQ 群中长三角农民工有关“生活”与“工作”方面的诉求最突出，也最容易产生利益分化与矛盾。

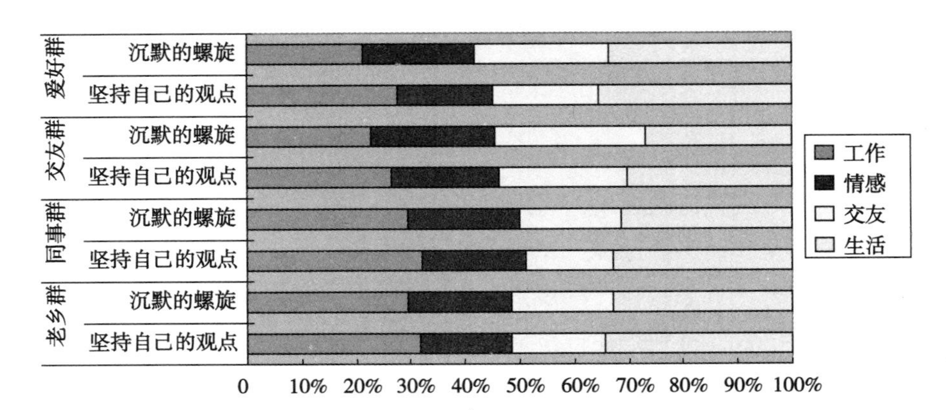

图 5-4　意见气候情境下 QQ 群中长三角农民工沉默的螺旋与不同话题对比情况

为了考察长三角农民工的 QQ 表达对虚拟与现实生活的影响与转换，将模型 3 与一些长三角农民工 QQ 行为变量进行了 ANOVA 交叉分析，在是否“想进一步交流时”变量中，发现“坚持自己的观点”的长三角农民工更愿意“继续群聊”（24.1%），而选择“沉默的螺旋”的农民工更喜欢“私聊”（64.5%）。在是否参加“组织线下见面活动”变量中，“坚持自己的观点”比“沉默的螺旋”的长三角农民工更能主动参加，占 64.3%。但在与虚拟网友交往方面，“沉默的螺旋”的长三角农民工更倾向经常“通过微信摇一摇或 QQ 查找功能主动加过陌生人”（14.3%），而“坚持自己的观点”的则只有“当网上有陌生人主动打招呼，要求加你时”才行动（13.8%）。由此可见，长三角农民工在 QQ 表达中的不同立场也影响其在虚拟与现实的不同行为，假设 2B 成立。

此外，本书还对长三角农民工在“遇到不公或困难时”手机媒介作用进行了研究。结果显示，“坚持自己的观点”的长三角农民工在“很气愤”（13.2%）、“劝导或安慰”（49.5%）与“抱怨社会的不满”（2.4%）等方面的表现更明显，而倾向于“沉默的螺旋”的农民工在“也说自己遇到的不公”（10.9%）、“帮出主意”（16.8%）等方面更强烈。其中在“支持老乡去维权”方面虽然选择“沉默的螺旋”（13.3%）的农民工略占优势，但二者的差别不大。这说明，网络表达的沉默的螺旋在一种情境下，能够刺激长三角农民工 QQ 的抗争意识与能量，但抗争的方式有所差别，假设 2C 成立。

五　结论与讨论

经上述的研究分析，本书发现沉默的螺旋在长三角农民工 QQ 社交平台中仍然存在，并具有以下主要特征：第一，长三角农民工的个体差异与社会经济地位差别对其 QQ 表达造成社会孤立压力，沉默的螺旋在性别、年龄、社会地位认知上存在着统计学显著，其中在性别中，女性对 QQ 群更有认同感，男性更倾向听从优势群体或意见领袖的意见。年轻的农民工虽然参与表达能力强，但却悖论地更容易“沉默的螺旋”，其中前三位的分别是“18 岁以下”，占 66.0%；“18—24 岁（90 后）”，占 62.7%；“35—39 岁（75 后）”，占 61.3%。而社会地位认知与沉默的螺旋具有统计强显著性，并且随着社会地位认知的增强其沉默的螺旋越弱。第二，长三角农民工的现实社会孤立压力与 QQ 的“个人表达”、长三角农民工 QQ 个体表达（少数人）与意见气候（多数人）并不同步，存在着一定的意见气候隔离。第三，在意见气候情境下，长三角农民工反应策略比较多元、相互杂糅，其中“坚持自己的观点”（中坚分子）与“沉默的螺旋”的力量对比出现背离，沉默的螺旋中“迎合式沉默的螺旋”与“回避式沉默的螺旋”并存，同时，长三角农民工 QQ 群中虚拟拼凑 QQ 群（如交友群、爱好群）、半虚拟拼凑群（如老乡群）、熟人群（如同事群）以及 QQ 群中不同话题的“沉默的螺旋”的形态与程度存在着差异。第四，沉默的螺旋不仅影响长三角农民工的虚拟 QQ 空间的表达，也影响着其现实行动取向与能力，其中“坚持自己的观点”（中坚分子）更趋于积极主动。从总体上讲，手机媒介在一定程度上为长三角农民工底层抗争的意识提升与能量释放提供了平台与途径。

第三节　长三角农民工网络认同

一　引言

认知社会心理学家卡尼曼认为，不确定境况中行动者容易产生判断启发式和偏差性行为。[①] 毫无疑问，当前网络传播在这种人类交往与信息传

① ［澳］迈克尔·A. 豪格、［英］多米尼克·阿布拉姆斯：《社会认同过程》，高明华译，中国人民大学出版社 2011 年版，第 7、34 页。

播中充当着重要的角色，其扩宽了人们社会交往时空的同时，人们社会交往与生活方式也不断发生流变与被重新定义，信息传播跨越时空的界限还形成了一种新的耦合与共融，形成一种拟态社会化生存，但相对于现实生活，网络语境与符号化发展，由于网民差异、网络资源分配以及话语传播致效等方面的差异，形成了网络的文化认同与符号分层、区隔的博弈。[①]那么，到底网络发展有没有对中国农民工形成一定的网络区隔与网络认同？若存在，他们存在的状态如何？本书将就此展开研究。

二　文献综述

1. 网络认同的内涵界定

从宏观上来讲，社会认同是关注社会过程与个体行为之间的关系，而社会是由大规模的社会范畴所组成，譬如，种族、阶级、宗教、职业与性别等。人们在归属某些特定范畴而非其他范畴时，他们必然要内化居支配地位的价值观或附属群体资格，这种群体认同反过来又会影响他们获得积极的或是消极的评价性自我感知。[②]其中，社会流动过程中个体或群体会抛弃他们的附属社会认同，转向“为了积极的自我形象而采取的策略”而流动或穿越进入支配群体，而在社会变迁中，往往会通过社会创造和社会竞争而获得相对优势。由此可见，社会认同是一个正负效应共存的过程。同理，网络认同应由正向与负向双向内容与作用机制构成，本书将这种正负效应分别探讨网络区隔与网络嵌入的含义。

2. 网络区隔的内涵界定

在社会学中，区隔一般指的是社会实体之间存在一定程度的特性上的差异，并且由于这种差异而导致相互隔离的状态。在现实社会中，在一定社会关系中，由于个人或群体与其他社会之间的紧密联系程度的不同，形成了不同的“类”归属与社会结构。对于媒介区隔问题，国外有学者研究认为大众媒介能够促使社会各个阶层进行沟通、对话以纳入相互的考虑之中，同时，也会加强各阶层内部自身沟通，强化各个利益群体的身份，

---

① 邓鹏：《建构身份认同：论网络语言符号的社会区隔功能》，《新闻世界》2015年第8期。

② 同上。

从而形成社会和阶层塑成。[1] 在我国，邢虹文最早对电视文化区隔对社会分化的影响进行了研究，认为电视文化的区隔与宏观社会结构的分化同步，共同建构了当代的社会结构，电视通过其强大的传播效力不仅塑造了受众不同的人格，也促使社会结构在文化意义上进一步分化，塑造了不同的阶层或群体。[2] 刘湘萍对房地产广告中市场区隔和“阶层塑成”问题也进行了研究。[3]

当前在网络等新媒体场域下，对于社会公众或特定社会群体网络区隔的考察日益成为一个热点与难点问题。Sarah 等研究了生活习性区隔与媒介消费习惯的关联，[4] Ian 对城市与农村网民网络参与产生的社会区隔问题进行了研究。[5] 在我国，李桢对手机媒体建构的时间、空间与交往区隔进行了集中研究，[6] 陈福平从社会经济地位、网络使用类型与使用效能变量等方面研究我国网民信息区隔和网络赋权等情况及其社会影响，[7] 但从整体上看，当前对于网络区隔主要是质性阐述与现象的勾欠，但对媒介区隔的情绪指标与社会温度的定量研究还没有统一的界定与监测，对于媒介区隔的具体测量维度与指标体系，研究的也不多。其中，美国在 2012 年从媒介产业规模、结构、发展状况、竞争环境、制度机制等宏观机制方面对媒介区隔进行了综合的分析，[8] 而在微观层面，有学者通过对 142 个亲阿拉伯人（pro-Arabs）和亲以色列人（pro-Israeli）的大学生观看 6 种电

---

① ［美］约瑟夫·塔洛：《分割美国：广告主与新媒介世界》，洪兵译，华夏出版社 2003 年版，第 3—10 页。

② 邢虹文：《文化的区隔：电视文化与社会分化》，《社会》2004 年第 8 期。

③ 刘湘萍：《市场区隔动因与媒介的“阶层塑成”功能——以城市报纸房地产广告为例》，《广告大观理论版》2007 年第 4 期。

④ Sarah Todd and Rob Lawson, Lifestyle Segmentation and Museum/Gallery Visiting Behaviour, *International Journal of Nonprofit and Voluntary Sector Marketing*, Vol. 6, No. 3, 2001.

⑤ Ian Weber：《社会区隔与都市和乡村社区的网络公民参与》，北京论坛文明的和谐与共同繁荣——人类文明的多元发展模式：“多元文化、和谐社会与可选择的现代性：新媒体社会发展”新闻传播分论坛论文或摘要集，2007 年，第 152—176 页。

⑥ 李桢：《手机媒介文化与社会区隔的双重塑造》，硕士学位论文，西北大学，2010 年。

⑦ 陈福平：《信息区隔与网络赋权——从互联网使用差异到在线公民参与》“传播与中国·复旦论坛”（2012）——可沟通城市：理论建构与中国实践论文集，2012 年 12 月 14 日。

⑧ Press Wire, Radio Industry in the United States-2012 Report Provides an In Depth and Comprehensive Analysis of A Particular Segment of the Media and Telecoms Industry, *M2 Press WIRE*, Jan 2013.

视晚间新闻节目区隔的效果进行了对比研究，发现不同的节日内容会导致不同的认知偏见。[①]

综上所述，通过区隔的概念和学者们对媒介（网络）区隔的研究成果，本书认为网络区隔的测量指标主要包括以下三个维度：一是网络具身；二是网络焦虑；三是网络刻板。认知心理学认为，人的认知活动是发生在一定的文化背景、社会背景、人格背景和任务背景等，要将人的认知放到一定的情境中去研究。随着云计算、大数据和人工智能的发展，人类知识的获取出现建立在知觉、概念、判断或想象等心理活动拟态的生态环境，出现了网络具身现象。因此，有学者认为人的认知是“以一个在环境中具体的身体结构和身体活动为基础”。同时，认为“身体作用于物理、文化世界时产生的东西，是被身体及其活动方式塑造的，而不是传统认知观点所认为的一个运行在身体‘硬件’上指挥身体的心理‘软件程序’”。[②] 美国传播学者保罗·莱文森提出的“补偿性媒介理论”也认为，新媒介的产生是为了满足人类对于以往媒介无法满足的需求的期望，强调了在媒介技术演进的过程中，人类所发挥的主观能动作用。而基于网络的这种模拟社会集群化的虚拟现实交互特性，实现了人类“象征”与“具身”之间的过滤认知方式，人们在网络中进行文化接纳、思考与反馈的过程中，作为“人”的个体的作用受到了充分的重视，发挥出了极大的主观能动性，实现了网络文化传播的具身化。[③] 对于网络具身，有学者研究了网络消费情境下的感官感知会受到网络认知环境的影响，认为消费者的视觉、触觉、嗅觉、听觉和味觉等感官通道在网络消费情境中均有效用，且以多感官感知整合的方式对消费者品牌态度产生显著正影响。[④]

对于焦虑，学者们从不同学科不同角度对其进行了定义，一般心理学认为当个体在追求目标时遇到困难，且这种困难持续不可控制时就会产生

① Leffingwell, Social Sciences Commentary: Partisans view media coverage as “biased”, even when neutral, 20, 2001, http://www.researchandmarkets.com/research/l7tbmn.

② 叶浩生：《具身认知：认知心理学的新取向》，《心理科学进展》2010年第5期。

③ 王永菁、段俐敏：《网络具身文化与网络人—机交互系统安全探析》，《科技传播》2014年第6期下。

④ 宋晓晴、赵杨：《网络消费情境下品牌产品感官感知实证研究——基于具身认知视角》，《商业经济研究》2015年第20期。

焦虑的情绪，是人们在外在刺激和内在心理处于冲突与不确定情况下所产生的紧张、不安、焦急、慌张、忧虑等心理感受。同样，对于网络焦虑的研究认识目前也没统一的论证。管健认为信息过剩的网络产生不适应，产生“信息焦虑症”，表现为脱离网络后的不安全感、疏离、被排斥、缺乏信息和支持的感受。[①] 也有人认为是网民在网络信息检索过程中所产生的网络信息检索焦虑或者网络“真相”认识焦虑。[②③] 综上所述，网络焦虑是网络使用过程中对网络使用、信息内容以及网络交往等各种认知、情感与行为不适的应激反应。此外，还有学者研究了信息焦虑，认为其是信息用户在信息获取和利用过程中由于信息质量、检索质量、客观环境等外因和信息素养、人格特点、对信息的态度等内因而引发的一系列复杂的诸如紧张、焦急、忧虑、担心、恐惧、慌张、不安等心理反应的情绪状态。[④] 但目前的研究往往将网络焦虑等同于网络社交焦虑，[⑤⑥⑦] 甚至网络成瘾，[⑧⑨] 其通过一些网络社交或网络成瘾的成熟问卷或自制问卷来研究。[⑩⑪] 还有学者对不同网络症状之间的关系进行了研究，譬如，茹学萍等研究发现大学生网络成瘾在性别和焦虑水平上表现出一定的差异，且影

① 管健：《信息过剩时代，“网络焦虑”求解》，《人民论坛》2009 年第 3 期。

② 冯雪梅：《网络用户信息检索焦虑研究》，《图书馆学刊》2008 年第 4 期。

③ 云晴、吴秀玲：《网络时代的认识焦虑和真相探究》，《大众心理学》2015 年第 5 期。

④ 李玉玲、曹锦丹：《信息焦虑的概念界定》，《图书馆学研究》2011 年第 2 期。

⑤ 陈铎、张继明、沈丽莉、廖振华：《大学生网络成瘾及其社交焦虑的关系》，《中国健康心理学杂志》2009 年第 2 期。

⑥ 陶峰、勇晏萍：《大学生网络信息焦虑的特征、成因及应对策略》，《思想政治教育》2013 年第 6 期上。

⑦ 郑显亮：《乐观人格、焦虑、网络社会支持与网络利他行为关系的结构模型》，《中国特殊教育》2012 年第 11 期。

⑧ 高婷、纪琳、高玉真：《大学生网络成瘾与社交焦虑关系的调查研究》，《山西青年管理干部学院学报》2008 年第 1 期。

⑨ 丁倩、魏华、张永欣、周宗奎：《自我隐瞒对大学生网络成瘾的影响：社交焦虑和孤独感的多重作用》，《中国临床心理学杂志》2016 年第 2 期。

⑩ 王莉、邹泓：《青少年网络偏差行为、网络成瘾与日常问题行为的关系》，第十二届全国心理学学术大会论文摘要集，2009 年 11 月，第 190 页。

⑪ 李椒清、孙郁美、莫书亮：《大学生病理性网络使用与社交焦虑、社会支持等的关系》，第十二届全国心理学学术大会，2009 年 11 月 5 日，第 190 页。

响其成瘾的因素也主要集中于行为和认知两个维度上,[①] 还有学者对网络成瘾与其社会支持、交往焦虑和自我和谐程度密切相关。[②]

对于刻板，社会心理学一般将其定义为一种对“与己不同”的其他群体成员所具有的敌意和负面态度，而刻板印象往往与人们的偏见态度紧密结合在一起。在网络上，网民刻板印象的使用、填充和移植所带来的去语境化、现实化和扩大化的作用会由于相互激发而引起强烈争论的话题。目前国内有学者对网络新闻传播的刻板印象问题进行了研究,[③④] 还有学者对特定群体、网络事件等进行了研究,[⑤⑥] 其中王瑞乐等考察了网络新闻对网民职业刻板印象形成的影响，结果发现，经常通过网络了解新闻的网民有更消极的职业刻板印象。[⑦] 可见，目前对于网络刻板问题研究也主要停留在宏观阔论上，而对于网络区隔的内容与测量处于摸索阶段。

3. 网络嵌入（embeddedness）的内涵界定

嵌入理论最早由波兰尼在《大革命》一书中提出，主要是用来研究阐述经济社会学领域中的个体行为和结构互动关系。强调个人既不是纯粹的“社会人”亦不是独立的“经济人”，而是嵌入一定的社会关系中，同时，也强调市场竞争与经济行为需要重新嵌入一定的社会关系社会结构中，特别是政治、道德与法律关系中才能保证市场机制的有效运行。我国有学者研究认为工作嵌入的影响因素主要包括个体差异、文化背景与职业

---

① 茹学萍、糟艳丽：《大学生网络成瘾及其焦虑水平的调查研究》，《河西学院学报》2005年第6期。

② 王立皓、童辉杰：《大学生网络成瘾与社会支持、交往焦虑、自我和谐的关系研究》，《健康心理学杂志》2003年第2期。

③ 李锦：《刻板印象在网络新闻传播中的嬗变》，《青年记者》2008年11月中。

④ 林纲：《网络新闻语篇中价值观偏移的社会刻板印象及其生成机制》，《新闻界》2012年第11期。

⑤ 吴君：《网络传播对中国大学生对日刻板印象的影响》，硕士学位论文，浙江大学，2011年。

⑥ 郑傲：《网络事件的形成与刻板印象——以天涯社区“六大家族”网络事件为例》，中国传媒大学第一届全国新闻学与传播学博士生学术研讨会文集，2007年。

⑦ 王瑞乐、杨琪、胡志海：《网络新闻对网民职业刻板印象的影响》，《黄山学院学报》2013年第1期。

生涯等，[①] 而在人的社会交往中存在认知嵌入、文化嵌入和关系嵌入，[②] 还有学者在批判性地反思登斯的结构化理论、布尔迪厄的场域理论与格兰诺维特的网络嵌入理论等理论的基础上，探讨了社会网络视角下基于信任的动态互动嵌入理论，认为对社会网络中信任行为的研究应该转换传统的研究视角，即在理解信任与关系网络之间的关系时应秉持一种均衡化的互动观点，同时也要运用动态化的互动嵌入机制来进行分析。[③] 在测量方法方面，国外有学者应用对工作嵌入的整体测量与组合测量评价方法。[④⑤]

随着互联网社会的快速发展形成，网络虚拟社会对人类的影响越来越深远，尼古拉斯·尼葛洛庞帝（1997）在《数字化生存》中提出："虚拟是在能让人造事物像真事物一样逼真，甚至比真实事物还要逼真。"[⑥]互联网作为一种"脱嵌"的力量，在对传统现实社会构成冲击的同时，也形成新的"反嵌"或再嵌的力量，致使"脱嵌"与"反嵌（再嵌）"两股力的相互交织相互作用，形成了新的社会范式与秩序。网络虚拟社会嵌入现象也逐渐得到学者们的关注。譬如，有学者从嵌入理论研究了互联网"朋友圈"创业的内群条件、微信公众平台用户信息消费行为和媒体融合的行动框架等。[⑦⑧⑨] 其中，周军杰等从认知、关系和文化三个方面分析了

---

① 卢福财、陈云川：《工作嵌入理论述评：结构、测量及前因后效》，《江西财经大学学报》2013 年第 1 期。

② 储琰：《大学生社会交往行为的嵌入理论观测点》，《社科纵横》2013 年第 3 期。

③ 王腾：《批判与重构：社会网络视角下信任的互动嵌入理论探究》，《湖北经济学院学报》2015 年第 6 期。

④ Mac Kenzie, S. B., Podsakoff, P. M. and Jarvis, C. B., The Problem of Measure - ment Model Misspecification in Behavioral and Organizational Research and Some RecommendedSolutions. *The Journal of Applied Psychology*, Vol. 90, 2005.

⑤ Jarvis, C. B., Mac Kenzie, S. B. and Podsakoff, P. M., A critical Review of Construct Indicators and Measurement Model Misspecification in Marketing and Consumer Research. Journal of Consumer Research, Vol. 30, 2003.

⑥ 尼古拉斯·尼葛洛庞帝：《数字化生存》，胡泳译，海南出版社 1997 年版。

⑦ 刘刚、王泽宇、程熙鎔：《"朋友圈"优势、内群体条件与互联网创业——基于整合社会认同与嵌入理论的新视角》，《中国工业经济》2016 年第 8 期。

⑧ 吴丹、张梅兰：《虚拟公司：微信公众平台用户信息消费行为的"幕后推手"——一种嵌入理论视角》，《浙江传媒学院学报》2017 年第 2 期。

⑨ 张辉刚、朱亚希：《社会嵌入理论视角下媒体融合的行动框架构建》，《新闻与传播研究》2018 年第 1 期。

互联网虚拟社区知识共享的动因，认为认知嵌入性、关系嵌入性和文化嵌入性有助于虚拟社区认同，这三种嵌入性因素之间相互作用，影响到虚拟社区中个体的知识分享行为的建立。[①] 综上所述，通过对嵌入理论相关研究成果的梳理，本书认为网络（互联网）嵌入的研究除了要分析考察其关系性嵌入与结构性嵌入等外部条件的同时，更要观测其微观个体行动者（网民等）的素养。因此，本书将从以下测量指标开展研究：一是网络认知；二是网络参与；三是网络评价。

对于网络认知，从认知传播学视角来看，人类的认知过程是传播活动的驱动，同时传播活动又促进了人类认知行为的发生发展，促成人类认知模式的形成及固化。[②] 在传统媒体时代，媒介认知是媒介制作者和发布者与接受者的合谋，主动权在媒介的制作者和发布者那里，他们确立了媒介符号的设置和排列次序然后推向受众。一般情况下，媒介认知是媒介人设置的有利于自己的认知。[③] 当前网络等新媒介融合不断地模糊了戈夫曼等人提出的特定情境中的特定主体行为和角色划分“前台”（角色扮演）“后台”（自我状态）之间的传播界限。同时，传播主体的自身对传播信息的编码解码的认知能力与传播行为越发显得重要，形成强有力的控制场域潜移默化地影响着“前台”传播流程规制的实现，决定了传播的方向和最终结果，因此，网络认知也越来越被学者关注与研究。其中，目前主要研究成果包括青少年的网络认知与网络行为之间的关联、[④][⑤][⑥] 名人微

① 周军杰、左美云：《虚拟社区知识共享的动因分析——基于嵌入性理论的分析模型》，《情报理论与实践》2011年第9期。

② 欧阳宏生、朱婧雯：《效果研究的新范式：认知传播学——“后媒介”视阈下的学科构建》，《重庆邮电大学学报》（社会科学版）2015年第4期。

③ 戴朝阳：《媒介认知论》，《辽东学院学报》（社会科学版）2009年第6期。

④ 顾斌：《青少年网络认知途径及网络行为分析》，《当代传播》2007年第5期。

⑤ 李娟、陈样平：《网络认知偏差下的网络行为分析——基于西安城乡小学生网络接触情况的实证调查》，《东南传播》2011年第11期。

⑥ Dung-Yu Wu, Chun-Chih Wang, Chih-Chieh Chen, Internet Cognitive Failure Predict Vocational Students' Metacognition, Self-Efficacy, Online Learning Interest by Using Computer Game to Learn Digital Logic, *Advances in Education*, No. 4, 2014.

博/网络舆情媒介认知的影响、[①②] 新闻从业者的媒介认知[③④]以及农民媒介认知等。[⑤⑥] 其中，刘晶等研究了人格与网络结构对网络认知的影响机制，认为网络认知是指人们对自身所处的各种社会网络的认识，包括对自身、他人所处位置的了解以及对整体网络结构的判断。同时，高外倾性和高自尊水平的个体对自身所处的网络位置有更高的评价，处在中心地位的个体倾向于具有更为积极的网络认知，而神经质水平较高的个体则有低估自己在朋友网络中所处的位置的倾向。密度较大的朋友网络有助于个体形成积极的网络认知。[⑦] 王喆研究了在有限认知情境下，探究如何通过认知取径来解释媒介多任务行为的发生，并对该行为的动机与机会进行分析，建立动态整合模式，以在实践中更好地对跨媒介行为进行观察，帮助媒介从业者拟定更合理的媒介汇流策略。[⑧]

对于网络参与和网络评价，20 世纪 70 年代英国学者保罗·则考斯基提出“信息素养”的概念，最早将媒介素养的概念延伸到信息资源领域。面对网络等新媒体的蓬勃发展，美国学者麦克库劳又提出了“网络素养”的概念，他将这一概念界定为“了解网络信息的价值，并能利用检索工具在网络上获取特定信息并进行处理，以帮助个人解决相关问题的能力”。美国新媒介联合会（new media consortium）2005 年发布了网络媒介素养的定义，其具体含义为：（1）网络素养是由听觉、视觉和大数据构成的，它是一种能力和技巧。（2）这些能力包括识别与使用能力、理解

---

① 胡凯、婷婷：《名人微博对大学生网络认知的影响及对策》，《思想教育研究》2014 年第 5 期。

② 张洪涛：《网络舆情对青少年媒介认知能力的影响》，《山西青年职业学院学报》2014 年第 4 期。

③ 陶建杰、张志安：《网络新闻从业者的媒介角色认知及影响因素——上海地区调查报告之三》，《新闻记者》2014 年第 2 期。

④ 郭伟：《新媒体环境下职业记者的媒介角色认知》，《今传媒》2015 年第 5 期。

⑤ 吕尚彬、傅海：《中国农民媒介认知研究的主要发现与结果分析》，《武汉大学学报》（人文科学版）2008 年第 3 期。

⑥ 丁玲华：《珠三角地区失地农民媒介认知状况分析》，《江西社会科学》2012 年第 2 期。

⑦ 刘晶、张敏强：《人格与网络结构对网络认知的影响机制探究》，心理学与创新能力提升——第十六届全国心理学学术会议论文集，2013 年 11 月，第 1104 页。

⑧ 王喆：《无限信息与有限认知：媒介多任务行为的动态整合模式》，《新闻界》2015 年第 11 期。

能力、控制与转换能力、传播和再加工能力。（3）这是一种以网络为基础的，多种新媒体形式共同参与的“参与式文化范式”，是让受众在巨大的互联网络的使用中自由地进行互动与交往。这是新媒介环境下公民的应用技能、操作能力和人文精神。而2013年联合国教科文组织发布的《全球媒介和信息素养评估框架》相关标准中涵盖了网络参与和网络评价两个维度。

在中国目前专门针对农民工网络嵌入研究还处于起步阶段，大多学者是将新媒体实践置于中国社会转型或“信息社会”某特定模式情境中加以区域实证考察。譬如陈芳通过问卷调查对广州市278个新生代农民工的媒介使用、媒介认知、媒介评价、媒介参与等维度现状，对其城市融入的影响做了研究，认为新生代农民工的媒介素养表现出较低状况，并在一定程度上影响其城市融入的进程，[①] 提出农民工对媒介素养仅停留在无意识接收的层面上，还不具备媒介解读与媒介参与的能力；[②] 并从丰富农民工网络知识结构，提供更多的上网条件、网络资源等方面提出提升新生代农民工网络素养的建议。[③] 还有学者探讨全媒体时代从自我教育层面提高农民工媒介素养的策略，员立亭以陕西省为例分析了禀赋特征差异对新生代农民工信息意识、信息能力、信息道德的影响，并从文化素质、收入水平、媒体环境、社交范围等方面提出了有效提高其信息素养的可行性建议。[④] 和树俊从信息意识、信息知识、信息能力、信息道德四个方面探究新生代农民工信息素养现状，从性别、年龄、受教育程度等六个方面进行差异性分析，并进一步探究其影响因素，研究认为，影响农民工信息素养的因素中，影响程度由高到低依次为受教育程度、性别、收入和工种。[⑤] 但就社会认同与网络嵌入的视角来看，本节在此将更多地研究考察长三角农民工的网络认知、网络参与和网络评价情况。

---

① 陈芳：《新生代农民工媒介素养对其城市融入的影响探讨》，《中国报业》2012年第4期。

② 张秀玉：《济南市农民工媒介素养调查》，《青年记者》2013年第2期。

③ 王圣贺、李彬：《浅谈新生代农民工网络素养的发展变化》，《新闻传播》2013年第6期。

④ 员立亭：《秉赋特征差异视角下新生代农民工信息素养实证研究——以陕西省为例》，《图书馆》2016年第4期。

⑤ 和树俊：《新生代农民工信息素养现状及影响因素研究》，《情报工程》2016年第6期。

4. 网络区隔、网络嵌入与网络认同的关联性研究

尽管有学者认为网络的虚拟性、匿名性、超越时空局限性和时空的压缩、互动平等性等特点在一定程度上能够促使网络互动对身体的解放和焦虑的缓解，[①] 但更多的学者认为网络参与也导致了文化的焦虑和网络参与群体的认同危机，网络交往实际由一种隐形的政治经济学所操纵，从而出现了网络群体的分化和阶层区隔现象。[②] 同时，由于网络促使了私人生活走向公共化，改变了人际交往模式，拓展了社会交往空间，成为公众参与政治建构的重要场所，但网络文化也导致了网络参政的无序性、阶层分化和身份危机等焦虑现象。[③] 可见，网络区隔不仅指身份迷失和阶层再分化，从更广意义上来讲，还包括网络嵌入与参与的失序与焦虑。但当前社会公众或特定社会群体网络区隔、网络嵌入与网络认同之间的关联与致效如何，并没有很好地进行研究。邓鹏认为网络语言符号发挥着社会区隔功能的同时，也建构起个体自我认同及群体文化的认同与遵守，[④] 而蒋建国研究认为网络族群的多元化发展对自我认同和身份区隔有标识性作用。[⑤] 其中，对于农民工等弱势群体的网络认同与网络区隔问题，王淑华对杭州家政女性媒介使用、参与和传播实践的研究中发现，杭州家政女性的媒介素养并不高，没有通过媒介形成有效的发声管道与赋权能力，甚至存在一定的网络媒介心存恐惧和误读（区隔），[⑥] 但谭文若研究却发现网络媒体是农民工等弱势群体身份认同的主要场域之一，在媒介的使用中，他们主要通过自我范畴化划定群体边界，在与其他群体及其成员的社会比较中使群体边界更为稳固，并通过内群之间的互动与依存形成更强的群体凝聚力，构建起群体社会身份认同。[⑦] 那么，农民工的网络区隔、网络嵌入与

---

① 吴建平、风笑天：《身体、焦虑与网络》，《社会》2003 年第 6 期。

② 周根红：《网络参与的文化焦虑与认同危机》，《中国教育报》2016 年 4 月 28 日。

③ 周根红：《网络文化的价值转型与认同焦虑》，《学理审视》2010 年第 7 期。

④ 邓鹏：《建构身份认同：论网络语言符号的社会区隔功能》，《新闻世界》2015 年第 8 期。

⑤ 蒋建国：《网络族群：自我认同、身份区隔与亚文化传播》，《南京社会科学》2013 年第 2 期。

⑥ 王淑华：《媒介“减权”·网络恐惧·自我区隔——杭州家政女性的媒介接触和使用实践分析》，《浙江传媒学院》2016 年第 1 期。

⑦ 谭文若：《“蚁族”群体在网络媒介使用中的身份认同构建》，《新闻界》2013 年第 23 期。

网络认同是否存在，各自内部结构与状况到底如何？他们三者之间的关联性如何？当前学界并没有很好的研究，因此，本书将就此进行探讨，并提出以下研究框架和研究假设。

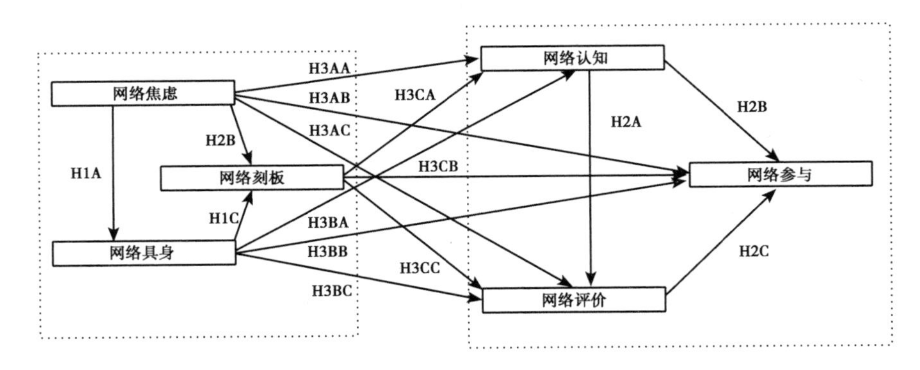

图 5-5　长三角农民工网络认同研究假设

假设 1：长三角农民工网络区隔具有显著性，其内部三维度相互显著影响

假设 1A：长三角农民工网络焦虑与网络具身具有显著性

假设 1B：长三角农民工网络焦虑与网络刻板具有显著性

假设 1C：长三角农民工网络具身与网络刻板具有显著性

假设 2：长三角农民工网络嵌入具有显著性，其内部三维度相互显著影响

假设 2A：长三角农民工网络认知与网络评价具有显著性

假设 2B：长三角农民工网络认知与网络参与具有显著性

假设 2C：长三角农民工网络评价与网络参与具有显著性

假设 3：长三角农民工网络区隔与网络嵌入相互之间具有显著性

假设 3AA：长三角农民工网络焦虑与网络认知具有显著性

假设 3AB：长三角农民工网络焦虑与网络评价具有显著性

假设 3AC：长三角农民工网络焦虑与网络参与具有显著性

假设 3BA：长三角农民工网络具身与网络认知具有显著性

假设 3BB：长三角农民工网络具身与网络评价具有显著性

假设 3BC：长三角农民工网络具身与网络参与具有显著性

假设 3CA：长三角农民工网络刻板与网络认知具有显著性

假设 3CB：长三角农民工网络刻板与网络评价具有显著性

假设 3CC：长三角农民工网络刻板与网络参与具有显著性

三　研究设计

1. 数据设计与来源

本书网络区隔量表设计参照了《心理卫生评定量表手册》中的人际焦虑、人际自尊与人际刻板测量问卷。① 主要分为网络焦虑、网络具身与网络刻板三个维度，量表采用李克特五级记分（1=非常不同意，5=非常同意），要求被试评估项目与自己的符合程度，得分越高，表明获得的网络焦虑、网络具身与网络刻板就越高。而网络嵌入量表设计参照了《联合国媒介信息素养评价标准》中的分类与相关评估指标。主要分为网络认知、网络参与与网络评价三个维度，量表采用李克特五级记分（1=非常不同意，5=非常同意），得分越高，表明获得的网络认知、网络参与与网络评价三个维度就越高。

2. 数据分布情况

本书所依托课题组于 2014 年初对长三角农民工网络区隔与网络嵌入状况问卷进行了测试，并进行了两次拆半系数检验，去掉分辨力系数绝对值小于 0.5 的题项。经过两次修订后进行了普测，其中问卷整体效度检验 Cronbach'sAlpha 为 0.862，均值为 74.00，F 检验 P<0.001，表明内在一致性较好。然后，对其又进行了因子分析，采取用特征值大于 1，最大方差法旋转提取公因子的方法，共提取特征值大于 1 的 6 个公因子（因子总的方差贡献率为 56.423%）。如表 5-8 所示。

表 5-8　长三角农民工网络区隔与网络嵌入状况因子提取

	成分					
	网络焦虑	网络认知	网络评价	网络具身	网络刻板	网络参与
1. 在网络中与别人交流中，我最欣赏我自己	0.078	0.245	0.065	**0.657**	0.028	0.110
2. 在网络上我真希望人们对您更诚实一些	0.056	−0.013	**0.560**	0.424	0.025	0.046

① 汪向东、王希林、马弘：《心理卫生评定量表手册》（增订版），中国心理卫生杂志社 1999 年版。

续表

	成分					
	网络焦虑	网络认知	网络评价	网络具身	网络刻板	网络参与
3. 在网络上，多数人了解我对事物的感受	0.028	0.208	0.145	**0.723**	0.146	0.021
4. 在网络中我能得到有用的信息	0.008	0.002	**0.693**	0.283	0.152	0.099
5. 上网我能得到放松或缓解压力	0.085	0.161	**0.698**	0.249	-0.006	-0.046
7. 网络上能够反映问题，监督政府	0.189	0.017	0.007	**0.517**	0.151	0.343
8. 在网上网友们都认可和尊重我	0.156	0.162	0.294	**0.516**	0.019	0.157
11. 网络中大家都不认识，可以随意说	0.132	**0.710**	-0.024	0.154	0.182	0.077
12. 我感觉在网上自己更容易与人交流沟通	-0.030	**0.760**	0.229	0.139	0.132	0.027
13. 自己一上网，就觉得时间过得很快	0.067	0.491	**0.546**	-0.011	-0.050	0.022
15. 在网络上有时我会发泄自己对工作的不满	0.347	**0.541**	0.127	0.213	-0.079	0.131
16. 在网上感觉很自由，想做什么就做什么	0.291	**0.618**	0.027	0.194	0.135	0.192
17. 我觉得网络上存在偏见与歧视	**0.734**	0.196	-0.020	0.161	-0.024	0.106
18. 在网络上我有时会感到孤独	**0.577**	0.326	-0.049	0.224	-0.014	0.021
19. 网上也有假信息和骗子	0.223	0.078	**0.633**	-0.244	0.137	0.060
20. 虽然能上网，感觉自己还是外来务工人员	0.253	0.226	0.070	-0.007	**0.501**	0.017
21. 有时我会通过其他途径来核实网络真实性	-0.051	0.155	0.201	0.114	**0.703**	0.247
22. 我不喜欢上网交友	0.147	-0.022	-0.012	0.116	**0.742**	0.024
23. 网络对农民工形象有时会刻意歪曲丑化	**0.590**	0.074	0.021	0.164	0.386	-0.057
24. 有时我会拒绝接受网络信息的某些观点	**0.667**	0.039	0.297	0.000	0.200	0.137
25. 网络上存在内容娱乐化、低俗化	**0.661**	0.011	0.304	-0.098	0.160	0.223
26. 自己的权益受到损害，我会通过网络投诉	0.131	0.128	-0.017	0.110	0.176	**0.811**

续表

	成分					
	网络焦虑	网络认知	网络评价	网络具身	网络刻板	网络参与
27. 我会积极参与感兴趣的网络论坛或平台讨论	0. 126	0. 138	0. 137	0. 221	0. 007	**0. 794**

说明：（1）Bartlett 的球形度检验 0. 878，近似卡方为 23152. 798 提取方法；（2）主成分。旋转法：具有 Kaiser 标准化的正交旋转法。旋转在 8 次迭代后收敛；（3）题项 6 与题项 22 为设计的反向查错项，其中题项 22 分辨度比题项 6 高。

本书使用 Amos17. 0 软件研究长三角农民工网络区隔与网络嵌入状况。在检验性因子分析（CFA）中，发现网络认知中的题项“我感觉在网上自己更容易与人交流沟通”与潜变量网络评价、网络焦虑，以及自身潜变量中的题项“网络中大家都不认识，可以随意说”有很强的共线性。网络评价中的题项“网上也有假信息和骗子”与潜变量网络焦虑、网络具身有很强的共线性；题项“自己一上网，就觉得时间过得很快”与潜变量网络认知及其中的题项“我感觉在网上自己更容易与人交流沟通”有很强的共线性；网络焦虑中的题项“我觉得网络上存在偏见与歧视”与自身潜变量，潜变量网络评价中的题项“在网络中我能得到有用的信息”、网络认知中的题项“在网上感觉很自由，想做什么就做什么”有很强的共线性；题项“在网络上我有时会感到孤独”与潜变量网络认知，及潜变量网络刻板中的题项“虽然能上网，感觉自己还是外来务工人员”有很强的共线性；题项“在网络上，多数人了解我对事物的感受”与潜变量网络刻板及其中的题项“我不喜欢上网交友”有很强的共线性。经综合分析对比进行 CFA 模型优化，并生成新模型。其指标参数如表 5-9 所示。

表 5-9　　长三角农民工网络区隔与网络嵌入样本描述性统计分析

构面	题项	样本数	均值	标准差	方差
网络具身	在网络中与别人交流中，我最欣赏我自己	3840	3. 19	0. 707	0. 500
	在网络上，多数人解我对事物的感受	3840	3. 16	0. 710	0. 504
	网络上能够反映问题，监督政府	3840	2. 95	0. 811	0. 659
	在网上网友们都认可和尊重我	3840	3. 22	0. 669	0. 448
网络焦虑	有时我会拒绝接收网络信息或内容的某些观点	3840	3. 35	0. 745	0. 555
	网络上存在内容娱乐化、低俗化	3840	3. 32	0. 805	0. 647

续表

构面	题项	样本数	均值	标准差	方差
网络刻板	虽然能上网，但我感觉自己还是外来务工人员	3840	3.06	0.828	0.685
	有时我会通过其他途径来核实网络信息的真实性	3840	3.04	0.824	0.679
	我不喜欢上网交友	3840	2.96	0.784	0.615
网络认知	网络中大家都不认识，可以随意说	3840	3.01	0.789	0.622
	在网络上有时我会发泄自己对工作或生活的不满	3840	3.11	0.813	0.662
	自己在网上感觉很自由，想做什么就做什么	3840	3.01	0.826	0.683
网络参与	自己的权益受到损害，我会通过网络投诉	3840	2.87	0.811	0.658
	我会积极参与感兴趣的网络论坛或平台讨论	3840	2.90	0.760	0.578
网络评价	在网络上我真希望人们对您更诚实一些	3840	3.71	0.681	0.464
	在网络中我能得到有用的信息	3840	3.68	0.677	0.459
	上网我能得到放松或缓解压力	3840	3.66	0.707	0.500

四 研究结果

在探索性分析（EFA）的基础上，考察模型的建构信度（CR）与收敛效度（AVE），在各项指标与系数都满足要求后，最后运行 SEM 结构模型。其中，长三角农民工网络区隔与网络嵌入状况的信度如表 5-10 所示。

表 5-10 信效度指标

构面	题项	平均值	标准差	Cronbach's α	CR	AVE
网络焦虑	2	6.99（3.332）	1.359	0.699	0.795	0.540
网络具身	4	12.52（3.130）	2.043	0.659	0.770	0.408
网络刻板	3	9.07（3.023）	1.751	0.532	0.645	0.491
网络认知	3	9.14（3.045）	1.909	0.690	0.783	0.442
网络评价	3	11.05（3.683）	1.620	0.687	0.828	0.434
网络参与	2	5.77（2.886）	1.373	0.688	0.782	0.529

测量模型的可靠性 α 系数范围为从 0.532 到 0.699，基本接近或达到可靠性建议值（Nunmally，1978）。组成信度（CR）范围为从 0.645 到 0.828，接近或超过推荐值 0.7。而测量模型结构的平均方差提取值（AVE）为从 0.491 到 0.540，虽没有完全达到建议值 0.5（Fornell and Larcker，1981），但可以接受。因此，本研究的各认同维度收敛和判别效

度基本有效。同时，各构面的标准差介于 1. 359 到 2. 043，说明我国长三角农民工网络区隔与网络嵌入各维度内在一致性可以接受。除此以外，长三角农民工网络区隔与网络嵌入各维度的平均数介于 2. 886 到 3. 683，皆高于中间值 2. 5，说明长三角农民工网络区隔与网络嵌入各维度内部结构较好。此外，网络区隔中维度的均值排名由高到低的排序为网络具身（M=6. 00，SD=2. 043）、网络刻板（M=9. 07，SD=1. 751）与网络焦虑（M=6. 99，SD=1. 359），在网络认同状况中项的均值排名由高到低的排序为网络评价（M = 11. 05，SD = 1. 620）、网络认知（M = 9. 14，SD = 1. 909）与网络参与（M=5. 77，SD=1. 373）。可见，就整体而言，长三角农民工呈现高网络区隔与高网络嵌入交错悖反的状况。

同时，如表 5-11 所示，各个构面平均方差提取值（AVE）的平方根基本都大于构面间相关系数，显示本书区别效度较好。

表 5-11　相关系数矩阵

构面	网络焦虑	网络具身	网络刻板	网络认知	网络评价	网络参与
网络焦虑	0. 735	0. 402	0. 351	0. 208	0. 213	0. 199
网络具身		0. 555	0. 392	0. 555	0. 327	0. 641
网络刻板			0. 539	0. 081	0. 032	0. 137
网络认知				0. 665	-0. 240	-0. 001
网络评价					0. 659	-0. 240
网络参与						0. 727

本书使用χ^2、拟合优度指数（GFI）、调整拟合优度指数（AGFI）、范拟合指数（NFI）、比较拟合指数（CFI）、近似误差均方根（RMSEA）和绝对拟合指数（SRMR）来检验假设结构模型的拟合优度，如表 5-12 所示，χ^2/df 为 10. 88（χ^2=1120. 621；df=103，因本书为大样本，此指标可接受），大于 5（Kettinger and Lee，1994）；AGFI 和 GFI 值分别为 0. 950 和 0. 966，均大于 0. 8 建议值（Scott，1995）；CFI 和 NFI 值分别为 0. 932 和 0. 925，二者均高于 0. 9 建议值（Bentler and Bonett，1980）。RMSEA 和 SRMR 值分别为 0. 051、0. 473，其中 RMSEA 值小于推荐值 0. 08，SRMR 值小于推荐值 0. 5（Arbuckle，2003）。因此，本书构建的结构模型拟合优度较好。

表 5-12 结构模型的拟合值

拟合指标	χ^2 /df	GFI	AGFI	CFI	NFI	TLI	RMSEA	SRMR
建议值	<3	>0.09	>0.09	>0.09	>0.09	>0.09	<0.08	<0.5
实际值	10.880	0.966	0.950	0.932	0.925	0.910	0.051	0.473

本书通过各变量间的假设关系来检验长三角农民工网络区隔与网络嵌入状况的结构方程模型。如表 5-13 结果所示，对于长三角农民工网络区隔来讲，网络焦虑（β=0.257，T=14.494，P<0.001）对网络具身、网络焦虑（β=0.226，T=10.971，P<0.001）对网络刻板、网络具身（β=0.393，T=11.010，P<0.001）对网络刻板呈强显著性，说明假设 1A、1B、1C 都成立，因此假设 1 成立。对于长三角农民工网络嵌入来讲，网络认知（β=-0.201，T=-5.572，P<0.001）对网络评价、网络认知（β=-0.347，T=-5.354，P<0.001）对网络参与呈强显著性，且二者都为负相关，但网络评价（β=-0.001，T=-0.018，P>0.05）对网络参与不显著，假设 2A、2B 成立，但假设 2C 不成立，因此假设 2 不成立。对于长三角农民工网络区隔对其网络嵌入的影响中，网络焦虑（β=0.166，T=7.550，P<0.001）对网络认知、网络焦虑（β=0.142，T=6.827，P<0.001）对网络评价、网络焦虑（β=0.192，T=6.073，P<0.001）对网络参与都呈强显著性，假设 3AA、3AB、3AC 都成立。网络具身（β=0.693，T=14.648，P<0.001）对网络认知、网络具身（β=0.759，T=12.830，P<0.001）对网络评价、网络具身（β=0.968，T=8.904，P<0.001）对网络参与都呈强显著性，假设 3BA、3BB、3BC 都成立。网络刻板（β=0.101，T=2.369，P<0.05）对网络认知、网络刻板（β=0.205，T=3.695，P<0.001）对网络参与呈显著性，但网络刻板（β=0.033，T=0.850，P>0.05）对网络评价不显著，假设 3CA、3CC 成立，但假设 3CB 不成立，因此，假设 3 不成立。

表 5-13 长三角农民工网络认同（网络区隔与网络嵌入）状况研究假设验证

研究假设		路径	路径系数		T 值	结果	
假设 1	1A	网络焦虑—网络具身	0.257	***	14.494	成立	成立
	1B	网络焦虑—网络刻板	0.226	***	10.971	成立	
	1C	网络具身—网络刻板	0.393	***	11.010	成立	

续表

研究假设		路径	路径系数		T值	结果	
假设2	2A	网络认知—网络评价	-0. 201	***	-5. 572	成立	不成立
	2B	网络认知—网络参与	-0. 347	***	-5. 354	成立	
	2C	网络评价—网络参与	-0. 001		-0. 018	不成立	
假设3	3AA	网络焦虑—网络认知	0. 166	***	7. 550	成立	不成立
	3AB	网络焦虑—网络评价	0. 142	***	6. 827	成立	
	3AC	网络焦虑—网络参与	0. 192	***	6. 073	成立	
	3BA	网络具身—网络认知	0. 693	***	14. 648	成立	
	3BB	网络具身—网络评价	0. 759	***	12. 830	成立	
	3BC	网络具身—网络参与	0. 968	***	8. 904	成立	
	3CA	网络刻板—网络认知	0. 101	*	2. 369	成立	
	3CB	网络刻板—网络评价	0. 033		0. 850	不成立	
	3CC	网络刻板—网络参与	0. 205	***	3. 695	成立	

说明：（1）+p<0. 1， * p<0. 05， ** p<0. 01， *** p<0. 001。

五　结论与讨论

1. 长三角农民工网络认同整体状况

（1）网络区隔的内在模型关系

本书研究并验证了研究假设，同时对长三角农民工网络区隔与网络认同整体各维度构成及相互关系进行了构画（如图5-6所示）。就长三角农民工网络区隔来讲，网络焦虑、网络具身与网络刻板都达到“一般”程度以上，其中网络焦虑的题项均值最高，说明长三角农民工整体网络区隔比较明显。同时网络焦虑对其网络具身与网络刻板都具有正强显著性，解释力分别为40%、35%，说明长三角农民工的网络焦虑在一定程度上加剧其网络具身与网络刻板印象，并在一定程度上阻碍了他们网络的参与表达。而网络具身对网络刻板也呈正强显著性，解释力为38. 8%，说明长三角农民工的网络具身也会加剧其网络刻板印象。

（2）网络嵌入的内在模型关系

就长三角农民工网络嵌入来讲，各维度项的均值由高到低的排序为网络评价、网络认知与网络参与，其中网络评价与网络认知超过“一般”程度，而网络评价与网络参与相差0. 8，说明长三角农民工的网络评价与网络实际参与能力存在较明显的落差。同时，研究显示，网络认知对网络评价与网络参与都呈负强显著性，解释力分别为24%、1%，说明长三角农民工当前网络认知在一定程度上消解了他们对网络的正确评价与实际参与能力。而网络评价、网络参与不显著相关，说明长三角农民工的网络评价与实际网络参与处于脱节状态。

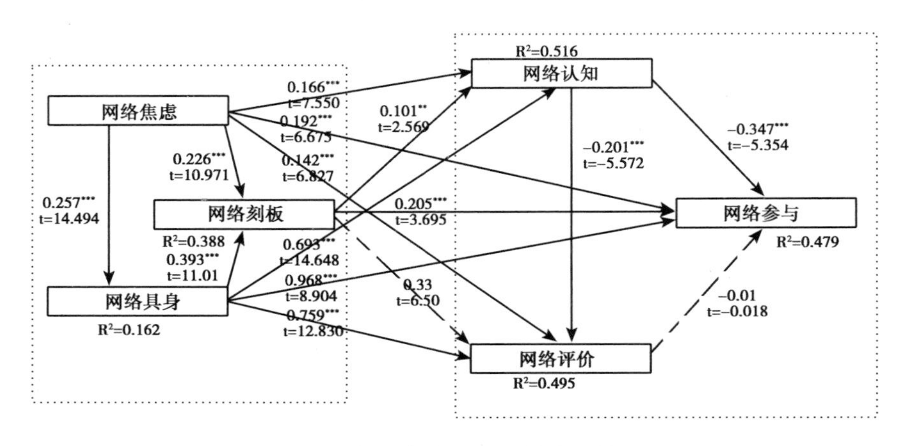

图5-6 长三角农民工网络认同状况

（3）网络认同整体情况

就长三角农民工网络区隔对网络嵌入的关联性来说，其中网络焦虑、网络具身对网络嵌入中的网络认知、网介参与、网络评价都呈正强显著性，其中网络焦虑的解释力分别为21%、21%、20%，网络具身的解释力为56%、73%、64%，说明长三角农民工的网络焦虑、网络具身在一定程度上都影响其网络认同状况，其中网络具身对网络嵌入三因子的影响作用更大些。但网络刻板却出现了分化，其中对网络参与呈强显著性、对网络认知呈显著性，而对网络评价不显著，解释力分别为14%、8%、3%。综上所述，可见，长三角农民工网络区隔很显著，但其网络嵌入相对较缺乏，同时长三角农民工网络区隔在一定程度上又催化了其网络嵌入的养成，从而形成负向循环。

2. 长三角农民工网络认同影响要素与提升策略

由SEM结构模型结果，如表5-14所示，可以看到长三角农民工网络区隔与网络嵌入各维度组成要素的载荷因子、方差贡献率和残差情况。就长三角农民工网络区隔来讲，网络焦虑其内部组成要素及其载荷因子情况为，以“网络上存在内容娱乐化、低俗化”为参照，题项

"有时我会拒绝接收网络信息或内容的某些观点"的载荷因子更低，为0.962，二者对网络焦虑的方差贡献率分别是72%、74.8%，对整个模型的解释力分别为56%、51.9%。可见，长三角农民工在网络焦虑方面，更关注网络内容信息安全。在网络具身中，其内部要素组成及其载荷因子情况为，以网络具身"在网络中与别人交流中，我最欣赏我自己"为参照，其他要素由低到高的依次是"在网上网友们都认可和尊重我"（1.066）、"网络上能够反映问题，监督政府"（1.124）、"在网络上，多数人似乎了解我对事物的感受"（1.127），其对网络焦虑方差贡献率相对应的是52.4%、59%、51.3%、58.8%，对整个模型的解释力分别为27.5%、34.8%、26.3%、34.6%，可见，相对网络具身，长三角农民工更在乎外界对他们的认可与参与。在网络刻板中，其内容组成要素及其载荷因子情况为，以"虽然能上网，但我感觉自己还是外来务工人员"为参照，题项"我不喜欢上网交友"（1.027）和"有时我会通过其他途径来核实网络信息的真实性"（1.455）要更高些，三者对网络刻板的方差贡献率分别为45%、48.8%、65.8%，对整个模型的解释力分别为20.2%、23.8%、43.2%，可见，长三角农民工现实刻板印象也会影响其网络参与和表达。

表5-14　各维度构成要素情况

构面	题项	载荷因子	方差贡献率	残差值	解释力 R^2
网络焦虑	网络上存在内容娱乐化、低俗化	1	72%	0.311	56%
	有时我会拒绝接受网络信息或内容的某些观点	0.962	74.8%	0.244	51.9%
网络具身	在网络中与别人交流中，我最欣赏我自己	1	52.4%	0.362	27.5%
	在网络上，多数人似乎了解我对事物的感受	1.127	58.8%	0.330	34.6%
	网络上能够反映问题，监督政府	1.124	51.3%	0.485	26.3%
	在网上网友们都认可和尊重我	1.066	59%	0.292	34.8%
网络刻板	虽然能上网，但我感觉自己还是外来务工人员	1	45%	0.546	20.2%
	有时我会通过其他途径来核实网络信息的真实性	1.455	65.8%	0.385	43.2%
	我不喜欢上网交友	1.027	48.8%	0.469	23.8%

续表

构面	题项	载荷因子	方差贡献率	残差值	解释力 R^2
网络认知	网络中大家都不认识，可以随意说	1	58.6%	0.408	34.4%
	在网络上有时我会发泄自己对工作或生活的不满	1.100	62.6%	0.403	39.1%
	自己在网上感觉很自由，想做什么就做什么	1.373	76.9%	0.279	59.1%
网络评价	在网络上我真希望人们对您更诚实一些	1	56.8%	0.315	32.2%
	在网络中我能得到有用的信息	1.257	71.8%	0.222	51.6%
	上网我能得到放松或缓解压力	1.244	68.1%	0.268	46.3%
网络参与	自己的权益受到损害，我会通过网络投诉	1	69%	0.345	47.6%
	我会积极参与感兴趣的网络论坛或平台讨论	1.036	76.2%	0.242	58.1%

就长三角农民工网络嵌入来讲，在网络认知中，其内容组成要素及其载荷因子情况为，以“网络中大家都不认识，可以随意说”为参照，题项“在网络上有时我会发泄自己对工作或生活的不满”（1.1）和“自己在网上感觉很自由，想做什么就做什么”（1.373）的载荷因子依次递增，三者对网络认知的方差贡献率分别为58.6%、62.6%、76.9%，对整个模型的解释力分别为34.4%、39.1%、59.1%，可见，长三角农民工的网络认知现状比较偏负面与消极，没有形成比较客观、积极的网络认知。在网络评价中，内容组成要素及其载荷因子情况为，以“在网络上我真希望人们对您更诚实一些”为参照，题项“上网我能得到放松或缓解压力”（1.244）和“在网络中我能得到有用的信息”（1.257）依次递增，三者对网络认知的方差贡献率分别为56.8%、68.1%、71.8%，对整个模型的解释力分别为32.2%、46.3%、51.6%，可见，相对于自身的上网感受，长三角农民工更在乎网络的悠闲与实用功能。在网络参与中，内容组成要素及其载荷因子情况为，以“自己的权益受到损害，我会通过网络投诉”为参照，题项“我会积极参与感兴趣的网络论坛或平台讨论”的载荷因子值为1.036，二者对网络参与的方差贡献率为69%、76.2%，对整个模型的解释力分别为47.6%、58.1%，说明长三角农民工已经有了一定的网络表达与参与的能力。

第六章　长三角农民工网络应用与社会在场

第一节　长三角农民工网络卷入与社会流动分层

一　引言

农民工到城市打工不仅是空间意义上的一次人口大转移，更是一种社会结构的变迁和社会关系的重组。当前网络使用逐渐成为他们重要休闲活动，并在价值观念、社会交往、社会参与和信任等方面产生重要影响，甚至成为他们社会再生产的重要途径。因而，研究农民工的网络嵌入与社会再分配与流动的关系，对他们而言是一件非常有意义的事情。

二　文献综述

曼纽尔·卡斯特认为，人类已从传统由地理所阻隔的“地方空间”社会进入“网络社会”，而“网络构建了我们社会的新社会形态，网络化逻辑的扩散实质性地改变了生产、经验、权力与文化过程中的操作和结果。在网络中现身或缺席，以及每个网络相对于其他网络的动态关系，都是我们社会中支配与变迁的关键根源”。[①] 同时，“由于我们社会的功能与权力是在流动空间里组织，其逻辑的结构性支配根本地改变了地方的意义与动态。支配性的趋势是要迈向网络化、非历史的流动空间之前景，通过

① ［美］曼纽尔·卡斯特：《网络社会的崛起》，社会科学文献出版社2006年版，第524、569页。

流动而运作的共享时间之社会实践的物质组织”。[①] 而在网络的“流动空间”里，一方面，网络化逻辑造就了新的支配系统，对传统的世界格局进行隔离和重组，形成一种新型的社会排斥，导致部分国家和地区的边缘化；[②] 另一方面，由于空间组织的精英管理、按文化代码与技术逻辑建构起了限入门槛，以及现实社会文化的嵌定，最终建构出象征隔绝的社区与焦灼的人，从而使社会化或群体个人的认同感普遍缺失。因此，需要试图建构一种新的身份与社会认同，寻求新的自我存在感与确定感。

曼纽尔·卡斯特还认为构建认同的形式和来源分为三种：合法性认同、抗拒性认同与规划性认同。[③] 我国学者许永认为媒介通过“场合地位”，能够促进社会各阶层之间的良性互动，保证阶层间流动的公平合理，增加阶层之间的理解和沟通。为社会不同阶层，特别是社会地位偏低阶层的人找到适合自己表现的途径，以及为最广大的基层民众提供廉价实用的教育资源，帮助他们实现适应社会变革的再社会化，让他们在“实现梦想”的过程中体会到自身的价值，获得成就感和幸福感。[④] 但也有学者指出，媒介大发展大融合催生信息流动模式的嬗变，受众分化趋势日益明显，传媒对社会凝聚力的影响变得更为复杂，媒体对社会的整合效应和分化效应均有所增强。[⑤] 叶艳芳等认为在中国社会分层的现实情况下新闻媒介所发布的各类信息更多地关注有消费能力的群体，人数众多但消费能力弱小的各阶层话语空间更加狭窄，民意表达不畅是群体性事件频发的一个背景因素。[⑥] 高涵从社会参与、社会交往、社会信任三个维度实证研究了媒介使用对流动人口社会资本的影响，结果发现，媒介使用对流动人口的社会资本具有重要的积极作用，并且这种作用存在比较明显的性别、年

---

① Castells M, *The Space of Flows: A Theory of Space in the Informational Society*, *Conference of The New Urbanism*. Princeton: Princeton University Press, 1992, pp. 131-140.

② 吴鼎铭：《流动空间：媒介技术与社会重组关系研究的关键概念》，《东南传播》2013年第6期。

③ [美] 曼纽尔·卡斯特：《认同的力量》，社会科学文献出版社2006年版，第4页。

④ 许永：《论媒介在中国社会阶层流动中的作用》，《广播电视大学学报》（哲学社会科学版）2006年第1期。

⑤ 靖鸣、臧诚：《媒介融合时代信息流动模式、分众化传播及媒体对社会凝聚力的影响》，《新闻与传播研究》2011年第5期。

⑥ 叶艳芳、杨丹：《社会分层背景下的新闻媒介信息倾斜及其对策》，《郧阳师范高等专科学校学报》2009年第2期。

龄和户籍差异。[①] 那么，网络嵌入对长三角农民工群体的社会流动与社会分层的影响情况如何？不同媒介应用、要素的作用如何？本书将采用实证研究方法进行研究。

三　研究设计

1. 长三角农民工社会分层与社会流动因素

参照第二章第三节，布尔迪厄三资本对长三角农民工社会分层与流动结果，本书将长三角农民社会流动分为“留在城市”与“返乡回流”，对其流动群体原因：“留在城市”分层为硬件需求因子、软环境发展因子与城市融合因子，最后合并生成一个“留在城市综合指数”；“返乡回流”分层为城市区隔因子、回乡动力因子、农村安居因子，最后合并生成一个“返乡回流综指数”。

2. 长三角农民工网络使用惯习与应用情况

参与第四章第一节的研究，本书对长三角农民工手机使用惯习与应用的嵌入程度、使用目的、使用功能与使用内容等方面考察。

四　研究结果

由第二章第三节，布尔迪厄三资本对长三角农民工社会分层与流动作用图谱中我们知道，看当地报纸与杂志等文化资本是长三角农民工社会分层与流动作用的一项重要指标。那么网络对他们社会分层与流动的作用如何呢？这里将做进一步的研究。如表6-1所示。

表6-1　长三角农民工网络使用对其社会分层与流动的影响

	留在城市（社会融入）的原因				返乡回流的原因			
	硬件需求因子	软环境发展因子	城市融合因子	留在城市指数	城市区隔因子	回乡动力因子	农村安居因子	返乡回流指数
（常量）	-0.407*** （0.119）	0.421*** （0.122）	-0.152 （0.122）	-0.194 （0.256）	0.418*** （0.121）	-0.149 （0.122）	-0.051 （0.123）	0.327 （0.258）
性别（女=0）	0.056 （0.034）	-0.027 （0.034）	-0.089** （0.035）	-0.053 （0.073）	-0.026 （0.034）	0.094** （0.035）	0.001 （0.035）	0.082 （0.073）

① 高涵：《媒介使用与流动人口的社会资本构建》，《河北大学学报》（哲学社会科学版）2014年第4期。

续表

	留在城市（社会融入）的原因				返乡回流的原因			
	硬件需求因子	软环境发展因子	城市融合因子	留在城市指数	城市区隔因子	回乡动力因子	农村安居因子	返乡回流指数
年龄（18周岁以下=1）	-0.002 (0.012)	-0.058*** (0.013)	0.025 (0.013)	-0.048 (0.027)	-0.024 (0.013)	0.017 (0.013)	-0.008 (0.013)	-0.019 (0.027)
受教育水平（不识字或识字很少=1）	0.059*** (0.012)	-0.044*** (0.013)	-0.022 (0.013)	0.002 (0.026)	-0.041*** (0.012)	-0.012 (0.013)	-0.013 (0.013)	-0.085*** (0.027)
婚恋（未婚=1）	0.09* (0.040)	-0.024 (0.041)	0.125** (0.041)	0.236** (0.086)	0.023 (0.041)	0.098* (0.041)	0.026 (0.041)	0.181* (0.086)
收入状况	0.038** (0.014)	0.039** (0.015)	-0.018 (0.015)	0.080** (0.031)	-0.027 (0.015)	-0.030* (0.015)	-0.032* (0.015)	-0.108*** (0.031)
上网流量	-0.050** (0.019)	-0.004 (0.019)	0.043* (0.019)	-0.027 (0.040)	-0.036 (0.019)	-0.035 (0.019)	0.071*** (0.019)	-0.015 (0.041)
上网时间	-0.007 (0.019)	-0.062** (0.020)	0.003 (0.020)	-0.083* (0.042)	0.033 (0.020)	0.051* (0.020)	-0.040* (0.020)	0.064 (0.042)
上网目的：宣泄代偿需求	-0.060*** (0.017)	0.070*** (0.018)	-0.020 (0.018)	-0.015 (0.037)	0.075*** (0.018)	0.006 (0.018)	0.057*** (0.018)	0.170*** (0.037)
上网目的：实用需求	0.027 (0.017)	-0.029 (0.017)	-0.047** (0.017)	-0.050 (0.036)	0.038* (0.017)	0.011 (0.017)	0.006 (0.017)	0.072* (0.036)
上网目的：休闲交往需求	0.050** (0.018)	0.044* (0.018)	0.016 (0.018)	0.140*** (0.038)	-0.035 (0.018)	-0.032 (0.018)	-0.005 (0.018)	-0.093* (0.038)
上网目的：展示体验需求	-0.022 (0.016)	-0.015 (0.016)	-0.041* (0.017)	-0.091** (0.035)	0.006 (0.016)	0.022 (0.017)	-0.024 (0.017)	0.010 (0.035)
上网功能：社交类	-0.024 (0.044)	0.046 (0.045)	0.050 (0.045)	0.078 (0.095)	0.011 (0.045)	-0.050 (0.046)	0.086 (0.046)	0.045 (0.096)
上网功能：阅读类	-0.033 (0.039)	-0.057 (0.039)	-0.085* (0.040)	-0.206* (0.083)	0.016 (0.039)	0.082* (0.040)	0.005 (0.040)	0.129 (0.084)
上网功能：娱乐类	0.069 (0.042)	0.006 (0.043)	-0.106* (0.043)	-0.014 (0.091)	-0.041 (0.043)	0.133** (0.043)	0.094* (0.043)	0.209* (0.091)
上网功能：商务交易类	-0.006 (0.051)	-0.156** (0.052)	0.053 (0.052)	-0.143 (0.109)	-0.005 (0.052)	0.065 (0.052)	0.005 (0.052)	0.079 (0.110)
上网功能：生活服务类	0.090* (0.039)	0.015 (0.040)	-0.143*** (0.040)	-0.013 (0.084)	-0.040 (0.040)	-0.126** (0.040)	0.038 (0.040)	-0.170* (0.084)
上网功能：其他	0.043 (0.070)	-0.105 (0.072)	-0.045 (0.072)	-0.121 (0.151)	-0.048 (0.072)	0.222** (0.072)	0.031 (0.072)	0.243 (0.152)
上网信息需求：时事类	0.088*** (0.020)	0.031 (0.020)	0.045* (0.020)	0.206*** (0.042)	0.099*** (0.020)	0.056** (0.020)	-0.002 (0.020)	0.201*** (0.043)
上网信息需求：生活实用类	0.056** (0.019)	0.052** (0.019)	0.081*** (0.019)	0.228*** (0.041)	-0.019 (0.019)	0.026 (0.019)	0.022 (0.019)	0.030 (0.041)

续表

	留在城市（社会融入）的原因				返乡回流的原因			
	硬件需求因子	软环境发展因子	城市融合因子	留在城市指数	城市区隔因子	回乡动力因子	农村安居因子	返乡回流指数
上网信息需求：服务类	-0.002 (0.016)	0.002 (0.017)	0.036* (0.017)	0.037 (0.035)	0.057*** (0.017)	0.015 (0.017)	0.012 (0.017)	0.108** (0.035)
上网信息需求：财经科教	0.000 (0.017)	0.008 (0.017)	0.027 (0.017)	0.039 (0.036)	0.092*** (0.017)	-0.022 (0.017)	-0.047** (0.017)	0.046 (0.037)
上网信息需求：求职休闲	0.073*** (0.019)	0.066*** (0.019)	0.031 (0.020)	0.214*** (0.041)	0.073*** (0.019)	0.001 (0.020)	-0.009 (0.020)	0.090* (0.041)
上网信息需求：交友情趣	0.015 (0.016)	-0.014 (0.017)	0.084*** (0.017)	0.094** (0.035)	-0.015 (0.017)	-0.053** (0.017)	0.014 (0.017)	-0.070* (0.035)
网购：食品和生活用品	0.192*** (0.051)	0.165** (0.052)	-0.007 (0.052)	0.456*** (0.110)	-0.140** (0.052)	-0.102 (0.053)	-0.028 (0.053)	-0.345** (0.111)
网购：衣服、鞋子等	-0.152*** (0.045)	0.005 (0.046)	0.014 (0.046)	-0.184 (0.097)	-0.094* (0.046)	0.036 (0.046)	-0.131** (0.046)	-0.225* (0.098)
网购：家居用品	0.280*** (0.070)	0.123 (0.071)	-0.007 (0.072)	0.522*** (0.151)	0.141* (0.071)	-0.193** (0.072)	-0.163* (0.072)	-0.223 (0.152)
网购：书籍及教育学习用品	-0.127 (0.069)	-0.024 (0.070)	-0.065 (0.070)	-0.272 (0.148)	0.120 (0.070)	0.062 (0.071)	0.225*** (0.071)	0.481*** (0.149)
网购：数码产品	0.215** (0.074)	-0.040 (0.076)	-0.104 (0.076)	0.129 (0.160)	-0.047 (0.076)	-0.005 (0.076)	-0.002 (0.076)	-0.072 (0.161)
网购：医疗保健品	-0.347** (0.122)	-0.161 (0.125)	0.272* (0.125)	-0.374 (0.263)	0.127 (0.124)	-0.115 (0.126)	0.611*** (0.126)	0.689** (0.265)
网购：艺术装饰及高档商品	-0.293 (0.154)	0.062 (0.157)	0.197 (0.158)	-0.107 (0.332)	-0.241 (0.157)	0.044 (0.158)	-0.219 (0.159)	-0.508 (0.334)
网购：其他	-0.224 (0.117)	-0.042 (0.119)	0.142 (0.120)	-0.202 (0.252)	-0.105 (0.119)	0.126 (0.120)	-0.138 (0.120)	-0.136 (0.253)
R^2	0.083	0.041	0.034	0.056	0.045	0.027	0.026	0.043
样本数								

说明：(1) 括号内是标准误；(2) $*p<0.05$，$**p<0.01$，$***p<0.001$。

1. 网络对长三角农民工留在城市的影响

对于留在城市中的硬件需求因子而言，人口社会学背景变量中，受教育程度、婚恋与收入状况呈显著，其中受教育水平为强相关。在上网基本条件中，上网流量呈负显著性，说明随着长三角农民工上网流量的增加其硬件需求因子相对来讲反而下降。在上网目的中，宣泄代偿需求、休闲交往需求呈显著性，其中宣泄代偿需求为负强相关，说明随平时上网宣泄代偿需求相对比较弱或休闲交往需求比较强的长三角农民工留在城市中的硬件需求比较高。在上网功能中，只有生活服务类呈显著性，说明平时上网对生活服务类功能需求比较强的长三角农民工的硬件需求比较高。在上网信息需求中，时事类、生活实用类、求职休闲呈显著性，其中，时事类与求职休闲为强相关，说明平时对这三类信息需求比较多的长三角农民工的硬件需求比较高。在网购商品中，食品和生活用品、衣服与鞋子等商品、家居用品、电子数码产品以及医疗保健品呈显著性，其衣服与鞋子等商品、医疗保健品为负相关，说明平时在网购中对食品和生活用品、家居用品、电子数码产品需求比较多，或衣服与鞋子等商品、医疗保健品需求比较少的长三角农民工留在城市中的硬件需求因子比较高。

对于留在城市中的软环境发展需求因子而言，人口社会学背景变量中，年龄、受教育程度与收入状况呈显著，其中年龄为负相关。在上网基本条件中，上网时间呈负显著性，说明随着长三角农民工上网时间的增加其软环境发展需求因子反而不高。在上网目的中，宣泄代偿需求、休闲交往需求呈显著性，其中宣泄代偿需求为强相关，说明平时上网宣泄代偿需求与休闲交往需求比较强的长三角农民工留在城市中的软环境发展需求比较高。在上网功能中，只有商务交易类呈负显著性，说明平时上网对商务交易类功能需求比较弱的长三角农民工的软环境发展需求比较高。在上网信息需求中，生活实用类、求职休闲呈显著性，其中，求职休闲为强相关，说明平时对生活实用类与求职休闲类信息需求比较多的长三角农民工的软环境发展需求比较高。在网购商品中，只有食品和生活用品呈显著性，说明平时在网购中对食品和生活用品需求比较多的长三角农民工留在城市中的软环境发展需求因子比较高。

对于留在城市中的城市融合需求因子而言，人口社会学背景变量中，性别与婚恋呈显著，其中性别为负相关。在上网基本条件中，上网流量呈显著性，说明随着长三角农民工上网流量的增加其城市融合需求因子越高。在上网目的中，实用需求、展示体验需求呈显著性，且都为负相关，说明平时对实用需求与展示体验需求上网目的比较强的长三角农民工城市融合需求反而下降。在上网功能中，阅读类、娱乐类与生活服务类呈负显著性，其中生活服务类为强相关，说明平时上对这三类上网功能需求比较弱的长三角农民工的城市融合的需求比较高。在上网信息需求中，时事类、生活实用类、服务类、交友情趣类网络信息需求呈显著性，其中，生活实用类与交友情趣类为强相关，说明平时对这四类信息需求，特别是，生活实用类与交友情趣类需求比较多的长三角农民工的城市融合需求比较高。在网购商品中，只有医疗保健品呈显著性，说明平时在网购中对医疗保健品需求比较多的长三角农民工的城市融合需求比较高。

从整体上看，对于留在城市综合指数，人口社会学背景变量中，婚恋与收入状况呈显著。在上网基本条件中，上网时间呈显著性，但为负相关，说明随着长三角农民工上网流量的增加其留在城市的综合指数反而下降。在上网目的中，休闲交往需求与展示体验需求呈显著性，其中展示体验需求负相关，说明平时对休闲交往需求较高，但展示体验需求比较低的长三角农民工留在城市的综合指数也随之增强。在上网功能中，只有阅读类呈负显著性，说明平时对阅读类，譬如看新闻、电子书、获取信息等，上网功能需求比较弱的长三角农民工的留在城市的综合指数比较高。在上网信息需求中，时事类、生活实用类、服务类、求职休闲类与交友情趣类网络信息需求呈显著性，其中，时事类、生活实用类与求职休闲类为强相关，说明平时对这四类信息需求，特别是时事类、生活实用类与求职休闲类需求比较多的长三角农民工的留在城市的综合指数比较高。在网购商品中，食品和生活用品、家居用品呈强显著性，说明平时在网购中对食品和生活用品、家居用品类网购商品需求比较多的长三角农民工留在城市的综合指数比较高。

2. 网络对长三角农民工返乡回流的影响

对于返乡回流中的城市区隔因子而言，人口社会学背景变量中，受教育程度呈负强显著性。在上网基本条件中，上网流量与时间都不显著，说明随上网基本条件对长三角农民工上社会流动没有明显的影响。在上网目的中，宣泄代偿需求、实用需求呈显著性，其中宣泄代偿需求为强相关，说明平时对这两类上网目的，特别是宣泄代偿需求比较强的长三角农民工城市区隔因子比较高。在上网功能中，各指标项都不显著，说明这些上网功能对促使长三角农民工的返乡回流的城市区隔的影响不明显。在上网信息需求中，时事类、服务类、财经科教与求职休闲呈显著性，且都为强相关，说明平时对这四类网络信息需求比较强烈的长三角农民工反而返乡回流的城市区隔比较严重。在网购商品中，食品和生活用品、衣服与鞋子等商品、家居用品呈显著性，其中食品和生活用品、衣服与鞋子等商品为负相关，说明平时在网购中对家居用品需求比较多，或食品和生活用品需求比较少的长三角农民工的返乡回流中的城市区隔因子比较高。

对于返乡回流中的回乡动力因子而言，人口社会学背景变量中，性别、婚恋、收入状况呈显著性，其中收入状况为负相关。在上网基本条件中，上网时间呈显著，说明随上网时间的增加长三角农民工回乡动力因子也增强。在上网目的中，各指标项都不显著，说明这些上网目的对促使长三角农民工的返乡回流的回乡动力因子的影响不明显。在上网功能中，阅读类、娱乐类与生活服务类呈显著性，其中生活服务类为负相关，说明平时对阅读类与娱乐类上网功能应用比较多，而生活服务类上网功能应用比较少的长三角农民工的返乡回流的回乡动力因子越明显。在上网信息需求中，时事类与交友情趣呈显著性，其中交友情趣为负相关，说明平时对时事类网络信息需求比较关注，而交友情趣网络信息应用不强的长三角农民工返乡回流的回乡动力因子比较强。在网购商品中，只有家居用品呈负显著性，说明平时在网购中对家居用品需求比较少的长三角农民工的返乡回流中的回乡动力因子比较高。

对于返乡回流中的农村安居因子而言，人口社会学背景变量中，只有收入状况呈负显著性。在上网基本条件中，上网流量与上网时间呈显著，其中上网流量为强相关，上网时间为负相关，说明随上网流量的增加，上网时间比较少的长三角农民工农村安居因子也增强。在上网目的中，只有宣泄代偿需求呈强显著性，说明平时宣泄代偿需求上网目的比较强烈的对长三角农民工的返乡回流的农村安居因子越明显。在上网功能中，只有娱乐类呈显著性，说明平时对娱乐类上网功能应用比较多的长三角农民工的返乡回流的农村安居因子越明显。在上网信息需求中呈显著性，只有财经科教呈负显著性，说明平时对财经科教类网络信息需求比较关注的长三角农民工返乡回流的农村安居因子比较强。在网购商品中，衣服与鞋子等商品、家居用品、书籍及教育学习用品与医疗保健品呈显著性，其中书籍及教育学习用品与医疗保健品为强相关，衣服与鞋子等商品、家居用品为负相关，说明平时在网购中对书籍及教育学习用品与医疗保健品需求比较多，而衣服与鞋子等商品、家居用品等网购商品比较少的长三角农民工的返乡回流中的农村安居因子比较高。

从整体上看，对于长三角农民工返乡回流而言，人口社会学背景变量中，受教育水平、婚恋与收入状况呈显著性，其中受教育水平与收入状况为强负相关。在上网基本条件中，上网流量与上网时间都不显著，说明从整体上看上网基本条件对长三角农民工返乡回流作用不明显。在上网目的中，宣泄代偿需求、实用需求、休闲交往需求呈显著性，其中宣泄代偿需求为强相关，休闲交往需求为负相关，说明平时对实用需求，特别是宣泄代偿需求上网目的比较强烈，但休闲交往需求比较弱的长三角农民工的返乡回流越明显。在上网功能中，只有娱乐类呈显著性，说明平时对娱乐类上网功能应用比较多的长三角农民工的返乡回流越明显。在上网信息需求中，时事类、服务类、求职休闲与交友情趣呈显著性，其中时事类为强相关，交友情趣为负相关，说明平时对服务类、求职休闲，特别是时事类网络信息需求比较关注，但交友情趣类网络信息需求比较弱的长三角农民工返乡回流比较强。在网购商品中，食品和生活用品、衣服与鞋子等商品、家居用品、书籍及教育学习用品与医疗保健品呈显著性，其中书籍及教育学习用品强相关，食品和生活用品、衣服与鞋子等商品为负相关，说明平时在网购中对书籍及教育学习用品与医疗保健品需求比较多，而对食品和生活用品、家居用品等网购商品比较少的长三角农民工的返乡回流比较高。

五　结论与讨论

1. 网络使用基本条件，如上网流量与上网时间对长三角农民工城市分层与流动起到一定的作用，但对返乡回流的城市区隔因子长三角农民工来讲作用不显著。其中上网流量主要对留在城市中的硬件需求因子、城市融合因子以及返乡回流中的农村安居因子起作用，其中硬件需求因子为负相关，说明上网流量的使用在一定程度上能够刺激长三角农民工的城市融合和回农村安居，但对留在城市硬件需求的这部分长三角农民工群体却起到一定的阻碍作用。上网时间对留在城市整体指数及其软环境发展因子、返乡回流中的回乡动力因子与农村安居因子呈显著，其中只有回乡动力为正相关，说明长三角农民工对上网时间的应用在一定程度上能刺激他们的回乡动力因子，但同时对打算留在城市的或处于软环境发展需求、或农村安居的长三角农民工而言，随着上网时间的增加反而会减弱这些群体的需求。

2. 除了回乡动力因子，长三角农民工上网目的各种需求分别同留在城市和返乡回流各指标都显著。其中对于宣泄代偿需求而言，分别与留在城市中的硬件需求因子、软环境发展因子、返乡回流整体指数及其城市区隔因子、农村安居因子都呈强显著性，其中硬件需求因子为负相关，说明随着长三角农民工宣泄代偿需求上网目的增强，其在一定程度上成为他们社会流动与分层的城乡转换的门阀要素。对于实用上网目的需求，分别与留在城市中的城市融合因子、返乡回流整体指数及其城市区隔因子呈显著性，其中与城市融合因子为负相关，说明实用需求上网目的在一定程度上阻碍长三角农民工城市深层次的融入需求，并刺激他们返乡回流。对休闲交往需求上网目的，分别同留在城市整体指数及其硬件需求因子、软环境发展因子、返乡回流整体指数呈显著性，其中返乡回流整体指数为负相关，说明随着休闲交往需求的增强，其在一定程度上能够刺激长三角农民工向社会流动，由农村向城市转化。对于展示体验需求而言，分别同留在城市整体指数及其城市融合因子呈显著性，并且都为负相关，说明展示体验需求上网目的只在长三角农民工深层次的城市融入中起作用，且为负向阻碍作用。

3. 长三角农民工上网功能对其社会流动与分层的影响相对比较集中，主要体现为留在城市中的城市融合因子与返乡回流中的回乡动力因子。其中，社交类上网功能与各指标都不显著，说明长三角农民工社交类上网功能对其社会流动与分层作用并不明显。对于阅读类上网功能而言，其分别同留在城市整体指数及其城市融合因子、返乡回流中的回乡动力因子呈显著性，其中留在城市整体指数及其城市融合因子为负相关，说明随着长三角农民工阅读类（如看新闻、电子书、获取信息等）上网功能应用的增强，其在一定程度上将阻碍他们留在城市，特别是深层次的城市融合，并刺激他们回乡创业。对于娱乐类上网功能而言，分别留在城市的城市融合因子，或者返乡回流整体指数及其回乡动力因子、农村安居因子呈显著性，其中城市融合因子为负相关，说明随着长三角农民工娱乐类上网功能应用的加强，在一定程度上阻碍其城市深层次融入，并刺激他们返乡回流。对于商务交易类上网功能应用而言，只与留在城市中的软环境发展因子呈负显著性，说明随着长三角农民工商务交易类上网功能应用的加深，其在一定程度上会阻碍其与城市软环境发展的融入。对于生活服务类上网功能应用，分别同留在城市中的城市融合因子、返乡回流整体指数及其回乡动力因子呈显著性，且都为负相关，说明随着长三角农民工生活服务类上网功能应用的加深，其对他们城市深层次融入与返乡回流都起到一定的阻碍作用。

4. 在上网信息需求中，长三角农民工不同的上网信息需求对其社会流动与分层也起一定的作用。其中，对于时事类上网信息需求而言，分别同留在城市整体指数及其硬件需求因子、返乡回流整体指数及其城市区隔因子、回乡动力因子呈显著性，说明随着长三角农民工对时事类上网信息需求的增强，悖论地其对城市融入的硬件需求，以及回老家的城市区隔因子与回乡动力因子都会增加，出现了长三角农民工城乡转换门阀正负效应相互杂融的状况。对于生活实用类上网信息需求，同时与留在城市整体指数及其三个因子呈显著性，而同返乡回流各指标不显著，说明长三角农民工生活实用类上网信息需求对他们城市融入起到重要的作用，并且随着他们对生活实用类上网信息需求的增强，他们城市融入的深度与广度也会加强。

5. 对于服务类上网信息需求而言，只同返乡回流整体指数及其城市区隔因子呈显著性，说明当前长三角农民工对这类上网信息需求的加强将在一定程度上产生信息区隔，并刺激他们被动离开城市回到老家。财经科教类上网信息需求，分别与返乡回流中的城市区隔因子、农村安居因子呈显著性，其中农村安居因子为负相关，说明长三角农民工对财经科教类上网信息需求在一定程度上也会产生信息门阀，刺激部分农民工离开城市回到老家，并且随着他们对这类网络信息需求的增加，其信息区隔作用越强，但其对回老家安居的这部分农民工群体的作用反而会减弱。对于求职休闲上网信息需求而言，分别同留在城市整体指数及其硬件需求因子、软环境发展因子，以及返乡回流整体指数及其城市区隔因子呈显著性，其中除了返乡回流整体指数外其他都为强相关，说明长三角农民工求职休闲上网信息需求的反应也很矛盾，他们对这类网络信息需求的加强，不仅对刺激部分长三角农民工城市融入，同时也会形成一定的信息区隔，促使部分农民工离开城市回到老家去。对于交友情趣上网信息需求，分别同留在城市整体指数及其城市融合因子、返乡回流整体指数及其回乡动力因子呈显著性，其中返乡回流整体指数及其回乡动力因子为负相关，说明长三角农民工交友情趣上网信息需求整体上会促进他们向上社会流动，并且随着长三角农民工对这类网络信息需求的加强，他们对城市深层次社会融入也会加强，同时回乡动力也会降低。

6. 就整体而言，长三角农民工网购其城市初层次融入、返乡回流各指标影响比较大。其中，对食品和生活用品类网购商品来讲，分别与留在城市整体指数及其硬件需求因子、软环境发展因子、返乡回流整体指数及其城市区隔因子呈显著性，其中返乡回流整体指数及其城市区隔因子为负相关，说明从横向上看食品和生活用品网购商品对长三角农民工整体上会促进他们向上社会流动，特别是能促进信息门阀的交叉与融合，随着长三角农民工对食品和生活用品类网购商品的增强，他们返乡回流的倾向相应地降低，同时城市初层次融合也会加强。对于衣服、鞋子等网购商品而言，分别与留在城市中的硬件需求因子、返乡回流整体指数及其城市区隔因子、农村安居因子呈显著性，且都为负相关，说明这类网购商品对长三角农民工作用互相矛盾，随着衣服、鞋子、化妆品等商品网购的增强，在降低部分长三角农民工城市初步融入的同时，也悖论地降低部分长三角农民工离开城市回到老家。对于家居网购商品而言，分别与留在城市整体指数及其硬件需求因子、返乡回流中的城市区隔因子、回乡动力因子与农村安居因子相关，其中回乡动力因子与农村安居因子为负相关，说明家居网购商品对长三角农民工整体返乡回流与初步城市融合起作用，其中长三角农民工城乡转换作用相互矛盾，随着家居用品网购商品消费能力的增加，其既能促进部分长三角农民工城市初步融入，同时又迫使部分长三角农民工回归到老家，但随着他们回乡主动性加强，从横向上看，其作用又不断减弱。对于书籍及教育学习用品类网购商品来讲，只与返乡回流整体指数及其农村安居因子呈显著性，说明这类网购商品消费能力越强，悖论地选择回乡或安居的长三角农民工的意愿越强。对于电子数码产品来讲，只与留在城市中的硬件需求因子呈显著性，说明电子数码产品类耐消费品网购对长三角农民工城市初步融入起到一定的促进作用。对于医疗保健品类网购商品而言，分别与留在城市中的硬件需求因子、城市融合因子，返乡回流整体指数及农村安居因子呈显著性，其中硬件需求因子为负相关，说明医疗保健品对长三角农民工社会流动与分层起到两极分化的作用，对于城市深层次融入的长三角农民工来讲起到一定的促进作用，但对初步融入的长三角农民工来讲起到阻碍作用，并对那些主动回乡安居的长三角农民工起到促进作用。此外，艺术装饰及高档商品等网购商品并不明显。

综上所述，根据布尔迪厄习性与场域理论，描绘出我国长三角农民工社会分层与流动新媒介影响图谱。详见表 6-2。

表 6-2　　长三角农民工网络使用对其社会分层与流动的影响图谱

	城市融入			回农村生活		
	硬件需求因子	软环境发展因子	社会融合因子	城市区隔因子	回乡动力因子	农村安居因子
原因	经济发达 卫生条件 基础设施好 文化教育 质量好	生活便利 在城市体面 发展机会多 宽松自由	不适应农村/ 老家的生活 有家人或 亲戚在当地	在城市子 女上学难 就业难度大 竞争激烈 生活压力大 房价、物价 太高 城市人际关系 太冷漠 在城市受 到歧视	家人亲戚 都在老家 回农村/ 老家创业 确保农村耕地 和林地承包权 和流转权	环境不如家乡好 交通问题 其他
上网流量	—		+			+
上网时间		—			+	—
上网目的：宣泄代偿需求	—	+		+		+
上网目的：实用需求			—	+		
上网目的：休闲交往需求	+	+				
上网目的：展示体验需求			—			
上网功能：社交类						
上网功能：阅读类			—		+	
上网功能：娱乐类			—		+	+
上网功能：商务交易类		—	—			
上网功能：生活服务类	+		—		—	
上网功能：其他			—		+	
上网信息需求：时事类	+		+	+	+	

续表

	城市融入			回农村生活		
	硬件需求因子	软环境发展因子	社会融合因子	城市区隔因子	回乡动力因子	农村安居因子
原因	经济发达 卫生条件 基础设施好 文化教育 质量好	生活便利 在城市体面 发展机会多 宽松自由	不适应农村/ 老家的生活 有家人或 亲戚在当地	在城市子 女上学难 就业难度大 竞争激烈 生活压力大 房价、物价 太高 城市人际关系 太冷漠 在城市受 到歧视	家人亲戚 都在老家 回农村/ 老家创业 确保农村耕地 和林地承包权 和流转权	环境不如家乡好 交通问题 其他
上网信息需求：生活实用类	+	+	+			
上网信息需求：服务类			+	+		
上网信息需求：财经科教				+		—
上网信息需求：求职休闲	+	+		+		
上网信息需求：交友情趣			+		—	
网购：食品和生活用品	+	+		—		
网购：衣服、鞋子等	—			—		—
网购：家居用品	+			+	—	—
网购：书籍及教育学习用品						+
网购：电子数码产品	+					
网购：医疗保健品	—		+			+
网购：艺术装饰及高档商品						
网购：其他						

第二节　长三角农民工网络使用与社会地位认同

一　引言

当前我国农民工的市民化不仅仅指的是标签意义上的身份转变，即农民工户籍身份的变化，更重要的是农民工心理层面认同的形成与转化。由于先赋禀赋的局限，农民工在城市与农村的长期夹缝中生存，他们处于市民和农民之间的一个“第三阶层”，并且在一定程度上形成边缘化效应聚合，甚至凝固化并传承给下一代。这将会产生巨大的结构效应，从而使社会结构失衡、断裂和紧张。[①] 而农民工事实性的城市归属与适融问题，城市农民工的身份认同尴尬境遇实质是传统与现代“农民”意义的称谓认知性偏差。除了关注研究与之相对应的经济、社会、文化等维度的影响要素与作用外，我们还应注意到一个新兴的场域，网络日渐成为新生代农民工获取信息、重构社会支持网络、维系情感的主要渠道，潜移默化地改变着农民工的生产方式、生活方式和思维方式，进而对农民工社会认同产生一定的积极影响，但网络的一些弊端也给转型期农民工的社会认同带来了一定的阻碍和威胁。

二　文献综述

由第三章分析我们知道，身份与地位认同是重要的社会心理学概念，主要界定为个体对自己归属于哪个群体的认知，偏重于群体间的归属和关系问题，其主要包含两个问题：“我是谁?”“我属于哪一类群体或组织?”[②] 可见，社会身份是社会个体在情感和价值意义上将自己归类于某个群体成员以及有关隶属于某个群体的认知过程，而这种认知最终是通过个体的自我心理认同来完成的，是自我锚定（同一性）与他者适应（差异性）两个基本社会人际关系因素交融的结果。随着社会流动的加速，城乡二元结构的削弱，以及农民工主体意识的增强，如何积极培育农民工

---

① 季孝龙：《“双重边缘人”——城市农民工的身份研究》，《西安外事学院学报》2008年第1期。

② 张淑华、李海莹、刘芳：《身份认同研究综述》，《心理研究》2012年第1期。

自我身份与地位认同问题越来越迫切。在身份认同中，有学者通过实证研究表明农民工城市心理体验变量均对农民工身份认同产生显著影响，并且影响大小依次为身份期望、归属感、相对剥夺感和生活满意度。[①] 有学者认为当前在人口红利逐渐消失的背景下，“城市人”身份认同的形成有助于提高农民工的劳动供给，但不同身份的背后隐含着最优行为准则的差异，相对于老一代、女性或外来农民工，身份认同对新生代、男性或本地农民工劳动供给的影响更大。[②] 郑耀抚通过对上海农民工的大都市生活体验与交往互动来研究他们身份认同形成过程，认为已有的身份认同机制已经无法满足农民工对自己认同的需求，寻找一种新的认同机制成为他寻找新的归属的必然。[③]

同时，农民工的身份与地位认同是社会记忆与社会时空相互作用的产物，社会环境和文化心理结构对主体认同起着形塑作用。有学者认为从宏观上讲，农民工城市身份认同应从认知固化、体制禁锢、乡土记忆和城市体验等维度来解读，存在着基于交往和“关系”视角的社会性身份、“他者话语”和滞留者自我感知性的身份认同，由于制性地资源调配的“社会屏蔽”效应和城市秩序建构区隔与排斥，造成农民工角色转变和身份转换的错位分离，城乡场域时间与地位认同空间的非重合性，使得农民工在对自己身份与地位的认知与评价时，呈现出模糊性、不确定性和内心自我矛盾性。[④] 而网络为农民工提供心理调适的可能性，它同时产生了两种效应：一方面，它在接纳新的文化特质的同时也在有机地组合和提炼着“城市性”的工作方式、生活风格、社会交往规则，并在与网民“陌生者”的互动中累计社会记忆；另一方面，蕴含在他们身上的乡土文化的淳朴风格、情感性交往也在细微地触动着城市文化，为其注入新的元素，[⑤] 由此可见，认同的本质在于场域、社会交往网络和社会记忆三者的有机结合体。

---

① 刘兆延、张淑华：《农民工城市心理体验对身份认同的影响研究》，《辽宁教育行政学院学报》2015 年第 5 期。

② 卢海阳、梁海兵：《“城市人”身份认同对农民工劳动供给的影响——基于身份经济学视角》，《南京农业大学学报》（社会科学版）2016 年第 3 期。

③ 郑耀抚：《青年农民工的城市生活体验与身份认同》，《当代青年研究》2010 年第 3 期。

④ 赵志鸿：《论影响城市农民工身份认同的四个维度》，《大连干部学刊》2008 年第 8 期。

⑤ 周明宝：《城市滞留型青年农民工的文化适应与身份认同》，《社会》2004 年第 5 期。

网络等新媒体的兴起与发展对农民工的社会地位与身份认同起到重要的作用，李艳红认为城市报纸所产制的形象将强有力地参与到建构农民工在城市社会的社会身份，能够影响到城市主流社会对农民工的态度、认识和公共情感，影响到该群体在城市社会获得文化承认和尊重的过程，① 譬如，“受难叙事”和受难形象有助于农民工群体自身主体经验的表达，并促进了城市社会对农民工群体的理解和认同；负面行为叙事和负面形象则倾向于将农民工再现为城市社会的“威胁”和“麻烦”，抑制了农民工群体的主体经验表达，并阻碍了农民工在城市社会获得文化承认。而网络的出现为农民工自我与社会认同提供了一个新共生场域与时空，网络的特质为农民工群体归属性，即“我们”与“他们”的明确心理边界划分被打破，形成一个“我”“他”互动、共栖、共生的时空场，形成一个个人经验和主观意识世界之镜像的内源性认知空间。赵莹莹认为新的媒介传播方式使得城市环境成为不可逆转的流动空间逻辑，使身处其中的农民工意识到他们在信息化城市空间活动中所扮演的角色，以便更好地融入身边的环境、自我确立新的社会认同归属感，同时，对网络传播环境的把控与适应，也是城市农民工在处理社会记忆、空间转换、人际关系以及社会认同等方面必须要学会的生存技能。② 张青等认为网络能够加强农民工对信息获取的同时，更重要的是可以获取城市资源，促进自身发展，培养城市人的现代观念，与城市互动以获得经济、政治、文化、身份上的认同感和归属感，认同自身属于特定的城市社会群体，同时也认识到作为城市群体成员带给自己的情感和价值意义，从而获得社会认同，更好地融入城市，但同时也会产生经济危机感、价值迷茫感、文化疏离感等问题。③ 周芸以青年农民工消费山寨手机为例，通过分析山寨手机中的符号意义以及访谈的方法来研究在青年农民工群体建构城市身份的过程中山寨手机担当起了怎样的角色，文化因素以怎样的方式影响其身份建构的过程和结果，结果显示由于文化资本上的差异使得农民工与城市同龄人这两个群体对消费符号

① 李艳红：《当代城市报纸对“农民工”新闻报道的叙事分析》，《新闻与传播研究》2006年第2期。

② 赵莹莹：《身份·空间·关系——对城市农民工社会认同的人际传播视角解读》，《新闻研究导刊》2015年第13期。

③ 张青、李宝艳：《网络媒体影响下的新生代农民工社会认同研究》，《福建农林大学学报》（哲学社会科学版）2015年第1期。

的解读产生了分歧，农民工群体以其为城市生活方式象征，期望通过这样的消费为自己建构身份认同加分；但在文化资本上拥有更高地位的城市年轻人却视山寨手机为缺乏品位的消费品，其意义与自己的生活方式相悖，青年农民工对自己身份的建构也没有办法获得认同农民工希望通过消费融入城市文化，实现身份认同。[①] 陈韵博研究认为农民工通过 QQ 等新媒体可以在某种程度上实现自我赋权，为自己在城市中的谋生获取来自官方及体制外的支持。对于农民工的社会地位方面，[②] 王成林等发现在农民工群体中互联网用户与其社会经济地位不同层级间存在明显正相关，工具型互联网行为对于农民工社会经济地位的提升显著。[③]

农民工市民化是农民工个人及其家庭从农村人向城市人转变的过程，这个过程理应蕴含着个人心理与行为的变化。上述从社会地位与身份认知等视角剖析农民工网络应用研究为本节研究奠定了理论基础，但这些研究没有具体考察研究不同网络使用惯习，譬如使用工具、嵌入程度、使用目的、使用功能和使用内容等对农民工的作用。尤其是，对农民工社会地位与城市人身份认知的影响等都没有很好的研究。网络使用惯习到底对农民工社会地位与城市身份认知的影响如何？不同使用惯习对农民工社会地位与身份认同影响的差异与联系如何？这些都是值得深入分析且有待进一步验证的问题。鉴于此，本书将从媒介社会学理论为分析框架，采用倾向值匹配（Propensity Score Matching，PSM）法，实证检验网络使用对长三角农民工地位认知与身份认同的影响及其群体差异。

三　研究设计

1. 长三角农民工社会地位与城市人身份变量设计

对于长三角农民工社会融入与认同的考察，本书对他们自身社会地位与城市人身份的认知来研究。其中，社会地位认知划分为“下层”“中下

---

① 周芸：《山寨手机与青年农民工群体的城市身份建构——来自文化视角的分析》，《兰州学刊》2010 年第 1 期。

② 陈韵博：《新一代农民工使用 QQ 建立的社会网络分析》，《国际新闻界》2010 年第 8 期。

③ 王成林、徐华：《认知能力、互联网鸿沟对农民工群体社会经济地位的影响——基于 CFPS2010 数据的多元 logistic 回归分析》，《哈尔滨市委党校学报》2016 年第 2 期。

层”“中层”“中上层”“上层”五个层级，依次赋值1—5分，而城市人身份由自己打分，分值由1—5分，其中1分为最低分，5分为最高分。

2. 长三角农民工网络使用惯习指标设计

长三角农民工手机网络使用状况本节主要从网络接触与使用的嵌入程度、种类、偏好、内容功能等方面来考察，其中网络嵌入程度主要从手机使用流量与使用时长两个方面来考察，使用偏好等将从社交软件的应用、使用目的、使用功能与使用内容等方面考察。

四　研究结果

由第三章第一节，我们研究了长三角农民工社会地位认知与城市人身份认知的关系，及其与长三角农民工社会学背景的关系，在此，进一步研究长三角农民工网络使用对其社会地位认知与城市人身份认知的影响。本书根据研究综述与研究设计对长三角农民工的社会地位认知与城市人身份认知做了线性回归，如表6-3所示。

表6-3　　长三角农民工社会地位认知与城市人身份认知回归分析

因变量 / 自变量	长三角农民工社会认同	
	城市人身份认知	社会地位认知
(常量)	2.629*** (0.062)	2.088*** (0.053)
上网流量（50M及以下=1）	0.087*** (0.018)	0.064*** (0.016)
手机上网时间（0.5小时以内=1）	−0.068*** (0.019)	−0.022 (0.016)
上网目的：宣泄代偿需求	−0.032 (0.017)	0.076*** (0.014)
上网目的：实用需求	0.126*** (0.016)	0.041** (0.014)
上网目的：休闲交往需求	−0.019 (0.017)	−0.067*** (0.015)
上网目的：展示体验需求	0.061*** (0.016)	0.064*** (0.014)
上网功能：社交类（如QQ、微信、微博、开心网等）	0.032 (0.043)	0.179*** (0.037)
上网功能：阅读类（如新闻、电子书、获取信息等）	−0.020 (0.038)	−0.006 (0.033)
上网功能：娱乐类（如网络游戏、看视频、听音乐等）	0.004 (0.041)	0.013 (0.035)
上网功能：商务交易类（如网购、旅游预订、手机支付等）	0.100* (0.047)	0.066 (0.041)

续表

自变量 \ 因变量	长三角农民工社会认同	
	城市人身份认知	社会地位认知
上网功能：生活服务类（如天气、日历、公交等）	0.113** (0.038)	0.042 (0.033)
上网功能：其他	0.075 (0.069)	0.158** (0.059)
上网信息需求：时事类	0.040* (0.019)	-0.002 (0.016)
上网信息需求：生活实用类	0.100*** (0.018)	0.035 (0.016)
上网信息需求：服务类	0.020 (0.016)	0.039** (0.014)
上网信息需求：财经科教	0.045** (0.016)	0.038** (0.014)
上网信息需求：求职休闲	-0.011 (0.019)	-0.055** (0.016)
上网信息需求：交友情趣	0.073*** (0.016)	0.017 (0.014)
R^2	0.074	0.056
样本数	3839	3839

说明：(1) 括号内是标准误；(2) +p<0.1，*p<0.05，**p<0.01，***p<0.001。

对于长三角农民工城市人身份认知中，在手机媒介使用中，使用频率中的每月手机流量（M=3.42，SD=1.058）与上网时间（M=2.64，SD=1.06）都呈强显著性，其中上网时间为负相关，说明每月手机使用流量越多、每天上网时间越少的长三角农民工对自身城市人身份认知越高。在上网目的偏好中，实用需求与展示体验需求呈强显著性，说明在上网目的中对实用展示需求、代偿体验需求越高的长三角农民工对自身的城市人身份认知越高。在上网使用功能中，商务交易类（M=0.18，SD=0.380）与生活服务类（M=0.35，SD=0.478）呈显著性。说明平时对购物、旅游预订、手机支付等商务交易类应用，或对天气、日历、公交等生活服务类功能应用越多的长三角农民工自身城市人身份认知越高。在网络信息需求中，生活实用类与交友情趣需求呈强显著性，求职休闲与时事类需求呈显著性，说明平时对这些信息需求比较多的长三角农民工对自身城市人身份认知越高。

对于长三角农民工社会地位认知中，在手机媒介使用中，使用频率中的每月手机使用流量（M=3.42，SD=1.058）呈强显著性，说明平时手机使用流量越多的长三角农民工自身社会身份地位越高。在上网目的偏好中，四个上网目的需求都呈显著性，其中宣泄代偿需求、休闲交往需求与展示体验需求呈强显著性，但休闲交往需求为负相关，说明平时对手机实用需求、宣泄代偿需求与展示体验需求越强，但休闲交往需求越弱的长三角农民工对自身社会地位的认知越高。在上网使用功能中，社交类（M=0.58，SD=0.493）与其他（M=0.05，SD=0.226）应用呈显著性，说明平时对社交类应用越多的长三角农民工对社会地位认知越高。在上网信息需求中，服务类、财经科教类和求职休闲类呈显著性，其中求职休闲为负相关，说明平时对财经科教类信息关注比较多或对求职休闲信息关注比较少的长三角农民工对社会地位认知越高。

通过表 6-3 可知，长三角农民工群体的手机流量、上网目的中的实用与展示体验需求以及上网信息需求中的财经科教需求都共同影响他们对社会地位认知和城市人身份认知。但同时也看出，其中手机使用、手机功能对长三角农民工社会地位认知与城市人身份认知的作用存在着一定的差异。因此，在此将做进一步的探讨。

1. 长三角农民工手机使用频率对其社会地位认知与城市人身份认知的影响

本书将长三角农民工平时每个月的上网流量与其社会地位认知与城市人身份认知进行多变量一般线性模型分析如表 6-4 所示，长三角农民工手机上网流量对其社会地位认知的影响要比对城市人身份认知的影响程度弱，并且二者的影响形态也有所不同。在多变量检验中 Pillai 跟踪结果显示，说明长三角农民工手机上网流量同时对其社会地位认知与城市人身份认知呈强显著性。在主体间效应的检验中，社会地位认知 F（4，3835）= 16.867，p = 0.000，城市人身份认知 F（4，3835）= 30.904，p=0.000，说明长三角农民工手机上网流量对其社会地位认知与城市人身份认知都呈强显著性。

其中对于长三角农民工社会地位认知而言，随着手机使用流量的增加其社会地位认知也增强，但在“301—500M”（M=2.65，SD=0.851）时均值达到最大，处于“中下层”与“中层”程度之间，然后随着手机使用流量的增加其社会地位认知程度反而下降，总体的平均值为 2.39（SD=0.844）。对于长三角农民工城市人身份认知而言，在手机使用流量“50M及以下”（M=2.88，SD=1.038）到“51—100M”（M=2.65，SD=0.946）时呈下降趋势，并在“51—100M”时达到均值最低点，相当处于“中下”到“中等”程度之间，然后随着手机使用流量的增加长三角农民工城市人身份认知程度快速加强，到“301—500M”（M=3.1，SD=1.02）与“500M以上”（M=3.14，SD=1.135）增速有所放缓，其总体均值为2.82（SD=0.988），相当于接近“中等”程度。趋势变化图（如图6-1、图6-2所示）。

表6-4 长三角农民工上网流量与社会地位认知与城市人身份认知多变量分析

	社会地位认知			城市人身份认知		
	均值	标准偏差	样本数	均值	标准偏差	样本数
50M及以下	2.34	0.812	638	2.88	1.038	638
51—100M	2.31	0.846	1776	2.65	0.946	1776
101—300M	2.45	0.802	830	2.93	0.908	830
301—500M	2.65	0.851	372	3.1	1.02	372
500M以上	2.56	0.926	224	3.14	1.135	224
总计	2.39	0.844	3840	2.82	0.988	3840

说明：（1）协方差矩阵等同性Box检验F=4.270，P<0.001；（2）Bartlett的球形度检验近似卡方=930.423，P<0.001；（3）多变量检验Pillai的跟踪、Hotelling的跟踪与误差方差等同性的Levene检验，P<0.001。

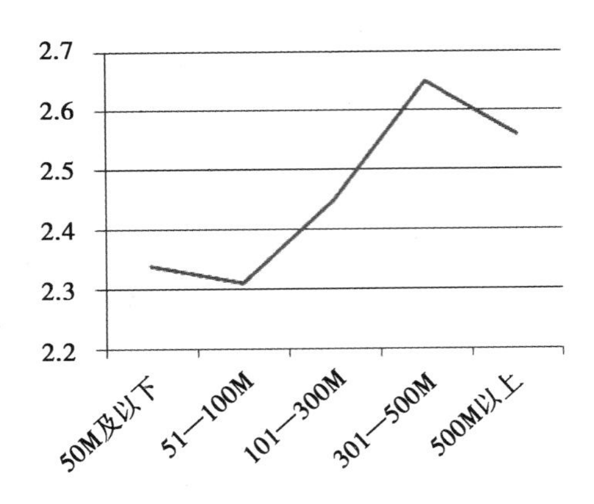

图6-1 长三角农民工上网流量与社会地位认知

本书进一步对其分布频率进行了交叉分析，如表6-5所示。在社会地位认知中，从横向上看，各个层面倾向使用的手机流量偏好不尽相同，

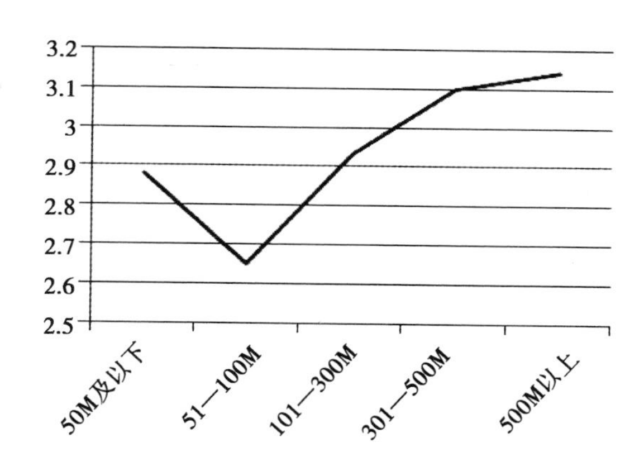

图 6-2 长三角农民工上网流量与城市人身份认知

但整体趋势是随着长三角农民工社会地位认知程度的提高其选择手机的流量也跟着上升。其中“上层”选择手机流量“500M 以上”的最多，占30%；“中上层”选择手机流量“51—100M”“301—500M”的最多，占26.0%；“中层”选择手机流量“101—300M”的最多，占 29.3%；“中下层”选择手机流量“51—100M”的最多，占 34.5%；“下层”选择手机流量“50M 及以下”与“51—100M”的最多，占 28.7%，合计选择最多为“51—100M”，占 30.1%。从纵向上看，选择手机流量在“50M 及以下”与“51—100M”时最多的都为“中下层”，分别占 41.3%、45.8%；而手机流量在“101—300M”到“500M 以上”选择最多的都为“中层”，相应地分别占 43.6%、43.4%、42.6%。

在城市人身份认知中，从横向上看，长三角农民工城市人身份认知程度与手机流量选择的偏好较复杂。其中认知程度“最低”的选择手机流量“50M 及以下”的最多，占 28.7%；认知程度“较低”与“中等”的选择都是“51—100M”的最多，分别占 37.1%、30.7%；认知程度“较高”的选择“101—300M”的最多，占 28.6%；但认知程度“最高”的却比较意外，选择“50M 及以下”的最多，占 27.6%，合计选择最多的为“51—100M”，占 29.6%。从纵向上看，各个不同手机流量选择最多的都为“中等”程度认知的长三角农民工，由此可知在城市人身份认知中，他们通过手机进行社会联系与交往的最为活跃。

表 6-5　长三角农民工上网流量与社会地位认知与城市人身份认知交叉表分析

手机流量			50M 及以下	51—100M	101—300M	301—500M	500M 以上	总计
社会地位认知	上层	计数（行%）	4（20.0%）	4（20.0%）	2（10.0%）	4（20.0%）	6（30.0%）	20（100.0%）
		列%	0.7%	0.5%	0.3%	1.1%	2.8%	0.8%
	中上层	计数（行%）	30（15.6%）	50（26.0%）	42（21.9%）	50（26.0%）	20（10.4%）	192（100.0%）
		列%	5.1%	6.3%	5.9%	14.3%	9.3%	7.2%
	中层	计数（行%）	214（20.4%）	284（27.0%）	308（29.3%）	152（14.5%）	92（8.8%）	1050（100.0%）
		列%	36.5%	35.5%	43.6%	43.4%	42.6%	39.5%
	中下层	计数（行%）	242（22.8%）	366（34.5%）	272（25.6%）	114（10.7%）	68（6.4%）	1062（100.0%）
		列%	41.3%	45.8%	38.5%	32.6%	31.5%	40.0%
	下层	计数（行%）	96（28.7%）	96（28.7%）	82（24.6%）	30（9.0%）	30（9.0%）	334（100.0%）
		列%	16.4%	12.0%	11.6%	8.6%	13.9%	12.6%
	合计	计数（行%）	586（22.0%）	800（30.1%）	706（26.6%）	350（13.2%）	216（8.1%）	3840（100.0%）
		列%	100.0%	100.0%	100.0%	100.0%	100.0%	100.0%
城市人身份认知	最高（5）	计数（行%）	54（27.6%）	30（15.3%）	40（20.4%）	34（17.3%）	38（19.4%）	196（100.0%）
		列%	9.1%	3.8%	5.6%	9.7%	17.6%	7.3%
	较高（4）	计数（行%）	84（21.1%）	90（22.6%）	114（28.6%）	78（19.6%）	32（8.0%）	398（100.0%）
		列%	14.2%	11.4%	15.8%	22.2%	14.8%	14.9%
	中等（3）	计数（行%）	240（19.3%）	382（30.7%）	374（30.1%）	160（12.9%）	88（7.1%）	1244（100.0%）
		列%	40.5%	48.4%	51.9%	45.5%	40.7%	46.6%
	较低（2）	计数（行%）	164（24.9%）	244（37.1%）	156（23.7%）	52（7.9%）	42（6.4%）	658（100.0%）
		列%	27.7%	30.9%	21.7%	14.8%	19.4%	24.6%
	最低（1）	计数（行%）	50（28.7%）	44（25.3%）	36（20.7%）	28（16.1%）	16（9.2%）	174（100.0%）
		列%	8.4%	5.6%	5.0%	8.0%	7.4%	6.5%
	合计	计数（行%）	592（22.2%）	790（29.6%）	720（27.0%）	352（13.2%）	216（8.1%）	3840（100.0%）
		列%	100.0%	100.0%	100.0%	100.0%	100.0%	100.0%

说明：（1）社会地位认同的卡方检验 Pearson 卡方<0.001；似然比=75.788；（2）城市人身份认知的卡方检验 Pearson 卡方<0.001；似然比=120.186。

2. 长三角农民工手机上网目的对其社会地位认知与城市人身份认知的影响

鉴于表 6-3 的研究结果，本书将长三角农民工的手机上网目的分别与社会地位认知与城市人身份认知进行逐步线性回归分析。如表 6-6 所示。在社会地位认知中，系统最后提取了十个变量，显著度由高到低排序为“反映意见，监督政府”（M=2.76，SD=0.862）、“发布个人观点”（M=3.08，SD=0.811）、“满足好奇心”（M=3.24，SD=0.750）、“获取信息知识”（M=3.64，SD=0.801）、“制造恶作剧”（M=2.14，SD=0.917）、“自由展示自我”（M=3.21，SD=0.716）、“引起他人关注”（M=2.61，SD=1.038）、“体验助人之乐”（M=2.88，SD=1.038）、“购物与理财”（M=2.88，SD=0.876）与“便利对外联络”（M=3.68，SD=0.876）。其中“自由展示自我”“满足好奇心”“便利对外联络”与“体验助人之乐”为负相关。说明“反映意见，监督政府”“发布个人观点”“获取信息知识”“制造恶作剧”“引起他人关注”与“购物与理财”等上网目的需求越强，或“自由展示自我”“满足好奇心”“便利对外联络”与“体验助人之乐”等上网目的需求越弱的长三角农民工对社会地位认知越高。在城市人身份认知中，系统最后提取了四个变量，显著度排序由高到低依次为“获取信息知识”（M=3.64，SD=0.801）、“购物与理财”（M=3.10，SD=0.778）、“满足好奇心”（M=3.24，SD=0.750）与“发布个人观点”（M=3.08，SD=0.811），且都为正强显著性，说明“获取信息知识”“购物与理财”“满足好奇心”与“发布个人观点”等上网目的需求越强的长三角农民工对城市人身份认知越高。经过对比可知，长三角农民工不同的上网目的需求对其社会地位认知与城市人身份认知影响的侧重不尽相同。

表 6-6　　长三角农民工社会地位认同对手机使用功能线性回归

因变量 / 自变量	长三角农民工社会认同	
	社会地位认同	城市人身份认同
（常量）	1.871*** （0.093）	1.773*** （0.098）
获取信息知识	0.104*** （0.020）	0.191*** （0.021）
自由展示自我	−0.062** （0.023）	—
参与社会事务	—	—

续表

自变量 \ 因变量	长三角农民工社会认同	
	社会地位认同	城市人身份认同
满足好奇心	-0.103*** (0.021)	-0.104* ** (0.023)
排遣孤独、宣泄情绪	—	—
购物与理财	0.05** 1 (0.019)	0.134*** (0.021)
便利对外联络	-0.039* (0.018)	—
制造恶作剧	0.046** (0.017)	—
结交各种朋友	—	—
反映意见，监督政府	0.071*** (0.019)	—
参与休闲娱乐	—	—
匿名感情交流	—	—
随意撒谎、骂人	—	—
引起他人关注	0.063** (0.020)	—
体验助人之乐	-0.068** (0.022)	—
发布个人观点	0.131*** (0.021)	0.089*** (0.021)
R^2	0.045	0.053
样本数	3840	3840

说明：社会地位认知经过十次模型运算；城市人身份认知经过四次模型运算。

3. 长三角农民工手机使用社交应用平台对其社会地位认知与城市人身份认知的影响

本书对于手机社交应用也做了进一步分析，在交叉分析中，如表6-7所示，在社会地位认知中，从纵向看长三角农民工对QQ、微博、微信的应用中都为“中上层”，分别是占41.0%、42.0%、40.9%，而包括陌陌、秘密等其他社交媒介应用都以“中层”为主，出现了一定的分化。但从整体上看，在各种社交媒介应用中，基本是中上层或中层为大多数，然后依次是上层、中下层、下层，可见，社交媒介应用对长三角农民工的社会地位认知有一定的分层作用。从横向上来看，各种社交媒介应用中，除了下层以微信应用为主外，其中各个群体都主要以QQ应用为主，其次为微信、微博。陌陌、秘密等其他社交媒介应用虽然相关比较少，但在调研中发现，相对其他社会群体而言，陌陌、秘密等社交媒介应用在农民工中有一定的应用。

表 6-7 长三角农民工社会地位与城市人身份认知与社交媒介的交叉表分析

			QQ	微博	微信	陌陌	秘密	其他
社会地位认知	上层	计数（行%）	238（41.2%）	72（12.5%）	192（33.2%）	24（4.2%）	2（0.3%）	40（6.9%）
		列%	11.6%	11.7%	11.3%	12.0%	6.7%	22.5%
	中上层	计数（行%）	838（60.5%）	258（18.6%）	698（50.4%）	64（4.6%）	10（0.7%）	60（4.3%）
		列%	41.0%	42.0%	40.9%	32.0%	33.3%	33.7%
	中层	计数（行%）	822（56.6%）	222（15.3%）	668（46.0%）	88（6.1%）	14（1.0%）	66（4.5%）
		列%	40.2%	36.2%	39.2%	44.0%	46.7%	37.1%
	中下层	计数（行%）	134（57.3%）	56（23.9%）	132（56.4%）	22（9.4%）	2（0.9%）	10（4.3%）
		列%	6.6%	9.1%	7.7%	11.0%	6.7%	5.6%
	下层	计数（行%）	12（37.5%）	6（18.8%）	16（50.0%）	2（6.3%）	2（6.3%）	2（6.3%）
		列%	0.6%	1.0%	0.9%	1.0%	6.7%	1.1%
	合计	计数（行%）	2044（55.5%）	614（16.7%）	1706（46.4%）	200（5.4%）	30（0.8%）	178（4.8%）
		列%	100.0%	100.0%	100.0%	100.0%	100.0%	100.0%
城市人身份认知	最高（5）	计数（行%）	148（63.2%）	58（24.8%）	132（56.4%）	18（7.7%）	6（2.6%）	12（5.1%）
		列%	7.2%	9.4%	7.7%	8.9%	20.0%	6.6%
	较高（4）	计数（行%）	306（56.9%）	130（24.2%）	270（50.2%）	36（6.7%）	4（0.7%）	16（3.0%）
		列%	14.8%	21.0%	15.7%	17.8%	13.3%	8.8%
	中等（3）	计数（行%）	978（61.7%）	282（17.8%）	824（52.0%）	92（5.8%）	14（0.9%）	76（4.8%）
		列%	47.4%	45.6%	48.0%	45.5%	46.7%	41.8%
	较低（2）	计数（行%）	522（54.3%）	130（13.5%）	392（40.7%）	40（4.2%）	6（0.6%）	50（5.2%）
		列%	25.3%	21.0%	22.8%	19.8%	20.0%	27.5%
	最低（1）	计数（行%）	110（32.2%）	18（5.3%）	98（28.7%）	16（4.7%）	0	28（8.2%）
		列%	5.3%	2.9%	5.7%	7.9%	0.0%	15.4%
	合计	计数（行%）	2064（56.4%）	618（16.9%）	1716（46.9%）	202（5.5%）	30（0.8%）	182（5.0%）
		列%	100.0%	100.0%	100.0%	100.0%	100.0%	100.0%

说明：（1）社会地位认同、城市人身份认知与社交应用的卡方检验中，除了城市人身份认知与陌陌的 Pearson 卡方>0.05 外，其他都<0.001；似然比值都较理想。

在城市人身份认知中，从纵向与横向上看，长三角农民工社交媒介应用都趋向一致。基本上各种社交媒介应用由高到低的顺序依次为QQ、微信、微博、陌陌、其他与秘密社交媒介应用。同时，都是中等程度认知对社交媒介应用渗入度最高，除了秘密在认知程度最高“5”上比较突出外，各种社交媒介应用的其他认知程度排序都为中下程度“2”、中上程度“4”、最高程度“5”和最低程度“1”。本书以社交媒介的应用做了进一步线性回归，如表6-8所示。

表6-8　长三角农民工社会与城市人身份认知与社交媒介线性回归情况

	社会地位认同	城市人身份
（常量）	1.940*** （0.078）	2.655*** （0.091）
平时使用的交友软件：QQ	0.052（0.041）	0.210*** （0.048）
平时使用的交友软件：微博	−0.044（0.041）	0.181*** （0.047）
平时使用的交友软件：微信	0.103** （0.034）	0.121** （0.040）
平时使用的交友软件：陌陌	0.019（0.063）	−0.071（0.074）
平时使用的交友软件：秘密	0.067（0.152）	0.184（0.178）
平时使用的交友软件：其他	−0.042（0.069）	−0.166* （0.081）
平均每天使用交友软件的时间（0.5小时以内=1）	0.028（0.016）	−0.048* （0.019）
QQ中的好友数（50个及以下=1）	0.069** （0.024）	0.062* （0.028）
QQ群数（1—2个=1）	−0.022（0.016）	−0.017（0.019）
QQ群的构成：老乡群	−0.051（0.039）	−0.144** （0.046）
QQ群的构成：同事群	0.032（0.038）	0.033（0.045）
QQ群的构成：交友群	0.087* （0.036）	0.086* （0.042）
QQ群的构成：爱好群	−0.028（0.043）	0.117* （0.050）
QQ群的构成：理财群	0.361*** （0.094）	0.245* （0.109）
QQ群的构成：其他	0.036（0.052）	−0.074（0.061）
QQ或QQ群中成员主要是：家人或亲戚	0.011（0.035）	−0.005（0.041）
QQ或QQ群中成员主要是：老乡	−0.094* （0.039）	−0.088（0.045）
QQ或QQ群中成员主要是：同学	−0.159*** （0.038）	−0.015（0.045）
QQ或QQ群中成员主要是：同事	−0.028（0.038）	0.092* （0.044）
QQ或QQ群中成员主要是：客户等	0.010（0.052）	0.099（0.061）
QQ或QQ群中成员主要是：朋友	0.121** （0.037）	0.011（0.043）
QQ或QQ群中成员主要是：网友	0.003（0.041）	−0.082（0.048）

续表

	社会地位认同	城市人身份
QQ 或 QQ 群中成员主要是：其他	0.016（0.084）	0.096（0.098）
D26 您微信中现在有多少好友？	0.097***（0.025）	0.060*（0.029）
R^2	0.044	0.053
样本数	3840	3840

说明：（1）括号内是标准误；（2）* p<0.05，** p<0.01，*** p<0.001。

本书进一步考察长三角农民工各种社交媒介应用对其社会地位认知与城市人身份认知的显著程度。其中，在长三角农民工社会地位认知中，各种社交媒介应用中只有微信（M=0.46，SD=0.498）呈显著性，但在细分考察中发现，QQ 中的好友数（M=2.07，SD=0.741）、QQ 群构成中的交友群（M=0.25，SD=0.434）、理财群（M=0.02，SD=0.151）、QQ 成员中的同学（M=0.32，SD=0.467）、朋友（M=0.42，SD=0.494）以及微信中的好友数（M=1.72，SD=0.684）也都呈显著性，其中 QQ 成员中的同学为负相关。说明以上除了 QQ 成员的同学交往越少，其他交往或嵌入越深，长三角农民工社会地位认知越高。

对于长三角农民工城市人身份认知而言，各种社交媒介应用中 QQ（M=0.55，SD=0.497）、微博（M=0.17，SD=0.372）、微信（M=0.46，SD=0.498）都呈显著性，说明随着这些社交软件应用渗入的加深，长三角农民工的城市人身份认知能力越高。同时，使用社交软件时长（M=2.21，SD=0.999）、发现 QQ 中的好友数（M=2.07，SD=0.741）、在 QQ 群中的构成中的老乡群（M=0.33，SD=0.471）、交友群（M=0.25，SD=0.434）、爱好群（M=0.14，SD=0.349）、理财群（M=0.02，SD=0.151），QQ 成员中的同事（M=0.28，SD=0.451）以及微信的好友（M=1.72，SD=0.684）呈显著性，其中使用社交软件时长和 QQ 群中的构成中的老乡群为负相关，说明就整体而言，QQ 等社交软件对长三角农民工城市人身份认知影响喜忧参半，分散的网络人际交往能够促进长三角农民工对城市人身份认知的提高，但强关系的网络社群交往却又抵消了这种作用。此外，综合比较可知，在整体上，不同社交媒介应用对长三角农民工社会地位认知与城市人身份认知的影响有差别，但 QQ 与微信中的好友数与群构成都在一定程度上影响他们的认知。

4. 长三角农民工手机网购对其社会地位认知与城市人身份认知的影响

表 6-3 中显示理财科教与商务交易类对长三角农民工社会地位认知和城市人身份认知呈显著性，本书通过长三角农民工平时使用网购的情况进行了回归分析，进一步观察不同网购内容对长三角农民工社会地位认知与城市人身份认知的影响。如表 6-9 所示。在社会地位认知中，系统经过两次筛选，提取了两个自变量，显著度由高到低排序为“书籍及教育学习用品”（M=0.06，SD=0.232）、“衣服、鞋子、化妆品”（M=0.29，SD=0.452）。

在城市人身份认知中，系统经过五次筛选，提取了五个自变量，显著度排序由高到低依次为“衣服、鞋子、化妆品”（M=0.29，SD=0.452）、“书籍及教育学习用品”（M=0.06，SD=0.232）、“电子数码产品”（M=0.07，SD=0.261）、“食品和生活用品”（M=0.17，SD=0.378）与“其他”（M=0.02，SD=0.136）。可见，长三角农民工平时网购的品种与层次对他们社会地位认知与城市人身份认知的作用起到潜移默化的作用。

表 6-9　　手机网购逐步线性回归分析筛选显著变量情况

因变量 / 自变量	长三角农民工社会认同	
	社会地位认同	城市人身份认同
（常量）	2.336*** （0.016）	2.721*** （0.019）
食品和生活用品	—	0.116* （0.049）
衣服、鞋子、化妆品等	0.138*** （0.031）	0.174*** （0.041）
家居用品	—	—
书籍及教育学习用品	0.300*** （0.060）	0.228** （0.072）
电子数码产品		0.159* （0.065）
医疗保健品	—	—
艺术装饰及高档商品	—	—
其他	—	0.262* （0.116）
R^2	0.016	0.026
样本数	3680	3660

对于各显著网购内容的消费与影响程度本书也进行了研究。如表 6-10 所示。对于长三角农民工手机网购对社会地位认知显著的商品类别而

言，分别做了交叉表分析，其中，对社会地位认知而言，从横向与总体数据上看，长三角农民工平时手机网购消费偏好的商品选择中“衣服、鞋子、化妆品”类商品消费的明显比“书籍及教育学习用品”多，说明对于各个认知层级的长三角农民工群体而言，更注重实用性消费。同时，从纵向上看，五个社会地位认知层级中“书籍及教育学习用品”与“衣服、鞋子、化妆品”选择比例最多的都为“中层”。但各社会地位认知的群体对两类商品的消费习惯还有些差别，在“书籍及教育学习用品”的消费水平中，认知层级由高到低的排序为“中层”“中下层”“中上层”“下层”与“上层”，其中“上层”与“中上层”的累计消费比例为14.9%，“中下层”与“下层”的累计消费比例为37.3%；而对于“衣服、鞋子、化妆品”的消费水平中，认知层级由高到低的排序为“中层”“中下层”“下层”“中上层”与“上层”，其中“上层”与“中上层”的累计消费比例为10.2%，“中下层”与“下层”的累计消费比例为48.2%。可见，低层次社会地位认知的长三角农民工更注重外在形象的打扮，而具有高层次社会地位认知的长三角农民工已开始关注自身文化水平的提高。

表6-10　长三角农民工手机网购习惯对社会地位认知的交叉表分析

			书籍及教育学习用品	衣服、鞋子、化妆品
社会地位认知	上层	计数（行%）	6（18.8%）	8（25.0%）
		列%	2.8%	0.8%
	中上层	计数（行%）	26（11.1%）	100（42.7%）
		列%	12.1%	9.4%
	中层	计数（行%）	102（7.0%）	444（30.6%）
		列%	47.7%	41.7%
	中下层	计数（行%）	66（4.8%）	402（29.0%）
		列%	30.8%	37.7%
	下层	计数（行%）	14（2.4%）	112（19.4%）
		列%	6.5%	10.5%
	合计	计数（行%）	214（5.8%）	1066（29.0%）
		列%	100.0%	100.0%

说明：（1）书籍及教育学习用品的卡方检验Pearson卡方<0.001；似然比=37.948；（2）衣服、鞋子、化妆品的卡方检验Pearson卡方<0.001；似然比=50.064。

对于长三角农民工城市人身份认知而言，每种商品选择的习惯偏好对其社会地位认知中，从横向与总体数据上看，五个不同认知程度的群体平时手机网购消费偏好的商品种类比例由高到低的排序都为“衣服、鞋子、化妆品”（28.7%）、“食品和生活用品”（17.6%）、“电子数码产品”（7.4%）、“书籍及教育学习用品”（5.8%）与“其他”（1.9%），说明平时关注自身城市人身份认知的长三角农民工的手机网购消费的商品种类更加多元，并从生活基本消费向提高自身生活品质的耐用品与文化需求转变。从纵向看，五个城市人身份认知程度各种平时手机网购消费偏好的商品种类选择比例最多的都为“中层”。但细分发现，如表 6-11 所示。各个不同的认知程度群体对每种手机网购消费的商品的比例也有差别，对于“衣服、鞋子、化妆品”“其他”与“食品和生活用品”这三类手机网购消费商品来说，各认知程度群体的消费比例由高到低的都为“中等”“较低”“较高”“最高”与“最低”，其中对于“衣服、鞋子、化妆品”类商品消费认知程度“最高”与“较高”的群体的累计消费比例为 24.4%，“较低”与“最低”的累计消费比例为 25.5%。对于“其他”类商品消费认知程度“最高”与“较高”的群体的累计消费比例为 25.7%，“较低”与“最低”的累计消费比例为 71.4%。对于“食品和生活用品”类商品消费认知程度“最高”与“较高”的群体的累计消费比例为 24.9%，“较低”与“最低”的累计消费比例为 23.9%。而对于“书籍及教育学习用品”和“电子数码产品”类手机网购消费商品来说，各认知程度群体的消费比例由高到低的都为“中等”“较高”“较低”“最高”与“最低”。其中对于“书籍及教育学习用品”类商品消费认知程度“最高”与“较高”的群体的累计消费比例为 31.8%，“较低”与“最低”的累计消费比例为 19.7%。对于“电子数码产品”类商品消费认知程度“最高”与“较高”的群体的累计消费比例为 31.7%，“较低”与“最低”的累计消费比例为 22%。通过对比，发现在五个认知程度群体中，最关键的是“较高”与“较低”两个认知的长三角农民工群体。对于“较高”认知的群体更倾向选择“书籍及教育学习用品”“电子数码产品”代替“较低”认知群体的“衣服、鞋子、化妆品”“其他”与“食品和生活用品”，可见，随着长三角农民工群体城市人身份认知的增强也出现了从生活基本消费向提高自身生活品质的耐用品与文化需求的转变。

表 6-11　长三角农民工手机网购习惯对城市人身份认知的交叉表分析

			衣服、鞋子、化妆品	书籍及教育学习用品	电子数码产品	其他	食品和生活用品
城市人身份认知	最高	计数（行%）	80（34.2%）	22（9.4%）	26（11.1%）	8（3.4%）	50（21.4%）
		列%	7.6%	10.3%	9.6%	11.4%	7.8%
	较高	计数（行%）	176（32.7%）	46（8.6%）	60（11.2%）	10（1.9%）	110（20.4%）
		列%	16.8%	21.5%	22.1%	14.3%	17.1%
	中等	计数（行%）	526（33.2%）	104（6.6%）	126（8.0%）	36（2.3%）	330（20.8%）
		列%	50.1%	48.6%	46.3%	51.4%	51.2%
	较低	计数（行%）	228（23.7%）	38（4.0%）	52（5.4%）	14（1.5%）	140（14.6%）
		列%	21.7%	17.8%	19.1%	20.0%	21.7%
	最低	计数（行%）	40（11.7%）	4（1.2%）	8（2.3%）	2（0.6%）	14（4.1%）
		列%	3.8%	1.9%	2.9%	2.9%	2.2%
	合计	计数（行%）	1050（28.7%）	214（5.8%）	272（7.4%）	70（1.9%）	644（17.6%）
		列%	100.0%	100.0%	100.0%	100.0%	100.0%

说明：（1）各题项的 Pearson 卡方值都 <0.001；（2）似然比值都较理想。

五　结论与讨论

1. 长三角农民工的手机嵌入情况、使用功能与内容对他们的社会地位认知与城市人身份认知起到一定的催化作用，但二者的作用并不一致。其中功能对长三角农民工的社会地位认知作用更大些，但作用出现一定的背离现象。

2. 社交媒介应用中，社交媒介应用对长三角农民工的社会地位认知有一定的分层作用。在城市人身份认知中，从纵向与横向上看，长三角农民工社交媒介应用都趋向一致。但显著性方面，却出现了差别，其中对于长三角农民工社会地位认知而言，各种社交媒介应用中只有 QQ 呈显著性，但为负相关，说明随着 QQ 应用嵌入的加深长三角农民工的社会地位认知能力反而下降。长三角农民工城市人身份认知中，各种社交媒介应用中只有微博呈显著性。

3. 在长三角农民工手机网购中，其对城市人身份认同作用更为显著，并且出现多元的倾向，由基本生活所需向文化需求与耐用品发展，但对社会地位认知与城市人身份认知而言，长三角农民工对于医疗保健与高端奢侈品的消费能力还远远不足。

第三节 长三角农民工网络准社会交往与群体认同

一 引言

在网络环境下，社会公众的数字化生存备受关注，社会媒介是作为互联网技术和智能通信设备发展下形成的一种新型人与人交际模式，它充当着人们的交往中介，其信息传播呈现出多样性、异质性、互构性等特征，让社会公众获得了发声的渠道。虽然因现实社会中经济、身份、地位等要素分配不均而使得农民工沉降为社会底层的“弱势群体”，但是手机等移动终端等的快速发展让他们从中寻找和获得关于改善自身生存环境的能量，并在这些网络准社会拟态交往里获得了新的社会在场与社会表现，进而影响着农民工群体交往与认同的形成。

二 文献综述

“准社会交往”（parasocial interaction），是由心理学家 Horton 等于 1956 年在《精神病学》杂志上提出来的，描述了受众与媒介公众人物的关系，即受众对媒介人物（如主持人、电视角色、名人等）所产生的一种情感依恋，并由此发展出的一种基于“想象”的人际关系，受众经常接触这些媒介人物，就可能出现某些社交行为，[①] 在我国国内学界，从准社会交往研究内容上来看，主要指涉的是受众与电视之间的虚拟性、单向性和即时性关系，其理论基础来源于“使用与满足”理论，在研究方法上，普遍采用实证量化策略。[②] 同时，主要从概念内涵、传播效果、诱发原因和影响因素等方面展开研究，其中，方建移等最早在国内对准社会交往研究的范式进行了研究，提出缺陷范式主要是受众的社交补偿需要可以

---

① Horton D.，Wohl R，Mass Communication and Para-social Interaction：Observations on Intimacy at a Distance，*Psychiatry*，Vol. 19，No. 1，1956.

② 张平、裴晓军：《准社会关系理论在传播研究中的价值、意义与方法》，《东南传播》2014 年第 7 期。

通过缺陷范式或通用范式方式得到满足,[①] 其中缺陷范式（deficiency paradigm）主要是指受众的社交补偿可以通过观看大量没有具体内容的电视节目，或深度观看某一节目并跟屏幕人物建立准社会联结；而通用范式（global-use paradigm）是准社会交往来源于受众跟传媒人物的更普遍的情感联结过程，而不仅仅是为了寻求补偿。此后，他们又通过李克特量表和顾特曼量表在测量受众准社会交往上具有较高的信度和效度进行了比较研究，对测评工具的检验、量表的本土化开发以及学科交叉背景下的研究理论发展等问题进行了有益的探讨。[②] 阴军莉等研究认为 20 世纪 70 年代至今，准社会化交往内容进路经历了单一维度—多重维度—动态建构三个发展阶段，认为准社会关系是在深度和广度上不断发展的动态过程。[③] Sood 等提出准社会关系由态度互动、认知互动、行为互动、相关性参与和批评性参与五个维度构成,[④] 本质上是观众对媒介人物的卷入，分为相互作用、认同、长期认同三个相关的过程，准社会关系包含态度互动、认知互动和行为互动三方面内容。[⑤]

随着网络的出现和普及，以微博、博客为代表的虚拟社交应用成为受众与公众人物产生联系的新途径，为准社会交往的研究开辟了一个新的研究方向。[⑥] 有学者认为，在网络空间里，在物理空间与虚拟空间和发生在这两个空间中的社会交互与行为之间的关系在逐渐去领土化的世界中不断变化，新的身份认同和实践活动来源于生产和消费的变迁，而冲突、差异和歧视在一个协商的语境中形成。[⑦] 岳志颖认为各个信息接收者的评论、

① 方建移、葛进平、章洁:《缺陷范式抑或通用范式——准社会交往研究述评》,《新闻与传播研究》2006 年第 3 期。

② 葛进平、方建移:《受众准社会交往量表编制与检验》,《新闻界》2010 年第 6 期。

③ 阴军莉、陈东霞:《受众与媒介人物准社会关系的研究进展——我国受众心理研究新视阈》,《新闻界》2011 年第 8 期。

④ Sood Suruchi, Everett M. Rogers, Dimensions of Parasocial Interaction by Letter writers to a Popular Entertainment education Soap Opera in India, *Journal of Broadcasting & Electronic Media*, 2000.

⑤ Rubin A M, Perse E M, Audience Activity and Soap Opera Involvement: A Uses and Effects Investigation, *Human Communication Research*, No. 2, 1987.

⑥ 韩啸、涂文琴、谭婧:《国内外准社会交往研究现状与格局: 基于文献计量分析》,《东南传播》2016 年第 5 期。

⑦ Jonathan Gray, Cornel Sandvoss, and . C Lee Harrington, *Fandom-Identities and Communities in a Mediated World*, New York: New York University Press. 2007, pp. 10-11.

转发都是可视的，是可以被其他信息接收者看到的，这就形成了受众群体中的自我互动，这种互动的形成，使准社会交往演变为真实的社会交往，而形成互动的受众就变成了一定程度上的虚拟社群，即基于共同兴趣或价值而加入网络或线上团体。①

在受众方面，目前研究主要集中在社会公众群体对媒体接触与使用的群体特征、行为等方面，譬如青少年②③④、大学生⑤⑥⑦、城市老年人⑧⑨、农民、⑩ 残疾人⑪等。其中，王静对25—54岁受众媒体接触的群体需求进行了研究，认为媒介接触中新闻需求和放松需求并重的实用性需求是现代社会人媒介接触的主要需求动力，⑫ 此外，还有网络事件、粉丝团、意见领袖等。⑬⑭⑮

---

① 岳志颖：《新媒体背景下的准社会交往现象简析》，《新闻传播》2015年第1期。

② 章洁、方建移：《从偏执追星看青少年媒介素养教育——浙江青少年偶像崇拜的调查》，《当代传播》2007年第5期。

③ 方建移：《受众准社会交往的心理学解读》，《国际新闻界》2009年第4期。

④ 朱秀凌：《未成年人的电视使用与准社会交往》，《国际新闻界》2013年第3期。

⑤ 柳季埼：《大学生政治信任、媒介接触与网络群体事件参与行为的关系研究》，硕士学位论文，浙江师范大学，2015年。

⑥ 马燕：《"准社会交往"视阈下虚拟社交的传播效果分析——基于微博用户的调查》，《东南传播》2014年第11期。

⑦ 刘晓慧：《从偶像到明星——媒介角色与大学生虚拟社会化》，《传媒观察》2012年第9期。

⑧ 方建移、葛进平：《老年人的媒介接触与准社会交往研究》，《浙江传媒学院学报》2009年第3期。

⑨ 丁卓菁、沈勤：《城市老年群体的新媒体使用与角色认知》，《当代传播》2013年第6期。

⑩ 叶伏华：《江西农村不同受众群体接触媒介状况调查报告》，《声屏世界》2001年第11期。

⑪ 冯敏良：《重残人士准社会交往研究》，《长白学刊》2015年第4期。

⑫ 王静：《25—54岁受众媒体接触的群体特征与需求》，《新闻与传播研究》2010年第1期上。

⑬ 鲁曼：《丑闻之后：名人形象修复的准社会互动关系考察——以"文章出轨门"为例》，安徽省第七届新闻传播学科研究生论坛论文集，2015年12月。

⑭ 董晨晨、方骏：《微博中的"粉都"：一个准社会交往的视角——"学习粉丝团"个案分析》，"传播与中国·复旦论坛"（2013）——网络化关系：新传播与当下中国论文集，2013年12月。

⑮ 李巧群：《准社会互动视角下微博意见领袖与粉丝关系研究》，《图书馆学研究》2015年第3期。

可见，目前研究主要针对传统电视和广播节目的收视动机、媒介形象和传播效果等方面展开探讨，发现诸如收视时间、媒介角色、自我暴露、受众满足需求和年龄等影响因素与传统媒介上的准社会交往具有相关性。但对于网络等新媒体交往对农民工的群体接触与交往的研究还比较少，特别是，对农民工群体交往与认同的影响方面的研究还非常缺乏。有学者认为农民工在新媒介中会形成一个新的社交环境认知模式：即信息传入→自身传播→人际传播→认知形成→信息输出。在这一过程中，由于农民工群体固有的生活特点，因而便多出来最重要的人际传播，从而有别于涵化理论中从客观现实到媒介现实再到客观现实的三重机制，重构了这一传统的环境认知模式，形成“双重代入解读”环境认知的模式，将媒介所构造的现实又重新拉回到人际交往中，接受现实的重构，从而形成被人际化了的媒介现实。[①] 但也有学者就研究认为当前大多数研究者将焦点放在准社会交往上，而忽略受众认同的考察，[②] 丁未等研究认为新媒介的使用在技术上让农民工群体提供了拓展，甚至突破社会关注边界的可能性。但在现实中，他们首先想到的却是如何利用现代媒介技术形成、维系、加固他们认为可靠的社会关系圈，一旦遇到不熟悉、不可靠的传播情境，他们反而更求助于传统的血缘和地缘关系，[③] 同时，毛良斌也认为准社会交往一般在传统媒介下都是积极的，表现在受众因认同角色的观念或特征而关注媒介角色，或者因为感受到角色的亲和力而产生对角色的偏好而关注媒介角色，但在新媒介微博、博客、虚拟交易社区下准社会交往既有积极的一面也有消极的一面。[④] 那么，网络嵌入与依赖程度对长三角农民工群体认同有何影响？不同网络惯习对他们内群、群际与外群接触与认知的相关性如何？本书将做进一步研究。

---

① 范莹滢：《浅析社交媒体环境下农民工群体的环境认知模式》，《新闻研究导刊》2016年第10期。

② 方建移、葛进平、章洁：《缺陷范式抑或通用范式——准社会交往研究述评》，《新闻与传播研究》2006年第3期。

③ 丁未、田阡：《流动的家园：新媒介技术与农民工社会关系个案研究》，《新闻与传播研究》2009年第1期。

④ 毛良斌：《基于微博的准社会交往：理论基础及研究模型》，《暨南学报》（哲学社会科学版）2014年第9期。

三 研究设计

1. 长三角农民工群体交往与认知状况

本书将采用第三章第二节研究长三角农民工的群体接触与群际认知的结果，将其分为群际接触、内群偏好、外群偏好、内群偏见、外群敌意五个维度来考察研究。

2. 长三角农民工网络使用惯习与应用情况

参与第四章第一节的研究，本书对长三角农民工手机使用惯习与应用的嵌入程度、使用目的、使用功能与使用内容等方面考察。

四 研究结果

1. 长三角农民工群际接触与群体认知情况

由第三章第二节，我们知道长三角农民工的群际接触与群体认知情况，那么，长三角农民工网络应用对他们群际接触与群体认知的影响如何，这里将做进一步优化的研究。首先，对其进行整体效度检验，Cronbach's Alpha 为 0.789，均值为 43.58，F 检验 P<0.001，表明内在一致性较好。其次，对其又进行了因子分析，采取用特征值大于 1，最大方差法旋转提取公因子的方法，共提取特征值大于 1 的 5 个公因子（因子总的方差贡献率为 67.745%），详见表 6-12。

表 6-12　　　长三角农民工群际接触与群体认知情况

	群际接触	内群偏好	外群敌意	外群偏好	内群偏见
1. 城市人是改革开放的最大受益者	0.092	0.165	0.075	**0.810**	0.037
2. 我感觉城里人都有种优越感	0.068	0.191	0.206	**0.753**	0.160
3. 我内心希望多与城里人交朋友	**0.597**	0.064	-0.083	0.402	0.204
4. 我参加过当地社区举办的一些公益活动	**0.749**	-0.150	0.087	0.136	0.076
5. 我在城市里已有自己固定的朋友圈子	**0.763**	0.110	0.207	-0.017	-0.122
6. 有些城里人不值得信任	0.142	0.145	**0.853**	0.082	0.167
7. 有些城里人/当地人不愿意帮助农民工	0.072	0.170	**0.827**	0.170	0.155
8. 我在当地有城市的朋友	**0.736**	0.316	0.011	-0.047	0.004
9. 农民工在城市生存竞争压力越来越大	0.096	**0.752**	0.117	0.199	0.168
10. 我感觉自己找到满意的工作越来越难	0.027	**0.755**	0.168	0.157	0.185

续表

	群际接触	内群偏好	外群敌意	外群偏好	内群偏见
11. 农民工也可以通过努力或创业富裕起来	0.088	**0.744**	0.076	0.070	-0.041
12. 农民工往往做的是脏、累、差活	-0.039	0.180	0.276	0.156	**0.738**
13. 大多数农民工往往学历低、能力差	0.078	0.069	0.081	0.067	**0.888**

2. 长三角农民工网络使用对其群体接触与群体认知的影响

本书根据研究综述与研究设计对网络长三角农民工的群体接触与群体认知做回归分析，如表 6-13 所示。

表 6-13　　长三角农民工网络使用对其群体认同影响回归分析

	群际接触	内群偏好	外群敌意	外群偏好	内群偏见
（常量）	0.096 (0.060)	0.136* (0.060)	-0.221*** (0.063)	0.245*** (0.063)	0.124* (0.062)
上网流量（50M 及以下＝1）	-0.025 (0.018)	-0.034 (0.01)	-0.014 (0.019)	-0.075*** (0.019)	0.002 (0.019)
上网时间	0.013 (0.019)	-0.004 (0.019)	0.070*** (0.019)	-0.023 (0.019)	-0.002 (0.019)
上网目的：宣泄代偿需求	0.088*** (0.016)	-0.224*** (0.016)	0.075*** (0.017)	0.024 (0.017)	0.164*** (0.017)
上网目的：实用需求	0.268*** (0.016)	0.092*** (0.016)	0.039* (0.017)	0.112*** (0.017)	0.074*** (0.017)
上网目的：休闲交往需求	0.149*** (0.017)	0.228*** (0.017)	0.095*** (0.018)	0.166*** (0.018)	0.145*** (0.018)
上网目的：展示体验需求	0.128*** (0.015)	0.002 (0.015)	0.092*** (0.016)	0.042** (0.016)	-0.002 (0.016)
上网功能：社交类	-0.063 (0.042)	0.012 (0.042)	0.252*** (0.044)	0.102* (0.044)	0.003 (0.044)
上网功能：阅读类	0.014 (0.037)	-0.098* * (0.037)	0.034 (0.039)	-0.192*** (0.039)	0.048 (0.039)
上网功能：娱乐类	-0.059 (0.040)	0.009 (0.040)	-0.162*** (0.042)	0.007 (0.042)	0.006 (0.042)
上网功能：商务交易类	-0.063 (0.048)	0.107* (0.048)	-0.100* (0.051)	0.082 (0.050)	-0.049 (0.050)
上网功能：生活服务类	-0.011 (0.037)	0.076* (0.037)	0.107** (0.039)	0.031 (0.039)	-0.095* (0.039)
上网功能：其他	-0.173** (0.067)	0.173** (0.068)	0.141* (0.071)	-0.076 (0.070)	0.044 (0.070)
上网信息需求：时事类	0.037* (0.019)	0.074*** (0.019)	-0.049* (0.020)	-0.044* (0.019)	0.003 (0.019)

续表

	群际接触	内群偏好	外群敌意	外群偏好	内群偏见
上网信息需求：生活实用类	0.032 (0.018)	0.020 (0.018)	-0.013 (0.019)	-0.081 *** (0.019)	0.022 (0.019)
上网信息需求：服务类	0.007 (0.016)	0.000 (0.016)	0.026 (0.016)	-0.044 ** (0.016)	-0.016 (0.016)
上网信息需求：财经科教	0.067 *** (0.016)	0.023 (0.016)	-0.038 * (0.017)	-0.043 * (0.017)	-0.026 (0.017)
上网信息需求：求职休闲	0.010 (0.018)	-0.034 (0.018)	-0.061 *** (0.019)	-0.043 * (0.019)	0.006 (0.019)
上网信息需求：交友情趣	0.014 (0.016)	-0.048 ** (0.016)	-0.039 * (0.016)	0.013 (0.016)	-0.014 (0.016)
网购：食品和生活用品	0.166 *** (0.049)	-0.121 * (0.049)	-0.290 *** (0.051)	0.323 *** (0.051)	-0.134 ** (0.051)
网购：衣服、鞋子、化妆品等	0.049 (0.043)	-0.051 (0.043)	-0.015 (0.045)	-0.007 (0.045)	-0.243 *** (0.045)
网购：家居用品	-0.133 * (0.067)	0.030 (0.067)	0.172 * (0.070)	0.074 (0.070)	-0.059 (0.070)
网购：书籍及教育学习用品	-0.057 (0.066)	0.033 (0.066)	0.017 (0.069)	-0.095 (0.069)	-0.143 * (0.068)
网购：电子数码产品	0.180 * (0.071)	-0.126 (0.071)	0.076 (0.075)	-0.010 (0.074)	0.004 (0.074)
网购：医疗保健品	0.152 (0.117)	-0.252 * (0.118)	0.456 *** (0.123)	-0.113 (0.122)	0.192 (0.122)
网购：艺术装饰及高档商品	0.026 (0.148)	0.126 (0.148)	0.169 (0.156)	-0.001 (0.154)	-0.534 *** (0.154)
网购：其他	-0.166 (0.112)	-0.033 (0.112)	-0.119 (0.118)	0.330 ** (0.117)	0.227 (0.117)
R^2	0.152	0.145	0.059	0.073	0.078
样本数	3840	3840	3840	3840	3840

说明：(1) 括号内是标准误；(2) * $p<0.05$，** $p<0.01$，*** $p<0.001$。

对于群际接触而言，在手机上网应用中，上网流量与上网时间都不显著；上网目的中，上网目的四个需求都呈强显著性，说明不同的上网目的都能刺激长三角农民工与城市人的接触。在上网功能中，除了其他外，其他上网功能都不显著。在上网信息需求中，财经科教类、时事类呈显著性，其中财经科教为强相关，说明平时对这两种网络信息需求与关注比较多的长三角农民工群际接触的认知与能力越强。在网购中，食品和生活用品、家居用品、电子数码产品呈显著，其中食品和生活用品为相关，家居用品为负相关，说明在平时网购中，对食品和生活用品、电子数码产品越关注，或对家居用品关注比较少的长三角农民工的群际接触的认知与能力越强。

对于内群偏好而言，在手机上网应用中，上网流量与上网时间都不显著；上网目的中，除了展示体验需求外，上网目的其他三个需求都呈强显著性，说明宣泄代偿需求、实用需求与休闲交往需求上网目的能刺激长三角农民工对农民工群体偏好。在上网功能中，阅读类（如看新闻、电子书、获取信息等）、商务交易类（如网购、旅行预订、手机支付等）、生活服务类（如天气、日历、公交等）与其他上网功能呈显著，其中阅读类为负相关，说明平时对商务交易类、生活服务类与其他等上网功能应用比较强，或阅读类上网功能应用比较弱的长三角农民工对农民工群体的偏好越强。在上网信息需求中，时事类、交友情趣类呈强显著性，其中交友情趣类为负相关，说明平时对时事类应用越多或交友情趣类关注比较少的长三角农民工对农民工内群认知偏好越强。在网购中，食品和生活用品、医疗保健呈显著，且都为负相关，说明在平时网购中，对食品和生活、医疗保健消费能力越强的长三角农民工的对农民工内群偏好认知越弱。

对于外群敌意而言，在手机上网应用中，上网时间呈强显著性，说明平时上网时间越长的长三角农民工对城市人等外群敌意越强；上网目的中，上网目的四个需求都呈显著性，其中宣泄代偿需求、休闲交往需求与展示体验需求呈强相关，说明平时对这四种上网目的，特别是宣泄代偿需求、休闲交往需求与展示体验需求越强的长三角农民工对外群敌意越强。在上网功能中，除了阅读类外，其他上网功能呈显著性，社交类、娱乐类为强相关，娱乐类与商务交易类为负相关，说明平时对社交类、生活服务类与其他等上网功能应用能力比较强，或娱乐类、商务交易类应用能力比较弱的长三角农民工对外群敌意越强。在上网信息需求中，时事类、财经科教、求职休闲与交友情趣类呈显著性，且都为负相关，其中求职休闲为强相关，说明平时对这些信息需求关注比较少的长三角农民工对外群敌意越强。在网购中，食品和生活用品、家居用品与医疗保健呈显著，其中，食品和生活用品与医疗保健为强相关，食品和生活用品为负相关，说明在平时网购中，对家居用品、医疗保健消费能力越强而食品和生活用品消费比较少的长三角农民工对外群敌意越强。

对于外群偏好而言，在手机上网应用中，上网流量呈强显著性，但为负相关，说明平时上网流量越少的长三角农民工对城市人等外群偏好越强；上网目的中，除了宣泄代偿需求外，上网目的其他三个需求都呈显著性，其中实用需求、休闲交往需求为强相关，说明平时对展示体验需求，特别是实用需求、休闲交往需求越强的长三角农民工对外群偏好越强。在上网功能中，社交类与阅读类呈显著性，其中阅读类为负强相关，说明平时对社交类、上网功能应用能力比较强，但阅读类上网功能应用能力比较弱的长三角农民工外群偏好越强。在上网信息需求中，除了交友情趣外，其他上网信息需求都呈显著性，且都为负相关，其中生活实用类为强相关，说明平时对生活实用类、时事类、服务类、财经科教和求职休闲等，这些信息需求关注比较少的长三角农民工对外群偏好越强。在网购中，食品和生活用品呈强显著性，说明在平时网购中，对生活用品消费比较多的长三角农民工的对外群偏好越强。

对于内群偏见而言，在手机上网应用中，上网流量与上网时间都不显著；上网目的中，除了展示体验需求外，上网目的其他三个需求都呈强显著性，其说明平时宣泄代偿需求、实用需求与休闲交往需求越强的长三角农民工对内群偏见越强。在上网功能中，只有生活服务类呈负显著性，说明平时对生活服务类网络信息应用能力比较弱的长三角农民工内群偏见越强。在上网信息需求中，各题项都不显著。在网购中，食品和生活用品，衣服、鞋子、化妆、书籍及教育学习用品与艺术装饰及高档商品呈负显著性，其中衣服、鞋子、化妆品，艺术装饰及高档商品为强相关，说明在平时网购中，对这些商品，特别是衣服、鞋子、化妆品，艺术装饰及高档商品消费能力越弱的长三角农民工对内群偏见越强。

五　结论与讨论

综上所述，可知，长三角农民工网络使用在一定程度上影响着他们的群际接触与群体认知。从横向上看，手机基本使用状况中，上网流量只有外群偏好呈显著，而上网时间只有外群敌意呈显著，其中上网流量为负相关。在上网目的中，四个上网目的分别与群际接触与外群敌意显著，而宣泄代偿需求、实用需求、休闲交往需求同时内群偏好与内群偏见显著，其中宣泄代偿需求作用方向相反，但悖论的是实用需求与休闲交往需求对内群偏好与内群偏见的作用方向相同。此外，实用需求、休闲交往需求与展示体验需求与外群偏好呈显著，悖论的是，这三个上网目的需求与外群敌意的作用方向也相同。在上网功能中，各种上网功能对长三角农民工群体接触与群体认知影响分化比较明显。其中，社交类分别与外群敌意、外群偏好呈显著，且二者作用方向相同；阅读类分别比内群偏好与外群偏好呈显著，且均为负相关；娱乐类只与外群敌意呈显著性；商务交易类与生活服务类同时分别与内群偏好、外群敌意显著。而其他与群际接触、内群偏好与外群敌意显著，其中群际接触为负相关。在上网信息需求中，时事类分别与群际接触、内群偏好、外群敌意与外群偏好显著，其中外群敌意与外群偏好都为负相关；生活实用类与服务类信息需求都只与外群偏好显著，且为负相关；财经科教类分别与群际接触、外群敌意与外群偏好显著，其中外群敌意与外群偏好为负相关；求职休闲类信息需求分别与外群敌意、外群偏好显著，且都为负相关；交友情趣分别与内群偏好、外群敌意显著，且为负相关。在网购中，食品和生活用品同时与群际接触与群体认知显著，其中内群偏好、外群敌意、内群偏见为负相关；衣服、鞋子、化妆品等，书籍及教育学习用品与艺术装饰及高档商品都只与内群偏见显著，且都为负相关，说明平时对这些网购商品较多的长三角农民工的内群偏见反而弱；家居用品与外群敌意显著；电子数码产品与群际接触显著。

第七章　长三角农民工网络社会认同再生产

第一节　长三角农民工网络应用与社会认同

一　引言

网络为社会公众交往和自我表现提供了“虚拟化”和“自我重塑”的平台，[①] 但由于网络通信技术的发达、传播环境与文化语境的宽松，以及网络多元化、去中心化等特质，又对社会认同起到离散的作用。人们的公共记忆、日常生活叙事与媒介话语表达的共谋，在当代社会快速发展、断裂和重构的大背景中形成混合式的社会认同。有学者就认为当代社会认同处于文化阈限（Cultures-Liminal）、混合（Mix）与杂糅（hybridity）的状态，那么，网络对长三角农民工的社会认同的影响如何？影响的主要要素与作用效果如何？表现形态如何？本书将在此进行研究与探讨。

二　文献综述

正如波兹曼所言，媒介即认识论。媒介像是一种隐喻，用一种隐蔽但有力的暗示来定义现实世界。[②] 不管我们通过言语，还是印刷文字或是摄影机来感受这个世界，这种媒介隐喻的关系为我们将这个世界进行分类、排序、构建、放大、缩小和着色，并且证明一切存在的理由。网络信息时

---

① 翟丹阳：《后现代社会背景下“网络恶搞”的媒介认同研究》，硕士学位论文，东北师范大学，2012 年。

② ［美］尼尔·波兹曼：《娱乐至死》，章艳译，广西师范大学出版社 2004 年版，第 12—13 页。

代人们的社会认同感与媒介的关系显得更为重要。[①] 媒介的崛起为增进社会认同提供了一个新的视角，媒介可以通过议程设置、满足受众需求、提升大众媒介的公信力以及宣传效果来增进社会公众的社会认同，[②] 媒体“在构建集体记忆和集体认同方面发挥着巨大整合作用”，并能够“反映并塑造社会群体这个想象物”。[③] 通过媒介与社会公众的价值同构，将媒介价值观念转化成公众的自觉价值认同。[④] 在实证经验研究方面，陆晔通过对上海市民的实证研究认为媒介使用行为与公众对社会凝聚力的主观感知和国家认同的不同维度会在一定层面上发生互动，尤其在建构本地认同上具有重要的作用。[⑤]

对于网络对社会认同的影响，有学者认为身份认同的传递也通过传媒来实现，互联网的使用改变了旧有的局面，人们获得更多元的信息来源，进入身份各异的网站，从而大大增强了网民对自我、对自身归属和对自身身份反省的空间。[⑥] 认为在网络社区上，人与人的交流演变形成网民与网民交互的形式，并不排斥面对面的人际交流，借助于网络聊天的小型工具，如 QQ 群、人人网、微博、微信等社交网络媒体，进一步强化了社会认同，[⑦] 其中最主要的是虚拟社群，其既能保有真实社群的规范、共同的目标、认同感与归属感等特征，还可能通过惯例、仪式与表达模式等来达到群体认同，[⑧] 也有学者认为媒介文化作为一种新的社会化的力量，通过制作新的形象与风格为新的认同提供了资源，为认同性的建构起到了至关

① 王罂：《媒介功能与社会认同》，《安徽文学》（下半月）2011 年第 8 期。

② 郭彩霞：《大众媒介与转型期的社会认同》，《中共福建省委党校学报》2013 年第 5 期。

③ ［英］戴维·莫利、凯文·罗宾斯：《认同的空间：全球媒介、电子世界景观与文化边界》，司艳译，南京大学出版社 2001 年版，第 124、246 页。

④ 李鲤：《媒介庆典中的身份生产与社会认同——兼谈“影响中国”年度人物的价值观呈现》，《今传媒》2015 年第 2 期。

⑤ 陆晔：《媒介使用、社会凝聚力和国家认同——理论关系的经验检视》，《新闻大学》2010 年第 2 期。

⑥ ［法］阿尔弗雷德·格罗塞：《身份认同的困境》，王鲲译，社会科学文献出版社 2010 年版，第 7 页。

⑦ 何亭：《身份认同的建构：网络媒介生态下艺术社会关系探析》，《陕西师范大学学报》（哲学社会科学版）2013 年第 4 期。

⑧ ［荷］丹尼斯·麦奎尔：《麦奎尔大众传播理论》，崔保国等译，清华大学出版社 2006 年版，第 112 页。

重要的作用。但同时，由于媒介机构的全球化整合、媒介受众的多样化体验及媒介产品的全球化流动都在某种程度上造成认同危机的产生，从而在实际生活中增强了人们的焦虑感，削弱了人们的认同感，造成媒介认同危机。① 国内对于网络媒介对社会认同的影响的研究，有学者分别从媒介功能、媒介话语、媒介生活等方面进行了研究，②③④ 近年来，关于网络对社会公众的社会参与和社会生活不同领域开始发挥越来越重要的作用，譬如网络参与新社会运动集体认同感的建构。⑤ 此外，徐玉文对网络中传播的新兴词汇，譬如“女汉子”，反映了群体结构和群体动力对媒介传播过程起到的重大作用，以及深层次的社会认同问题。⑥ 那么，社会公众媒介接触与使用行为对他们在社会认同的不同维度上作用效果如何？网络媒介对个体或群体的社会认同的自我感知和群体依附的影响如何？这些方面的经验观察是十分贫乏和有限的。

对于农民工方面的研究，杨嫚探讨媒介对农民工的社会分类、建构身份意义和自我类别化过程中起到的功能与作用，认为媒介能够通过符号互动被内化为农民工的认知，影响农民工对自我社会身份的评价，进而影响他们对所经历事件的解释和行为回应。农民工清楚地感受到了自己的弱势地位，以及他群对我群的负面评价，并伴随着消极的感情卷入，无法获得积极的社会认同。⑦ 同时，由于网络使意义本身开始从时间、空间和传统中分离出来，对人们的文化身份认同产生“多极化的影响”，从而形成

① 周丽蓉：《道格拉斯·凯尔纳媒介认同批评理论研究》，硕士学位论文，湘潭大学，2013 年。

② 王曌：《媒介功能与社会认同》，《安徽文学》（下半月）2011 年第 8 期。

③ 潘琼、田波澜：《媒介话语与社会认同》，《当代传播》2005 年第 4 期。

④ 麦尚文、王昕：《媒介情感力生产与社会认同——《感动中国》社会传播机制及效应调查分析》，《电视研究》2009 年第 6 期。

⑤ 孙玮：《“我们是谁”：大众媒介对于新社会运动的集体认同感建构——厦门 PX 项目事件大众媒介报道的个案研究》，《新闻大学》2007 年秋季号。

⑥ 徐玉文：《媒介传播中的新兴词汇探究——以社会认同模式下的“女汉子”为例》，《西部广播电视》2014 年第 5 期。

⑦ 杨嫚：《媒介与外来务工人员社会认同》，《西南石油大学学报》（社会科学版）2011 年第 2 期。

“很少确定性和统一性的”多样性的及复合化的认同,[①] 而这些新的变化与社会认同之间的关系，也需要更多的经验研究来验证。

戈夫曼将框架定义为人们用来认识和解释社会生活经验的一种认知结构，试图理解人们如何组织经验，从而赋予它们特定意义，并据此指出架构分析就是一个关于人们在建构社会现实过程中如何交往互动的研究领域。鉴于此，本书从架构分析视角切入，以长三角农民工的社会认同范畴为中心将农民工对社会认同的认知维度与其网络应用联系起来，研究网络媒介与他们社会认同如何互动和阐释社会认同生产机制，在媒介资源上是如何接收、处理媒介框架信息，接受、选择、互动以及形成群体共识和社会认同。

三　研究设计

1. 长三角农民工社会认同状况题项设计

根据第三章第四节研究的结果，将社会认同各维度与题项进行重新综合分析，并进行度量与因子分析，如表 7-1 所示。其中，对长三角农民工社会认同进行了效度与信度分析，Cronbach's Alpha 为 0.797，均值为 51.24，F 检验 $P<0.001$，表明内在一致性达到基本要求。然后，对其又进行了因子分析，采取用特征值大于 1，最大方差法旋转提取公因子的方法，共提取特征值大于 1 的 5 个公因子（因子总的方差贡献率为 63.089%）。其结果与 AMOS17.0 分析结果相同。其中因子由高到低排序为职业认同、文化认同、群体认同、地域认同与地位认同，其相应的旋转方差系数为 2.787、2.016、2.004、1.825 与 1.462。

表 7-1　　长三角农民工社会认同状况分析

	职业认同	文化认同	群体认同	地域认同	地位认同
城市人身份	0.057	0.116	0.042	0.144	0.847
社会地位	0.273	0.084	-0.034	0.053	0.783
工资待遇	0.786	0.031	0.023	0.105	0.098
工作时间强度	0.823	0.018	0.045	0.085	0.078

① ［英］戴维·赫尔德、安东尼·麦克格鲁：《全球化与反全球化》，陈志刚译，社会科学文献出版社 2004 年版，第 32 页。

续表

	职业认同	文化认同	群体认同	地域认同	地位认同
工作岗位	0.826	0.055	0.134	0.106	0.110
工作环境	0.785	0.109	0.089	0.139	0.081
饮食与穿着与城里人/当地人一样	0.039	0.633	0.065	0.282	0.182
了解当地的风俗习惯	0.099	0.865	0.130	0.133	0.040
会说或能听得懂当地语言	0.050	0.850	0.007	0.098	0.033
农民工是我国社会发展的重要力量	0.167	0.078	0.660	-0.002	0.059
我感觉城里人都有种优越感	0.066	-0.006	0.655	0.081	-0.126
农民工很勤奋	0.042	0.014	0.712	0.150	0.072
农民工在城市生存竞争压力越来越大	-0.028	0.101	0.709	0.076	0.023
我参加过当地社区举办的一些公益活动	0.222	0.115	0.009	0.741	-0.017
我在城市里已有自己固定的朋友圈子	0.120	0.154	0.114	0.776	0.150
我在当地有城市的朋友	0.064	0.234	0.252	0.679	0.114

2. 长三角农民工网络使用惯习题项设计

根据媒介构架、媒介接触与使用理论，本书主要从长三角农民工的群体特征、上网基本情况两个维度进行考察。其中，长三角农民工的群体特征主要包括性别、年龄、受教育程度、婚恋状况与收入水平等；上网基本情况主要包括手机上网目的、上网功能、上网需求以及网购状况等方面。

四　研究结果

根据研究文献综述与研究设计，对长三角农民工的网络使用惯习对其社会认同的影响与作用进行回归分析，如表 7-2 所示。

表 7-2　　长三角农民工网络使用对其社会认同的影响

	职业认同	地位认同	群体认同	地域认同	文化认同	社会认同
(常量)	-0.842*** (0.118)	-1.205*** (0.117)	-0.130 (0.115)	-0.097 (0.115)	-0.513*** (0.118)	-3.908*** (0.343)
性别（女=0）	-0.026 (0.033)	-0.135*** (0.033)	0.043 (0.033)	0.054 (0.033)	-0.098** (0.034)	-0.212* (0.097)
年龄（18 周岁以下=1）	-0.011 (0.012)	-0.010 (0.012)	0.031* (0.012)	-0.057*** (0.012)	0.111*** (0.012)	0.095** (0.036)
受教育水平	0.021 (0.012)	0.088*** (0.012)	-0.010 (0.012)	0.009 (0.012)	0.068*** (0.012)	0.236*** (0.035)

续表

	职业认同	地位认同	群体认同	地域认同	文化认同	社会认同
婚恋（未婚=1）	0.081* (0.039)	0.015 (0.039)	0.090* (0.039)	-0.029 (0.038)	0.047 (0.040)	0.308** (0.115)
收入状况	0.188*** (0.014)	0.157*** (0.014)	-0.016 (0.014)	0.098*** (0.014)	-0.023 (0.014)	0.581*** (0.041)
上网流量	-0.027 (0.019)	0.105*** (0.018)	-0.069*** (0.018)	-0.037* (0.018)	-0.012 (0.019)	-0.083 (0.054)
上网时间	0.026 (0.019)	-0.060** (0.019)	0.058** (0.019)	0.036 (0.019)	-0.028 (0.019)	0.063 (0.056)
上网目的：宣泄代偿需求	0.107*** (0.017)	-0.010 (0.017)	-0.116*** (0.017)	0.077*** (0.017)	-0.028 (0.017)	0.065 (0.050)
上网目的：实用需求	0.073*** (0.017)	0.017 (0.016)	0.202*** (0.016)	0.207*** (0.016)	0.122*** (0.017)	0.881*** (0.048)
上网目的：休闲交往需求	0.018 (0.017)	-0.090*** (0.017)	0.253*** (0.017)	0.144*** (0.017)	0.057*** (0.017)	0.554*** (0.051)
上网目的：展示体验需求	0.071*** (0.016)	0.055*** (0.016)	0.049** (0.016)	0.132*** (0.016)	-0.060*** (0.016)	0.346*** (0.046)
上网功能：社交类	-0.071 (0.044)	0.108* (0.043)	0.059 (0.043)	-0.085* (0.043)	0.021 (0.044)	0.011 (0.128)
上网功能：阅读类	-0.017 (0.038)	-0.021 (0.038)	-0.118** (0.037)	0.018 (0.037)	-0.076* (0.038)	-0.304** (0.112)
上网功能：娱乐类	-0.011 (0.042)	0.007 (0.041)	0.030 (0.041)	-0.089* (0.041)	0.042 (0.042)	-0.029 (0.121)
上网功能：商务交易类	-0.180*** (0.050)	0.037 (0.050)	0.051 (0.049)	-0.063 (0.049)	-0.053 (0.050)	-0.344* (0.146)
上网功能：生活服务类	-0.019 (0.038)	0.083* (0.038)	0.077* (0.038)	-0.015 (0.038)	0.101** (0.039)	0.300** (0.112)
上网功能：其他	-0.027 (0.070)	0.226*** (0.069)	0.183** (0.068)	-0.182** (0.068)	0.018 (0.070)	0.265 (0.203)
上网信息需求：时事类	0.021 (0.019)	-0.011 (0.019)	0.030 (0.019)	-0.009 (0.019)	0.052** (0.020)	0.126* (0.057)
上网信息需求：生活实用类	0.029 (0.019)	0.052** (0.019)	-0.027 (0.018)	0.008 (0.018)	0.016 (0.019)	0.109* (0.055)
上网信息需求：服务类	0.035* (0.016)	0.042** (0.016)	-0.036* (0.016)	0.022 (0.016)	-0.001 (0.016)	0.086 (0.047)
上网信息需求：财经科教	-0.011 (0.017)	0.028 (0.016)	-0.007 (0.016)	0.038* (0.016)	0.075*** (0.017)	0.164*** (0.049)
上网信息需求：求职休闲	-0.040* (0.019)	-0.046* (0.019)	-0.079*** (0.018)	0.030 (0.018)	0.034 (0.019)	-0.145** (0.055)
上网信息需求：交友情趣	0.015 (0.016)	0.053*** (0.016)	-0.046** (0.016)	-0.006 (0.016)	-0.002 (0.016)	0.013 (0.047)
网购：食品和生活用品	0.362 (0.051)	-0.121* (0.050)	-0.042 (0.050)	0.023 (0.049)	0.125* (0.051)	0.607*** (0.147)

续表

	职业认同	地位认同	群体认同	地域认同	文化认同	社会认同
网购：衣服、鞋子等	-0.095* (0.044)	0.094* (0.044)	-0.063 (0.044)	0.016 (0.043)	0.105* (0.045)	0.036 (0.130)
网购：家居用品	-0.112 (0.069)	-0.096 (0.068)	0.031 (0.068)	-0.076 (0.068)	0.028 (0.069)	-0.322 (0.202)
网购：书籍及教育学习用品	-0.275*** (0.068)	0.066 (0.067)	-0.026 (0.067)	0.013 (0.066)	-0.228*** (0.068)	-0.723*** (0.198)
网购：电子数码产品	-0.048 (0.073)	0.133 (0.073)	0.013 (0.072)	0.150* (0.072)	-0.027 (0.074)	0.263 (0.214)
网购：医疗保健品	-0.145 (0.121)	0.028 (0.120)	-0.134 (0.118)	0.240* (0.118)	0.216 (0.121)	0.233 (0.352)
网购：艺术装饰及高档商品	0.606*** (0.152)	0.070 (0.151)	0.120 (0.149)	-0.008 (0.149)	-0.320* (0.153)	0.800 (0.444)
网购：其他	0.028 (0.116)	0.115 (0.114)	0.040 (0.113)	-0.227* (0.113)	-0.112 (0.116)	-0.225 (0.337)
R^2	0.101	0.118	0.136	0.142	0.091	0.242
样本数	3840	3840	3840	3840	3840	3840

说明：（1）括号内是标准误；（2） * p<0.05， ** p<0.01， *** p<0.001。

对于社会认同和职业认同而言，人口社会学背景变量中，婚恋与收入状况呈显著性，其中收入状况为强相关，说明长三角农民工中已婚的，特别是收入高，其职业认同也高。在上网基本条件中，上网流量与时间不显著，说明长三角农民工上网流量与时间与其职业认同的相关度不明显。在上网目的中，宣泄代偿需求、实用需求、展示体验需求呈显著性，且都为强相关，说明平时上网这类上网目的越强的长三角农民工职业认同越高。在上网功能中，只有商务交易类呈显著性，且为强负相关，说明平时上网对商务交易类功能需求越强，长三角农民工的职业认同反而越低。在上网信息需求中，服务类与求职休闲呈显著性，其中求职休闲为负相关，说明平时对服务类信息需求越强，或对求职休闲需求越少的长三角农民工职业认同越高。在网购商品中，衣服、鞋子与化妆品等商品、书籍及教育学习用品以及艺术装饰及高档商品呈显著性，其中衣服、鞋子与化妆品等商品、书籍及教育学习用品为负相关，说明平时在网购中对衣服、鞋子与化妆品等商品、书籍及教育学习用品需求越少，或艺术装饰及高档商品需求越多的长三角农民工职业认同越高。

对于社会认同的地位认同而言，人口社会学背景变量中，性别、受教育水平与收入状况呈强显著性，其中性别为负相关，说明女性、受教育水平越高、收入越高的长三角农民工地位认同越高。在上网基本条件中，上网流量与时间都呈显著性，其中上网时间为负相关，说明平时上网流量使用越多，或上网时间越少的长三角农民工的地位认同越高。在上网目的中，休闲交往需求与展示体验需求都呈强显著性，其中休闲交往需求为负相关，说明平时上网时，展示体验需求上网目的越强，或休闲交往需求上网目的越弱的长三角农民工地位认同越高。在上网功能中，社交类、生活服务类与其他呈显著性，说明平时上网时对社交类、生活服务类需求越强的长三角农民工的地位认同越高。在上网信息需求中，生活实用类、服务类、求职休闲与交友情趣呈显著性，其中求职休闲为负相关，说明平时对生活实用类、服务类、交友情趣网络信息需求越多，求职休闲网络信息需求越少的长三角农民工地位认同越高。在网购商品中，食品和生活用品、衣服、鞋子与化妆品等商品呈显著性，其中食品和生活用品为负相关，说明平时在网购中对食品和生活用品需求越少，或衣服、鞋子与化妆品等商品需求越多的长三角农民工地位认同越高。

对于社会认同的群体认同而言，人口社会学背景变量中，年龄、婚恋呈显著，说明长三角农民工中年龄越大的、已婚的群体认同越高。在上网基本条件中，上网流量与时间都呈显著性，其中上网流量为负相关，说明长三角农民工上网流量越少，上网时间越多的其群体认同越高。在上网目的中，宣泄代偿需求、实用需求、休闲交往需求、展示体验需求都呈显著性，其中宣泄代偿需求为负相关，宣泄代偿需求、实用需求、休闲交往需求为强相关，说明平时上网时对实用需求、休闲交往需求与展示体验需求的上网目的越强，或宣泄代偿需求的上网目的越弱的长三角农民工群体认同越高。在上网功能中，阅读类、生活服务类与其他呈显著性，其中阅读类为负相关，说明平时上网时对生活服务类功能需求越强，或生活服务类网络功能需求越弱的长三角农民工的群体认同越高。在上网信息需求中，服务类、求职休闲与交友情趣呈显著性，且都为负相关，说明平时对这三类网络信息，特别是求职休闲类网络信息，需求越少的长三角农民工群体认同越高。在网购商品中，各题项都不呈显著说明平时网购对长三角农民工群体认同影响不明显。

对于社会认同和地域认同而言，人口社会学背景变量中，年龄与收入状况呈强显著性，其中年龄为负相关，说明年龄越轻、收入越高的长三角农民工地域认同越高。在上网基本条件中，上网流量呈显著性，且为负相关，说明长三角农民工中上网流量使用越少的人，其地域认同越高。在上网目的中，宣泄代偿需求、实用需求、休闲交往需求、展示体验需求都呈强显著性，说明平时上网时，这四种上网目的越强的长三角农民工地域认同越高。在上网功能中，社交类、娱乐类与其他呈显著性，且都为负相关，说明平时上网时对社交类、娱乐类上网功能需求越弱的长三角农民工的地域认同越高。在上网信息需求中，财经科教呈显著性，说明平时对财经科教网络信息需求越多的长三角农民工地域认同越高。在网购商品中，电子数码产品、医疗保健品与其他呈显著，说明平时网购中对电子数码产品、医疗保健品购买越多的长三角农民工地域认同越高。

对于社会认同的文化认同而言，人口社会学背景变量中，性别、年龄、受教育程度呈显著，其中性别为负相关，说明长三角农民工中女性、年龄越大的、受教育程度越高的，其文化认同越高。在上网基本条件中，上网流量与时间不显著，说明长三角农民工上网流量与时间与其文化认同的相关度不明显。在上网目的中，实用需求、休闲交往需求、展示体验需求都呈强显著性，其中展示体验需求为负相关，说明平时上网时对实用需求、休闲交往需求上网目的越强，或展示体验需求越弱的长三角农民工文化认同越高。在上网功能中，阅读类、生活服务类呈显著性，其中阅读类为负相关，说明平时上网时对生活服务类功能需求越强，或生活服务类网络功能需求越弱的长三角农民工的文化认同越高。在上网信息需求中，时事类、财经科教呈显著性，其中财经科教为强相关，说明平时对这两种服务信息，特别是财经科教类信息，需求越强的长三角农民工文化认同越高。在网购商品中，食品和生活用品，衣服、鞋子与化妆品等商品、书籍及教育学习用品以及艺术装饰及高档商品呈显著性，其中书籍及教育学习用品、艺术装饰及高档商品为负相关，说明平时在网购中对食品和生活用品，衣服、鞋子与化妆品等商品需求越多，或对书籍及教育学习用品、艺术装饰及高档商品需求越少的长三角农民工文化认同越高。

对于社会认同整体而言，人口社会学背景变量中，性别、年龄、受教育水平、婚恋与收入状况都呈显著性，其中性别为负相关，受教育程度、收入状况为强相关，说明女性、已婚、年龄越大、受教育水平越高、收入越高的长三角农民工社会认同越高。在上网基本条件中，上网流量与时间都不呈显著性，说明平时上网流量、上网时间对长三角农民工的整体社会认同影响不明显。在上网目的中，实用需求、休闲交往需求与展示体验需求都呈强显著性，说明平时上网时这三类上网目的越强的长三角农民工社会认同越高。在上网功能中，阅读类、商务交易类、生活服务类呈显著性，其中阅读类、商务交易类为负相关，说明平时上网时对生活服务类需求越强，但阅读类、商务交易类需求越弱的长三角农民工的社会认同越高。在上网信息需求中，时事类、生活实用类、财经科教、求职休闲呈显著性，其中求职休闲为负相关，说明平时对时事类、生活实用类、财经科教网络信息需求越多，求职休闲网络信息需求越少的长三角农民工社会认同越高。在网购商品中，食品和生活用品、书籍及教育学习用品呈强显著性，其中书籍及教育学习用品为负相关，说明平时在网购中对食品和生活用品需求越多，书籍及教育学习用品需求越少的长三角农民工社会认同越高。

五　结论与讨论

综上所述，在控制人口学变量的情况下，可知长三角农民工新媒体使用对其社会认同存在一定的影响与作用，具体如下。

1. 对于网络基本应用方面，上网流量与上网时间对长三角农民工整体社会认同影响不大，但对其构成维度有一定的作用，作用大小与方向各有所不同。其中上网流量分别与地位认同、群体认同、地域认同呈显著性，其中地位认同、群体认同为强相关，群体认同、地域认同为负相关；而上网时间分别与地位认同、群体认同呈显著性，其中地位认同为负相关。就整体看，就地位认同、群体认同来讲，长三角农民工上网流量与上网时间出现不同步、互相背反的现象。

2. 对于上网目的来讲，其对长三角农民工社会认同影响比较突出。从横向上看，除了上述结果，各上网目的对社会认同及其构成维度的作用有所差别。其中宣泄代偿需求上网目的同职业认同、群体认同和地域认同呈强显著性，其中群体认同为负相关；实用需求同职业认同、文化认同以及社会认同整体呈强显著性；除了职业认同外，休闲交往需求同社会认同整体及其他四项构成维度；而展示体验需求与社会认同整体与其五个构成维度都呈显著性，其中文化认同为负相关，从纵向上看，上网目的的四类需求因子同时对群体认同与地域认同呈显著性，其中对地域认同为正强相关。说明在上述显著的变量中，除了宣泄代偿需求对群体认同休闲交往因子对地位认同、展示体验需求对文化认同为反向相关外，在控制其他变量不变的情况下，任何一个上网目的因子变化都能相应地刺激其所对应的认同发生正向变化。

3. 对于上网功能而言，其对长三角农民工社会认同及其构成维度作用比较分散。从横向上看，社交类上网功能分别与地位认同、地域认同呈显著性，其中地域认同为负相关；阅读类上网功能分别为群体认同及社会认同整体，且都为负相关；娱乐类只有地域认同成负显著性；商务交易类分别与职业认同、社会认同整体呈负显著性；生活服务类分别同地位认同、群体认同、文化认同以及社会认同整体呈正显著性；而“其他”上网功能分别同地位认同、群体认同与地域认同呈显著性，其中地域认同为负相关。从整体上来看，除了生活服务类上网外，其他上网功能对社会认同及其构成维度作用正负杂糅。

4. 对于上网信息需求而言，时事类上网信息需求分别与文化认同与社会认同整体呈正显著性；生活实用类上网信息需求分别同地位认同与社会认同整体呈正显著性；服务类上网信息需求分别同地位认同与群体认同呈显著性，其中群体认同为负相关；财经科教上网信息需求分别与地域认同、文化认同以及社会认同整体呈正显著性；求职休闲上网信息需求分别与职业认同、地位认同、群体认同与社会认同整体呈显著性，且都为负相关；交友情趣上网信息需求分别与地位认同与群体认同呈显著性，其中群体认同为负相关。说明求职休闲类上网信息需求整体上对当前长三角农民工社会认同及其构成维度形成一定程度上的负向阻碍作用，时事类、生活实用类、财经科教类上网信息需求对社会认同及其相应的认同维度形成一定程度上的正向促进作用，而服务类、交友情趣类上网信息需求对地位认同、群体认同的作用相反，说明这两类上网信息需求对长三角农民工地位认同向群体认同过渡中存在着一定的信息区隔。

5. 对于网购而言，食品和生活用品分别与地位认同、文化认同与社会认同整体呈显著性，其中地位认同为负相关；衣服、鞋子与化妆品等分别与职业认同、地位认同呈显著性，其中职业认同为负相关；家居用品都不显著；书籍及教育学习用品分别与职业认同、文化认同与社会认同整体呈显著性，且都为负相关。电子数码产品与医疗保健品都与地域认同呈显著性，艺术装饰及高档商品分别同职业认同与文化认同呈显著性，其中文化认同为负相关。说明书籍及教育学习用品成为当前长三角农民工社会认同问题中的关键要素与薄弱环节，像食品和生活用品、衣服、鞋子与化妆品等基本生活作用对长三角农民工构成了社会认同低端与高端认同的区隔，特别是对低端社会认同来讲起到一定的阻碍作用。而电子数码产品与医疗保健品这类耐消耗品与生活品质用品在一定程度上能够促进长三角农民工的地域认同。但对于艺术装饰及高档商品却出现悖论的现象，其在一定程度上能够促进长三角农民工的职业认同，但却阻碍其文化认同。

第二节　长三角农民工网络应用与网络认同

一　引言

从一般意义上来说，网络信息传播的基本核心是建立在人们对其反映的外界信息的认知和接收上的，其在本质上折射出人们对自我属性的归类、认同与发展的一种内在需要，网络在某种程度上可以说已成为一种将人类的自我关切意识直接转化成生产关系的重要中介与桥梁。随着网络等媒介日益深刻地嵌入市场生产的机制与社会公众日常叙事中，网络的符号"镜像模仿效应"就越来越让人们裹挟其中，有学者就认为，现代主体的个体化生存一定程度上就是身体化的生产，自恋则突出地具有自怜、自好、移位认同、分立对话、认知扭曲等内涵。①

二　文献综述

布尔迪厄认为符号不仅仅是意义与沟通的工具，更是一种权力技术的工具。同时，布尔迪厄将符号视为一种权力的实践，认为"符号是社会整合的最好工具，它们促成了一种对社会意义的共识，有利于社会秩序的再生产"。② 可见，符号不仅是知识和沟通的工具，其在一定程度上还会强化和塑造现实的秩序。但同时，布尔迪厄也指出了"符号资本""惯习""区隔"等术语来阐述符号权力被"误识"的过程，认为符号体系是"用来塑造结构的支配工具，而这种塑造又来自其自身的被塑造结构，意识形态生产的场域与社会阶级的场域有一种同构性，意识形态体系以这种

① 陈奇佳：《大众媒介与现代主体的镜像化再生产》，《文艺研究》2004年第56期。

② ［法］皮埃尔·布尔迪厄：《论符号权力》，吴飞、贺照田译，辽宁大学出版社1999年版，第167—168、170页。

同构性为中介，通过这种‘误识’的形式，再生产了社会阶级的场域结构”。而“符号体系之所以有其突出的权力，是因为通过这些体系表达的权力关系恰恰体现在对意义关系的‘误识’中”。①

国外有学者研究“媒介在社会表征过程中的角色，议题设置功能以及特殊信源的依靠”等不确定因素对社会公众的影响。② 还有学者研究了知识生产的内容、主体、策略和知识的性质等方面对转基因论争中的作用。③ 还有学者调查了大学生的人格特征、社会支持对其网络社交焦虑与网络使用或社交行为的关系。④⑤ 李远福等通过网络元认知方法，将网络学习自我效能、网络学习动机、网络学习态度和网络学习策略及其子成分为预测变量，采用逐步多元回归分析法对网络学习焦虑及其影响因素做了预测性探究。⑥ 此外，还有学者对媒介的再生产问题进行了研究，其中，刘芳通过对“南京义工联”青年自组织的“在线—在场—在线”网络社会参与和社会行动，研究个体如何通过群体的认知、情感和社会比较的心理过程不断建构和强化，实现自组织“社会认同”的符号表征，再生产了自组织的符号边界。⑦ 曾一果研究了媒介对不同的性别、种族和阶层身份社会公众在都市空间中，如何通过借助大众媒体进行表述、传达和建构再生产具有多样身份标识与文化认同。⑧ 综上所述，我们看到当前研究主要集中于媒介符号及其对社会公众的作用的研究上，但对农民工等弱势群

---

① ［法］皮埃尔·布尔迪厄：《论符号权力》，吴飞、贺照田译，辽宁大学出版社 1999 年版，第 167—168、170 页。

② Edna F. Einsiedel, GM Food Labeling the Interplay of Information, Social, and Institutional Trust, *Science Communication*, Vol. 24, No. 2, 2002.

③ 陈刚：《“不确定性”的沟通：“转基因论争”传播的议题竞争、话语秩序与媒介的知识再生产》，《新闻与传播研究》2014 年第 7 期。

④ 廖伟、施春华：《大学生社交焦虑水平与网络社交行为的关系》，《医学研究杂志》2016 年第 1 期。

⑤ 姜永志、王海霞、白晓丽：《大学生社交焦虑与手机互联网使用行为的关系：手机社交网络使用偏好的中介》，《贵州师范大学学报》（自然科学版）2016 年第 1 期。

⑥ 李远福、傅钢善：《大学生网络学习焦虑影响因素研究——基于网络学习者特征的逐步多元回归分析》，《电化教育研究》2015 年第 4 期。

⑦ 刘芳：《青年自组织社会参与：认同、社会表征与符号再生产——以“南京义工联”为例》，《中国青年研究》2012 年第 8 期。

⑧ 曾一果：《身份的标识：大众媒介与都市空间的再生产》，“传播与中国·复旦论坛”——可沟通城市：理论建构与中国实践，2012 年 12 月 14 日，第 120—129 页。

体的符号权力及其再生产情况研究，尤其是对农民工的符号叙事的影响要素及其作用关注不够，因此，本书将就此进行研究。

三　研究设计

1. 长三角农民工的网络认同题项设计

根据第五章第三节的研究设计结果，进一步将长三角农民工网络认同的网络区隔与网络嵌入各维度与题项进行重新综合分析，并进行度量与因子分析。其中，对其进行了效度与信度分析，Cronbach's Alpha 为 0.828，均值为 53.44，F 检验 $P<0.001$，表明内在一致性达到基本要求。然后，对其又进行了因子分析，采取提取因子，最大方差法旋转的方法，共提取特征值大于 1 的 6 个公因子（因子总的方差贡献率为 63.495%），详见表 7-3。其结果与 AMOS17.0 分析结果相同。其中因子由高到低排序为网络评价、网络认知、网络参与、网络具身、网络焦虑、网络刻板，其相应的旋转方差系数为 2.214、1.959、1.860、1.645、1.594、1.521。其中，网络评价、网络认知、网络参与合并生成网络嵌入综合指数，网络具身、网络焦虑、网络刻板合并生成网络区隔综合指数，网络嵌入综合指数与网络区隔综合指数再合并生成网络认同综合指数。

表 7-3　　长三角农民工网络认同情况

	网络嵌入			网络区隔		
	网络评价	网络认知	网络参与	网络具身	网络焦虑	网络刻板
1. 在网络中与别人交流中，我最欣赏我自己	0.139	0.227	0.139	0.723	0.038	0.062
2. 在网络上我真希望人们对您更诚实一些	0.699	-0.003	0.070	0.264	0.091	0.042
3. 在网络上，多数人了解我对事物的感受	0.263	0.227	0.126	0.687	-0.051	0.153
4. 在网络中我能得到有用的信息	0.814	0.018	0.107	0.077	0.112	0.122
5. 上网我能得到放松或缓解压力	0.796	0.149	-0.027	0.098	0.158	-0.009
7. 网络上能够反映问题，监督政府	0.138	0.090	0.535	0.263	-0.006	0.199
8. 在网上网友们都认可和尊重我	0.366	0.154	0.262	0.438	0.139	0.023
11. 网络中大家都不认识，可以随意说	0.036	0.744	0.086	0.144	0.003	0.142

续表

	网络嵌入			网络区隔		
	网络评价	网络认知	网络参与	网络具身	网络焦虑	网络刻板
15. 在网络上有时我会发泄自己对工作的不满	0.108	0.644	0.129	0.248	0.274	-0.130
16. 在网上感觉很自由，想做什么就做什么	0.035	0.741	0.178	0.190	0.157	0.105
20. 虽然能上网，感觉自己还是外来务工人员	0.228	0.429	0.111	-0.317	0.011	0.524
21. 有时我会通过其他途径来核实网络真实性	0.178	0.134	0.228	0.095	0.018	0.695
22. 我不喜欢上网交友	-0.123	-0.065	0.012	0.222	0.288	0.763
24. 有时我会拒绝接受网络信息的某些观点	0.183	0.146	0.089	0.085	0.802	0.141
25. 网络上存在内容娱乐化、低俗化	0.178	0.144	0.150	-0.053	0.815	0.098
26. 自己的权益受到损害，我会通过网络投诉	-0.041	0.131	0.805	0.011	0.142	0.140
27. 我会积极参与感兴趣的网络论坛或平台讨论	0.097	0.141	0.809	0.130	0.113	-0.014

2. 长三角农民工网络应用惯习与状况题项设计

根据前面章节的研究设计与研究结果，本书主要从长三角农民工的群体特征、上网基本情况两个维度进行考察。其中，长三角农民工的群体特征主要包括性别、年龄、受教育程度、婚恋状况与收入水平等；上网基本情况主要包括手机上网目的、上网功能、上网需求以及网购状况等方面。

四　研究结果

本书对长三角农民工的网络嵌入与网络区隔进行了回归分析，结果如表7-3所示。其中，对网络评价来说，在上网信息需求中，时事类、生活实用类、求职休闲呈显著性，其中时事类、求职休闲为强相关，说明平时对生活实用类，特别是时事类、求职休闲类信息需求越强的长三角农民工网络评价越高。在网购商品中，食品和生活用品、书籍及教育学习用品呈显著性，其中书籍及教育学习用品为负相关，说明平时在网购中对食品和生活用品需求较多，书籍及教育学习用品需求越少的长三角农民工网络评价越高，因此，书籍及教育学习用品也是提高长三角农民工网络评价的一定难点与关键点。

对于网络认知而言，人口社会学控制变量中，婚恋、收入状况都呈强显著性，其中收入状况为负相关。说明在控制其他变量不变的情况下，长三角农民工中已婚，收入较少的其网络认知越高。在上网基本条件中，上网时间呈强显著性，说明平时上网时间越多的长三角农民工网络认知也越高。在上网目的中，宣泄代偿需求、休闲交往需求与展示体验需求都呈强显著性，说明平时上网中宣泄代偿需求、休闲交往需求与展示体验需求这三类上网目的越强长三角农民工网络认知也越高。在上网功能中，社交类、阅读类、商务交易类、生活服务类上，网络功能呈显著性，且都为负相关，其中阅读类与生活服务类为强相关，说明平时对社交类、商务交易类，特别是对阅读类与生活服务类上网功能应用越多的长三角农民工对网络认知却越低，可见，在对于要提高当前长三角农民工的网络认知来说，社交类、阅读类、商务交易类、生活服务类上网功能都是工作的薄弱点。在上网信息需求中，服务类、求职休闲、交友情趣呈显著性，其中服务类为负相关，求职休闲为强相关，说明平时交友情趣类，特别是求职休闲类信息需求越强的长三角农民工网络认知越高，而服务类信息需求越强的长三角农民工的网络认知越低，出现了一定的分化与背离现象。在网购商品中，电子数码产品、医疗保健品呈显著性，其中电子数码产品为强相关，说明平时在网购中对医疗保健品，特别是电子数码产品需求越多的长三角农民工网络评价越高。

对于网络参与而言，人口社会学控制变量中，各变量都不显著，说明长三角农民工人口社会学背景对其网络参与没有明显的影响。在上网基本条件中，上网流量与上网时间不显著，说明长三角农民工上网基本条件对其网络参与也没有明显的影响。在上网目的中，宣泄代偿需求、实用需求、休闲交往需求与展示体验需求都呈显著性，其中宣泄代偿需求、实用需求与展示体验需求为强相关，休闲交往需求为负相关，说明平时上网中宣泄代偿需求、实用需求与展示体验需求这三类上网目的越强的长三角农民工网络参与也越高，而休闲交往需求上网目的越高的长三角农民工网络参与反而越弱，出现了一定的分化与背离现象。在上网功能中，社交类、商务交易类、生活服务类与其他等上网功能呈显著性，其中社交类、商务交易类与其他为强相关，社交类与其他类为负相关，说明平时对生活服务类，特别是对商务交易类上网功能应用越多的长三角农民工对网络参与越高，但社交类上网功能应用越多的长三角农民工网络参与却越低，也出现了一定的分化与背离现象。在上网信息需求中，只有财经科教呈显著性，说明平时对财经科教信息需求越强的长三角农民工网络参与越高。在网购商品中，只有艺术装饰及高档商品呈显著性，说明平时对艺术装饰及高档商品需求越多的长三角农民工网络参与越高。

就整体网络嵌入而言，人口社会学控制变量中，只有性别呈显著性，说明在控制其他变量不变的情况下，长三角农民工中男性要比女性的网络认同高。在上网基本条件中，上网时间呈强显著性，说明平时上网时间越长的长三角农民工网络认同越高。在上网目的中，宣泄代偿需求、实用需求、休闲交往需求与展示体验需求都呈强显著性，说明平时上网任何一类上网目的应用越强的长三角农民工网络参与也越高。在上网功能中，只有阅读类上网功能呈显著性，且为负相关，说明平时对阅读类上网功能应用越多的长三角农民工的网络嵌入越低，可见，当前阅读类对长三角农民工来说，是提高网络评价的一定难点与关键点。在上网信息需求中，时事类、求职休闲与交友情趣呈显著性，其中时事类、求职休闲为强相关，说明平时对交友情趣，特别是时事类、求职休闲类信息需求越强的长三角农民工网络嵌入越高。在网购商品中，只有艺术装饰及高档商品呈显著性，说明平时对艺术装饰及高档商品需求越多的长三角农民工网络嵌入越高。

就网络具身而言，人口社会学控制变量中，年龄与受教育程度呈显著性，其中受教育程度为强相关，说明在控制其他变量不变的情况下，长三角农民工中年龄越大、受教育程度越高的网络具身现象越突出。在上网基本条件中，上网流量与上网时间均不呈显著性，说明网络基本条件对长三角农民工网络具身影响并不明显。在上网目的中，宣泄代偿需求、实用需求、休闲交往需求与展示体验需求都呈强显著性，说明平时上网任何一类上网目的应用越强的长三角农民工网络具身现象越突出。在上网功能中，社交类、商务交易类、生活服务类与其他类上网功能呈显著性，其中社交类、商务交易类、生活服务类为强相关，商务交易类、生活服务类为负相关，说明平时对社交类上网功能应用越多的长三角农民工的网络具身现象越突出，但商务交易类、生活服务类上网功能应用越多的长三角农民工的网络具身现象越轻。在上网信息需求中，除了生活实用类外，其他各类上网信息需求都呈显著性，其中时事类、求职休闲为负相关，时事类、财经科教、求职休闲为强相关，说明平时对交友情趣、服务类，特别是财经科教信息需求越强的长三角农民工网络具身现象越明显，而时事类、求职休闲类信息需求越强的长三角农民工网络具身现象越弱。在网购商品中，只有食品和生活用品呈显著性，说明平时对食品和生活用品类网购商品需求越多的长三角农民工具身现象越明显。

表 7-4　长三角农民工网络应用与网络认同状况

	网络评价	网络认知	网络参与	网络嵌入	网络具身	网络焦虑	网络刻板	网络区隔	网络认同
(常量)	-0.298 ** (0.100)	-0.004 (0.113)	-0.066 (0.113)	-0.539 * (0.258)	-0.409 *** (0.114)	-0.281 * (0.116)	-0.138 (0.120)	-1.050 *** (0.251)	-1.589 *** (0.322)
性别（女=0）	0.003 (0.028)	0.059 (0.032)	0.050 (0.032)	0.154 * (0.073)	0.023 (0.032)	0.035 (0.033)	-0.052 (0.034)	0.010 (0.071)	0.165 (0.092)
年龄（18 周岁以下=1）	0.007 (0.010)	-0.019 (0.012)	0.004 (0.012)	-0.010 (0.027)	0.035 ** (0.012)	0.003 (0.012)	0.036 ** (0.012)	0.093 *** (0.026)	0.083 * (0.034)
受教育水平	-0.017 (0.010)	-0.015 (0.012)	0.013 (0.012)	-0.029 (0.027)	0.052 *** (0.012)	0.035 ** (0.012)	0.016 (0.012)	0.130 *** (0.026)	0.102 ** (0.033)
婚恋（未婚=1）	-0.057 (0.033)	0.137 *** (0.038)	0.020 (0.038)	0.134 (0.086)	0.010 (0.038)	-0.012 (0.039)	0.027 (0.040)	0.031 (0.084)	0.165 (0.108)
收入状况	0.029 * (0.012)	-0.057 *** (0.014)	0.001 (0.014)	-0.036 (0.031)	0.002 (0.014)	0.019 (0.014)	0.042 ** (0.014)	0.077 ** (0.030)	0.042 (0.039)
上网流量	-0.034 * (0.016)	0.012 (0.018)	-0.002 (0.018)	-0.036 (0.041)	-0.011 (0.018)	-0.005 (0.018)	-0.029 (0.019)	-0.056 (0.039)	-0.092 (0.051)
上网时间	0.115 *** (0.016)	0.090 *** (0.018)	0.007 (0.018)	0.307 *** (0.042)	0.014 (0.019)	-0.046 * (0.019)	-0.012 (0.020)	-0.055 (0.041)	0.252 *** (0.053)
上网目的：宣泄代偿需求	-0.159 *** (0.014)	0.230 *** (0.016)	0.171 *** (0.016)	0.318 *** (0.037)	0.189 *** (0.017)	-0.027 (0.017)	0.118 *** (0.017)	0.353 *** (0.036)	0.672 *** (0.047)
上网目的：实用秠需求	0.194 *** (0.014)	-0.009 (0.016)	0.252 *** (0.016)	0.620 *** (0.036)	0.169 *** (0.016)	-0.031 (0.016)	0.156 *** (0.017)	0.370 *** (0.035)	0.990 *** (0.045)
上网目的：休闲交往需求	0.297 *** (0.015)	0.233 *** (0.017)	-0.038 * (0.017)	0.715 *** (0.038)	0.084 *** (0.017)	0.275 *** (0.017)	0.020 (0.018)	0.480 *** (0.037)	1.195 *** (0.048)
上网目的：展示体验需求	0.072 *** (0.013)	0.089 *** (0.015)	0.203 *** (0.015)	0.509 *** (0.035)	0.142 *** (0.015)	0.029 (0.016)	0.010 (0.016)	0.231 *** (0.034)	0.739 *** (0.044)
上网功能：社交类	0.158 *** (0.037)	-0.086 * (0.042)	-0.187 *** (0.042)	-0.140 (0.096)	0.162 *** (0.043)	0.229 *** (0.043)	-0.129 ** (0.045)	0.339 *** (0.093)	0.199 (0.120)
上网功能：阅读类	-0.070 * (0.032)	-0.149 *** (0.037)	-0.037 (0.037)	-0.363 *** (0.084)	-0.029 (0.037)	0.104 ** (0.038)	-0.067 (0.039)	0.011 (0.082)	-0.352 *** (0.105)
上网功能：娱乐类	-0.040 (0.035)	-0.064 (0.040)	-0.005 (0.040)	-0.156 (0.091)	0.028 (0.040)	0.079 (0.041)	-0.144 *** (0.042)	-0.042 (0.089)	-0.198 (0.114)
上网功能：商务交易类	0.003 (0.042)	-0.114 * (0.048)	0.181 *** (0.048)	0.092 (0.110)	-0.200 *** (0.049)	0.125 * (0.049)	-0.092 (0.051)	-0.211 * (0.107)	-0.119 (0.137)
上网功能：生活服务类	0.165 *** (0.033)	-0.158 *** (0.037)	0.096 ** (0.037)	0.155 (0.084)	-0.149 *** (0.037)	0.118 ** (0.038)	0.121 ** (0.039)	0.107 (0.082)	0.262 * (0.105)
上网功能：其他	0.145 * (0.059)	-0.019 (0.067)	-0.303 *** (0.067)	-0.224 (0.152)	0.158 * (0.068)	0.058 (0.069)	-0.138 (0.071)	0.106 (0.148)	-0.117 (0.190)

续表

	网络评价	网络认知	网络参与	网络嵌入	网络具身	网络焦虑	网络刻板	网络区隔	网络认同
上网信息需求：时事类	0.151 *** (0.017)	-0.014 (0.019)	-0.007 (0.019)	0.195 *** (0.043)	-0.066 *** (0.019)	-0.062 *** (0.019)	0.035 (0.020)	-0.119 ** (0.042)	0.076 (0.053)
上网信息需求：生活实用	0.043 ** (0.016)	0.032 (0.018)	-0.032 (0.018)	0.065 (0.041)	0.016 (0.018)	-0.054 ** (0.018)	-0.029 (0.019)	-0.083 * (0.040)	-0.017 (0.051)
上网信息需求：服务类	0.001 (0.014)	-0.034 * (0.015)	-0.011 (0.015)	-0.062 (0.035)	0.049 ** (0.016)	-0.059 *** (0.016)	0.050 ** (0.016)	0.049 (0.034)	-0.013 (0.044)
上网信息需求：财经科教	0.021 (0.014)	-0.015 (0.016)	0.042 ** (0.016)	0.068 (0.036)	0.063 *** (0.016)	-0.012 (0.016)	0.021 (0.017)	0.092 ** (0.036)	0.160 *** (0.046)
上网信息需求：求职休闲	0.068 *** (0.016)	0.063 *** (0.018)	-0.022 (0.018)	0.159 *** (0.041)	-0.088 *** (0.018)	-0.060 *** (0.019)	0.005 (0.019)	-0.182 *** (0.040)	-0.023 (0.052)
上网信息需求：交友情趣	0.004 (0.014)	0.045 ** (0.015)	0.011 (0.015)	0.085 * (0.035)	0.038 * (0.016)	0.018 (0.016)	-0.016 (0.016)	0.051 (0.034)	0.136 ** (0.044)
网购：食品和生活用品	0.085 * (0.043)	-0.058 (0.049)	-0.062 (0.048)	-0.039 (0.111)	0.225 *** (0.049)	-0.074 (0.050)	0.116 * (0.051)	0.338 ** (0.108)	0.299 * (0.138)
网购：衣服、鞋秠子等	0.004 (0.038)	0.065 (0.043)	0.031 (0.043)	0.140 (0.097)	0.034 (0.043)	-0.205 *** (0.044)	0.081 (0.045)	-0.115 (0.095)	0.025 (0.122)
网购：家居用品	-0.058 (0.059)	-0.057 (0.066)	0.069 (0.066)	-0.073 (0.151)	0.085 (0.067)	0.072 (0.068)	0.094 (0.070)	0.315 * (0.147)	0.243 (0.189)
网购：书籍及教育学习用品	-0.142 * (0.058)	-0.032 (0.065)	0.014 (0.065)	-0.236 (0.149)	-0.022 (0.066)	0.001 (0.067)	0.039 (0.069)	0.021 (0.145)	-0.215 (0.186)
网购：电子数码秠产品	-0.087 (0.062)	0.371 *** (0.070)	-0.117 (0.070)	0.231 (0.160)	-0.032 (0.071)	-0.173 * (0.072)	-0.129 (0.074)	-0.418 ** (0.156)	-0.187 (0.201)
网购：医疗保健品	-0.165 (0.102)	0.235 * (0.116)	0.152 (0.116)	0.290 (0.265)	-0.005 (0.117)	0.281 * (0.119)	-0.087 (0.123)	0.242 (0.257)	0.532 (0.331)
网购：艺术装饰及高档商品	0.168 (0.129)	0.082 (0.146)	0.358 * (0.146)	0.853 * (0.334)	0.039 (0.148)	0.230 (0.150)	-0.158 (0.155)	0.145 (0.325)	0.998 * (0.417)
网购：其他	0.110 (0.098)	0.080 (0.111)	0.088 (0.111)	0.396 (0.253)	-0.185 (0.112)	-0.116 (0.114)	-0.137 (0.117)	-0.553 * (0.246)	-0.157 (0.317)
R^2	0.355	0.171	0.176	0.285	0.150	0.127	0.071	0.142	0.375
样本数	3840	3840	3840	3840	3840	3840	3840	3840	3840

说明：（1）括号内是标准误；（2） * p<0.05， ** p<0.01， *** p<0.001。

就网络焦虑而言，人口社会学控制变量中，只有受教育程度呈显著性，说明在控制其他变量不变的情况下，长三角农民工中受教育程度越高的网络焦虑现象越突出。在上网基本条件中，上网时间呈负显著性，说明平时上网时间越长的长三角农民工网络焦虑反而会降低。在上网目的中，只有休闲交往需求呈强显著性，说明平时休闲交往需求上网目的应用越强的长三角农民工网络焦虑现象越突出。在上网功能中，社交类、阅读类、商务交易类、生活服务类上网功能呈显著性，其中社交类为强相关，说明平时对商务交易类、阅读类、生活服务类，特别是社交类上网功能，应用越多的长三角农民工的网络焦虑现象越突出。在上网信息需求中，时事类、生活实用类、服务类、求职休闲类上网信息需求都呈显著性，且都为负相关，其中，时事类、服务类、求职休闲类为强相关，说明平时对生活实用类，特别是时事类、服务类、求职休闲类，信息需求越强的长三角农民工网络焦虑反而越轻。在网购商品中，衣服、鞋子与化妆品等商品、电子数码产品与医疗保健品呈显著性，其中衣服、鞋子与化妆品等商品、电子数码产品为负相关，衣服、鞋子与化妆品等商品为强相关，说明平时对电子数码产品，特别是衣服、鞋子与化妆品等商品，网购需求越多的长三角农民工网络焦虑现象越轻，但医疗保健品网购需求越多的长三角农民工网络焦虑现象明显，出现一定的背离现象。

就网络刻板而言，人口社会学控制变量中，年龄、收入状况呈显著性，说明在控制其他变量不变的情况下，长三角农民工中年龄越高、收入越高的网络刻板现象越突出。在上网基本条件中，上网流量与上网时间均不呈显著性，说明平时基本上网条件对长三角农民工网络刻板问题影响不明显。在上网目的中，宣泄代偿需求、实用需求呈强显著性，说明平时宣泄代偿需求、实用需求上网目的应用越强的长三角农民工网络刻板现象越突出。在上网功能中，社交类、娱乐类、生活服务类上网功能呈显著性，其中社交类、娱乐类为负相关，生活服务类为强相关，说明平时对社交类，特别是娱乐类，上网功能应用越多的长三角农民工的网络刻板现象反而会减轻，但对生活服务类上网功能应用越多的长三角农民工的网络刻板现象也会越强，可见，上网功能对长三角农民工的网络刻板现象出现一定的背离，其中生活服务类上网功能应用是解决长三角农民工网络刻板问题的关键点。在上网信息需求中，只有服务类呈显著性，说明平时对服务类信息需求越强的长三角农民工网络刻板现象也越明显。在网购商品中，只有食品和生活用品呈显著性，说明平时对食品和生活用品网购需求越多的长三角农民工网络刻板现象越明显。

就网络区隔整体而言，人口社会学控制变量中，年龄、受教育水平、收入状况呈显著性，其中年龄、受教育水平为强相关，说明在控制其他变量不变的情况下，长三角农民工中收入越高，特别是年龄越高、受教育程度越高的人，其网络区隔现象越突出。在上网基本条件中，上网流量与上网时间均不呈显著性，说明平时基本上网条件对长三角农民工网络区隔整体影响不明显。在上网目的中，宣泄代偿需求、实用需求、休闲交往需求、展示体验需求都呈强显著性，说明任何一类上网目的应用都会刺激与加强长三角农民工网络区隔现象。上网功能中，社交类、商务交易类呈显著性，其中商务交易类为负相关，社交类为强相关，说明平时对社交类上网功能应用越多的长三角农民工的网络区隔现象整体上会比较突出，但对商务交易类上网功能应用越多的长三角农民工的网络区隔现象反而会减轻，可见，上网功能对长三角农民工的网络区隔现象出现一定的背离，其中社交类上网功能应用是解决长三角农民工网络刻板问题的关键点。在上网信息需求中，时事类、生活实用类、财经科教、求职休闲呈显著性，其中时事类、生活实用类、求职休闲为负相关，求职休闲为强相关，说明平时时事类、生活实用类，特别是求职休闲类，信息需求越强的长三角农民工网络区隔现象反而会减轻，而对财经科教类信息需求越强的长三角农民工的网络区隔现象会越加明显。在网购商品中，只有食品和生活用品、家居用品、电子数码产品及其他类呈显著性，其中电子数码产品及其他类为负相关，说明平时对食品和生活用品、家居用品网购需求越多的长三角农民工网络区隔现象越明显，而对电子数码产品及其他类网购需求越多的长三角农民工网络区隔现象却减轻。

就网络认同整体而言，人口社会学控制变量中，年龄、受教育水平呈显著性，说明在控制其他变量不变的情况下，长三角农民工中年龄越高、受教育程度越高的人，其网络认同相应地也越高。在上网基本条件中，上网时间呈强显著性，说明平时上网时间越长的长三角农民工网络认同越明显。在上网目的中，宣泄代偿需求、实用需求、休闲交往需求、展示体验需求都呈强显著性，说明任何一类上网目的应用都会刺激与加强长三角农民工网络认同现象。上网功能中，阅读类、生活服务类呈显著性，其中阅读类为负强相关，说明平时对阅读类上网功能应用越多的长三角农民工的网络认同现象整体上会下降，但对生活服务类上网功能应用越多的长三角农民工的网络认同越高，可见，上网功能对长三角农民工的网络认同现象出现一定的背离。在上网信息需求中，财经科教、交友情趣呈显著性，其中财经科教为强相关，说明平时交友情趣，特别是财经科教，信息需求越强的长三角农民工网络认同会越高。在网购商品中，食品和生活用品、艺术装饰及高档商品类呈显著性，说明平时对食品和生活用品、艺术装饰及高档商品网购需求越多的长三角农民工网络认同现象越明显。

五　结论与讨论

综上所述，以长三角农民工人口社会学背景为控制变量，可以看出对长三角农民工网络应用对他们网络区隔、网络嵌入和网络认同状况以及其构成维度影响情况。从横向上看，具体如下。

1. 对于上网基本条件，上网流量只与网络嵌入中的网络评价呈负显著性，而同网络嵌入的其他两个构成维度、网络区隔及其三个维度、网络认同整体都不相关，并且随着上网流量的增加长三角农民工的网络评价反而下降。而上网时间分别同网络嵌入及其网络评价、网络认知因子、网络区隔中的网络焦虑因子与网络认同整体呈显著性，其中网络嵌入及其网络评价、网络认知因子与网络认同整体为强相关，网络区隔中的网络焦虑因子为负相关，说明随着上网时间的增加，长三角农民工的网络嵌入及其网络评价、网络认知因子与网络认同整体会显著增加，同时其网络区隔中的网络焦虑也会下降。可见，上网基本条件中，上网时间对长三角农民工的网络认同影响更大，且为促进与提高的作用，而上网流量在一定程度上却起到消极的作用，出现了上网流量与上网时间不同步的现象。

2. 对于上网目的，其中宣泄代偿需求上网目的，除了网络区隔中的网络焦虑不显著外，同网络嵌入及其构成的三个因子、网络区隔及其构成的网络具身、网络刻板因子、网络认同整体都为强相关，说明随着宣泄代偿需求上网目的的增强一方面会促进长三角农民工网络嵌入及其构成维度、整个网络认同的提高，但其另一方面也会刺激长三角农民工网络区隔及其网络具身与网络刻板现象的加剧。对于实用需求上网目的，除了网络嵌入中的网络认知与网络区隔中的网络焦虑不显著外，同网络嵌入及其构成的网络评价与网络参与因子、网络区隔及其构成的网络具身、网络刻板因子、网络认同整体都为强相关，说明随着实用需求上网目的的增强其会促进长三角农民工网络嵌入及其构成网络评价与网络参与维度、整个网络认同提高的同时，也会刺激长三角农民工网络区隔及其网络具身与网络刻板现象的加剧。休闲交往需求上网目的，除了网络区隔中的网络刻板不显著外，同网络嵌入及其构成的网络评价、网络认知因子、网络区隔及其构成的网络具身、网络焦虑因子、网络认同整体都为强相关，说明随着休闲交往需求上网目的增强，一方面会促进长三角农民工网络嵌入及其构成维度、整体网络认同的提高，但其另一方面也会刺激长三角农民工网络区隔及其网络具身与网络焦虑现象的加剧。展示体验需求上网目的，除了网络区隔中的网络焦虑、网络刻板不显著外，同网络嵌入及其构成的三因子、网络区隔及其构成的网络具身因子、网络认同整体都为强相关，说明随着展示体验需求上网目的增强，一方面会促进长三角农民工网络嵌入及其构成的三因子、网络区隔及其构成的网络具身因子、网络认同整体的提高；但其另一方面也会刺激长三角农民工网络区隔及其网络具身现象的加剧。可见，从整体上上网目的对长三角农民工网络嵌入、网络区隔与网络认同的影响多元、复杂，正负效应并存。

3. 对于上网功能，其中社交类上网功能应用，除了网络嵌入、网络认同整体不显著外，分别同网络嵌入构成的三因子、网络区隔及其构成的三因子呈显著性，其中网络嵌入中的三个因子、网络区隔中的网络刻板为负相关，网络嵌入中的网络评价与网络参与因子、网络区隔本身及其网络具身、网络焦虑因子为强相关，说明随着长三角农民工中社交类上网功能应用越强，其网络嵌入中的网络评价相应地也会越高，同时网络区隔中的网络刻板也会降低；而悖论的是，网络嵌入中的网络认知，特别是网络参与会降低，网络区隔及其网络具身因子、网络焦虑因子会增加，出现进一步的分化与背离现象。对于阅读类上网功能应用，网络嵌入及网络评价、网络认知因子，网络区隔中的网络焦虑因子与网络认同呈显著性，其中网络嵌入及其网络评价、网络认知因子、网络认同为负相关，网络嵌入及其网络认知因子、网络认同为强相关，说明随着长三角农民工中阅读类上网功能应用越强，其网络评价，特别是网络嵌入及其网络认知因子、网络认同反而会下降，同时其网络区隔中的网络焦虑也会增加，因此，可知阅读类是解决与提高长三角农民工网络嵌入、网络区隔与网络认同的薄弱环节与关键点。对于娱乐类上网功能应用，只有网络区隔中的网络刻板因子呈负强显著性，说明娱乐类上网功能应用越强长三角农民工网络区隔中的网络刻板反而为明显下降。对于商务交易类上网功能应用，网络嵌入中的网络认知、网络参与因子，网络区隔及其网络具身、网络焦虑因子呈显著性，其中网络嵌入中的网络认知、网络区隔及其网络具身因子为负相关，网络嵌入中的网络参与因子、网络区隔中的网络具身因子为强相关，说明随着长三角农民工中商务交易类上网功能应用越强，其网络嵌入中的网络参与会增加、网络区隔本身及其网络具身因子会下降；但网络嵌入中的网络认知会下降、网络区隔中的网络焦虑会上升。对于生活服务类上网功能应用，除了网络嵌入本身与网络区隔本身不显著外，其他都呈显著性，其中网络嵌入中的网络认知、网络区隔中的网络具身因子为负相关，网络嵌入中的网络评价、网络认知因子、网络区隔中的网络具身因子为强相关，说明随着长三角农民工中生活服务类上网功能应用的增强，其网络嵌入中的网络参与、网络认同，特别是网络评价也会增加、网络区隔中的网络具身因子会下降；但网络嵌入中的网络认知会下降、网络区隔中的网络焦虑与网络刻板因子会上升。

4. 对于上网信息需求：其中时事类上网信息需求，网络嵌入本身及其网络评价因子、网络区隔本身及其网络具身、网络焦虑因子呈显著性，其中网络区隔本身及其网络具身、网络焦虑因子为负相关，网络嵌入本身及其网络评价因子、网络区隔中的网络具身、网络焦虑因子为强相关，说明随着时事类上网信息需求的增加，其网络嵌入本身及其网络评价因子也会增加，同时网络区隔本身及其网络具身、网络焦虑因子也会下降。生活实用类上网信息需求，网络嵌入中的网络评价因子、网络区隔本身及其网络焦虑因子呈显著性，其中网络区隔本身及其网络焦虑因子为负相关，说明随着生活实用类上网信息需求的增加，其网络嵌入中的网络评价因子也会增加，同时网络区隔本身及网络焦虑因子也会下降。服务类上网信息需求，网络嵌入中的网络认知因子、网络区隔中的网络具身、网络焦虑、网络刻板三因子呈显著性，其中网络嵌入中的网络认知因子、网络区隔中的网络焦虑因子为负相关，网络区隔中的网络焦虑为强相关，说明随着服务类上网信息需求的增加，其网络嵌入中的网络认知因子会下降，网络区隔中的网络具身、网络刻板的网络评价因子会增加，但同时网络区隔中的网络焦虑因子也会增加，出现一定的分化与背离现象。财经科教类上网信息需求，网络认同中的网络参与因子、网络区隔本身及其网络具身、网络认同呈显著性，其中网络区隔中的网络具身、网络认同为强相关，说明随着财经科教类上网信息需求的增加，其网络嵌入中的网络参与、网络认同会上升，但悖论的是，网络区隔本身及其网络具身也会增加。求职休闲类上网信息需求，网络嵌入本身及其网络评价、网络认知因子、网络区隔本身及其网络具身、网络焦虑呈强显著性，其中网络区隔本身及其网络具身、网络焦虑为负相关，说明随着求职休闲类上网信息需求的增加，长三角农民工的网络嵌入本身及其网络评价、网络认知会增加，同时其网络区隔本身及其网络具身、网络焦虑也会下降。交友情趣类上网信息需求，网络嵌入本身及其网络认知因子、网络区隔中的网络具身、网络认同呈显著性，说明随着交友情趣类上网信息需求的增加，长三角农民工的网络嵌入本身及其网络认知、网络认同会增加，同时其网络区隔中的网络具身也会增加。可见，从整体上看，时事类、生活实用类、求职休闲作用方向一致，但其他上网信息需求出现分化多元、相互糅杂甚至矛盾的现象。

5. 对于网购，其中食品和生活用品网购，分别与网络嵌入中的网络评价因子、网络区隔本身及其网络具身与网络刻板因子、网络认同呈显著性，其中网络区隔中的网络具身为强相关，说明随着食品和生活用品网购的增加，长三角农民工的网络嵌入中的网络评价、网络认同会增加，但同时其网络区隔本身及其网络具身与网络刻板现象也会增加。衣服、鞋子与化妆品等网购，只有网络区隔中的网络焦虑呈负强显著性，说明随着衣服、鞋子与化妆品等网购的增加，长三角农民工的网络区隔中的网络焦虑会明显下降。家居用品网购，只与网络区隔呈显著性，说明随着家居用品网购的增加，长三角农民工的网络区隔在一定程度上会有所增加。书籍及教育学习用品，只与网络认同中的网络评价呈负显著性，说明随着书籍及教育学习用品网购的增加，长三角农民工的网络嵌入中的网络评价在一定程度上会有所下降。电子数码产品，网络嵌入中的网络认知、网络区隔本身及其网络焦虑因子呈显著性，其中网络区隔本身及其网络焦虑因子为负相关，网络嵌入中的网络认知为强相关，说明随着电子数码产品网购的增加，长三角农民工的网络嵌入中的网络认知会明显上升，同时网络区隔及其网络焦虑会下降。医疗保健品，网络嵌入中的网络认知、网络区隔中的网络焦虑因子呈显著性，说明随着医疗保健品网购的增加，长三角农民工的网络嵌入中的网络认知会在一定程度上增加，但同时网络区隔中的网络焦虑也会增加。艺术装饰及高档商品，网络嵌入本身及其网络参与因子、网络认同呈显著性，说明随着艺术装饰及高档商品网购的增加，长三角农民工的网络嵌入本身及其网络参与、网络认同在一定程度上也会增加。

第三节　长三角农民工网络认同与社会认同

一　引言

媒介一向被视为是塑造、凝聚阶层或群体媒介形象与认同建构的重要场域,[①②] 而移民和少数族群的媒介使用行为与他们的文化身份认同之间的关系，早已引起了社会科学研究者的关注。其中，网络已成为研究移民和少数族群文化身份认同的传播媒介。[③④⑤] 然而，目前相关研究的主要关注在农民工媒介接触与使用（或者说是媒介消费）对其身份与社会认同的影响，但对于媒介环境、媒介内容，特别是媒介认同如何强化其社会认同的研究还不足。因此，本书将深入挖掘长三角农民工网络认同与社会认同二者之间的相互影响与辩证关系如何？二者之间的影响要素与作用效果如何？

二　文献综述

有学者认为，所谓“媒介认同”，是指人们对媒介组织及其社会运行所产生的具有同一性、连贯性的态度和情感，它以价值共鸣为基础和核心，表现为对媒介的信任、依赖和遵从。[⑥] 美国《心理学百科全书》中对认同的解释为：认同是精神分析理论中的一个核心概念，指的是主体同化、吸收其他人或事，以构建自身人格的过程。[⑦] 弗洛伊德认为，认同是

① 甘智钢：《大众传媒塑造、凝聚的中产阶层》，《出版发行研究》2015 年第 7 期。

② 邢虹文、王琴琴：《电视媒介、阶层意识及其认同的塑造——基于上海市民调查的分析》，《当代传播》2012 年第 5 期。

③ Lum，C. M，*In Search of a Voice*：*Karaoke and the Construction of Identity in Chinese America*，New Jersey：Lawrence Erlbaum，1996.

④ Naficy，H，*Home*，*Exile*，*Homeland*：*Film*，*Media*，*and the Politics of Place*，NewYork：Routledge，1999.

⑤ Yin，H，Chinese－language Cyberspace，Homeland Media and Ethnic Media：A Contested Space for Being Chinese，*New Media & Society*，2013.

⑥ 李爱晖：《媒介认同概念的界定、来源与辨析》，《当代传播》2015 年第 1 期。

⑦ 王爱民：《论网络媒介受众认同问题》，《求索》2005 年第 1 期。

个体与他人、群体或模仿人物在感情上、心理上趋同的过程。[1] 可见，认同作为一个复杂的认知与心理现象。网络认同的实质也必然体现这一点，从这个意义上来讲，网络认同可以认为是网络在网络使用与参与中，能够从网络资源或虚拟社群中获得一定的自尊感、安全感和归属感，从而达到自我、群体与社会同一性的统一。当前对于网络对社会公众社会认同的影响主要从传播技术、媒介仪式、公众媒介消费方式等视角进行研究。[2][3][4][5][6] 社会心理学家查尔斯·库利与乔治·米德认为认同是“镜中之我”的过程，是社会情境、社会与符号互动对人的意识产生的影响。就网络主体而言，其个体的认知、心理以及身份阐释对于其网络认同起到重要作用。有学者认为，在网络中人们可以随意地进行自我展现：“可以是编造的一个‘假想我’，也可以化身为一个‘理想我’，甚至是复制一个‘真实我’。”[7] 而构建身份认同时，落入符号的“脱域”化或符号游戏当中的危险，沉迷于多重的、复数的认同性游戏中，[8] 石义彬等认为网络虚拟身份将带来多重人格和自我的多元化倾向，使主体趋于断裂和碎片化，从而引发相应的认同危机。[9] 谭文若研究认为网络媒体是农民工等弱势群体身份认同的主要场域之一，在媒介的使用中，他们主要通过自我范畴化划定群体边界，在与其他群体及其成员的社会比较中使群体边界更为稳固，并通过内群之间的互动与依存形成更强的群体凝聚力，构建起群体

---

① 车文博：《弗洛伊德主义原理选辑》，辽宁人民出版社 1988 年版，第 375 页。

② 刘燕：《媒介认同论：传播科技与社会影响互动研究》，中国传媒大学出版社 2010 年版。

③ 邵培仁、范红霞：《传播仪式与中国文化认同的重塑》，《当代传播》2010 年第 3 期。

④ 周根红：《亚运会媒介事件与城市文化认同》，《现代视听》2011 年第 3 期。

⑤ 石义彬、熊慧：《媒介仪式、空间与文化认同：符号权力的批判性观照与诠释》，《湖北社会科学》2008 年第 2 期。

⑥ 陈静静：《互联网与少数民族多维文化认同的建构——以云南少数民族网络媒介为例》，《国际新闻界》2010 年第 2 期。

⑦ 陈明珠：《媒体再现与认同政治》，《中国传媒报告》2003 年第 4 期。

⑧ 李盼君：《赛博空间：反思“第二媒介时代”的身份认同》，《南方文坛》2012 年第 6 期。

⑨ 石义彬、熊慧、彭彪：《文化身份认同演变的历史与现状分析》，中国媒体发展研究报告，2007 年。

社会身份认同。[①] 此外，媒介作用真实世界的镜像投射，必然也存在一定的拒斥性的认同（resistance identity），即“由那些在支配的逻辑下被贬抑或污名化的位置/处境的行动者所产生的。他们建立抵抗的战壕，并以不同或相反于既有社会体制的原则为基础而生存”，[②] 而罗永雄研究认为网络中图像压倒文字和其他符号成为视觉的霸主甚至图像霸权征候，使网民落入“存在的被遗忘”的状态中，失去“在场性”的情感互通，对自我的确认也同样带有强烈的虚幻色彩。[③]

另外，对于网络认同与社会认同的研究，埃里克森认为认同是在社会互动过程中形成的，是自我与他人社会互动的结果。[④] 同时，认同也根植于一定的社会语境中，要“把意义建构的过程放到一种文化属性或一系列文化属性的基础上来理解”而不能“一般性地抽象地谈论不同类型的认同是如何建构起来的、由谁建构起来的以及它们的结果如何”（这里讲的社会语境指的是网络社会崛起的语境）。[⑤] 由此可见，对于网民的认同，既要考虑网民的网络与现实主体，还要考察网络与现实的社会资源、情境，研究网络主体在这些情境中的归属感和同一性的建构，以及由此产生的信任、赞同、支持等认知行动的意义。曹维斯通过中产阶级的媒介认同与媒介认同对其社会认同的影响，研究认为当前媒介产业领域发生的剧烈转型相碰撞，导致其异阶层认知被扭曲，相对剥夺感被放大，社会分层感知程度显著；同时他们在公共领域中讨论本阶层身份的权利被现有媒介体制所剥夺，无法在社会文化系统中获得足够的合法性；多个因素相互叠加，使他们产生了自我阶层认同困境，而这种认同困境会阻碍其发展更高层次的阶层意识。[⑥] 那么，对于农民工而言，他们的网络认同与社会认同

---

① 谭文若：《“蚁族”群体在网络媒介使用中的身份认同构建》，《新闻界》2013 年第 23 期。

② 袁瑾：《媒介转型与当代认同性的变迁》，《华南农业大学学报》（社会科学版）2011 年第 1 期。

③ 罗永雄：《新媒介文化影响下的图像霸权症候与自我认同的变迁》，《重庆工商大学学报》（社会科学版）2014 年第 2 期。

④ 邢虹文：《受众的社会分化与社会认同的重构——基于上海电视媒介的现实路径分析》，博士学位论文，上海大学，2011 年。

⑤ ［美］曼纽尔·卡斯特：《认同的力量》，曹荣湘译，社会科学文献出版社 2006 年版。

⑥ 曹维斯：《上海中产阶层的媒介认同与阶层身份自我认同》，硕士学位论文，复旦大学，2008 年。

的关联情况如何，是达到同一性，还是出现背离？目前还没有很好的研究，因此，本书将就此进行研究。

三 研究设计

1. 长三角农民工社会认同维度要素

根据第三章第四节研究的结果，长三角农民工社会认同五维度主要由职业认同、地位认同、群体认同、地域认同、文化认同五个维度来研究。

2. 长三角农民工网络认同维度要素

根据第五章第三节研究，长三角农民工网络认同主要分为网络区隔与网络嵌入两个维度。其中网络区隔主要包括网络焦虑、网络具身、网络刻板；网络嵌入主要包括网络认知、网络参与和网络评价。

四 研究结果

根据文献综述与研究设计，本书对长三角农民工的社会认同与网络认同进行了回归分析，如表 7-5 所示。对于职业认同而言，在人口社会学背景变量中，婚恋、收入状况呈显著性，其中收入状况为强相关，说明已婚，收入越高的长三角农民工的职业认同越高。在网络区隔网络焦虑、网络具身与网络刻板三因子中，网络焦虑中的“有时我会拒绝接受网络信息的某些观点”“网络上存在内容娱乐化、低俗化”都呈负显著性，其中“网络上存在内容娱乐化、低俗化”为强相关；网络具身各题项都不显著，网络刻板中的“有时我会通过其他途径来核实网络真实性”呈负显著性。说明平时认为“有时我会通过其他途径来核实网络真实性”“有时我会拒绝接受网络信息的某些观点”，特别是“网络上存在内容娱乐化、低俗化”显著性越低的长三角农民工职业认同越高。在网络嵌入的网络认知、网络评价与网络参与三因子中，网络认知中的“网络中大家都不认识，可以随意说”“在网络上有时我会发泄自己对工作的不满”，网络评价中的“在网络上我真希望人们对您更诚实一些”“上网我能得到放松或缓解压力”，网络参与中的“自己的权益受到损害，我会通过网络投诉”都呈负显著性，其中“网络中大家都不认识，可以随意说”“在网络上有时我会发泄自己对工作的不满” “上网我能得到放松或缓解压力”“自己的权益受到损害，我会通过网络投诉”为强相关。说明平时对这些观点看法越强的长三角农民工的职业认同反而会越下降。就整体网络认同

表 7-5 长三角农民工网络认同对社会认同影响情况

		职业认同	地位认同	群体认同	地域认同	文化认同	社会认同
（常量）		2.936* (1.423)	-1.041 (1.436)	5.855*** (1.415)	-2.578 (1.393)	3.150* (1.450)	12.921** (4.108)
性别（女=0）		-0.018 (0.032)	-0.156*** (0.032)	0.022 (0.032)	0.029 (0.031)	-0.136*** (0.033)	-0.340*** (0.092)
年龄（18 周岁以下=1）		-0.012 (0.012)	-0.017 (0.012)	0.030** (0.012)	-0.064*** (0.011)	0.100*** (0.012)	0.057 (0.034)
受教育水平		-0.005 (0.011)	0.098*** (0.011)	0.001 (0.011)	0.001 (0.011)	0.092*** (0.012)	0.243*** (0.033)
婚恋（未婚=1）		0.080* (0.038)	0.017 (0.039)	0.086* (0.038)	-0.024 (0.037)	0.065 (0.039)	0.334** (0.111)
收入状况		0.170*** (0.014)	0.185*** (0.014)	-0.022 (0.014)	0.092*** (0.014)	-0.015 (0.014)	0.579*** (0.040)
网络焦虑	有时我会拒绝接受网络信息的某些观点	-0.096* (0.042)	-0.035 (0.043)	-0.154*** (0.042)	0.003 (0.041)	-0.184*** (0.043)	-0.679*** (0.122)
	网络上存在内容娱乐化、低俗化	-0.175*** (0.039)	0.033 (0.039)	-0.093* (0.038)	0.044 (0.038)	-0.070 (0.039)	-0.424*** (0.112)
网络具身	在网络中与别人交流中，我最欣赏我自己	0.067 (0.039)	0.004 (0.039)	-0.212*** (0.038)	0.205*** (0.038)	-0.051 (0.039)	0.022 (0.111)
	在网络上，多数人了解我对事物的感受	0.025 (0.044)	0.040 (0.044)	-0.192*** (0.044)	0.091* (0.043)	-0.119** (0.045)	-0.228 (0.127)
	在网上网友们都认可和尊重我	-0.033 (0.043)	-0.064 (0.043)	-0.171*** (0.042)	0.098* (0.042)	-0.060 (0.043)	-0.330** (0.123)

续表

		职业认同	地位认同	群体认同	地域认同	文化认同	社会认同
网络刻板	虽然能上网，感觉自己还是外来务工人员	-0.046 (0.029)	-0.064* (0.030)	-0.077** (0.029)	-0.082** (0.029)	-0.082** (0.030)	-0.491*** (0.085)
	有时我会通过其他途径来核实网络真实性	-0.091* (0.039)	-0.046 (0.039)	-0.136*** (0.038)	0.104** (0.038)	-0.167*** (0.039)	-0.498*** (0.111)
	我不喜欢上网交友	-0.072 (0.039)	-0.021 (0.039)	-0.125*** (0.038)	0.037 (0.038)	-0.024 (0.039)	-0.306** (0.111)
网络认知	网络中大家都不认识，可以随意说	-0.133*** (0.030)	0.023 (0.030)	-0.120*** (0.030)	0.034 (0.029)	-0.070* (0.030)	-0.417*** (0.086)
	在网络上有时我会发泄自己对工作的不满	-0.137*** (0.030)	0.073* (0.031)	-0.064* (0.030)	-0.005 (0.030)	-0.052 (0.031)	-0.312*** (0.088)
	在网上感觉很自由，想做什么就做什么	-0.045 (0.03)	-0.065 (0.034)	-0.180*** (0.034)	0.012 (0.033)	-0.128*** (0.035)	-0.573*** (0.098)
网络评价	在网络上我真希望人们对您更诚实一些	-0.102** (0.039)	0.034 (0.040)	0.028 (0.039)	0.003 (0.039)	-0.008 (0.040)	-0.096 (0.114)
	上网我能得到放松或缓解压力	-0.164*** (0.042)	-0.010 (0.042)	-0.035 (0.042)	0.076 (0.041)	-0.001 (0.043)	-0.234 (0.121)
网络参与	网络上能够反映问题，监督政府	-0.018 (0.033)	0.076* (0.033)	-0.132*** (0.033)	0.049 (0.032)	-0.110*** (0.033)	-0.215* (0.094)
	自己的权益受到损害，我会通过网络投诉	-0.133*** (0.032)	0.013 (0.032)	-0.082** (0.032)	0.039 (0.031)	-0.023 (0.033)	-0.302*** (0.092)
	我会积极参与感兴趣的网络论坛或平台讨论	-0.019 (0.035)	0.020 (0.036)	-0.224*** (0.035)	0.074* (0.035)	-0.081* (0.036)	-0.338*** (0.102)
网络认同综合指数		0.184*** (0.055)	0.000 (0.056)	0.326*** (0.055)	-0.011 (0.054)	0.190*** (0.056)	1.023*** (0.160)
R^2		0.107	0.091	0.118	0.144	0.074	0.263
样本数		3840	3840	3840	3840	3840	3840

说明：(1) 括号内是标准误；(2) * p<0.05，** p<0.01，*** p<0.001。

看，其与职业认同呈强显著性，说明平时网络认同越高的长三角农民工的职业认同也会显著增加。

对于地位认同而言，在人口社会学背景变量中，性别、受教育程度、收入状况呈强显著性，其中性别为负相关，说明女性、受教育程度越高、收入越高的长三角农民工的地位认同越高。在网络区隔的网络焦虑、网络具身与网络刻板三因子中，只有网络刻板中的“虽然能上网，感觉自己还是外来务工人员”呈负显著性。说明平时认为“虽然能上网，感觉自己还是外来务工人员”越低的长三角农民工地位认同越高。在网络嵌入的网络认知、网络评价与网络参与三因子中，网络认知中的“在网络上有时我会发泄自己对工作的不满”，网络参与中的“网络上能够反映问题，监督政府”都呈显著性。说明平时对这些观点看法越强的长三角农民工的职业认同也越强。就整体网络认同看，其与职业认同不呈显著性，说明平时网络认同对其职业认同影响不明显。

对于群体认同而言，在人口社会学背景变量中，年龄、婚恋呈显著性，说明已婚、年龄较大的长三角农民工的群体认同越高。在网络区隔的网络焦虑、网络具身与网络刻板三因子中，所有题项都呈负显著性，其中除了网络焦虑中的“网络上存在内容娱乐化、低俗化”、网络刻板中的“虽然能上网，感觉自己还是外来务工人员”外，其他题项都为强相关，说明对题项看法越强的长三角农民工的群体认同越低。在网络嵌入的网络认知、网络评价与网络参与三因子中，网络认知中的三个题项与网络参与中的三个题项都呈负显著性，其中网络认知中的“网络中大家都不认识，可以随意说”“在网上感觉很自由，想做什么就做什么”，网络参与中的“网络上能够反映问题，监督政府”“我会积极参与感兴趣的网络论坛或平台讨论”为强相关。说明平时对这些观点看法越强的长三角农民工的群体认同越低，出现一定的倒挂现象。就整体网络认同看，其与群体认同呈强显著性，说明平时网络认同越强的长三角农民工的群体认同影响也越强。

对于地域认同而言，在人口社会学背景变量中，年龄、收入状况呈强显著性，其中年龄为负相关，说明年龄越轻、收入越高的长三角农民工的地域认同也越高。在网络区隔中，网络具身中的“在网络中与别人交流中，我最欣赏我自己”“在网络上，多数人了解我对事物的感受”“在网上网友们都认可和尊重我”三个题项，网络刻板中的“虽然能上网，感觉自己还是外来务工人员”“有时我会通过其他途径来核实网络真实性”呈显著性，其中“虽然能上网，感觉自己还是外来务工人员”为负相关，“在网络中与别人交流中，我最欣赏我自己”为强相关，说明对“在网络上，多数人了解我对事物的感受”“在网上网友们都认可和尊重我”“有时我会通过其他途径来核实网络真实性”，特别是“在网络中与别人交流中，我最欣赏我自己”看法越强的长三角农民工的地域认同越高，但对“虽然能上网，感觉自己还是外来务工人员”看法越强的长三角农民工的地域认同越低。在网络嵌入中，只有网络参与中的“我会积极参与感兴趣的网络论坛或平台讨论”呈显著性，说明对“我会积极参与感兴趣的网络论坛或平台讨论”看法越强的长三角农民工的地域认同也越强。就整体网络认同看，其与地域认同不呈显著性，说明平时网络认同对其地域认同影响不明显。

对于文化认同而言，在人口社会学背景变量中，性别、年龄、受教育程度呈强显著性，其中性别为负相关，说明女性、年龄越大、受教育程度越高的长三角农民工的文化认同也越高。在网络区隔中，网络焦虑中的“有时我会拒绝接受网络信息的某些观点”、网络具身中的“在网络上，多数人了解我对事物的感受”、网络刻板中的“虽然能上网，感觉自己还是外来务工人员”“有时我会通过其他途径来核实网络真实性”都呈负显著性，其中“有时我会拒绝接受网络信息的某些观点”“有时我会通过其他途径来核实网络真实性”为强相关。说明对以上题项，特别是“有时我会拒绝接受网络信息的某些观点”“有时我会通过其他途径来核实网络真实性”看法越强的长三角农民工的文化认同越低。在网络嵌入中，网络认知中的“网络中大家都不认识，可以随意说”“在网上感觉很自由，想做什么就做什么”、网络参与中的“网络上能够反映问题，监督政府”“我会积极参与感兴趣的网络论坛或平台讨论”都呈负显著性，其中“在网上感觉很自由，想做什么就做什么”“网络上能够反映问题，监督政府”为强相关，说明平时对“网络中大家都不认识，可以随意说”、“我会积极参与感兴趣的网络论坛或平台讨论”，特别是“在网上感觉很自由，想做什么就做什么”“网络上能够反映问题，监督政府”看法越高的长三角农民工的文化认同越低，出现了网络认同与文化认同倒挂的现象。与网络认同却为正强相关，说明网络认同越高的长三角农民工其文化认同也越高。就整体网络认同看，其与文化认同呈强显著性，说明平时网络认同越强的长三角农民工的文化认同影响也越强。

对于社会认同整体而言，在人口社会学背景变量中，性别、受教育程度、婚恋与收入状况呈显著性，其中性别为负相关，性别、受教育程度、收入状况为强相关，说明女性、已婚、受教育程度越高、收入越高的长三角农民工的整体社会认同也越高。在网络区隔中，网络焦虑中的“有时我会拒绝接受网络信息的某些观点”“网络上存在内容娱乐化、低俗化”两个题项，网络具身中的“在网上网友们都认可和尊重我”，网络刻板中的“虽然能上网，感觉自己还是外来务工人员”“有时我会通过其他途径来核实网络真实性”与“我不喜欢上网交友”三个题项都呈负显著性，其中“有时我会拒绝接受网络信息的某些观点”“网络上存在内容娱乐化、低俗化”“虽然能上网，感觉自己还是外来务工人员”“有时我会通过其他途径来核实网络真实性”为强相关，说明平时对以上题项，特别是“有时我会拒绝接受网络信息的某些观点”“网络上存在内容娱乐化、低俗化”“虽然能上网，感觉自己还是外来务工人员”“有时我会通过其他途径来核实网络真实性”看法越强的长三角农民工的整体社会认同越低。在网络嵌入中，网络认知中的三个题项、网络参与中的三个题项都呈负显著性，其中“网络中大家都不认识，可以随意说”“在网络上有时我会发泄自己对工作的不满”“在网上感觉很自由，想做什么就做什么”“自己的权益受到损害，我会通过网络投诉”“我会积极参与感兴趣的网络论坛或平台讨论”为强相关，说明平时对以上题项看法越强的长三角农民工社会认同反而越弱，也出现了网络嵌入与社会认同倒挂的现象。但其与整体网络认同为正强相关，说明整体网络认同越高的长三角农民工其整体社会认同也越高。

五　结论与讨论

综上所述，以长三角农民工人口社会学背景为控制变量，可以看对长三角农民工网络认同对社会认同的影响情况。从横向上看，具体如下。

1. 长三角农民工网络区隔对他们社会认同的影响

（1）对于网络焦虑，“有时我会拒绝接受网络信息的某些观点”与“网络上存在内容娱乐化、低俗化”两个题项同时与职业认同、群体认同、社会认同整体呈负显著性，此外，“有时我会拒绝接受网络信息的某些观点”还同文化认同呈负显著性，说明网络焦虑越低的长三角农民工的职业认同、群体认同以及社会认同越高，“有时我会拒绝接受网络信息的某些观点”看法越低的长三角农民工的文化认同越高。

（2）对于网络具身，“在网络中与别人交流中，我最欣赏我自己”“在网络上，多数人了解我对事物的感受”与“在网上网友们都认可和尊重我”三个题项同时与群体认同、地域认同呈显著性，其中群体认同为负相关，说明对网络具身及其三个题项看法越低的长三角农民工的群体认同越高，但同时地域认同却越低。此外，“在网络上，多数人了解我对事物的感受”还同文化认同呈负显著性，“在网上网友们都认可和尊重我”同社会认同呈负显著性，说明对“在网络上，多数人了解我对事物的感受”看法越低的长三角农民工的文化认同越高，对“在网上网友们都认可和尊重我”看法越低的长三角农民工的整体社会认同越高。

（3）对于网络刻板，“虽然能上网，感觉自己还是外来务工人员”“有时我会通过其他途径来核实网络真实性”与“我不喜欢上网交友”三个题项同时与群体认同、社会认同呈负显著性，说明对网络刻板及其三个题项看法越低的长三角农民工的群体认同、社会认同越高。此外，“虽然能上网，感觉自己还是外来务工人员”还同地位认同、地域认同与文化认同呈负显著性，“有时我会通过其他途径来核实网络真实性”题项分别同职业认同、地域认同与文化认同呈显著性，其中职业认同、文化认同为负相关，说明对“虽然能上网，感觉自己还是外来务工人员”看法越低的长三角农民工的地位认同、地域认同与文化认同越高；对“有时我会通过其他途径来核实网络真实性”看法越低的长三角农民工的职业认同、文化认同越高，但同时地域认同却越低。

2. 长三角农民工网络嵌入对他们社会认同的影响

（1）对于网络认知，“网络中大家都不认识，可以随意说”“在网络上有时我会发泄自己对工作的不满”与“在网上感觉很自由，想做什么就做什么”三个题项同时与群体认同、社会认同呈负显著性，说明平时对“网络中大家都不认识，可以随意说”“在网络上有时我会发泄自己对工作的不满”与“在网上感觉很自由，想做什么就做什么”题项看法越高的长三角农民工其群体认同与社会认同越低。此外，“在网络上有时我会发泄自己对工作的不满”还同职业认同、文化认同呈负显著性；“在网络上有时我会发泄自己对工作的不满”对职业认同、地位认同呈显著性，其中职业认同为负相关；“在网上感觉很自由，想做什么就做什么”对文化认同呈负显著性，说明对“在网络上有时我会发泄自己对工作的不满”看法越低的长三角农民工的职业认同、文化认同越高，对“在网上感觉很自由，想做什么就做什么”看法越低的长三角农民工的文化认同越高。但对“在网络上有时我会发泄自己对工作的不满”看法越低的长三角农民的职业认同越高，但悖论的地位认同会越低，出现一定的背离现象。

（2）对于网络评价，“在网络上我真希望人们对您更诚实一些”与“上网我能得到放松或缓解压力”只与职业认同呈负显著性，说明对“在网络上我真希望人们对您更诚实一些”与“上网我能得到放松或缓解压力”题项看法越低的长三角农民工的职业认同越高。

（3）对于网络参与，“网络上能够反映问题，监督政府”“自己的权益受到损害，我会通过网络投诉”“我会积极参与感兴趣的网络论坛或平台讨论”同时与群体认同、社会认同呈负显著性，说明对“网络上能够反映问题，监督政府”“自己的权益受到损害，我会通过网络投诉”“我会积极参与感兴趣的网络论坛或平台讨论”看法越低的长三角农民工的群体认同与社会认同越高。此外，“网络上能够反映问题，监督政府”与地位认同、文化认同呈显著性，其中文化认同为负相关；“自己的权益受到损害，我会通过网络投诉”与职业认同呈负强显著性；“我会积极参与感兴趣的网络论坛或平台讨论”与地域认同呈显著性，说明对“网络上能够反映问题，监督政府”看法越低长三角农民工的地位认同也越低，但文化认同越高；对“自己的权益受到损害，我会通过网络投诉”看法越低的长三角农民工的职业认同越强；对“我会积极参与感兴趣的网络论坛或平台讨论”看法越低的长三角农民工的地域认同也越低。

综上所述，网络区隔中，长三角农民工的网络焦虑、网络具身与网络刻板都对他们的群体认同作用显著，说明他们对群体认同方面存在很强的网络区隔。同时，长三角农民工的网络具身、网络刻板中的“有时我会通过其他途径来核实网络真实性”题项对他们的群体认同与地域认同作用相反，存在一定的背离作用。在网络嵌入中，网络认知与网络参与对长三角农民工群体认同与社会认同作用显著，网络评价对职业认同作用显著，出现一定的分化现象。而对于整体网络认同来讲，分别同职业认同、群体认同、文化认同以及社会认同整体呈强显著性，说明平时对网络认同越高的长三角农民工对职业认同、群体认同、文化认同以及社会认同也越高。

第八章　长三角农民工社会认同网络赋权、道义与构建

第一节　长三角农民工网络意义赋权

一　引言

十九大报告提出要“保证全体人民在共建共享发展中有更多获得感”的建设目标，农民工作为我国当前社会经济建设中重要的群体，他们城市融入与社会认同是社会各界关心关注的一个社会热点问题。他们在社会发展过程中寻求经济、社会与政治权益的同时，更需要身份、心理与价值认同的实现与满足，由过去的“去权”“除权”“剥权”转向赋权增能，当前随着手机等移动网络的快速发展，农民工等弱势群体的网络应用与话语表达也进入了研究者的视野，但相关研究结果各有不同甚至相互矛盾，基于此，本书对长三角农民工手机应用与话语表达状况进行了调研访谈研究。

二　文献综述

1. 意义与赋权

（1）意义与网络意义

对于意义，根据媒介建构论奠基人之一罗兰·巴特所言，意义的产生是符号与使用者互动作用的结果。罗兰·巴特符号学思想的核心就是试图在符号的能指与所指之间寻找意义的产生机制，并指出意义产生的无限生成性、动态性、不确定性。[①] 首先，罗兰·巴特认为，“语言和言语这两

---

① 张卫东：《意指：意义及意义的产生机制——罗兰·巴特语言哲学思想述评》，《西安外国语大学学报》2013 年第 1 期。

个词中的任何一个，显然都只能在一种把二者结合起来的辩证过程中来规定其完整意义。没有言语就没有语言，没有语言也就没有言语，正如梅罗·庞帝指出的，真正的语言实践只存在于这一交互关系中……语言既是言语的产物，又是言语的工具”。① 同时，除了言语外，他更关注语言的内容，譬如记号、心理、价值、社会、结构等。同时，巴特认为，区分语言与言语正是意义的确立过程，他通过对语言言语的区分拓展了语言符号以外的其他符号体系，建立了一种“意指系统”（significantsystem），譬如服装、交通工具、饮食、电影等，通过构建“意指”理论来分析一切意指现象，探讨其产生的深层次机制。此外，意义能够通过赋予一定观念、形式的能指与所指呈现出来（如图 8-1 所示），展示了神话是如何用话语、信息、语篇、形式和意义展现出来的，② 并且认为意义可以通过“各种匿名的意识形态悄然地深入我们的日常生活，包括我们的出版物、电影院、剧院、文学、庆典、法制系统、外交、对话、天气、犯罪以及我们所穿的衣服，同时，媒介与现实的互动是媒介建构论研究的核心，其主要关注这种互动过程中现实是如何实现的机制、运行的媒介符号文本的结构以及阐释媒介文本过程中所产生的意义”。③

就研究方法论方面，对于意义构建，罗兰·巴特认为文本既然是一个由语言构成的立体时空领域，众多声音（代码）的汇聚成为写作，成为一个立体空间，其中五种代码、五种声音相互交织：经验的声音（情节性代码），个人的声音（意义性代码），科学的声音（文化代码），真相的声音（阐释性代码），象征的声音（象征性代码），文本符号还具有可读可写性、互文性，认为“任何文本是由过去的引文、语码、程式、韵律乃至零碎的社会语言，在进入文本后，经重新安排而成的一个新的织物”。

当前意义建构理论涉及的领域还包括社会学、心理学、教育学、文化研究、女权主义、后现代主义研究等，其中在传播学领域具有较大影响的

---

① ［法］罗兰·巴特：《符号学原理》，李幼蒸译，中国人民大学出版社 2008 年版，第 3—7 页。

② 胡建敏：《意义的归宿——基于罗兰·巴特符号学、文本思想的探索》，《黑龙江教育学院学报》2015 年第 7 期。

③ 邵培仁等：《媒介理论前瞻》，浙江大学出版社 2012 年版，第 76 页。

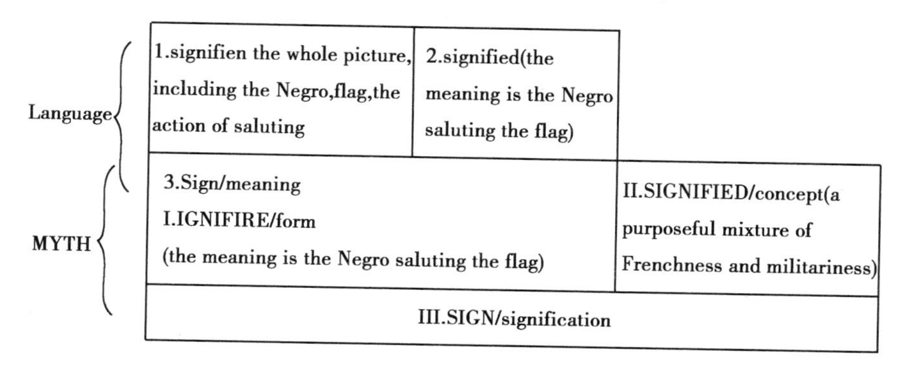

图 8-1　罗兰·巴特的神话意义阐释（胡建敏，2015）

主要是符号互动论（symbolic interactionism）、个人建构理论（personal construct theory），着重研究个体或群体的认知图式（例如刻板印象等）在认知行为互动过程中心理、角色、行为以及价值。在媒介内容与媒介效果理论方面，主要有媒介依赖理论、框架理论、议程理论和效应启动理论等，主要关注媒介与社会结构的宏观或中观的关系。就方法论而言，当前传播发展科学与信息行为科学开始融合进来。有学者就认为意义建构是人类认知与信息行为过程的有机结合。[①] 其中，Dervin 通过隐喻对意义建构理论进行了解释，认为意义可以“允许个人建构和设计自身时空运动的内部（即认知的）和外部（即程序上的）行为”。[②] 并在意义建构理论基础上，先后构建出三要素（情境—鸿沟—使用）模型和四要素（情境—鸿沟—桥梁—使用）模型。其中，四要素模型分别是情境（Situation）、鸿沟（Gap）、使用（Uses）和桥梁（Bridge）。情境是指意义被构建的时空背景，主要包括历史、经验、个人认知等；鸿沟是指有待解决的需求（needing bridging），主要包括困难、问题、阻碍等；使用是指个人建构的新的意义，主要包括帮助、阻碍、影响等；桥梁是指为获得答案、形成想

① Dervin B. An Overview of Sense - Making Research: Concepts, Methods and Results to Date. http: // faculty. washington. edu/ wpratt/ MEBI598/Methods/An %20Overview%20of%20 Sense-Making%20Research%201983a. htm, 2014-06-20.

② Dervin B, Frenette M, *Sense - Making Methodology: Communicating Communicatively with Campaign Audiences* [C] //Rice R E, Atkin C K. Public Communication Campaigns. Thousand Oaks: Sage Publications, 2001, pp. 69-87.

法以及获取资源，主要包括想法、答案、资源等，在后续研究中，其又加入了“动词论”（Verbings）以及“语境”（Context）。[①②]

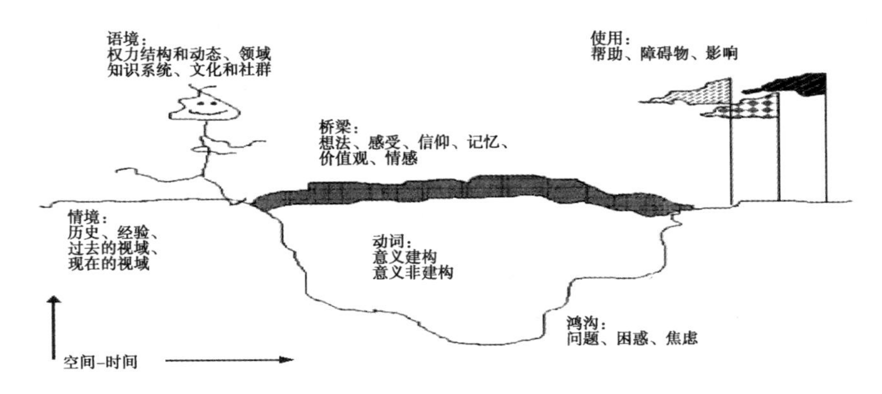

图 8-2　Dervin 意义构建模型（车晨等，2016）

（2）赋权与网络赋权

赋权（empowerment）理论起源于20世纪六七十年代，现在发展涉及政治学、社会学、心理学和传播学等多个学科，形成一个多层次和内涵广泛的概念。其最早由巴巴拉·所罗门提出，认为赋权是一种社会工作的专业活动，其主要目的是协助一些受社会歧视的群体去对抗遭受的不公平待遇，以减低其自身的无能和无权感来增加其权利与能力。也有学者认为赋权就是协助受到社会压迫甚至被边缘化的群体对抗来自社会的不公平对待，同时减低个人无能感的专业性活动。[③] 当前对于赋权的研究主要包括几个维度：一是从个体层面的“赋权”，主要是通过提升强烈的个人效能意识，以增强个体达成目标的动机，并能自己控制局面的过程；[④] 二是集体层面“赋权”，认为其是一个动态的、跨层次的、关系性的概念体系，

① Dervin B、Clark K. ASQ，*Alternative Tools for Information Need and Accountability Assessments by Libraries*，Sacramento：The Peninsula Library System，1987，p. 67.

② Dervin B，*What Methodology Does to Theory*：*Sense-Making Methodology as Examplar*，Fisher K E，Erdelez. Theories of Information Behavior. ASIS&T Monograph Series. Medford：ASIS&T，2005，pp. 25-30.

③ Barbara Solomon，*Black Empowerment*：*Social Work in Oppressed Community*. NewYork：Columbia University Press，1976，p. 96.

④ 丁未：《新媒体与赋权：一种实践性的社会研究》，《国际新闻界》2009年第10期。

是一个社会互动的过程；[①] 三是社会层面的"赋权"，是社会公平、正义的体现与实效。其核心含义主要围绕"增权""充权""赋能"（enabling）等展开。此外，还有学者提出赋权应该在心理赋权、组织赋权和社会赋权三个层面上实践，各自代表着不同的对象、过程和效果。[②]

随着研究领域与范式的发展演变，赋权也被引进传播学领域，媒介赋权也成为一门显学，在传播学领域，赋权往往被认为是"一种传播过程，这一过程往往来自小群体成员之间的交流"。[③] 近年来，国内有学者对媒介赋权理论的知识谱系，如理论渊源、定义内涵、价值取向等做了开拓性的研究。[④] 在传统的赋权理论中，赋权的实施主要对象是社会生活中处于无权、失权和弱权地位的个人或群体，而当前网络成为社会公众权力实现的重要力量的源泉，可以看作具备互联网使用能力者，利用网络维护自己、他人和群体利益的行为，[⑤] 是个体、群体、组织等多元主体在传播中产生、实现或消解、丧失其统治与支配的能力。[⑥] 但有学者认为，在网络媒介环境中"赋权"成为一种社会互动的实践过程，信息的传播交流推动了权力结构的解构与重建，[⑦] 甚至在为受众不断赋权和重新赋权的同时制造出新的平等和不平等的信息交往格局。[⑧]

对于农民工赋权问题，有学者认为他们正从个体赋权迈向集体赋权与个体赋能，[⑨] 处于市场赋权、行政赋权、社会赋权、自力赋权等合力赋权

---

① 陈树强：《增权：社会工作理论与实践的新视角》，《社会学研究》2003年第5期。

② 范斌：《弱势群体的增权及其模式选择》，《学术研究》2014年第6期。

③ Rogers. E，Singhal. A，*Empowerment and Communication*：*Lessons Learned from Organizing for Social Change* ［C］ // KALBFLEISCH P J. Communication Yearbook. Mahwah，NJ and London：Lawrence Erlbaum Associates，2003，p. 70.

④ 张波：《新媒介赋权及其关联效应》，《重庆社会科学》2014年第11期。

⑤ 刘晶晶：《公共传播视野下我国网络赋权的传播特征》，《华中师范大学研究生学报》2015年第2期。

⑥ 师曾志、杨睿：《从"马航失联事件"恐惧奇观看新媒介赋权下的情感话语实践与互联网治理》，《北大新闻与传播评论》2014年第1期。

⑦ 石坤：《"弱者"的反抗——媒介赋权视角下的魏则西事件》，《新闻研究导刊》2016年第13期。

⑧ 王爱玲：《媒介技术：赋权与重新赋权》，《文化学刊》2011年第3期。

⑨ 孙中伟：《从"个体赋权"迈向"集体赋权"与"个体赋能"：21世纪以来中国农民工劳动权益保护路径反思》，《华东理工大学学报》（社会科学版）2013年第2期。

与博弈的过程中，[①] 譬如，通过采取居住证、“积分落户”制度等政策，或者通过非社会组织 NGO、梯度赋权逐步增强农民工“归属感”，[②③④] 认为改变农民工弱势地位的根本途径就是赋权和增能。[⑤] 而对于农民工媒介赋权问题，有学者在研究我国地方主流媒体对农民工报道的社会认同与城市融入的相关话题时发现，农民工更多呈现“被代言”的沉默者和“受惠”的弱势者形象叙事逻辑。[⑥] 近几年农民工网络赋权成为新兴的研究议题，农民工网络赋权是否真实存在？以何种形式得以存在？不同的学者有着各自的研判，从而引发了学界对此的激烈讨论，一方面，有学者认为当前网络为农民工提供了新的赋权空间与话语表达平台，强调话语的赋权是其他赋权的基础和农民工城市融入的新路径。[⑦] 但另一方面，有学者们也指出农民工形式化赋权并未唤起实质性赋权的觉醒，[⑧] 在获得“赋权”的同时也遭遇着一定的“剥权”（depowerment），[⑨] 农民工之所以“弱势”从本质上讲是由于其“话语权缺失”造成的。[⑩] 那么，当前我国农民工网络赋权情况如何？他们网络话语表达与意义实践情况如何？本书将对此进行研究。

---

① 操家齐：《合力赋权：富士康后危机时代农民工权益保障动力来源的一个解释框架》，《青年研究》2012 年第 3 期。

② 黄岩：《农民工赋权与跨国网络的支持——珠江三角洲地区农民工组织调查》，《调研世界》2008 年第 5 期。

③ 罗天莹、连静燕：《农民工利益表达中 NGO 的作用机制及局限性——基于赋权理论和“珠三角”的考察》，《湖南农业大学学报》（社会科学版）2012 年第 4 期。

④ 陈婧：《农民工：加速“梯度赋权”化解“逆城市化”》，《中国经济时报》2013 年 11 月 11 日第 010 版。

⑤ 李俊俊：《赋权与增能：农民工弱势地位改变的根本途径》，《重庆文理学院学报》（社会科学版）2012 年第 1 期。

⑥ 滕朋：《建构与赋权：城市主流媒体中的农民工镜像》，《西安交通大学学报》（社会科学版）2015 年第 1 期。

⑦ 邓玮：《话语赋权：新生代农民工城市融入的新路径》，《中国行政管理》2016 年第 3 期。

⑧ 朱逸、李秀玫、郑雯：《网络赋权的双重性：形式化增能与实质性缺失——基于对社会底层群体的观察》，《天府新论》2015 年第 5 期。

⑨ 郑广怀：《伤残农民工——不能被赋权的群体》，硕士学位论文，清华大学，2004 年。

⑩ 林莺：《中国当前弱势群体的权益保障与维护——基于话语权角度的分析》，《东南学术》2011 年第 3 期。

三 研究设计

1. 访谈设计

话语作为意义的文本主体存在形态，体现出受众一定的认知、态度、价值与行为。因此，本书采用 Dervin 意义构建理论模型，采用微刻时序访谈法和中立型提问方法进行研究。针对长三角地区农民工手机新媒体使用与社会交往情况，具体考察他们在手机移动网络赋权与话语意义的实际情况。本次访谈是 2016 年在长三角地区 15 个城市选取 80 名受访者，最后遴选 70 份有效访谈，其中，用工单位管理者或主要负责人 20 位、农民工个体 50 位。对农民工访谈共设计了 13 道问题项，主要包括个人基本背景情况、手机上网情况、平时网络社交与休闲，以及生活工作情况等四个方面。第一，对于网络社交与休闲情况，主要题项设计为，“您平时用手机的时间多吗？一天大概几个小时呢？”“那您会用手机上网吗？上网时间一般多久呢？”“您平时是通过什么方式联系您的亲戚朋友的？”“平时的娱乐生活丰富吗？都有什么消遣呢？”等。第二，对于生活工作情况，主要包括“您到这儿多久了？”“您在初到新环境的时候，有没有感觉到不适应？”“您觉得自己生活比以前有提高了吗？”“您在这里生活的开心吗？”“将来还想待在这里吗？”等。第三，网络社会支持获得情况，主要包括“当您遇到需要求助的时候，您会选择网络求助吗”“您会不会通过网络来交一些新的朋友？”“您认为这样的朋友是可信的吗？”和“您身边的朋友有区别吗？”此外，为了更好地了解长三角农民工的生活工作等生存环境，还对用工单位管理者进行了访谈，主要从企业农民工比例构成、招工方式、用工政策、工资福利以及人员流动、人际关系、权益维护等方面进行了考察，共设计 10 道问题项，由此从劳资关系层面来对比研究农民工的话语社会意义。

2. 访谈实施情况

基于我国农民工的实际情况，采取了一对一面对面访谈法。同时，为了调研的代表性与广泛性的辩证统一，综合考虑到不同生活、工作与社会背景的长三角农民工的情况，对 50 位农民工访谈对象进行了分层取样。其中，女性 21 人，男性 29 人；访谈的行业主要有建筑业、纺织业、服务业等农民工主要从事的行业与工种，具体涵盖了专业技术人员、企业一般职员、服装厂缝纫工、工地建筑工人、超市店员、理发店发型师等。此外，还注重考察不同生活状况农民工的情况，其中既包括独自离家打工、夫妻两地分居或夫妻一起外出打工，也有年轻单身的；既有初出茅庐刚工作，也有生活奋斗期和事业困顿的农民工，而对于劳资方，访谈对象主要包括企业负责人（包括公司老板8人、总经理3人、包工头1人）12位，工作负责人（包括主任4人、管理人员等4人）8人。

四　研究结果

1. 网络参与：手机新媒介场域技术赋权的获得感不足

有学者认为新媒介赋权存在自我赋权、群体赋权和组织赋权三种类型，① 其中，媒介赋权是自我赋权与他者赋权交互作用的结果，这一过程中既包括新媒介使用与外部社会因素之间的互动过程，又包括行动者在其中的策略选择和行动逻辑。② 因此，在访谈中，首先对长三角农民工的手机自我赋权情况进行了考察。其中，对于手机上网情况提问中，发现当前农民工拥有手机非常普遍，每个人都至少有一部手机；除个别农民工因居住在单位宿舍其上网条件局限等原因没有开通网络功能外，基本上都使用手机上网。而在上网使用频率方面，结果显示，长三角农民工的上网时间主要受工作性质或工作忙碌程度的影响，在访谈中，专业技术人员，企业一般职员以及诸如装配工人、库房包装工、车间产品生产工、产品检验员，服装厂制衣工、缝纫工，工地建筑工人、钢构工人、水电工等一般每天上网时间在2—3小时；而对于运货工、车间统计员、质检员、超市店员、理发店发型师、钟点工、保安等工作弹性比较大的工作，或者由于“互联网+”快速发展新兴衍生出来的工种，如送外卖小哥，每天上网的时间相对比较多，甚至有时“十多个小时，随时在用”“几乎每天登着，具体算不清楚”。手机使用功能方面，主要停留在打电话、发短信等传统通信功能上，认为电话“有事可以直接联系到，更快一点”“一般都打电话，朋友都不识字”“QQ吧，但一般都是用来聊天的，联系的话一般肯定还是要打电话，因为像我爸妈他们又没有QQ，只能打电话”“不太会用，打字太慢”“喜欢用QQ语音聊天”“需要花太大的精力去了解学习”等。但有的农民工表示也有学习和接触“刚刚在学微信，总要跟上时

① 甘韵矶：《新媒介赋权下媒体人微信公号的价值》，《青年记者》2015年第23期。

② 张波：《新媒介赋权及其关联效应》，《重庆社会科学》2014年第11期。

代”，这些都显示当前手机已成为农民工在城市与外界通信联系的主要工具，具有了手机新媒介场域基本的准入条件和技术赋权，但技术自我赋权的能力还略显不足。

被访问者信息：张××，40多岁，钟点工，跟自己老公一起来到宁波务工有七八年。在跟她的交谈中，她一直都是面露笑容，谈及生活也表示比较满意。近十年在外务工，对宁波的环境也算是熟悉了，也有了自己的朋友圈和活动爱好。对于媒介的作用“平时也就二三个小时吧，一般也就下班的时候弄弄，在人家家里做事也不能总是拿着个手机，就接接电话”、上网主要是“哈哈，这个还是会一点儿的。会玩麻将、斗地主，也会放放电视剧。上网的时间嘛，也不多。平时也就下班的时候玩玩，节假日的时候可能会多一点”，同时，“QQ是有，但是不常用，微信从来不用的”。

2. 日常叙事：网络话语意义增量构建中的主体脱域

吉登斯认为现代性认同的建构离不开传媒，媒介本质即是有关社会建构的叙事，[①] 媒介对“农民工”符号意义的建构则更多反映出了媒介的“故意”，[②] 而网络使用让农民工有机会实现个体身份与群体类别化符号意义的媒介建构，通过网络高度类型化的叙事方式，进而产制出高度类型化的外来务工人员形象，但不同社会公众的信息使用、差序叙事和价值评判，也会导致自我认同的区隔化或脱域（disembeding），即“社会关系从彼此互动的地域性关联中，从通过对不确定的时间的无限穿越被重构的关联中‘脱离出来’”。[③] 有学者研究发现高学历者更多利用互联网例如发邮件，搜索经济、健康、教育、工作信息、旅行安排，而低学历者则多是娱乐或个人目的，更多地使用音乐下载和即时聊天工具等。[④][⑤] 本书在对

---

① 袁瑾：《媒介转型与当代认同性的变迁》，《华南农业大学学报》（社会科学版）2011年第1期。

② 杨嫚：《媒介与外来务工人员社会认同》，《西南石油大学学报》（社会科学版）2011年第2期。

③ 吉登斯：《现代性的后果》，田禾译，译林出版社2000年版，第18页。

④ Robinson. J, DiMaggio. P, and Hargittai, E, New Social Survey Perspectives on the Digital Divide, *IT & Society*, Vol. 5, No. 1, 2003.

⑤ Zillien. N and Hargittai. E, Digital Distinction: Status-specific Types of Internet Usage, *Social Science Quarterly*, Vol. 90, No. 2, 2009.

长三角农民工的日常网络话语叙事考察中发现，他们平时联络的对象仍主要以同事、家人、老乡和以前的同学等熟悉的亲朋好友为主，聊的话题主要是与工作、生活相关，而且平时日常生活叙事也迁移表现在网络联系交往话语叙事范式中。譬如，“聊什么，很多啊，都是些生活上的事情，或者是大家一起约出去玩啊，朋友之间能聊的太多，各种乱七八糟的东西”。其中，女性农民工会聊些“情感”“子女的事情啊”“衣服什么的”等话语。同时，手机也成为他们生活休闲娱乐的主要平台，女性平时喜欢“看点有意思的东西，看看视频听听歌之类的”。而男性比较喜欢“偶然玩玩游戏”“上网看看新闻”“看看 QQ 空间啊”等，可见，长三角地区农民工的话语自我赋权能力和层次还有待提高。

被访问者信息：陈×，女，××特种胶带有限公司，技术工，平时“手机 24 小时在用。上网一天 5—6 小时”，平时手机使用的有“QQ、微信、陌陌还有微博”，现在朋友圈主要是“同事、老乡、同学”，平时大家聊的主要话题有“生活、工作、兴趣、旅游”等。

被访问者信息：张××，男，无锡某超市店员，广东人，自认为上网时间“这要怎么说呢，还行吧，没算过”，而上网主要是“上 QQ 吧，微信和 QQ 差不多，我就用 QQ 了。会看些消息，因为 QQ 上每天都有新闻嘛，就看看咯。游戏也会玩，但不多”。

同时，有学者认为农民工等弱势群体作为独立的个体不可避免地被卷入到媒介化的社会之中，交流式、互助式学习成为他们学习技能和知识、分享经验的重要途径，[①] 在这一过程中，获得自己有用的资源、机会与平台，譬如就业信息、职业发展等。[②] 但在调研访谈中，发现长三角农民工对于网络社交扩展能力以及自主参与信息传播社会建构实践的能力都很弱，甚至对于网络表现出明显的不信任，对网络交友持怀疑否定的态度，认为“当然有区别的，网上骗子多”“很少这样，我觉得不可信，很虚伪”，只有少数人认为“会，但是不多，保持警惕比较好”，同时，在与网友交流时，主要以实用、放松解压与娱乐为主，这说明农民工通过手机

---

① 郑欣、王悦：《新媒体赋权：新生代农民工就业信息获取研究》，《当代传播》2014 年第 2 期。

② 孙琼如、侯志阳：《新媒体赋权与新生代女性农民工的职业发展》，《东岳论丛》2016 年第 7 期。

获取社会资源支持与自身再生产的能力还比较弱，他们手机群体赋权的主体能动性还有待提高。

被访问者信息：殷××，男，××磁铁厂，技术工，平时使用手机“三个小时左右吧”，而手机上网“一个小时左右，比较少的。就是看看新闻啊，看看QQ空间啊”，主要通过“QQ嘛，就跟朋友聊聊天什么的”。在现实生活中娱乐“基本上很少。像我这个年纪的话，要在家里照顾小孩子。在家里你一出去玩了，小孩子吃饭怎么办啊，不可能我一个人出去玩，要出去玩我肯定跟我老婆小孩一起出去玩。跟朋友一起的话，还是比较少的”。因此，平时在网络上交流“就是以前同学啊，辞职的同事啊什么的”，大家“发发牢骚，聊一些无关紧要的事情吧，开开心吧”，但同时认为网上的朋友与现实的朋友“肯定有区别了。自己身边的朋友可以说一些心里的事，比方说自己遇到一些什么开心的事情或者什么不开心的事，都可以真实地说出来。跟其他人就不能讲这些事情”，而同网络的朋友主要是聊些“应该是工作生活这些，还有以后的生活打算”。

3. 话语实践：网络意义赋权与现实增能之间的脱节

媒介中的“他者话语”通过符号互动成为受众知识体系的一部分，并被内化为自身的认知，影响他们对自我社会身份的评价，进而影响他们对所经历事件的解释和行为回应，而网络议程设置主体的变化，产生的积极效果是网民获得自我赋权，① 网络不仅使得个体能够在这一虚拟空间中实现与自我的对话，② 同时也唤起了该群体的自我意识和群体凝聚力的自我赋权运动。③ 但也有学者认为由于各种力量的错综交织和此消彼长，网络社群的自我赋权与政府权力的转移是一个长期的博弈过程而不是简单的交接。④ 本书在考察长三角农民工的手机网络赋权与话语叙事的基础上，对其网络求助与利益表达也进行了访谈。结果发现，当遇到困难仍主要是“网络求助？应该不会，遇到事情应该就打110吧”“可能不会吧，一般第一时间想到的都是找朋友帮忙”“会找老乡帮忙”，或者认为“不会，

---

① 焦德武：《网络议程设置与网民自我赋权》，《淮南师范学院学报》2009年第6期。

② 陈思曼：《网络空间的自我赋权》，硕士学位论文，苏州大学，2015年。

③ 王锡苓、汪舒、苑婧：《农民工的自我赋权与影响：以北京朝阳区皮村为个案》，《现代传播》（中国传媒大学学报）2011年第10期。

④ 陈浩：《新媒体事件中网络社群的自我赋权——以“华南虎照片事件”为例》，《新闻前哨》2008年第12期。

自行解决”“感觉不会有作用”。可见，现在大多数长三角农民工对媒体监督、网络求助不够主动且没有信心，但同时也发现，平时手机交友软件使用较多、时间越长、网络话题比较宽泛、交友范围较广的长三角农民工对网络相对比较信任，出现了一定的媒介赋权但主体失能的尴尬局面。

被访问者信息：赵×，女，在浙江湖州打工有七八年，现在是一名水电工。选择把孩子带在自己身边，在所打工城市上学。平时使用手机上网时间“总共1小时左右一天吧，包括打电话，看看微信”。空闲之余，微信成其主要消遣的方式之一，既密切了朋友的关系，也能在城里认识更多人。平时与亲戚朋友的联系方式主要是“电话，还有微信。亲戚都是用电话，朋友同事之间一般都用微信了”，而现在的朋友圈“主要也是同事，朋友”和平时的娱乐生活“平时会聚在一起喝喝茶，聊聊天，逛逛街”。而与网友“聊一些生活中出现的困难、问题吧，倾诉一下什么的”。现在觉得自己生活算过得幸福美满，但遇到困难时“有时会的，但不是经常”选择网络求助。

赋权作为一个实践性的社会过程，信息的沟通与对话的交互实施是其基本构成，但也有学者认为农民工是一个异化的、沉默的、失声的大多数，[①] 存在着无渠道说、无能力说或不想说等话语权缺失的状态。因此，为了考察农民工网络话语叙事是否存在着社会意义的阻碍或壁垒，本书还对用工方进行了访谈，结果发现，企业或单位对待农民工的福利政策“该有的都有”，对于农民工的歧视现象“我觉得还好吧，至少我们这没有这种情况。现在还分什么农村城里啊”，而当农民工有困难时会找资方反映与解决时，表示“有，不过很少”。对于网络招聘与用工时，大多表示“我们很少在网上招工，都是老乡带老乡”或“工厂外面贴招工启事”。

被访问者信息：王老板，男，绍兴××服饰有限公司，现有工人30多个，其中80%的为农民工。对于用工来源是否通过网络，“偶尔发过，一般我们以厂门口张贴为主，网上的话我们一般是招一些管理的技术人员，人才一类的招聘信息是在网上发布的，简单的工作他们是直接过来，然后谈工资，看他技术好，合适就过来工作了”；对于农民工的福利，“有啊，像他们外来务工人员租房子，我们都会给租房补贴，夏天到了装空调，一

---

① 陈开举：《话语权的文化学研究》，中山大学出版社2012年版，第149页。

年都会旅游一次”；对于歧视的现象，“我感觉大家在一起都像兄弟姐妹一样的，我自己也是农村人，我也不会歧视他们啊，在我身边的人中都没有谁看不起谁的这种现象，什么时候存在呢，像我们做事的时候，如果有个人笨手笨脚的，说‘你怎么这么笨呢，怎么不会放聪明一点呢’。这种情况是有的，不是说从骨子里边歧视谁的。就事论事，只看工作”。对于农民工困难，“有，这种情况蛮多的。比方说他家里边有朋友来这边玩了，就会来问借车，还有什么上班时间生病了，也会开车送去，还有过生日了什么的，他们有的时候不叫我老板的，什么‘兄弟，晚上我过生日来喝酒’”。但王老板也提到，农民工“现在流动情况是很常见的，现在我这边固定人员大概占50%，另外50%有可能一年就不做了，我这边的话大多数人是因为结婚生小孩回老家”。

五　结论与讨论

卡斯特曾提出拒斥性的认同（resistance identity），即“由那些在支配的逻辑下被贬抑或污名化的位置/处境的行动者所产生的。他们建立抵抗的战壕，并以不同或相反于既有社会体制的原则为基础而生存”。[①] 对于长三角农民工而言，传统大众媒介的边缘化与歧视化在网络等新媒体情境下被填平、颠覆与改写，农民工作为社会一个利益主体为自身与群体的权益表达与社会认同提供了多重逻辑路径，而网络参与式的媒介和传播实践活动的关键点在于“赋权”，是增强边缘性群体在发展活动中的发言权和决策权。[②] 但我们访谈中发现长三角地区农民工手机网络在赋予了他们技术赋权与话语叙事场域的同时，其自身网络话语赋权的主体意识与能力还没有充分地建立与发挥出来，他们网络意义赋能与现实增权之间的应然与实然也存在不对等甚至出现拖欠现象。因此，对于当前长三角地区农民工网络赋权和话语意义存在的问题，如何有效地促进农民工网络赋权增能，如何将他们的网络话语赋权转化为现实意义生产，都值得我们深入地去研究。

---

① ［美］曼纽尔·卡斯特：《认同的力量》，夏铸九、黄丽玲等译，社会科学文献出版社2003年版，第4页。

② 韩鸿：《参与式影像与参与式传播——发展传播视野中的中国参与式影像研究》，《新闻大学》2007年第4期。

第二节　长三角农民工社会认同网络道义

一　引言

有学者认为社会具有一定的遇到外界冲击时存在自我保护机制，其能够“不只是社会面临变迁时的一般防御行为，更是对损害社会组织的那种混乱的反抗”。[①] 我国在社会改革变迁的大时代背景中原有的既定社会规范或秩序受到巨大冲击，一系列新的社会秩序和行为规范也随之生成，不同的社会阶层与利益群体在回避冲击的时候，不断地重构自身的生存法则与道德规范，而在这些道义冲突与博弈过程中，必然要再分配或重组一定的社会资源与渠道，这其中既包括正式的制度、机制的规范，也包括非正式的抗争与利益表达，而网络发展为弱势群体的社会道义提供一个新的话语场域与实践时空，为农民工提供了一定的解决“生存伦理”或外部危机的“缓冲带”。但也有学者研究认为，就个体而言，新技术会不断地在精神上和身体上挑战与打击不情愿的学习者、老年人以及几乎所有的人。[②] 同时，当下人们过多地将精力倾注于道德话语的传播，而无暇甚至无心眷顾那些在实质上支撑道德践行的外部条件，以致在道义救助的场合，道德规范的一次次不经意的隐退，引发了一场旷日持久的危机。[③] 相对于农民的“安全第一”和“回避风险”生存伦理，他们在以法抗争、以势抗争或者以气抗争等斯科特道义经济学“生存伦理”的理论解释框架外，还应该关注“底线正义”道义政治学补充。[④]

二　道义的内涵

“道义”原本是哲学上的研究范畴，在我国最早出处为《易·系辞

---

① ［英］卡尔·波拉尼：《大转型：我们时代的政治和经济起源》，冯钢、刘阳译，浙江人民出版社2007年版，第112页。

② Rita Agrawal, *Psychology of Technology*, Springer International Publishing Switzerland, 2016.

③ 周建达：《道义救助危机的过程叙事、实践反思及制度重构——基于延伸个案的分析进路》，《法律科学》（西北政法大学学报）2016年第3期。

④ 黄振辉、王金红：《捍卫底线正义：农民工维权抗争行动的道义政治学解释》，《华南师范大学学报》（社会科学版）2010年第1期。

上》“成性存存，道义之门”。在《辞海》中解释为“道德和义理”，现通常解释为“道德和正义”。在西方，道义来源于希腊文“deontic”，包含“义务”“应该”等意思。①而道义论（deontology），也可译为“务本论”“义务论”，是指以责任和义务为行为依据的道德哲学理论的统称。②作为一种道德哲学，康德认为道义应该通过道德的绝对命令或正义原则，强调正当优先于善，注重行为的动机，强调个人对于他人与社会的义务和责任，强调应为道德而道德。而罗尔斯在结合当代社会发展实际，在反思康德的绝对道德与批判功利主义的基础上，提出通过一定的条件契约各方当事人便可以在理性的引导下根据最大最小值规则选择各方一致认同的正义原则。③从哲学视角看，道义作为“应当”“允许”“合法”等，其核心主张是要以人的尊严为权利的根基，主张权利本身也具有道义的力量，④当前对道义的研究不但哲学内涵不断地丰富，在实践与方法论方面研究领域也不断地扩展。其中，从芬兰逻辑学家冯赖特1950年发表《道义逻辑》开始，道义逻辑作为一个重要新兴的学科已被广泛认可。提出道义应向规范模态的逻辑或义务逻辑发展，注重道义逻辑与现实实践的结合。将道义系统与人们的日常行为实践的结合日益紧密，认为道义作为规范是人们规范实践的一种可靠反映与逻辑关系，必须能够反映人们日常的规范推理的特点。恩斯特·马利就认为“应该”概念应该具象为一个公理系统，而冯赖特从充分条件、必要条件、充分必要条件的理论维度构建道义逻辑，并把道义逻辑化归为真势模态逻辑。安德森（Anderson）研究了从道义逻辑转向真势模态逻辑的归约模式⑤。他研究实际的规范系统中惩罚（penalty）或制裁（Sanction）等因素的作用，构建了OT、OS4、OS5三个模态逻辑系统。当前，道义逻辑的研究日益与信息科学、计算机科学结合得越来越紧密，形成多学科交叉研究，譬如，国外学者通过话语文本的语形、语义的研究到在大数据挖掘与深入学习分析，来研究人们的

① 陈锐：《20世纪国外道义逻辑研究进展》，《哲学动态》2001年第2期。

② 肖凤良：《从康德到罗尔斯——道义论的历史进路及其理论局限》，《湖南财政经济学院学报》2013年第4期。

③ ［美］约翰·罗尔斯：《正义论》，何怀宏等译，中国社会科学出版社1988年版，第242—248页。

④ 张伟涛：《当代道义论权利理论评析》，《人民论坛》2014年第11期。

⑤ Anderson, Alan Ross, *A Reduction of Deontic Logic to Alethic Modal Logic*. Mind, 67. 1958.

网络行为规范；法律专家系统设计中的知识表达，有关计算机系统的安全登录控制、缺省容忍、数据库的整合强制等。①

从伦理学社角看，存在着以道义论与以功利论的道德理念、道德追求和伦理精神的理论冲突与融合，认为所谓道义论（也称为义务论），是指以道义、义务和责任作为行动依据，以行为的正当性、应当性作为道德评价标准的伦理学理论。而所谓功利论，也称功利主义，是指以功利、效用作为行为依据并进而作为道德评价标准的伦理学理论。② 其中，在道义理论视野中，更关注的是人们所应承担的责任和所应履行的义务，主张从人类理性中去寻找判断道德行为的标准，认为判断道德行为的标准是人的善良意愿、理性原则以及行为规则来规范与评价人们的行为是否正当。而功利论则更强调道德只是获得功利的手段和工具，关注人们行为所产生的实际功用、效益，偏重于利益的算计和对价值的诉求。强调功用、效果，把对善的追求就直接理解为寻求“善超过恶的可能最大余额或者恶超过善的最小差额”“利超过害的可能最大余额或者害超过利的最小差额”。道义论崇尚道德的内在价值，强调道德动机的纯洁性、道德法则的绝对性和道德价值的崇高性，认为存在一种独立于善并支配善的正当，道义论把道德理想与功利价值及其他价值对立起来，忽视人的需要、目标和所尊重的价值，具有自己不可克服的理论弱点。罗尔斯在《正义论》中就指出“个人通过经验或直接感受去追求幸福，个人的原则是要尽可能地推进他自己的福利，而社会的道德原则也是尽可能地促进最大多数人的最大幸福”。而伦理学本体论认为，行为应该如何的优良规范绝非可以随意制定，而只能通过主体的需要、欲望、目的，从人的行为事实如何的客观本性中推导、制定出来。③

三　网络道义的提出

自20世纪90年代以来道义理念在传播学领域得到了快速发展，西方传播学者与社会精英开始转向一种媒介卷入社会边缘弱势群体争取社会道

① 周祯祥：《标准道义逻辑和反义务悖论》，《学术研究》2005年第12期。

② 陈食霖：《“道义论”抑或“功利论”：生态伦理学的根据》，《中南财经政法大学学报》2003年第5期。

③ 涂兵兰：《阐释者：在道义和功利之间》，《社会科学辑刊》2009年第4期。

义的政治活动中，认为传播学科必须为那些被忽视的、弱势的群体和个人提供帮助，[①] 形成以传播为聚焦点的社会道义工作。提出媒介是社会道义运动的核心内容，必须让传播专注于社会正义并致力于提升社会正义，探求实现社会“共融、合作、解放、包容、对话”等权利诉求的现实路径。[②] 目前越来越多的学者探讨媒介道义问题，认为道义不仅应包括传统的关于分配与再分配的正义诉求，更重要更紧迫的是关于社会边缘群体身份认同问题的承认的正义诉求。[③] 在大众传播时代，媒介道义作为推进、维护社会公平正义不可忽视的力量，它是对新闻机构运行和采编人员报道行为的制度性规范和正当性评价，[④] 应体现媒介自由和媒介秩序之间动态张力关系的平衡，[⑤] 而媒体舆论监督时要有道义担当才能不断地提升自身的公信力。[⑥] 此外，还有学者细分研究了抗震救灾报道中媒体道义的责任原则，新闻报道的媒体职业道德、媒体霸权利益与道义的博弈以及商业广告伦理道义问题等，[⑦⑧⑨⑩] 但对于农民工等弱势群体的媒介道义方面的研究并不多，其中有学者研究认为在对农民工等社会困难群体报道中应体现人文关怀。[⑪]

当前网络等新媒体技术迭代发展使媒介道义的内涵与外延发生了嬗

---

① Hartnett Stephen John, Communication, Social Justice, and Joyful Commitment, *In Western Journal of Communication*, Vol. 74, 2010.

② Barbet Pearce W, On putting Social Justice in the Discipline of Communication and Putting Enriched Concepts of Communication in Social Justice Research and Practice, *Journal of Applied Communication Research*, No. 2, 1998.

③ [美] 南茜·弗雷泽：《正义的中断：对“后社会主义”状况的批判性反思》，于海青译，上海人民出版社2008年版，第1—6页。

④ 李学孟：《媒介正义研究》，博士学位论文，吉林大学，2015年。

⑤ 李学孟：《媒介正义：自由与秩序的张力》，《东北师大学报》（哲学社会科学版）2015年第1期。

⑥ 卢艳香：《媒体该如何守住“铁肩担道义”的风骨》，《人民论坛》2017年第2期。

⑦ 杨忠厚：《从抗震救灾报道看媒体道义担当》，《新闻传播》2009年第8期。

⑧ 字秀春：《指尖上的道义——从四个报道看网络媒体的职业道德失范》，《中国报业》2012年第8期（下）。

⑨ 王单：《利益与道义的博弈——聚焦媒体话语霸权》，《广告大观》2005年第3期。

⑩ 徐鸣：《道义论视域中的商业广告伦理构建》，博士学位论文，中南大学，2012年。

⑪ 余阳、刘瑞超：《担社会道义展媒体风采：关于新华社、中国青年报“外来务工人员子女求学的调查”》，《中华新闻报》2004年3月17日。

变，信息伦理（information ethics）、计算机伦理（computer ethics）等新兴的分支流派纷纷发展起来，有学者就提出了信息道义的后果论、义务论与契约理论，认为网络空间自治代理（autonomous agents）而非人治的发展，容易产生新的混合邪恶（hybrid evil）或者人工罪恶（artificial evil），传统的善与恶的概念在网络空间制定过程中的失嵌以及人工智能道义倾向的失位等将引发道德危机和自然危机，[①] 尤其是对于机器的道德和价值观的思考是非常必要的。[②] 计算机系统是人类道德行为的构成，其只是道德实体而非道德主体，人类的意向性和行动隐藏了计算机系统的道德特性。[③] 还有学者提出赛博伦理（cyber ethics）概念，认为人们在依赖智能手机等移动社交时呈现出高冲突的道德困境，更容易陷入功利性与道义论，在数字时代道德选择与道德判断越来越难，[④] 网络道义缺乏更深层次、更可持续、更持久的知识共建，缺乏更多独立的个人认知的深化与独处的能力，[⑤] 而公民和专业记者在数字新闻信息化过程中应遵守一定新闻伦理和道义原则。[⑥]

此外，国外有学者提出网络等新媒体的应用迫切地需要全球道义治理方案，譬如以图像和文本为表征的社会媒体用户的道德标准和道德责任。[⑦] 应对全球可持续发展的信息社会，在行动上采取最恰当的伦理应该

---

① Luciano Floridi and J. W. Sanders, Artificial Evil and the Foundation of Computer Ethics, *Ethics and Information Technology*, No. 3, 2001.

② Hawking, S., Russell, S., Tegmark, M., Wilczek, F, Stephen Hawking: "Transcendencelooks at the implications of artificial intelligence—But are we taking Ai seriously enough?", *Retrieved from www. independent. co. uk*, May 2014.

③ Deborah G. Johnson, Computer Systems: Moral Entities but not Moral Agents, *Ethics and Information Technology*, No. 8, 2006.

④ Albert Barque-Duran, Contemporary Morality: Moral Judgments in Digital Contexts, *Computers in Human Behavior*, Vol. 75, 2017.

⑤ Luís Moniz Pereira, Cyberculture, Symbiosis, and Syncretism, Laboratory for Computer Science and Informatics (NOVA LINCS). Departmento de Informática, Faculdade de Ciências e Tecnologia, Universidade Nova de Lisboa, 289-516, 2015, Caparica, Portugal.

⑥ Suarez Villegas, Juan Carlos, ICT and Journalistic Deontology: A Comparative Analysis Between Traditional and Digital Native Media, *Profesional Dela Informacion*, No. 4, 2015.

⑦ Mortensen M, Trenz HJ, Media Morality And Visual Icons In the Age of Social Media: Alan Kurdi And the Emergence of an Impromptu Public of Moral Spectatorship, *Avnost the Public*, No. 4, 2016.

是网络社会的合作，[①] 其作为网络社会的客观伦理的高级形式，合作的主要目的就是促进人们将网络空间特征作为政治加强沟通和合作，并以批评的态度和行动来深化现有的社会问题或创建新的。[②] 我国有学者也认为以利益诉求的差异协同为优先条件的平等积极互动过程，在影响社会主流舆论的同时，也体现了人类社会整体"道德"渐进一致的动态发展，[③] 网络能够传递包括"呼唤美丽、倡导诚信、维护公平正义、追求自由权利、传递广博之爱"等道义内容。此外，还有学者揭示人肉搜索等"违道义"的道义之举[④]以及拷问当今媒体道义担当的迫切性。[⑤]

四　国内外弱势群体网络道义研究进路

随着网络等新媒介的蓬勃发展，近年来以农民工为代表的弱势群体网络生存道义问题开始受到社会各界的关注。其中，有学者研究认为新生代农民工的媒介话语权呈现出"弱主体性表达"或"媒介表达失语"的图景，[⑥⑦] 但也有学者认为网络正成为农民工获取信息、汲取知识、维系情感的主要渠道，潜移默化地改变着新生代农民工的生产、生活和思维方式，进而对农民工的换代与转型、人际交往与城市融入以及社会认同等方面都起到积极的推进作用。[⑧⑨⑩]

---

① Hofkirchner, W., & Maier - Rabler, U, The Ethos of the Great Bifurcation, *International Journal of Information Ethics*, No. 2, 2004.

② Christian Fuchs, Robert M. Bichler, Celina Raffl, Cyberethics and Cooperation in the Information Society, *Sci Eng Ethics*, Vol. 15, 2009.

③ 高宪春：《新媒体环境下"沉默的双螺旋"》，《中国社会科学报》2013年1月9日。

④ 赵禄：《从年中国网络热点事件中看社会道义的传播》，硕士学位论文，武汉纺织大学，2011年。

⑤ 李霞：《论当今媒体道义担当之迫切性——由干露露事件想到的》，《学理论》2013年第10期。

⑥ 吴麟：《主体性表达缺失：论新生代农民工的媒介话语权》，《青年研究》2013年第4期。

⑦ 王立洲：《农民工媒介表达失语现象的经济学透视》，《当代经济》2008年第9期。

⑧ 管雷：《网络时代的新生代农民工：农民工的换代与转型》，《中国青年研究》2011年第1期。

⑨ 梁辉：《信息社会进程中农民工的人际传播网络与城市融入》，《中国人口、资源与环境》2013年第1期。

⑩ 张青、李宝艳：《网络媒体影响下的新生代农民工社会认同研究》，《福建农林大学学报》（哲学社会科学版）2015年第1期。

1. 弱势群体网络道义赋能场域的形成

对于弱势群体网络道义，国外有学者认为网络打破了将难民作为“社会负担”慈善机构的正统移民研究神话以及任何主张严格划分不同的移民类别的范式，移民在网络空间里被重新想象并不断生成多重变化的关系、意义和机会，[①] 农民工作为我国改革开放中产生的新兴劳动群体，由于相应的社会机制不匹配和利益分配的不平衡，逐渐被隐喻为“弱势群体”，虽然国家与社会不断地提升与改善他们的权益，但与农民工的需求与社会发展相比而言还不相适应，在这一过程中，农民工群体的自身生存伦理与道义问题日益受到社会的广泛关注。而网络等新媒体的发展不仅使人类信息传播生态与模式发生了巨大的嬗变，也让人们利益表达与生存道义发生了新的图景，这些也给农民工利益表达与话语叙事带来了新的契机，为农民工等弱势群体开拓了更为广阔的赛博数字赋权增能场域。农民工生存逻辑由原来的“风险回避”“边缘抗争”悄悄转化为主动网络诉求与道义救助，尤其是，移动手机的广泛应用使农民工的社会生存与城市抗争压力得以传导与疏解，农民工的精神特征和生活形态由隐性呈现出具象。

近年来，网络上农民工开胸验肺、农民工讨薪视频等事件纷纷爆出，这些正体现出了农民工等弱势群体生存底线道义向网络赋能转向，网络打破了传统官方权威主导、社会精英叙事以及城市居民优越感的刚性区隔，解构了传统社会资源管控单向度宣导的零和博弈，农民工通过互联网和社交媒体平台的“联结”作用，在社会参与和话语表达的舞台上发挥着日渐重要的作用，纯粹寻求自身经济、社会声誉与身份归属方面的补偿道义不再对其构成吸引力，农民工正尝试构建一种不同于传统生存道义的社会交换关系。如表 8-1 所示，为农民工传统媒介道义与网络道义表达的变化。

表 8-1　弱势群体传统媒体道义与网络道义利益表达比较

行为主体	以政府、企业和传统主流媒介为观照	虚拟社群、媒介精英、非传统力量（NGO）等协同
表达平台	现实时空	赛博时空（QQ、微博、微信、手机等）

① Hariz Halilovich, Bosnian Austrians: Accidental Migrants in Trans-local and Cyber Spaces, *Journal of Refugee Studies*, Vol. 26, No. 4, 2013.

续表

利益诉求	强调自身利益与义务（责任）的生存伦理	彰显社会各成员之间的互惠和互助
实施手段	行政、经济与人力资源、媒介话语权等硬实力	符号赋权、利益让渡和社会认同
实践准则	以生存道义为主导，权威救助的对象	利益共同体，以认同达到动态共赢
传播方式	信息资源管控的单向度宣导	话语的交互、对话与协商
信息编码	以自身利益为诉求的抗争	“多数人的最大幸福”的道德原则
博弈结果	权威优势；零和博弈	互助、共生与认同

2. 以互惠为目的的网络利益共识的崛起

有学者认为道义经济中的“互惠”包含了社会地位对等者之间的协作关系和社会地位不对等者之间的“保护人—被保护人”关系。[①] 自20世纪80年代我国改革开放以来，农民以家庭与地域为联系纽带的乡村道义关系逐步瓦解式微，而农民到城市打工潮的兴起，基于集体劳作经济或家族资源优势的传统道义开始向城乡社会利益馈赠道义转向，一方面，农民工为了缓冲生存压力与提升社会竞争力，自发形成以泛地缘或业缘为主的农民工协作利益共同体；另一方面，社会相关机构、组织与精英向农民工等弱势群体提供一定的政策、保障与社会生存条件以显示社会的公平正义。但这一过程中，由于农民工自身劳动的质量以及社会权力资源占有的先天劣势，逐渐沉降为社会底层，往往被视为“被帮扶”的对象。

网络打破了传统社会既定的社会结构、话语体系以及议程设置，为农民工等弱势群体开启了网络道义虚拟化实践和道德话语权建构，形成凝聚正义社会效应的道义行动。首先，网络突破了传统媒体客体对主体依存与信息壁垒伦理关系，降低社会公众之间的身份、权力、信息等限制，通过主体间交互参与的日常化、叙事化，改变弱势群体边缘化的社会地位和话语权。农民工通过网络社群、网络发帖、微博转发等方式来寻求新的社会利益表达与社会认同的“规范”或“程序”，自主形成利益诉求管道与新社会秩序规范上重构。同时，农民工等弱势群体不再仅仅是作为特别观照、边缘化与污名化的弱势群体，而是能够自主发声、参与甚至主导社会

① ［美］詹姆斯·C. 斯科特：《农民的道义经济学：东南亚的反叛与生存》，刘东主编，译林出版社2001年版，第217页。

正义的主体，能够自主地参与到知识生产、主体建构与社会实践的过程中，积极卷入网络社交平台中人际交往的主体生命表达和实践逻辑之中。此外，相对于农民工自发的网络道义诉求的彰显，网络等新媒介也自觉地担负起一定的媒介义务与责任，网络一些非政府组织、网络自组织乃至现实社会中的公民和民间机构等生成新型利益互惠共景的网络共同体，农民工群体自身与城市居民、社会精英乃至社会机构、政府部门之间通过网络、权力、资本、资源等互构的运行逻辑，形成一套线上线下以互惠和互助为基础的协同联动机制和一个交互的利益共同体，彼此的劳动、资源与利益得到一定的让渡、互助与分享，以调整社会风险在农民工自身和社会内部的有机的化解与分摊，特别是，当农民工需要帮助时，能够感受到社会的“温暖”，而当社会其他成员遇到困难的时候，他们也需要伸出自己的道义之手，形成社会的“大爱”。

3. 弱势群体网络道义镜像叙事的彰显

当前网络等新媒体的超智能应用进一步成为新型权力行动场域，网络信息知识与技术应用势必深入而广泛地参与到公民社会化的进程，[①] 以往农民工在城市里往往过着粗陋清苦的生活，通过打工维系着自己和家庭的生存，他们基本上游离在城市主体生活之外，没有过多的精神文化生活。他们在城市中往往表现出胆怯和为难，忍受着磨难和苦痛，但网络为农民工等弱势群体呈现出一个另样的原生态虚拟时空语境，给予他们一个新的生活图景与叙事编码，通过手机等新媒介他们获得了重要的自我发声与社会联系的管道。通过 QQ、微信等社交平台，家长里短的日常微小叙事，打破了跨时空、跨地域与跨群体的界限，为他们日常生活、工作乃至情感沟通维系呈现出色彩斑斓、生动活泼的图景，通过手机等新媒体的网络文本、图像、视频等媒介符号得以互文式的主体意象与意义表达，走进彼此的心灵世界和现实世界，在网络镜像中通过主体参与的日常微小叙事凝聚集体力量、群体共识达到社会认同。而文化落差、身份迥异等在网络形成多元交互的叙事动力，创造了农民工主体形象与媒介表征，让不同文化与媒介符号系统实现交融，使农民工与城市广大市民以及其他社会阶层之间消除隔阂、相互理解。同时，网络为农民工提供了一个更广阔的社会交往的时空，通过网络的对话、交流与协商，让城市居民逐步拥有饱和的情感

---

① 宋红岩：《网络权力的生成、冲突与道义》，《江淮论坛》2013 年第 3 期。

动力去接纳和保护农民工，是使得传统媒介宏大抽象概念向交互的网络点对点的直接鲜活演绎。此外，网络的发展还使得农民工的生存伦理由宏观生存理性的关注，转向更关注农民工弱势群体观照与人文关怀，为农民工的利益表达提供了一个社会温度计与晴雨表，更加真实、直观地反映农民工个体、群体以及社会整体的认知与态度，从而形成媒介、社会与人之间的共存共融。

五　结束语

康德曾提出，道德完美就是出于义务而履行义务，即义务不仅是支配他行动的规则，还是他行动的动机。[①] 以网络为代表的数字时代在技术上重构了人类生存版图和秩序框架的同时，在道义伦理上也诠释着对人类生命意义和社会正义的重新定义。但我们也应注意到，互联网技术理性嵌入、网络道义脱域和社会正义失范等问题正在考验着人们的智慧，而农民工等弱势群体的网络道义正处于十字路口，他们正自发地形成网络道义认知与实践建构，展现出当代农民工的为人处世的淳朴情怀、镜像景观和叙事道义，创造出新的自我认同和身份认同。

第三节　长三角农民工网络社会认同机制与路径构建

人类进入全媒体或大数据时代，信息传播无时不在、无处不在、无所不能，是一种超越时空的泛体验，基于大众传播和权威语境下的传统媒介价值体系出现明显的不适症，在这种大背景下，网络赋能与伦理道义需要重新审视。网络等新媒体信息创造了新逻辑，传播内容从提供单身新闻到社会全景信息共享，传播关系从定位传播到全时共演，传播方式由收受分离到合作性到主体间交互合作。当前，中国进入全媒体大发展与大融合的时期，并由 Web3.0 向 Web3.0、Web4.0 进发，媒介对人们嵌入已成为不争的事实，其信息传播在弱势群体社会融合中的作用越来越大。从前面研究对长三角农民工的现实社会生存与社会认同状况，数据分析检验了网络使用、网络认同及其对他们社会认同的影响。从整体上看，网络还能使农民工随时和家人联系，从而获得心理安慰和疏导的同时，网络应用也使得

---

① 高兆明：《伦理学理论与方法》，人民出版社 2005 年版，第 83 页。

农民工网民实现与城乡居民交往和信息传播联络，可以满足他们日益提高的文化娱乐需求，带给更多的精神愉悦和心理健康。此外，网络在一定程度上能够刺激并促进农民工社会认同，有利于城市和农村的社会稳定和谐。

一 农民工网络社会认同框架构建

一般来讲，从发展本质上讲，人的社会认同是一个动态建构（dynamic constructivism）的过程。杜瓦斯认为个人的社会心理认同过程主要包括四个层面的水平，它们分别为个体内水平、人际和情景水平、社会位置水平（群内水平）、意识形态水平（群际水平）的构建。[①] 其中，在个体内水平中，具身认知（embodied cognition）是“社会认知革命”的核心内容；在人际和情景水平、群内水平中主要强调的是亲社会行为、竞争与合作，以及群体形成、群体绩效等；而群际水平主要凸显的是群体情感、群体信任等。因此，对于长三角农民工的网络社会认同建构来讲，应主要包括以下几个维度。

1. 加强农民工个体网络的增权向赋能的转化

作为知识生产与话语竞争的权力场域扁平化，网络形成参与式、共享的表达空间与范式，就农民工个体而言，网络赋予了他们平等的对话与沟通空间，实现价值意义的赋权，以及知识、权力与利益的再生产与再分配的能力。但在前面的研究中也发现，农民工的这种具有了意义赋权和网络行为的可能性，其实际的能量也比较欠缺。因此，当下应在网络强国的大背景下，让农民工由网络接触与基本功能应用，向网络深层次的赋能转化。

2. 加强农民工网络的情感投射与心理归属“具身认知”的构建

由前面章节研究显示，当前中国农民工的网络认同情况就长三角农民工网络区隔来讲，网络焦虑、网络具身与网络刻板都达到“一般”程度以上，其中网络焦虑的题项均值最高，说明长三角农民工整体网络区隔比较明显；同时，长三角农民工的网络评价与网络实际参与能力存在较明显的落差。当前网络认知在一定程度上消解了他们对网络的正确

① Doise, W, *Levels of Explanation in Social Psychology*, Cambridge: Cambridge University Press. 1986, pp. 10-17.

评价与实际参与能力，从整体上看，长三角农民工网络区隔与其网络嵌入形成负向循环。因此，对于农民工个体来讲，首要的是要解决他们对网络的恐慌惧怕心理，加强网络在他们自我呈现、社会交往激活与认知水平提升。加强农民工人体对网络认知的正确认识，以正确积极的心态来使用网络。

3. 农民工网络编码生产与社会认同的再生产

对于中国农民工来说，他们对网络应用相对来讲还比较浅层，因此，应对农民工群体开展适合他们的网络知识与网络素养普及工作，要充分考虑农民工网民偏年轻化、学历较低、应用偏娱乐化等实际情况，开发适合农民工网民的网络信息与内容。第一，力图使外来务工相关网站或信息通俗易懂，网络应用工具简单易用。第二，要加强网络娱乐内容的文化建设，吸引越来越多的农民工网民使用网络，丰富广大农民工的文化生活。同时，更要针对低学历和低龄人群的学习和生活需要，提供服务和支持，使网络切实为广大外来务工网民的生产和生活提供更多的帮助。第三，居民收入低下制约了农民工网民网络的普及，只有持续加大农民工网民的社会保障与工作生活状况，同时推出价格低廉的智能手机、降低上网资费等措施来提升农民工网民互联网普及率与应用率。但从前面的调研与分析中，我们看到，适应农民工网民的网络应用与网络内容还远远跟不上外来务工网民的需求。

二　农民工网络社会认同的机制设计

当前我国党和政府对农民工网民生存状况，在宏观治理机制等方面出台了一系列加强农民工网民社会保障与人文关怀的政策，在社会上也形成了提升农民工自身素养与生活质量的共识。我国互联网实验室曾提出互联网“20倍理论”，认为未来十年我国网民人数将增加到10亿人，他们每天将有10个小时同时在线。但当前我国城市网民基本饱和，可见，外来务工网民挖掘与培育工作将是我国互联网发展下一步的工作重点。前面分析显示，当前农民工网民的网络渗透率与用户粘黏率不断提高，如何以人为本构建适应农民工网民的互联网框架、网民的使用需求，如何有效地引导与培训农民工网民，对我国互联网发展的质量与我国社会转型将起到至关重要的作用。

1. 网络拟态环境农民工公共道义与心理机制的构建

对于农民工网络使用与认同，我们不能回避的一个重要问题就是农民工的网络形象建构问题，网络是农民工个体或群体现实媒介化建构与体验社会化的重要平台，俞晶晶等认为媒体不仅参与了对农民工群体形象的建构，而且他们的报道会影响整个社会对该群体的看法。[①] 而社会群体形象媒介建构理论的重点内容之一，即污名化（stigmatization）和道德恐慌（moralpanic），[②] 其中，对于农民工的刻板印象、媒介奇观、社会怨恨情绪等问题引起学者的关注，从如何了解发生的机制、社会背景与受众心理等角度分析其原因。因此，解决农民工媒介缺钙问题，要改变农民工的媒介形象，文本、图像与视频等符号。农民工的形象建构中主要突出的矛盾与问题是身体形象的构建与认同。网络农民工自我呈现与社会公众的认识形成分裂，或者镜像的认知误解，应积极宣传与树立农民工的勤劳、善良、乐观、坚韧的形象，城市建设与改革开放的贡献者，改变网络表现中底层抗争、弱势群体与身体污名化等消极刻板印象。

2. 农民工群体网络社会认同、群体秩序规范形成

当前网络农民工群体形象的构建与认同的缺位，农民工在网络上往往是集体失声，很少能看到农民工的论坛、博客，现在有些农民工也开始学习与使用 QQ、微信、陌陌等流行社交应用软件，但根据本人加入些农民工 QQ 群与微信群考察发现，群里交流互动相对较少，或者主要就日常生活、关系联络的需要，高层次的需求与交往还没有建立起来。同时，从前面章节研究结果看出，农民工向外群或加入其他社会交往类的群的意愿与能力也不强。因此，应引导农民工自我与群体的媒介形象的树立，在网络上由政府、机构或社会公益组织有针对性地牵头或组织农民工的网络自治与共治的社群，加强农民工网络参与和自我表达的能力。

三 农民工网络社会认同培育路径

近年来，世界媒介信息素养已由自发的社会行动转变为国家或地域性自觉的行为。联合国教科文组织（UNESCO）就提出社会公众通过媒介信息教育实现社会公众从普通劳动者（manualworkers）向知识工作者（knowledgeworkers）转变。一些通过国家立法或规划开展青年移民教育与

---

① 俞晶晶、孔雷：《“80 后”农民工媒介形象建构研究》，《现代视听》2012 年第 7 期。

② 张洁：《“富二代”“官二代”媒介话语建构的共振与差异（2004—2012）》，《现代传播》（中国传媒大学学报）2013 年第 3 期。

社会融合工作，其中联合国教科文组织在 2013 年 12 月发布全球媒体和信息素养（MIL）评估框架，对各成员国公民媒介信息素养教育进行评估，而英国在 2014 年 6 月发布了《英国媒介和信息素养策略研究（2003—2013）》对本国媒介与信息素养教育相应的法律法规政策等方面进行研究，并加强对弱势群体网络素养与社会融合的探讨实施。

1. 长三角农民工网络社会认同激励政策的建立

我国应加快网络信息素养宏观战略布置与政策纲领安排的同时，依照联合国教科文组织发布全球媒体和信息素养评估框架以及其他国家的成功经验开展有针对性的教育与活动。在此过程中，国家应关注与重视农民工社会认同媒介机制与现实互动构建现实的需求，加强公共政策等机制制度的建立，尤其是关于农民工社会融入与社会认同方面的政策，譬如户籍、社会保障等，不断地打破城市与农村的壁垒，使农民工获得一定的城市融入的准入机制、制度与政策。同时，契合“互联网+”与智能社会的建设，加强网络农民工在城市融入与回乡创业中的主导作用，加强农民工网络社会认同的机制与制度保障工作。

2. 农民工网络社会认同支持系统的构建

应对互联网大数据、云计算的快速发展以及我国网络文化强国建设的发展要求，在吸纳国内外网络发展的优点的同时，考虑我国外来务工网民特征、交往、观念以及能力等因素的差异，制订分阶段可行性的建设落地部署与计划。政府机构、社会公益组织也应充分发挥自身的人员、物力与资源，对外来务工人员定期发布网络知识小汇编、订定网络百事通宣传画、春节网络订票攻略、网络防骗面面观、网络素养支教等主题工作、项目或活动，大力开展科普宣传教育工作，通过横幅、展板、网络小视频、手机短信、网络歌曲等形式多样的、外来务工者喜闻乐见、通俗易懂的方式与内容做好中国好网民与网络素养科普与公益宣传工作；另外，积极发挥高校的教育资源与师资力量，开展外来务工网民的短期培训、夜校或职业技能教育、大学生支教以及网络素养结对子等项目与活动。

3. 农民工网络社会认同协同路径的实现

由前面章节研究显示，长三角农民工城市融合与社会认同由最初的制度性贫血正向深层次的文化共享发展，因此，如何在进一步放开或建全相关政策外，探索农民工城市融合与社会认同的发展理路与理论建构，十分重要。在此基础上，进行典型示范、委托培训、相关部门或机构进行专项活动等多种形式，譬如团委、社会福利机构在经济扶贫、福利保障的同时，将农民工深层次自我发展、群体生存与社会认同与媒介表达有机地结合起来，现在有些地方已经进行了有益的尝试与探索，譬如，电大学习外，还应进一步机制化、制度化，形成立体、多层次、配套工程。构建教育部门媒介素养、社会公益组织、政府专项教育活动、社区活动、城市居民与农民工结对子或联合活动以及媒介企业专项活动等全方位、多层次、多渠道的协同联动。

4. 开展农民工专项网络培训与网络素养教育工作

第一，针对农民工网民群体特点与网络知识、能力与素养不协调发展的现象，我国需要对外来务工者开展专项网络知识技术培训与网络素养教育工作。适应农民工网民的网络应用与网络内容还远远跟不上农民工网民的需求，农民工网民人群构成主力是青少年和男性，但是年龄大的、学历低的、工作时间长的农民工网民的网络和智能手机的应用能力比较弱，因此，对不同外来务工网民群体应开展差异化的专项、专题培训教育工作。第二，加强我国外来务工网民网上学习、网上培训、远程教育、远程医疗等工作，实施外来务工网民网络智能工程。提高外来务工网民的网民文化科学素养与社会医疗保障工作。第三，加强外来务工网民互联网购、理财、教育等高附加值网络应用的使用，此外，还要加强外来务工网民网络应用的引导工作，加强外来务工网民通过网络发出声音并维护自己的利益、正确参与社会公众事务的能力，改变其刻板印象，向现代公民转型。我国应以工作单位或企业为据点，结合外来务工网民的工作情况，开展一些有针对性的网络安全与网络素养方面的专项培训与活动，譬如网络技能大赛、网络安全知识竞赛、网络利弊辩论赛等。鼓励有条件的地方与企业开展对外来务工网民的培训与教育试点工程，以点带面形成了一些成功的案例与有益的经验，如“三位一体”外来务工信息服务平台、“四个一点”实施模式、“外来务工网民 E 网”“小门户+联盟”专业网站模式等，我国应在这些宝贵成果的基础上，梳理出经典并具有普遍推广作用的模式。

附件1　长三角地区农民工手机使用与社会认同问卷调查表

问卷编号：

亲爱的朋友：您好！

我们正在进行一次对长三角地区外来务工人员手机使用与生活状况的社会调查，希望能得到您的配合。对于收集到的资料，我们不记实名，不会对您产生任何影响，请您放心作答。请您在适合您的选项下面打“√”，或直接在横线上面填写。感谢您的支持与帮助。

A 个人基本情况

A1 您的性别________

①男　②女

A2 您的年龄（周岁）________

①18周岁以下　②18—24岁（90后）

③25—29岁（85后）　④30—34岁（80后）

⑤35—39岁　⑥40—49岁

⑦50—59岁　⑧60岁及以上

A3 您的受教育水平是________

①不识字或识字很少　②小学

③初中　④高中

⑤中专/技校　⑥大专

⑦大学本科及以上

A4 您的婚恋家庭情况________

①未婚　②已婚

③其他

A5 您来自的省份________；您现在所在的城市为________。

A6 您的外出打工方式________

①自己一个人　　②举家外出（全家或部分家庭成员）

③其他

A7 您在本地的户口类型是________

①暂住证　　②居民证

③本市非农业　　④本市农业

⑤其他

A8 您来此地有多长时间了________

①1 年以内　　②1—2 年

③3—4 年　　④5—6 年

⑤6 年以上

A9 您到城市来做的第一份工作是________________；您目前的工作是________（请填序号）

1. 企业管理人员　　2. 个体户/自由职业者

3. 企业一般职员　　4. 专业技术人员

5. 商业服务人员　　6. 制造生产型企业工人

7. 建筑业工人　　8. 交通运输、仓储和邮政业

9. 批发零售业　　10. 住宿餐饮业

11. 居民服务和其他服务业　　12. 无业/下岗/失业

13. 其他

A10 对六项指标在以下各群体评价中的重要性分别进行打分（1—5 分之间），其中“1”代表“一点也不重要”，“2—4”依次递强，“5”为最高，代表“非常重要”。

	医生	大学生	农民工	个体户	富人	农民	公司白领	“80 后”	城市居民	失业者
诚实										
能力										
热情										
才干										
友好										
可信										

A11 您觉得您现在的社会身份是________

①城里人　　②半个城里人

③农民　　④说不清

A12 您觉得自己多大程度上是城市人，请给自己打分________（1 分为最低，5 分为最高）

A13 您觉得自己的社会地位是________

①上层　　②中上层

③中层　　④中下层

⑤下层

A14 您认为怎样才能成为城市人/当地人________（可多选）

①努力工作，升为管理层　　②自己创业

③提高自己的技能或学历教育　　④在城市买房子

⑤嫁（娶）当地人　　⑥国家户籍政策放宽

⑦靠亲属、朋友、老乡的帮助　　⑧示威、抗争

⑨其他：________

B 经济与工作状况

B1 您的平均月收入是________

①1000 元及以下　　②1001—1500 元

③1501—2000 元　　④2001—3000 元

⑤3001—5000 元　　⑥5001—8000 元

⑦8000 元以上

B2 您工作日每天的工作时间是________

①8 小时及以下　　②9—10 小时

③11—12 小时　　④12 小时以上

B3 请问您现在从事的工作是通过什么渠道获得的？

①自己通过招聘市场获得的　　②中介介绍

③老家亲戚介绍的　　④城里老乡介绍的

⑤城里亲戚介绍的　　⑥城里朋友介绍的

⑦其他

B4 关于工作满意度的描述句子中，请选择符合您实际情况的选项（在相应空格上打“√”）

	非常满意	满意	一般	不满意	非常不满意
工资待遇					
工作时间强度					
工作岗位					
工作环境					
与老板或上级的关系					
单位管理制度					
居住条件					
升迁机会					
技能的提高					
社会福利					
政府政策支持					

B5 现在您居住的地方是________

①工地工棚　②暂寄宿在亲朋处

③乡外从业回家居住　④单位宿舍

⑤与他人合租住房　⑥廉租房

⑦独立租赁房　⑧务工地自购房

⑨其他

B6 遇到不公待遇，且事关自己利益时，您会（可多选）________

①找上级主管或老板　②找老乡、朋友帮忙

③寻求法律的帮助　④默默忍受

⑤在媒体上求助　⑥找其他工友一起来维权

⑦找地方政府有关部门　⑧消极怠工

⑨在网上发帖　⑩破坏工具或设备

⑪辞职不干　⑫其他

C 心理和自我身份认同情况

C1 您的个性是（可多选）________

①节俭朴素　②争强好胜

③乐于冒险　④呆板固执

⑤乐观热情　⑥个人中心

⑦独立自主　⑧感情用事

⑨严谨沉稳　　⑩自卑压抑

⑪求实务实　　⑫不拘小节

C2 在下列关于生活消费状况的描述中，选择符合您实际情况的选项（在相应空格上打“√”）

	完全符合	比较符合	一般	不很符合	完全不符合
1. 经常买当地报纸或杂志看					
2. 经常光顾大型超市或购物中心					
3. 饮食与穿着与城里人/当地人一样					
4. 了解当地的风俗习惯					
5. 会说或能听得懂当地语言					

C3 您现在最主要的压力是（可多选）________

①工资收入低　　②稳定就业难

③社会保障难　　④社会地位低

⑤生活单调　　⑥子女入学教育

⑦婚姻家庭　　⑧住房

⑨受到歧视　　⑩其他

C4 当您将自己与城市人/当地人比较时，您会（可多选）________

①努力向他们学习　　②感到挫折和不满

③爱、妒忌、恨　　④感觉很无奈

⑤沉默忍受　　⑥能够在城市生活就好

⑦自己创造幸福　　⑧渴望得到平等地位

C5 在下列外来务工人员与城里人的描述中，请选择符合您实际情况的选项（在相应空格上打“√”）

	完全符合	比较符合	一般	不很符合	完全不符合
1. 农民工是我国社会发展的重要力量					
2. 城市人是改革开放的最大受益人					
3. 我感觉城里人都有种优越感					
4. 我内心希望多与城里人交朋友					
5. 我参加过当地社区举办的一些公益活动					

续表

	完全符合	比较符合	一般	不很符合	完全不符合
6. 我在城市里已有自己固定的朋友圈子					
7. 有些城里人不值得信任					
8. 有些城里人/当地人不愿意帮助外来农民工					
9. 城市人很进取					
10. 农民工很勤奋					
11. 我在当地有城市的朋友					
12. 农民工在城市生存竞争压力越来越大					
13. 我感觉自己找到满意的工作越来越难					
14. 我在找工作面试或工作中有遇到不公的对待甚至歧视					
15. 农民工也可以通过努力或创业富裕起来					
16. 农民工往往做的是脏、累、差活					
17. 大多数农民工往往学历低、能力差					
18. 农民工没责任感，只知道要求涨工资					

C6 您近期是否有离开城市回到家乡的打算________

①不回（选择此项，请回答 C7）

②回去（选择此项，请回答 C8）

C7 您不打算回到家乡，准备长期留在或定居城市的原因是（可多选）________

①生活便利　　②经济发达

③城市卫生条件和基础设施好　　④在城市体面

⑤城市文化教育质量好　　⑥不适应农村/老家的生活

⑦发展机会多　　⑧工作稳定或容易找

⑨有家人或亲戚在当地　　⑩宽松自由

⑪其他

C8 您打算回到家乡的原因是（可多选）________

①没有当地户口　　②在城市子女上学难

③就业难度大　④家人亲戚都不在当地
⑤竞争激烈，生活压力大　⑥房价、物价太高
⑦回农村/老家创业　⑧城市人际关系太冷漠
⑨在城市感到受歧视　⑩环境不如家乡好
⑪城市里规矩太多，不自由　⑫交通问题
⑬确保农村耕地和林地承包权和流转权
⑭其他

D 手机媒介使用状况

D1 工作之外的时间您主要是怎么度过的（可多选）________
①看报纸杂志　②听广播
③看电视　④玩手机
⑤电脑上网　⑥同朋友聚会
⑦打牌　⑧搞卫生、干家务
⑨外出旅游　⑩看书学习
⑪逛街休闲　⑫打游戏
⑬在家睡觉　⑭锻炼身体
⑮其他________

D2 您有手机吗？________
①有　②没有

D3 您的手机每个月上网流量为多少？（若选①，您的这份问卷答解结束，谢谢您的合作）
①没有开通　②50M 及以下
③51—100M　④101—300M
⑤301—500M　⑥500M 以上

D4 您每天平均使用手机上网时间大概为？
①0. 5 小时以内　②0. 5—1 小时
③1 小时以上至 2 小时　④2 小时以上至 3 小时
⑤3 小时以上

D5 在下列关于手机上网目的的描述中，请选择符合您实际情况的选项（在相应空格上打“√”）

	非常重要	比较重要	一般	不重要	非常不重要
1. 获取信息知识					
2. 自由展示自我					
3. 参与社会事务					
4. 满足好奇心					
5. 排遣孤独、宣泄情绪					
6. 购物与理财					
7. 便利对外联络					
8. 制造恶作剧					
9. 结交各种朋友					
10. 反映意见，监督政府					
11. 参与休闲娱乐					
12. 匿名感情交流					
13. 随意撒谎、骂人					
14. 引起他人关注					
15. 体验助人之乐					
16. 发布个人观点					

D6 除了打电话发短信外，您还经常使用的手机功能有（可多选）________

①社交类（如 QQ、微信、微博等）

②生活服务类（如天气、日历、公交等）

③娱乐类（如玩游戏、看视频、听音乐等）

④商务交易类（如网购、手机支付等）

⑤阅读类（如看新闻、电子书、获取信息等）

⑥其他

D7 您平时手机上网主要关注的信息有（可多选）________

①时事新闻　②休闲娱乐信息

③电子书籍　④求职招聘信息

⑤科教信息　⑥金融证券信息

⑦交友征婚　⑧社会趣闻

⑨旅游服务　⑩网上教育

⑪医疗信息　⑫时事评论

⑬境外新闻　⑭名人轶事
⑮色情暴力信息　⑯法律服务信息
⑰心理咨询　⑱购物指南
⑲天气预报　⑳其他

D8 您平时用手机网购过吗？________
①有　②无（若选无，请跳到D10题）

D9 您平时手机网购的主要商品有（可多选）________
①食品和生活用品　②衣服、鞋子、化妆品等
③家居用品　④电子数码产品
⑤书籍及教育学习用品　⑥医疗保健品
⑦艺术装饰及高档商品　⑧其他

D10 您平时经常使用以下哪种交友软件？（可多选）________
①QQ　②微博
③微信　④陌陌
⑤秘密　⑥其他

D11 您平均每天花在交友软件的时间为？________
①0.5小时以内　②0.5—1小时
③1小时以上至2小时　④2小时以上至3小时
⑤3小时以上

D12 您有QQ吗？________
①有　②无（若选无，请跳至D25题）

D13 您若有QQ，您的QQ中大约有多少好友________
①50个及以下　②51—150个
③151—300个　④301—500个
⑤501个及以上

D14 现在您大约有几个QQ群________
①1—2个　②3—5个
③6—10个　④11个及以上
⑤不确定

D15 您的QQ群中主要有（可多选）________
①老乡群　②同事群（工作群）
③交友群　④爱好群

⑤理财群　⑥其他

D16 您的 QQ 或 QQ 群中成员主要是（可多选）________

① 家人或亲戚　②老乡

③同学　④同事

⑤工作生活联络（如客户、中介）

⑥朋友　⑦网友

⑧其他

D17 您在 QQ 群中的作用是________

①活跃并受大家喜欢　②经常发布信息或发表意见

③对自己感兴趣的才发表意见

④偶尔会参与下

⑤主要是看别人说，自己极少参与

⑥其他

D18 您所在 QQ 群中的人 ________

①大家都很活跃　②大多数人都很友好

③有事时或偶尔才热闹下　④其他

D19 当您在 QQ 群中发表自己或与大家不同的意见时________

①网友都会尊重我　②网友都很友好，没问题

③有些网友会取笑我　④网友会攻击我或孤立我

⑤其他

D20 当群里人的观点与您不一致时，您会________

①坚持自己的观点　②会迎合大家（随大家的意思）

③选择沉默　④下线或退群

⑤听从群主的意见　⑥其他

D21 对 QQ 群中自己感兴趣的人，想进一步交流时，您会________

①继续群聊　②私聊

③改发短信或打电话　④其他

D22 您们经常谈论的话题有（可多选）________

①工作　②情感

③交友　④生活

⑤其他

D23 当在老乡群中有人提到工作或生活中的不公时，您会________

①很气愤，感同身受　　②劝导或安慰
③也说自己遇到的不公　　④说些八卦
⑤抱怨社会的不满　　⑥支持老乡去维权
⑦帮老乡出主意　　⑧其他

D24 若网上社交平台组织线下见面活动，您参加的情况是________
①没有参加过　　②很少参加
③经常参加

D25 您手机开通微信功能了吗？________
①有　　②无（若选无，请跳至 D29）

D26 您微信中现在有多少好友？________
①50 个及以下　　②51—150 个
③151—300 个　　④301—500 个
⑤500 个以上

D27 您有通过微信摇一摇或 QQ 查找功能主动加过陌生人吗？________
①每天　　②经常
③偶尔　　④很少
⑤没有

D28 当网上有陌生人主动打招呼，要求加您时，您会________
①同意　　②不同意
③不一定

D29 在下列网络描述中，请选择符合您实际情况的选项（在相应空格上打“√”）

	完全符合	比较符合	一般	不很符合	完全不符合
1. 在网络中与别人交流中，我最欣赏我自己					
2. 在网络上我真希望人们对您更诚实一些					
3. 在网络上，多数人似乎了解我对事物的感受					
4. 在网络中我能得到有用的信息					
5. 上网我能得到放松或缓解压力					

续表

	完全符合	比较符合	一般	不很符合	完全不符合
6. 我喜欢上网交友					
7. 网络上能够反映问题，监督政府					
8. 在网上网友们都认可和尊重我					
9. 我在网络上有时也会说粗话或过激的言语					
10. 我在社交平台中能像知心朋友一样与别人交流					
11. 网络中大家都不认识，可以随意说					
12. 我感觉在网上自己更容易与人交流沟通					
13. 自己一上网，就觉得时间过得很快					
14. 通过网络我对社会有了更积极的态度					
15. 在网络上有时我会发泄自己对工作或生活的不满					
16. 自己在网上感觉很自由，想做什么就做什么					
17. 我觉得网络上存在偏见与歧视					
18. 在网络上我有时会感到孤独					
19. 网上也有假信息和骗子					
20. 虽然能上网，但我感觉自己还是外来务工人员					
21. 有时我会通过其他途径来核实网络信息的真实性					
22. 我不喜欢上网交友					
23. 网络对农民工形象有时会刻意歪曲丑化					
24. 有时我会拒绝接受网络信息或内容的某些观点					
25. 网络上存在内容娱乐化、低俗化					
26. 如果自己的权益受到损害，我会通过网络投诉					
27. 我会积极参与感兴趣的网络论坛或平台讨论					

附件2 《长三角农民工手机使用与社会认同》之农民工访谈提纲

1. 您是哪儿的人呢？

2. 您今年几岁了？

3. 您平时用手机的时间多吗？一天大概几个小时呢？

4. 那您会用手机上网吗？上网时间一般多久呢？

5. 您觉得自己生活比以前有提高了吗？

6. 您平时是通过什么方式联系您的亲戚朋友的？

7. 您在初到新环境的时候，有没有感觉到不适应？

8. 您到这儿多久了？

9. 平时的娱乐生活丰富吗？都有什么消遣呢？

10. 您会不会通过网络来交一些新的朋友？您认为这样的朋友是可信的吗？和您身边的朋友有区别吗？

11. 当您遇到需要求助的时候，您会选择网络求助吗？

12. 您在这里生活得开心吗？

13. 将来还想待在这里吗？

附件3　《长三角农民工手机使用与社会认同》之企业管理人员访谈提纲

1. 请问一下，您所在的工厂总共有多少工人？

2. 您的工厂中，外来务工人员占的比重多不多？

3. 那您会通过网络发布招聘信息或者其他渠道来获取用工信息，就是说，通过什么方式招聘工人？

4. 那您工厂的同事们相处怎么样？工人们在一起相处得融洽吗？

5. 您的工厂对外来务工人员有什么福利政策呢？

6. 网上会有一些言论关于农村人被歧视或被不公平待遇，对于这种现象，您是怎么看待的？

7. 您工厂的员工在他们生活或工作上遇到什么困难时，会不会主动来找你帮忙，或者是询问您的建议？

8. 那你们的外来务工人员流失严重吗？具体会集中在哪个时间？

9. 外来务工人员一般会在你这里干多少时间？

10. 您认为工人们生活得开心吗？

参考文献

著作

Anderson, B, *Imagined Communities: Reflections on the Origin and Spread of Nationalism*, London: Verso, 1994.

Andersson, M, *All Five Fingers Are not the Same: Identity Work among Ethnic Minority Youth in an Urban Norwegian Context*, Bergen: Centre for Social Science Research, University of Bergen, 2000.

Baltes PB and Baltes MM, *Successful Aging: Perspectives from the Behavioral Sciences*, New York: Cambridge University Press, 1990.

Barbara Solomon, *Black Empowerment: Social Work in Oppressed Community*.New York: Columbia University Press , 1976, p.96.

Berg M, *Seldas Andra Bröllop* [*Selda's Second Wedding*], Göteborg: Etnologiska Foreningen i Västsverige, 1994.

Borkert M, Cingolani P, Premazzi V, *The State of the Art of Research in The EU on the Take Up and Use of ICT by Immigrants and Ethnic Minorities*, Seville: Institute for Perspective Technological Studies.JRC scientific and technical reports, 2009.

Bourdieu, P, *Cultural Reproductionand Social Reproduction*. inJ. Karabel and A.H.Halsey (eds.).Power and Ideology in Education.Oxford: Oxford University Press, 1977, p.494.

Bourdieu, P, *Distinction. A Social Critique of the Judgement of Taste*, London: Routledge, 1984, p.341.

Bourdieu, P, *The Forms of Capital'.in J.G.Richardson* (ed.).Handboook of Theory and Research for the Sociology of Education. Westport, CT: Greenwood Press, 1986, p.159.

Bourdieu, P, *Homo academicus*, London: Polity Press, 1988, p.213.

Bourdieu, Pierre, *The Forms of Social Capital*, In Handbook of theory and research for the sociology of education.edited by J.G.Richardson.New York: Greenwood, 1985, p.248.

Bourdieu, Pierre, *Language and Symbolic Powe*, Translated by G. Raymond and Adamson. Edited by J. B. Thompson. Cambridge, MA: Harvard University Press, 1991.

Castells M, *The Space of Flows: A Theory of Space in the Informational Society*, *Conference of The New Urbanism*. Princeton: Princeton University Press, 1992, pp.131-140.

C. Nathan DeWall, *The Oxford Handbook of Social Exclusion*, MA: Oxford University Press, 2012, p.293.

Cohen, R, *Global Diasporas: Identity and Transnational Engagement*, Cambridge University Press, 1997, p.230.

Couldry, N, *Media, Society, World: Social Theory and Digital Media Practice*, Cambridge University Press, 2012.

Dervin B, Frenette M, *Sense - Making Methodology: Communicating Communicatively with Campaign Audiences* [C] //Rice R E, Atkin C K. Public Communication Campaigns. Thousand Oaks: Sage Publications, 2001, pp.69-87.

Dervin B, *What Methodology Does to Theory: Sense-Making Methodology as Examplar* [C] //Fisher K E, Erdelez. Theories of Information Behavior. ASIS&T Monograph Series. Medford: ASIS&T, 2005, pp.25-30.

Doise, W, *Levels of Explanation in Social Psychology*, Cambridge: Cambridge University Press, 1986, pp.10-17.

Duckitt, J, *The Social Psychology of Prejudice*, New York: Praeger, 1992.

Eide E, *The Long Distance Runner and Discourses on Europe's Others: Ethnic Minority Representation in Feature Stories*. In Tufte T (ed.) Medierne, Minoriterne og det Multikulturelle Samfund: Skandinaviske Perspektiver. Göteborg: Nordicom, 2003, pp.77-113.

Elias N, *Coming Home: Media and Returning Diaspora in Israel and Ger-*

many, Albany: SUNY Press, 2008.

Georgiou M, *Diaspora, Identity and the Media: Diasporic Transnationalism and Mediated Spatialities*, Cresskill, NJ: Hampton Press, 2006a.

Georgiou M, *Diasporic Communities Online: A Bottom－up Experience of Transnationalism*, In Sarikakis K and Thussu D (eds) The Ideology of the Internet: Concepts, Policies, Uses. Cresskill, NJ: Hampton Press, 2006b, pp.131－146.

Gillespie M, *Television, Ethnicity and Cultural Change*, London: Routledge, 1995.

Gilroy, P, *The Black Atlantic: Modernity and Double－Consciousness*, Harvard, MA: Harvard University Press, 1993.

Gullestad M, *Imagined sameness: Shifting notions of "us" and "them"*, In: Ytrehus LA (ed). Forestillinger om den Andre. Kristiansand: Høyskoleforlaget, 2001, pp.32－57.

Hall S, *Introduction: Who Needs "Identity"*? In: Hall S. and DuGay P (eds) Questions of Cultural Identity, London: Sage, 1996, pp.1－17, 5－6.

Hall S (ed.), *Representation: Cultural Representation and Signifying Practices*. London: Sage, 1997.

Holmes D (ed.), *Virtual Politics: Identity and Community in Cyberspace*, London: Sag, 1997.

Ingrid Volkner, *The Handbook of Global Media Research*, Blackwell Publishing Ltd, 2012, p.365.

Ito M, *Mobilizing the Imagination in Everyday Play: The Case of Japanese Media Mixes*. In Livingstone S and Drotner K (eds) International Handbook of Children, Media and Culture. London: Sage, 2008, pp.397－412.

Jennifer M., Brinferhoff, *Digital Diasporas Identity and Transnationa* Jonathan Gray, Cornel Sandvoss, and .C Lee Harrington, *Fandom－Identities and Communities in a Mediated World*, New York: New York University Press, 2007, pp.10－11.

Karen E. Dill, *The Oxford Handbook of Media Psychology*, Oxford: Oxford University Press, 2013, pp.449－452.

Kate C. Mclean and Moin Syed, *The Oxford Handbook of Identity Develop-*

ment, Oxford: Oxford University Press, 2015, pp.508-520.

Lefebvre, H, *The Production of Space*, Trans. Donald Nicholson-Smith. Oxford: Blackwell, 1994.

Leopoldina Fortunati, Raul Perlierra and Jane Vincent, *Migrant, Diaspora, and Information Technology in Global Societies*, Routledge, New York, 2012, p.108.

McCaughey M, Ayers MD, *Cyberactivism: Online Activism in Theory and Practice*, New York: Routledge, 2003.

Moscovici, S. Jovchelovitch, & B. Wagoner (Eds.), *Development as a Social Process: Contributions of Gerard Duveen*, London: Routlege, 2013, pp.191-193.

Naficy, H, *Home, Exile, Homeland: Film, Media, and the Politics of Place*, NewYork: Routledge, 1999.

Nakamura L, *Cybertypes: Race, Ethnicity and Identity on the Internet*, New York: Routledge, 2002.

Nakamura L, *Digitizing Race: Visual Cultures of the Internet*, Minneapolis, MN: University of Minnesota Press, 2008.

Nelson A and Tu T, *Technicolor: Race, Technology and Everyday Life*, New York: New York University Press, 2001.

Nicholas Negroponte, *Being Digital*, Knopf Publishing Group, 1997, p.98.

Noelle-Neumann, E, *The Spiral of Silence: Public Opinion, Our Social Skin* (*2nd ed.*). Chicago: University of Chicago Press, 1993.

Noelle-Neumann, E, *Die Schweigespirale*, Öffentliche Meinung-Unsere soziale Haut. München: Langen Müller, 2001.

Parikh, T.S, *Mobile Phones may be the Right Devices for Supporting Developing World Accessibility, but is the www the Right Delivery Model*? Paper presented at the International Cross-Disciplinary Workshop on Web Accessibility (W4A): Building the Mobile Web: Discovering Accessibility? Edinburgh, Uk, 2006.

Silverstone, Roger, *Television and Everyday Life*, London: Routledge, Media and Morality, Cambridge: Polity Press, 2007, p.5.

Silverstone, Silverstone, Roger, *Television and Everyday Life*. London: Routledge.Media and Morality, Cambridge: Polity Press, 1994, p.5.

Stevenson, N, *Cultural Citizenship: Cosmopolitan Questions*, Maidenhead: Open University Press, 2003.

Tajfel, H, *Human Groups and Social Categories: Studies in SocialPsychology*, Cambridge: Cambridge Univesity Press, 1981, pp.14、23.

Tajfel, H, *Social Identity and Intergroup Relations*, London: Press Syndicate of the University of Cambridge, 1982, p.68.

Woodward, K. (ed.), *Identity and Difference*.London: SAGE, 1997.

Wright, C, *Mass Communication: A Sociological Perspective*, New York: Random House, 1986, p.125.

期刊

Abraham, R, Mobile Phones and Economic Development: Evidence from the fishingIndustry in India, *Information Technologies and International Development*, Vol.4, No.1, Febuary 2007.

Adi Kuntsman, Webs of Hate in Diasporic Cyberspaces: the Gaza War in the Russian-language Blogosphere, *Media*, *War & Conflict*, No.3, Febuary 2010.

Ahmet Rustemli, In - group Favoritism among Native and Immigrant Turkish Cypriots: Trait Evaluation of Ingroup and Out - group Targets, *The Journal of social psychology*, Vol.140, No.1, 2000.

Albert Barque - Duran, Contemporary Morality: Moral Judgments in Digital Contexts, *Computers in Human Behavior*, Vol.75, 2017.

Alejandro Portes, The Two Meanings of Social Capital, *Sociological Forum*, March 2000.

Androutsopoulos JK, Multilingualism, Diaspora and the Internet: Codes and Identities on German-based Diaspora Websites, *Journal of Sociolinguistics*, No.10, 2006.

Barbet Pearce W, On putting Social Justice in the Discipline of Communication and Putting Enriched Concepts of Communication in Social Justice Research and Practice, *Journal of Applied Communication Research*, No.2, 1998.

Beate Schneider, Communicating Separation? Ethnic Media and Ethnic Journalists as Institutions of Integration in Germany, *Journalism*, No.2, 2007.

Berg M, *Seldas Andra Bröllop [Selda's Second Wedding]*, Göteborg: Etnologiska Foreningen i Västsverige, 1994.

Bergamim, Bagoaair P, Self-Categorization, Affective Commitment and Group Self-Esteem as Distinct Aspects of Social Identity in the Organization, *British Journal of social Psychology*, Vol.39, No.4, 2000.

Birgit Jentsch, Migrant Integration in Rural and Urban Areas of New Settlement Countries: Thematic Introduction, *International Journal on Multicultural Societies*, Vol.9, No.1, 2007.

Blumenthet, M.M, Toward an Open-source Methodology: What We can Learn form the Blogosphere.*Public Opinion Quarterly*, Vol.69, No.5, 2005.

Borkert M, Cingolani P, Premazzi V, *The State of the Art of Research in The EU on the Take Up and Use of ICT by Immigrants and Ethnic Minorities*, Seville: Institute for Perspective Technological Studies.JRC Scientific and Technical Reports, 2009.

Bornewasser, Individual, Social Group and Intergroup Behaviour, Some Conceptual Remarks on theSocial Identity Theory, *European Journal of Social Psychology*, Vol.87, Sep.1987.

Brah, *Cartographies of Diaspora: Contesting Identities*, London: Routledge, 1996, p.208.

Brewer, M. B, The Psychology of Prejudice Ingroup Love o rOutgroup Hate? *Journal of Social Issues*, Vol.55, No.3, 1999.

Brown, Rupert, Intergroup Contact and Intergroup Attitudes: A Longitudinal Study.*European Journal of Social Psychology*, Jul./Aug.2007.

Brune Y, Journalistikens Andra: Invandrare och Flyktingar i Nyheterna "Others": Immigrants and refugees in the news.*Nordicom-Information*, No.4, 1997.

Caroline Barratt, Between Town and Country: Shifting Identity and Migrant Youth In Uganda, *the Journal of Modern African Studies*, Vol.50, No.2, 2013.

Chigona, W., Beukes, D., Vally, J., & Tanner, M, Can Mobile Internet Help Alleviate Locial Exclusion in Developing Countries? *The Electronic Journal of Information Systems in Developing Countries*, Vol.36, 2009.

Christian Fuchs, Robert M.Bichler, Celina Raffl, Cyberethics and Cooperation in the Information Society, *Sci Eng Ethics*, Vol.15, 2009.

3.R.McClure, Network Literacy: A Role for Libraries? *Information Technology and Libraies*, Vol.13, No.2, 1994.

Costarelli, Sandro, Call À, Cross - Dimension - Ambivalent In - Group Stereotypes: The Moderating Roles of Social Context of Stereotype Endorsement and In - Group Identification, *Rose Marie Journal of Social Psychology*, Oct.2007.

Cuddy, A.J.C., Fiske, S.T., Kwan, V.S.Y., Glick, P., Demoulin, S., Leyens, J.-P.,..Ziegler, R, Stereotype Content Model across Cultures: Towards Universal Similarities and Some Differences. *The British Journal of Social Psychology*, Vol.48, No.1, 2009.

Dan Caspi & Nelly Elias, Don't Patronize Me: Media-by and Media-for Minorities, *Ethnic and Racial Studies*, No.1, 2011.

David A.Wilder, Facilitation of Outgroup Stereotypes by Enhanced lngroup Identity, *Jounal of Experimental Social Psychology*, 27, 431 - 452 . Vol. 27, 1991.

Deborah G.Johnson, Computer Systems: Moral Entities but not Moral Agents, *Ethics and Information Technology*, No.8, 2006.

Deconchy, Jean - Pierre, Choppard - Lallee, Nathalie, Sife, Matthieu, Effects of Social Categorization (Religious and National) Among Guinean Workers in France, *Journal of Social Psychology*, Vol.128, No.3, Jun.1988.

De Leeuw S and Rydin I, Migrant Children's Digital Stories: Identity Formation and Self-representation through Media Production. *European Journal of Cultural Studies*, No.4, 2007.

De Vreese, C.H., & Boomgaarden, H.G, Media Message Flows and Interpersonal Communication: The Conditional Nature of Effects on Public Opinion, *Communication Research*, Vol.33, No.1, 2006.

Dewitte P, Homo Cybernatus. Migrants. com, Hommes&migrations 1240: 1, 2002.

Diminescu D, The Connected Migrant: An Epistemological Manifesto, *Social Science Information*, No.4, 2008.

Ding S, Digital Diaspora and National Image Building: A New Perspective on ChineseDiaspora Study in the Age of China's Rise, *Pacific Affairs*, Vol.80, No.4, 2007.

Domingo, D, Interactivity in the Daily Routines of Online Newsrooms: Dealin with an Testing The Spiral of Silence In The Virtual World, 28 Uncomfortable Myth.*Journal of Computer–Mediated Communication*, Vol.13, 2008.

Duckitt, J, *The Social Psychology of Prejudice*, New York: Praeger, 1992.

Durante, Federica, Fiske, Susan T., Kervyn, Nicolas, Cuddy, Amy J.C., Akande, Adebowale, Nations' Income Inequality Predicts Ambivalence in Stereotype Content: How Societies Mind the Gap, *British Journal of Social Psychology*.Dec., 2013.

Elias N and Lemish D, Spinning the Web of Identity: The Roles of the Internet in theLives of Immigrant Adolescents, *New Media & Society* , Vol.11, No.4, 2009.

Elias N and Shorer–Zeltser M, Immigrants of the World Unite? A Virtual Community of Russianspeaking Immigrants on the Web, *Journal of International Communication*, Vol.12, No.2, 2006.

Eun–Ju Lee, Effects of Gendered Character Representation on Person Perception and Informational Social Influence in Computer–mediated Communication, *Computers in Human Behavior*, Vol.20, 2004.

Everett A, *Digital Diaspora: A Race for Cyberspace*. Albany: SUNY Press, 2009.

Figgou, L., Sapountzis, A., Bozatzis, N., Gardikiotis, A., & Pantazis, P, Constructing theStereotype of Immigrants' Criminality: Accounts of Fear and Risk Intalk about Immigration to Greece, *Journal of Community and Applied Social Psychology*, Vol.21, 2011.

Filip Boen, Individual Versus Collective Responses to Membership in a Low–Status Group: The Effects of Stability and Individual Ability, *Journal of Social Psychology*, Dec.2001.

Edna F. Einsiedel, GM Food Labeling the Interplay of Information, Social, and Institutional Trust, *Science Communication*, Vol.24, No.2, 2002.

Fiske, S.T., Cuddy, A.J.C., & Glick, P, Universal Dimensions of Social Cognition: Warmth and competence, *Trends in Cognitive Sciences*, Vol. 11, No.2, 2006.

Fiske, S. T., Cuddy, A. J. C., Glick, P., & Xu, J, A Model of (often mixed) Stereotype Content: Competence and Warmth Respectively Follow from Perceived Status and Competition, *Journal of Personality and Social Psychology*, Vol.82, No.6, 2002.

Fiske, S.T., Xu, J., Cuddy, A.C., & Glick, P, (Dis) respecting versus (Dis) liking: Status andInterdependence Predict Ambivalent Stereotypes of Competence and Warmth. *Journal of Social Issues*, Vol.55, No. 3, 1999.

Glynn, Carroll J, The Spiral of Silence and the Internet: Selection of Online Content and the Perception of the Public Opinion Climate in Computer-Mediated Communication Environments. *International Communication Association. Annual Meeting*, 2012, pp.1-34.

Gray-Little, B., & Hafdahl, A.R, Factors Influencing Racial Comparisons of Self-esteem: A Quantitative Review, *Psychological Bulletin*, Vol. 126, 2000.

Hariz Halilovich, Bosnian Austrians: Accidental Migrants in Trans-local and Cyber Spaces, *Journal of Refugee Studies*, Vol.26, No.4, 2013.

Hartnett Stephen John, Communication, Social Justice, and Joyful Commitment, *In Western Journal of Communication*, Vol.74, 2010.

Hayes, A.F., Uldall, B., &Glynn, C.J, Validating the Willingness to Self-censor sale ⅱ: Inhibition of Option Expression in a Real Conversational Setting, *Communication Methods and Measures*, No.2, 2010.

Henry Mainsah, "I could well have Said I was Norwegian but Nobody would Believe Me": Ethnic Minority Youths'Eelf-representationon Social Network Sites, *European Journal of Cultural Studies*, No.2, 2011.

Hofkirchner, W., & Maier-Rabler, U, The Ethos of the Great Bifurcation, *International Journal of Information Ethics*, No.2, 2004.

Horton D., Wohl R, Mass Communication and Para-social Interaction: Observations on Intimacy at a Distance, *Psychiatry*, Vol.19, No.1, 1956.

Ho, S.S., & McLeod, D.M, Social-psychological Influences on Opinion Expression in Face-to-face and Computer-mediated Communication, *Communication Research*, Vol.35, No.2, 2008.

Inga Jasinskaja-Lahti, Tuuli Anna Mahonen and Karmela Liebkind, Identity and Attitudinal Reactions to Perceptions of Inter-group Interactions among Ethnic Migrants: A Longitudinal Study, *British Journal of Social Psychology*, Vol.51, 2012.

Iqbal, T., & Samarajiva, R, Who's Got the Phone? Gender and the Use of the Telephone at the Bottom of the Pyramid.New Media & Society, Vol.12, No.4, 2010.

Jennifer M.Brinkerhoff, Digital Diasporas' Challenge to Traditional Power: the Case of Tibet Board, *Review of International Studies*, Vol.38, 2012.

Jong Hyuk Lee, Influence of Poll Results on the Advocates'Political Discourse: An Application of Functional Analysis Debates to Online Messages in the 2002 KoreanPresidential Election, *Asian Journal of Communication*, Vol. 14, No.1, 2004.

Kadianaki, I, The Transformative Effects of Stigma: Coping Strategies as Meaningmaking Efforts for Immigrants Living in Greece, *Journal of Community and Applied Social Psychology*, Vol.24, 2014.

Katy E.Pearce1& Ronald E.Rice, Digital Divides From Access to Activities: Comparing mobile and Personal Computer Internet Users, *Journal of Communication*, 63, 721-744.Vol.63, 2013.

Kolko B, Nakamura L and Rodman G, *Race in Cyberspace*, New York: Routledge, 2000.

Kwan Min, L, Effects of Internet Use on College Students'Political Efficacy, *Cyber Psychology & Behavior*, Vol.9, No.4, 2006.

Laguerre M, Homeland Political Crisis, the Virtual Diasporic Public Sphere and Diasporic Politics, *Journal of Latin American Anthropology*, Vol. 10, No.1, 2005.

Leach, C. W., N. Ellemers, and M. Barreto, Group Virtue: The

Importanc eof Morality (vs.Competence and Sociability) in the Positive Evaluation of In-Groups, *Journalof Personalityand Social Personality*, Vol.93, No. 2, 2007.

Lemyre L.& Smith, Intergroup Discrimination and Self-esteem in the Minimal Group Paradigm, *Journal of Personality and Social Psychology*, Vol. 49, 1985.

Levitt P, De Wind J, Vertovec S (eds), Transnational Migration: International Perspectives, *International Migration Review*, Vol. 37, No. 3, 2003.

Lisa McEntee-Atalianis and Franco Zappettini, Networked Idetities Changing Representations of Europeanness, *Critical Discourse Studies*, No.4, 2014.

Luciano Floridi and J.W.Sanders, Artificial Evil and the Foundation of Computer Ethics, *Ethics and Information Technology*, No.3, 2001.

Lum, 1996; Naficy, 1999; Yin, 2013; Lum, C.M.1996.In Search of a Voice: Karaoke and the Construction of Identity in Chinese America. New Jersey: Lawrence Erlbaum Mackey A, A Social Actor Conception of Organizational Identity and Its Implications for the Study of Organizational Reputation, *Business and Society*, Vol.41, No.4, 2002.

Martin, B.L., & Abbott, E, Mobile Phones and Rural Livelihoods: Diffusion, Uses, and Perceived Impacts among Farmers in Rural Uganda, *Information Technologies & International Development*, Vol.7, No.4, 2011.

Michael B.Aguilera and Douglas S.Massey, Social Capital and the Wages of Mexican Migrants: New Hypotheses and Tests, *Social Forces*, Dec.2003.

Mortensen M, Trenz HJ, Media Morality And Visual Icons In the Age of Social Media: Alan Kurdi And the Emergence of an Impromptu Public of Moral Spectatorship, *Avnost the Public*, No.4, 2016.

Muhtaseb, A, & Frey, L.R, Arab Americans' Motives for Using the Internet as a Functional Media Alternative and Their Perceptions of U.S.public Opinion, *Journal of Computer-Mediated Communication*, Vol.13, No.3, 2008.

Myra Macdonald, British Muslims, Memory and Identity: Representations in British Film and Television Documentary, *European Journal of Cultural Studies*, No.4, 2011.

Myria Georgiou, Introduction: Gender, Migration and the Media, *Ethnic and Racial Studies*, No.5, 2012.

Nicola Mai, The Albanian Diaspora-in-the-Making: Media, Migration and Social Exclusion, *Journal of Ethnic and Migration Studies*, No.3, 2005.

Noelle - Neumann, E, The Spiral of Silence: A Theory of Public Opinion, *Journal of Communication*, Vol.24, 1974.

Noelle-Neumann, E, Turbulences in the Climate of Opinion: Methodological Applications of the Spiral of Silence Theory, *Public Opinion Quarterly*, Vol.41, No.2, 1977.

Noelle-Neumann, E, The Theory of Public Opinion: The Concept of the Spiral of Silence, *Communication Yearbook*, Vol.14, 1991.

Osti, G, Mobilita Geografica e Sociale Delie Classi Agricole, *Studi di Sociologia* , Vol.29, 1991.

Paasi, A, Deconstructing Regions: Notes on the Scales of Spatial Life, *Environment and Planning A*, Vol.23, 1991.

Park, Hee Sun; Yun, Doshik; Choi, Hye Jeong, Lee, Hye Eun, Lee, Dong Wook, Ahn, Jiyoun, Social Identity, Attribution, and Emotion: Comparisons of Americans, Korean Americans and Koreans, *International Journal of Psychology*, Oct., 2013.

Pittinsky, T. L., Shih, M., & Ambady, N, Identity Daptiveness: Affect Across Multiple Identities, *Journal of Social Issues*, Vol.55, 1999.

Postmes, T., Spears, R., & Lea, M, Breaching or Building Social Boundaries. Side - effects of Computer - mediated Communication, *Communication Research*, Vol.25, 1998.

Postmes, T., Spears, R., & Lea, M, Intergroup Differentiation in Computer-mediated Communication: Effects of Depersonalization, *Group Dynamics*, No.6, 2002.

Portes, Alejandro, Social Capital: Its Origins and Applications in Modern Sociology, *Annual Sociology* , Vol.24, 1998.

Press Wire, Radio Industry in the United States - 2012 Report Provides an In Depth and Comprehensive Analysis of A Particular Segment of the Media and Telecoms Industry, *M2PressWIRE*, Jan.2013.

Ringdal, K, Migration and Status Attainment Among Norwegian Men, *Acta Sociologica*, Apr.1993.

Robinson.J, DiMaggio.P, and Hargittai, E, New Social Survey Perspectives on the Digital Divide, *IT & Society*, Vol.5, No.1, 2003.

Rubin A M, Perse E M, Audience Activity and Soap Opera Involvement: A Uses and Effects Investigation, *Human Communication Research*, No. 2, 1987.

Rusi Jaspal & Marco Cinnirella, Media Representations of British Muslims and Hybridised Threats to Identity, *Contemporary Islam*, No.4, 2010.

Sarah Todd and Rob Lawson, Lifestyle Segmentation and Museum/Gallery Visiting Behaviour, *International Journal of Nonprofit and Voluntary Sector Marketing*, Vol.6, No.3, 2001.

Sari Pietik¨ainen and Jaana Hujanen, At the Crossroads of Ethnicity, Place and Identity: Representations of Northern People and Regions in Finnish News Discourse, *Media, Culture & Society*, Vol.25, 2003.

Sellers, R.M., Rowley, S.A.J., Chavous, T.M., Shelton, J.N., & Smith, M.A, Multidimensional Inventory of Black Identity: A Preliminary Investigation of Reliability and Construct Validity, *Journal of Personality and Social Psychology*, Vol.73, 1998.

Singer, B.J, The Socially Responsible Existentialist: A Normative Emphasis for Journalists in a New Media Environment, *Journalism Studies*, Vol.7, No.1, 2006.

Steven D.Brown, Peter lunt, A Genealogy of the Social Identity Tradition: Deleuze and Guattari and Social Psychology, *British Journal of Social Psychology*, Mar.2002.

Stockdale, E, Rural Out-Migration: Community Consequences and Individual Experiences, *Sociologia Ruralis*, Mar.2004.

Suarez Villegas, Juan Carlos, ICT and Journalistic Deontology: A Comparative Analysis Between Traditional and Digital Native Media, *Profesional Dela Informacion*, No.4, 2015.

Susan Broadhurst and Josephine Machon, Identity Performance and Technology Practices of Empowerment, Embodiment and Technicity, *Palgrave Mac-*

millan, 2012.

Tajfei, H, Cognitive aspects of prejudice, *Journal of Social Issues*, Vol. 25, 1969.

Tafel.H, Cognitive and Affective Aspects of Children's National Attitudes, *The British Journal of Social and Clinical Psychology*, Jun.1971.

Tafel.H, "*Social categorization*", English manuscript of "la catégroisation social". in s. Moscvici (ed.) Introduction ὰ la psychologie sociale, Vol. 1, 972a.Pairs: Larousse.

Tajfel, H, *Intergroup Behavior*, *Social Comparison and Social Change*, Katz-Newcomb Lectures, University of Michigan, Ann Arbor, 1974.

Tajfel, H, The Exit of Social Mobility and the Voice of Social Change: Notes on theSocial Psychology of Intergroup Relations, *Social Science Information*, Vol.14, No.2, 1975.

Teresa Graziano, The Tunisian Diaspora: Between "Digital Riots" and Web Activism, *Social Science Information*, No.4, 2012.

Tubau Stu.Ner Douglas B.Holt, Dominated Consumer Acculturation: The Social Construction of Poor Migransut Women's Consumer Identity Projects in a Turkish Squatter, *Journal of Consumer Research*, Inc.Vol.34, June 2007.

Turner, J.C, Social Comparison and Social Identity: Some Prospects for Intergroup Behavior, European Journal of Social Psychology, No.5, 1975.

Ustuner, Tuba; Holt, Douglas B, Dominated Consumer Acculturation: The Social Construction of Poor Migrant Women's Consumer Identity Projects in a Turkish Squatter, *Journal of Consumer Research*, Jun.2007.

Ward, I., and Cahill, I, Old and New Media: Blog in the Third Age of Political Communication, *Australian Journal of Communication*, Vol.34, No. 3, 2007.

Wendy van Rijswijki, Nick Hopkinsi and Hannah Johnston, The Role of Social Categorization and Identity Threat in the Perception of Migrants, *Journal of Community & Applied Social Psychology*, Vol.19, 2009.

Wiborg, A, *En Ambivalent Reise I Etflertydig Landskap*: *Ungefra Distriktene I Hoyere Utdannelse*, Tromso: Institutt for Sosialantropologi, 2003.

Witschge, T, Representation and Inclusion in the Online Debate: The Issue of Honor Killings, *European Communication Research & Education Association*, *Vol.*7, No.3, 2007.

Yang, C, The Use of the Internet among Academic Gay Communities in Taiwan: AnExploratory Study, *Information*, *Communication & Society*, Vol. 3, No.2, 2000.

Yang G, the Internet and the Rise of a Transnational Chinese Cultural Sphere, *Media*, *Culture & Society*, Vol.25, 2003.

Zainudeen, A., & Ratnadiwakara, D, Are the Poor Stuck in Voice? Conditions forAdoption of More-than-voice Mobile Services, *Information Technologies & International Development*, Vol.7, No.3, 2011.

Zillien.N and Hargittai.E, Digital Distinction: Status-specific Types of Internet Usage, *Social Science Quarterly*, Vol.90, No.2, 2009.

其他

Boyd D and Ellison NNB, Social Network Sites: Definition, History and Scholarship.*Journal of Computer-Mediated Communication*, 2007.Available at: http://jcmc.indiana.edu/vol13/issue1/boyd.ellison.html.

Cuddy, A.J.C., Fiske, S.T., & Glick, P, The BIAS map: Behaviors from Intergroup Affect and Stereotypes.*Journal of Personality and Social Psychology*, Vol.94, No.4, 2007.doi: 10.1037/0022-3514.92.4.631.

Dervin B.An overview of sense-makingresearch: concepts, methods and results to date [EB/OL]. http://faculty. washington. edu/wpratt/MEBI598/Methods/An %20Overview%20of%20 Sense-Making%20Research%201983a. htm, 2014-06-20.

Leffingwell, Social Sciences Commentary: Partisans View Media Coverage as "Biased", Even When Neutral, 20, 2001, http://www. researchandmarkets. com/research/l7tbmn/radio _ industry _ in Miller H and Mather R, *The Presentation of Self in WWW Home Pages*, Paper.

Presented at the IRSS 98 Conference, 1998. Available at: www. sosig. ac. uk/iriss/papers/paper21.htm.

Norris, Pippa, *The Digital Divide*, Cambridge: Cambridge Press, October, 2001, http://news.bbc.co.uk/2/hi/business/4331863.stm.

Rainie, L, The Sate of Blogging.Pew Internet and American Life Project. Pew Research center. *Retrieved March*, 20, 2009, from http: //www.pewinternet.org/.

Zurawski N, *Ethnicity and the Internet in a Global Society*, Available at: www.uni-muenster.de/PeaCon/zurawski/inet96.html, 1996.

中文著作

[英] 安东尼·吉登斯:《社会的构成》, 李康等译, 三联书店 1998 年版。

[法] 阿尔弗雷德·格罗塞:《身份认同的困境》, 王鲲译, 社会科学文献出版社 2010 年版。

车文博:《弗洛伊德主义原理选辑》, 辽宁人民出版社 1988 年版。

[英] 戴维·赫尔德、安东尼·麦克格鲁:《全球化与反全球化》, 陈志刚译, 社会科学文献出版社 2004 年版。

[英] 戴维·莫利、凯文·罗宾斯:《认同的空间: 全球媒介、电子世界景观与文化边界》, 司艳译, 南京大学出版社 2001 年版。

[美] 戴维·斯沃茨:《文化与权力: 布尔迪厄的社会学》, 陶东风译, 上海世纪出版集团 2005 年版。

[荷] 丹尼斯·麦奎尔:《麦奎尔大众传播理论》, 崔保国等译, 清华大学出版社 2006 年版。

费孝通:《乡土中国》, 人民出版社 2008 年版。

[英] 卡尔·波拉尼:《大转型: 我们时代的政治和经济起源》, 冯钢、刘阳译, 浙江人民出版社 2007 年版。

雷开春:《城市新移民的社会认同——感性依恋与理性策略》, 上海社会科学院出版社 2011 年版。

李春玲、吕鹏:《社会分层理论》, 中国社会科学出版社 2008 年版。

刘燕:《媒介认同论: 传播科技与社会影响互动研究》, 中国传媒大学出版社 2010 年版。

陆学艺:《当代中国社会阶层研究报告》, 社会科学文献出版社 2002 年版。

[法] 罗兰·巴特:《符号学原理》, 李幼蒸译, 中国人民大学出版社 2008 年版。

［加］马歇尔·麦克卢汉：《理解媒介：论人的延伸》，何道宽译，译林出版社 2011 年版。

［澳］迈克尔·A. 豪格、［英］多米尼克·阿布拉姆斯：《社会认同过程》，高明华译，中国人民大学出版社 2011 年版。

［美］曼纽尔·卡斯特：《认同的力量》，曹荣湘译，社会科学文献出版社 2006 年版。

［美］曼纽尔·卡斯特：《认同的力量》，夏铸九、黄丽玲等译，社会科学文献出版社 2003 年版。

［美］曼纽尔·卡斯特：《网络社会的崛起》，社会科学文献出版社 2006 年版。

［美］南茜·弗雷泽：《正义的中断：对"后后社会主义"状况的批判性反思》，于海青译，上海人民出版社 2008 年版。

［美］尼尔·波兹曼：《娱乐至死》，章艳译，广西师范大学出版社 2004 年版。

［英］帕特里克·贝尔特、［葡］菲利佩·卡雷拉·达·席尔瓦：《二十世纪以来的社会理论》，瞿铁鹏译，商务印书馆 2014 年版。

［法］皮埃尔·布尔迪厄：《论符号权力》，吴飞、贺照田译，辽宁大学出版社 1999 年版。

［法］塞尔日·莫斯科维奇：《社会表征》，管健、高文珺、俞容龄译，中国人民大学出版社 2011 年版。

［美］塞缪尔·亨廷顿：《我们是谁？美国国家特性面临的挑战》，程克雄译，新华出版社 2005 年版。

邵培仁等：《媒介理论前瞻》，浙江大学出版社 2012 年版。

［美］詹姆斯·C. 斯科特：《农民的道义经济学：东南亚的反叛与生存》，刘东主编，译林出版社 2001 年版。

汪向东、王希林、马弘：《心理卫生评定量表手册（增订版）》，中国心理卫生杂志社 1999 年版。

［比利时］威廉·杜瓦斯：《社会心理学的解释水平》，赵蜜、刘保中译，中国人民大学出版社 2012 年版。

［美］约翰·罗尔斯：《正义论》，何怀宏等译，中国社会科学出版社 1988 年版。

［美］约瑟夫·塔洛：《分割美国：广告与新媒介世界》，洪兵译，华

夏出版社 2003 年版。

[美] 詹姆斯·斯科特：《弱者的武器》，郑广怀、张敏、何江穗译，译林出版社 2011 年版。

中文期刊

包敦安：《虚拟交易社区浏览者与发帖者类社会互动研究》，硕士学位论文，大连理工大学，2010 年。

蔡禾：《从“底线型”利益到“增长型”利益——农民工利益诉求的转变与劳资关系秩序》，《哲学基础理论研究》2013 年第 1 期。

柴民权、管健：《代际农民工的社会认同管理基于刻板印象威胁应对策略的视角》，《社会科学》2013 年第 11 期。

柴民权、管健：《群际关系的社会结构与新生代农民工的认同管理策略》，《心理学探新》2015 年第 4 期。

操家齐：《合力赋权：富士康后危机时代农民工权益保障动力来源的一个解释框架》，《青年研究》2012 年第 3 期。

曹茸、刘家益：《传播学视角下新生代农民工利益表达探析——以中西部劳动力输出大省的典型地区为例》，《前沿》2013 年第 15 期。

曹维斯：《上海中产阶层的媒介认同与阶层身份自我认同》，硕士学位论文，复旦大学，2008 年。

车晨、成颖、柯青：《意义建构理论研究综述》，《情报科学》2016 年第 6 期。

陈铎、张继明、沈丽莉、廖振华：《大学生网络成瘾及其社交焦虑的关系》，《中国健康心理学杂志》2009 年第 2 期。

陈芳：《新生代农民工媒介素养对其城市融入的影响探讨》，《中国报业》2012 年第 4 期。

陈福平：《信息区隔与网络赋权——从互联网使用差异到在线公民参与》“传播与中国·复旦论坛”（2012）——可沟通城市：理论建构与中国实践论文集，2012 年 12 月 14 日。

陈刚：《“不确定性”的沟通：“转基因论争”传播的议题竞争、话语秩序与媒介的知识再生产》，《新闻与传播研究》2014 年第 7 期。

陈浩：《新媒体事件中网络社群的自我赋权——以“华南虎照片事件”为例》，《新闻前哨》2008 年第 12 期。

陈浩然、刘敏华：《社会弱势群体网络化利益表达：风险与应对》，《社会主义研究》2014 年第 6 期。

陈婧：《农民工：加速“梯度赋权”化解“逆城市化”》，《中国经济时报》2013 年 11 月 11 日第 010 版。

陈静静：《互联网与少数民族多维文化认同的建构——以云南少数民族网络媒介为例》，《国际新闻界》2010 年第 2 期。

陈开举：《话语权的文化学研究》，中山大学出版社 2012 年版。

陈明珠：《媒体再现与认同政治》，《中国传媒报告》2003 年第 4 期。

陈奇佳：《大众媒介与现代主体的镜像化再生产》，《文艺研究》2004 年第 56 期。

陈强、曾润喜、徐晓林：《网络舆情反沉默螺旋研究——以“中华女事件”为例》，《情报杂志》2010 年第 8 期。

陈思曼：《网络空间的自我赋权》，硕士学位论文，苏州大学，2015 年。

陈食霖：《“道义论”抑或“功利论”：生态伦理学的根据》，《中南财经政法大学学报》2003 年第 5 期。

陈树强：《增权：社会工作理论与实践的新视角》，《社会学研究》2003 年第 5 期。

陈锐：《20 世纪国外道义逻辑研究进展》，《哲学动态》2001 年第 2 期。

陈韵博：《新一代农民工使用 QQ 建立的社会网络分析》，《国际新闻界》2010 年第 8 期。

陈韵博：《新媒体赋权：新生代农民工对 QQ 的使用与满足研究》，《当代青年研究》2011 年第 8 期。

程婕婷、管健、汪新建：《共识性歧视与刻板印象：以外来务工人员与城市居民群体为例》，《中国临床心理学杂志》2012 年第 4 期。

崔娇娇：《新媒介赋权与连接性行动：公益众筹的网络动员研究》，硕士学位论文，南京大学，2016 年。

崔丽霞：《“推拉理论”视阈下我国农民工社会流动的动因探析》，《江西农业大学学报》（社会科学版）2009 年第 2 期。

崔岩：《流动人口心理层面的社会融入和身份认同问题研究》，《社会学研究》2012 年第 5 期。

邓玮：《话语赋权：新生代农民工城市融入的新路径》，《中国行政管理》2016 年第 3 期。

邓欣媚、林佳、曹敏莹、黄玄凤：《内群偏私：自我锚定还是社会认同?》，《社会心理科学》2008 年第 5 期。

丁未：《新媒体与赋权：一种实践性的社会研究》，《国际新闻界》2009 年第 10 期。

丁未、田阡：《流动的家园：新媒介技术与农民工社会关系个案研究》，《新闻与传播研究》2009 年第 1 期。

丁倩、魏华、张永欣、周宗奎：《自我隐瞒对大学生网络成瘾的影响：社交焦虑和孤独感的多重中介作用》，《中国临床心理学杂志》2016 年第 2 期。

丁卓菁、沈勤：《城市老年群体的新媒体使用与角色认知》，《当代传播》2013 年第 6 期。

董晨晨、方骏：《微博中的“粉都”：一个准社会交往的视角——“学习粉丝团”个案分析》，“传播与中国 · 复旦论坛”（2013）——网络化关系：新传播与当下中国论文集，2013 年 12 月 19 日。

董海军：《作为武器的弱者身份：农民维权抗争的底层政治》，《社会》2008 年第 4 期。

董雪：《从讨薪看农民工的维权行为——以越轨行为为视角》，《城市地理》2014 年第 14 期。

董延芳：《不同情境下的农民工维权行动偏好》，《农业技术经济》2016 年第 6 期。

邓鹏：《建构身份认同：论网络语言符号的社会区隔功能》，《新闻世界》2015 年第 8 期。

杜立婷、刘晶晶：《构建网络和谐———网络赋权现象的传播学分析》，科学发展 · 生态文明——天津市社会科学界第九届学术年会，天津，2013 年。

段瑞群：《“微博信访”：利益表达新渠道》，《人民法院报》2011 年 8 月 11 日第 002 版。

寇浩宁、李平菊：《二元劳动力市场、社会排斥与户籍分层——对进城农民工的研究》，《北京工业大学学报》（社会科学版）2008 年第 6 期。

范斌：《弱势群体的增权及其模式选择》，《学术研究》2014 年第

6 期。

范鼓、余奇敏:《电视民生新闻与社会弱势群体的利益表达——基于湖北电视〈经视直播〉的个案分析》,《南方论刊》2016 年第 1 期。

范叶超:《新生代农民工的社会流动惰距》,《黑河学刊》2011 年第 2 期。

范莹滢:《浅析社交媒体环境下农民工群体的环境认知模式》,《新闻研究导刊》2016 年第 10 期。

方建移:《受众准社会交往的心理学解读》,《国际新闻界》2009 年第 4 期。

方建移、葛进平:《老年人的媒介接触与准社会交往研究》,《浙江传媒学院学报》2009 年第 3 期。

方建移、葛进平、章洁:《缺陷范式抑或通用范式——准社会交往研究述评》,《新闻与传播研究》2006 年第 3 期。

方启雄:《新闻传媒与农民工利益表达机制的构建》,《河南社会科学》2013 年第 5 期。

方文:《群体资格:社会认同事件的新路径》,《中国农业大学学报》(社会科学版)2008 年第 1 期。

冯红霞:《成人教育促进新生代农民工社会流动研究综述》,《职教论坛》2015 年第 6 期。

冯敏良:《重残人士准社会交往研究》,《长白学刊》2015 年第 4 期。

冯雪梅:《网络用户信息检索焦虑研究》,《图书馆学刊》2008 年第 4 期。

符平:《倒"U"型轨迹与新生代农民工的社会流动——新生代农民工的流动史研究》,《浙江社会科学》2009 年第 12 期。

高涵:《媒介使用与流动人口的社会资本构建》,《河北大学学报》(哲学社会科学版)2014 年第 4 期。

高海燕:《我国农民工自我归类模式的理论研究——基于弱势群体的社会融合过程分析》,《南方人口》2005 年第 2 期。

高明华:《刻板印象内容模型的修正与发展——源于大学生群体样本的调查结果》,《社会》2010 年第 5 期。

高婷、纪琳、高玉真:《大学生网络成瘾与社交焦虑关系的调查研究》,《山西青年管理干部学院学报》2008 年第 1 期。

高宪春：《新媒体环境下“沉默的双螺旋”》，《中国社会科学报》2013 年 1 月 9 日第 A08 版。

高宪春：《新媒介传播语境下的网络社群“正义观”及影响分析》，《南京社会科学》2015 年第 8 期。

高亚东、曹成刚、刘瑞、岳彩：《新生代农民工农民身份认同与自我和谐的关系》，《中国健康心理学杂志》2016 年第 1 期。

高兆明：《伦理学理论与方法》，人民出版社 2005 年版。

高中建：《“80 后”新生代社会认同与社会建设参与现状研究——以河南 8 个城市的调查数据为例》，《中国青年研究》2011 年第 9 期。

甘韵矶：《新媒介赋权下媒体人微信公号的价值》，《青年记者》2015 年第 23 期。

甘智钢：《大众传媒塑造、凝聚的中产阶层》，《出版发行研究》2015 年第 7 期。

葛进平、方建移：《受众准社会交往量表编制与检验》，《新闻界》2010 年第 6 期。

管健：《信息过剩时代，“网络焦虑”求解》，《人民论坛》2009 年第 3 期。

管健：《社会认同复杂性与认同管理策略探析》，《南京师大学报》（社会科学版）2011 年第 2 期。

管健、柴民权：《外来务工女性刻板印象威胁的应对策略与认同管理》，《心理科学》2013 年第 4 期。

管雷：《网络时代的新生代农民工：农民工的换代与转型》，《中国青年研究》2011 年第 1 期。

龚俊朋：《论社会流动视域下新生代农民工的教育需求》，《河南科技学院学报》2011 年第 10 期。

郭彩霞：《大众媒介与转型期的社会认同》，《中共福建省委党校学报》2013 年第 5 期。

郭菲、张展新：《农民工新政下的流动人口社会保险：来自中国四大城市的证据》，《人口研究》2013 年第 3 期。

郭科、陈倩：《新生代农民工社会认同状况的实证研究——以西安市为例》，《重庆科技学院学报》（社会科学版）2010 年第 12 期。

郭鹏：《弱势群体网络利益表达的困境及其消解》，《党政干部论坛》

2015 年第 9 期。

郭星华等：《漂泊与寻根：流动人口的社会认同研究》，中国人民大学出版社 2011 年版。

郭星华、储卉娟：《从乡村到都市：融入与隔离——关于民工与城市居民社会距离的实证研究》，《江海学刊》2004 年第 3 期。

郭星华、李飞：《漂迫与寻根：农民工社会认同的二重性》，《人口研究》2009 年第 6 期。

韩鸿：《参与式影像与参与式传播——发展传播视野中的中国参与式影像研究》，《新闻大学》2007 年第 4 期。

韩啸、涂文琴、谭婧：《国内外准社会交往研究现状与格局：基于文献计量分析》，《东南传播》2016 年第 5 期。

何亭：《身份认同的建构：网络媒介生态下艺术社会关系探析》，《陕西师范大学学报》（哲学社会科学版）2013 年第 4 期。

何晓红：《变迁与分化——农民工家庭的代际差异与社会流动探析——基于 H 省一个农民工家庭流动的实证调研》，《云南行政学院学报》2015 年第 5 期。

和树俊：《新生代农民工信息素养现状及影响因素研究》，《情报工程》2016 年第 12 期。

胡存明、李长瑾：《大学生网络行为与抑郁焦虑的关系》，《医学与社会》2010 年第 11 期。

胡宏伟、曹杨、吕伟、叶玲：《新生代农民工自我身份认同研究》，《江西农业大学学报》（社会科学版）2011 年第 3 期。

胡宏伟、李冰水、曹杨、吕伟：《差异与排斥：新生代农民工社会融入的联动分析》，《上海行政学院学报》2011 年第 4 期。

胡建敏：《意义的归宿——基于罗兰巴特符号学、文本思想的探索》，《黑龙江教育学院学报》2015 年第 7 期。

胡晓红：《社会记忆中的新生代农民工自我身份认同困境——以 S 村若干新生代农民工为例》，《中国青年研究》2008 年第 9 期。

胡旭：《利益表达内涵、问题及其解决思路——利益表达文献综述》，《中国市场》2011 年第 1 期。

黄斌欢：《双重脱嵌与新生代农民工的阶级形成》，《社会学研究》2014 年第 2 期。

黄海蓉：《论弱势群体的构成与暴力性利益表达的相关性》《产业与科技论坛》2014 年第 4 期。

黄晗：《网络赋权与公民环境行动——以 PM2. 5 公民环境异议为例》，《学习与探索》2014 年第 4 期。

黄京华、常宁：《新媒体环境下沉默螺旋理论的复杂表现》，《现代传播》2014 年第 6 期。

黄建新：《社会流动视角下的农民工返乡创业研究》，《山西大同大学学报》（社会科学版）2009 年第 1 期。

黄岩：《农民工赋权与跨国网络的支持——珠江三角洲地区农民工组织调查》，《调研世界》2008 年第 5 期。

黄月琴：《“弱者”与新媒介赋权研究——基于关系维度的述评》，《新闻记者》2015 年第 7 期。

黄振辉、王金红：《捍卫底线正义：农民工维权抗争行动的道义政治学解释》，《华南师范大学学报》（社会科学版）2010 年第 1 期。

侯斐斐：《探索网络舆论中的沉默螺旋现象——以天涯论坛为例》，《学理论》2013 年第 5 期。

茄学萍、糟艳丽：《大学生网络成瘾及其焦虑水平的调查研究》，《河西学院学报》2005 年第 6 期。

蒋建国：《网络族群：自我认同、身份区隔与亚文化传播》，《南京社会科学》2013 年第 2 期。

吉登斯：《现代性的后果》，田禾译，译林出版社 2000 年版。

季孝龙：《“双重边缘人”———城市农民工的身份研究》，《西安外事学院学报》2008 年第 1 期。

季文等：《农民工流动、社会资本与人力资本》，《江汉论坛》2006 年第 4 期。

焦德武：《网络议程设置与网民自我赋权》，《淮南师范学院学报》2009 年第 6 期。

金萍：《农民工与“城里人”群际心理关系分析》，《社会主义研究》2005 年第 3 期。

金萍：《论新生代农民工市民化的住房保障》，《社会主义研究》2012 年第 4 期。

金晓彤、崔宏静：《新生代农民工社会认同建构与炫耀性消费的悖反性思考》，《社会科学研究》2013 年第 4 期。

姜典航：《新生代农民工社会流动问题研究》，硕士学位论文，中共中央党校，2012 年。

姜永志、王海霞、白晓丽：《大学生社交焦虑与手机互联网使用行为的关系：手机社交网络使用偏好的中介》，《贵州师范大学学报》（自然科学版）2016 年第 1 期。

靖鸣、臧诚：《媒介融合时代信息流动模式、分众化传播及媒体对社会凝聚力的影响》，《新闻与传播研究》2011 年第 5 期。

景星维、吴满意：《试论网络认同的基本内涵、生成过程与价值》，《天府新论》2014 年第 5 期。

康红梅：《社会排斥视域下底层群体生存困境的形塑机制研究——以环卫农民工为例》，《人口与发展》2015 年第 3 期。

兰玉娟、佐斌：《去个性化效应的社会认同模型》，《心理科学进展》2009 年第 2 期。

郎晓波、俞云峰：《农民工融入当地社区的壁垒及实践策略研究——基于对农民工与社区居民群际关系的分析》，《北京行政学院学报》2012 年第 2 期。

李爱晖：《媒介认同概念的界定、来源与辨析》，《当代传播》2015 年第 1 期。

李超、吴宇恒、覃飙：《中国农民工工作满意度变迁：2003—2013 年》，《经济体制改革》2016 年第 1 期。

李汉宗：《农民工群体的内部差异：社会流动与社会网络——基于深圳市龙岗区的个案研究》，博士学位论文，武汉大学，2011 年。

李慧中、陈琴玲：《经济转型、职业分层与中国农民工社会态度》，《学海》2012 年第 4 期。

李娟：《弱势群体利益诉求在新闻媒体中的表达》，《传媒》2015 年第 7 期上。

李俊俊：《赋权与增能：农民工弱势地位改变的根本途径》，《重庆文理学院学报》（社会科学版）2012 年第 1 期。

李锦：《刻板印象在网络新闻传播中的嬗变》，《青年记者》2008 年 11 月中。

李鲤：《媒介庆典中的身份生产与社会认同——兼谈“影响中国”年

度人物的价值观呈现》，《今传媒》2015 年第 2 期。

李路路：《社会结构阶层化和利益关系市场化——中国社会管理面临的新挑战》，《社会学研究》2012 年第 2 期。

李巧群：《准社会互动视角下微博意见领袖与粉丝关系研究》，《图书馆学研究》2015 年第 3 期。

李盼君：《赛博空间：反思"第二媒介时代"的身份认同》，《南方文坛》2012 年第 6 期。

李培林、李炜：《农民工在中国转型中的经济地位和社会态度》，《社会学研究》2007 年第 3 期。

李强：《中国亟待开放农民工步入社会中间阶层的通道》，《党政干部参考》2011 年第 2 期。

李强、龙文进：《农民工留城与返乡意愿的影响因素分析》，《中国农村经济》2009 年第 2 期。

李尚旗：《农民工利益表达的行动选择分析》，《理论导刊》2012 年第 2 期。

李椒清、孙郁美、莫书亮：《大学生病理性网络使用与社交焦虑、社会支持等的关系》，第十二届全国心理学学术大会，2009-11-05。

李晚莲：《社会变迁与职业代际流动差异：社会分层的视角》，《求索》2010 年第 6 期。

李伟、田建安：《新生代农民工生活与工作状况探析——基于山西省 6 座城市的调查》，《中国青年研究》2011 年第 7 期。

李霞：《论当今媒体道义担当之迫切性——由干露露事件想到的》，《学理论》2013 年第 10 期。

李欣、詹小路：《利益表达中的大众媒介之困境与优势》，《浙江传媒学院学报》2012 年第 2 期。

李学孟：《媒介正义研究》，博士学位论文，吉林大学，2015 年。

李学孟：《媒介正义：自由与秩序的张力》，《东北师大学报》（哲学社会科学版）2015 年第 1 期。

李艳红：《当代城市报纸对"农民工"新闻报道的叙事分析》，《新闻与传播研究》2006 年第 2 期。

李玉玲、曹锦丹：《信息焦虑的概念界定》，《图书馆学研究》2011 年第 2 期。

李远福、傅钢善：《大学生网络学习焦虑影响因素研究——基于网络学习者特征的逐步多元回归分析》，《电化教育研究》2015 年第 4 期。

李桢：《手机媒介文化与社会区隔的双重塑造》，硕士学位论文，西北大学，2010 年。

廖伟、施春华：《大学生社交焦虑水平与网络社交行为的关系》，《医学研究杂志》2016 年第 1 期。

梁辉：《信息社会进程中农民工的人际传播网络与城市融入》，《中国人口、资源与环境》2013 年第 1 期。

梁伟军：《转型期农民工与受雇私营企业劳动关系现状及影响因素分析——基于 585 位农民工的调查》，《科学社会主义》2014 年第 4 期。

梁德友：《论弱势群体非制度化利益表达的几个理论问题——概念、结构与社会学分类》，《社会科学辑刊》2016 年第 3 期。

林纲：《网络新闻语篇中价值观偏移的社会刻板印象及其生成机制》，《新闻界》2012 年第 11 期。

林莺：《中国当前弱势群体的权益保障与维护——基于话语权角度的分析》，《东南学术》2011 年第 3 期。

刘春明：《新媒体时代农民工维权现状研究——评自媒体时代农民工维权表达研究》，《新闻战线》2016 年第 2 期。

刘大毅：《沈阳市总工会用“互联网+”做服务农民工大文章：2 万余名农民工手机刷卡能维权》，《辽宁日报》2016 年 4 月 26 日第 002 版。

刘芳：《青年自组织社会参与：认同、社会表征与符号再生产——以“南京义工联”为例》，《中国青年研究》2012 年第 8 期。

刘海龙：《沉默的螺旋是否会在互联网上消失》，《国际新闻界》2001 年第 5 期。

刘宏伟：《政府在农民工社会流动中的作用研究》，硕士学位论文，广西师范学院，2010 年。

刘辉：《转型期农民工工作满意度问题对策研究》，《经济问题探索》2007 年第 9 期。

柳季埼：《大学生政治信任、媒介接触与网络群体事件参与行为的关系研究》，硕士学位论文，浙江师范大学，2015 年。

刘晶晶：《公共传播视野下我国网络赋权的传播特征》，《华中师范大学研究生学报》2015 年第 2 期。

刘林平、孙中伟：《劳动权益：珠三角农民工状况报告》，湖南人民出版社 2011 年版。

刘林平、张春泥：《农民工工资：人力资本、社会资本、企业制度还是社会环境？——珠江三角洲农民工工资的决定模型》，《社会学研究》2007 年第 6 期。

刘培森、尹希果：《新生代农民工工作满意度影响因素分析》，《人口与社会》2016 年第 4 期。

刘威：《“朝向底层”与“深度在场”——转型社会的社会学立场及其底层关怀》，《福建论坛·人文社会科学版》2011 年第 3 期。

刘晓慧：《从偶像到明星——媒介角色与大学生虚拟社会化》，《传媒观察》2012 年第 9 期。

刘湘萍：《市场区隔动因与媒介的“阶层塑成”功能——以城市报纸房地产广告为例》，《广告大观理论版》2007 年第 4 期。

刘燕：《媒介认同：媒介主体身份阐释及其网络认同建构》，《新闻记者》2009 年第 3 期。

刘兆延、张淑华：《农民工城市心理体验对身份认同的影响研究》，《辽宁教育行政学院学报》2015 年第 5 期。

龙慧君：《“数字知沟”环境下廉价智能手机的生存优势》，《新闻世界》2013 年第 4 期。

卢海阳、梁海兵：《“城市人”身份认同对农民工劳动供给的影响——基于身份经济学视角》，《南京农业大学学报》（社会科学版）2016 年第 3 期。

卢艳香：《媒体该如何守住“铁肩担道义”的风骨》，《人民论坛》2017 年第 2 期。

鲁曼：《丑闻之后：名人形象修复的准社会互动关系考察——以“文章出轨门”为例》，安徽省第七届新闻传播学科研究生论坛论文集，安徽合肥，2015 年 12 月。

陆旻旸：《弱势群体媒介话语权缺失现象的传播学解读——以农民工为例》，《青年与社会》2013 年第 4 期。

陆益龙：《社会需求与户籍制度改革的均衡点分析》，《江海学刊》2006 年第 3 期。

陆晔：《媒介使用、社会凝聚力和国家认同——理论关系的经验检视》，《新闻大学》2010 年第 2 期。

罗天莹、连静燕：《农民工利益表达中 NGO 的作用机制及局限性——基于赋权理论和“珠三角”的考察》，《湖南农业大学学报》（社会科学版）2012 年第 4 期。

罗永雄：《新媒介文化影响下的图像霸权症候与自我认同的变迁》，《重庆工商大学学报》（社会科学版）2014 年第 2 期。

马燕：《“准社会交往”视阈下虚拟社交的传播效果分析——基于微博用户的调查》，《东南传播》2014 年第 11 期。

马忠国：《社会流动视角下农民工返乡创业路径研究》，《特区经济》2009 年第 12 期。

麦尚文、王昕：《媒介情感力生产与社会认同——〈感动中国〉社会传播机制及效应调查分析》，《电视研究》2009 年第 6 期。

毛良斌：《基于微博的准社会交往：理论基础及研究模型》，《暨南学报》（哲学社会科学版）2014 年第 9 期

孟威：《新媒体语境下对“反沉默螺旋”现象的思考》，《中国广播电视学刊》2014 年第 8 期。

潘琼、田波澜：《媒介话语与社会认同》，《当代传播》2005 年第 4 期。

秦海霞：《从社会认同到自我认同——农民工主体意识变化研究》，《党政干部学刊》2009 年第 11 期。

滕朋：《建构与赋权：城市主流媒体中的农民工镜像》，《西安交通大学学报》（社会科学版）2015 年第 1 期。

邱鸿博、赵卫华：《社会分层视角下对农民工落户城镇意愿的分析》，《南方农村》2013 年第 6 期。

姚进忠、巨东红：《立体赋权农村留守儿童社会支持网络的建构》，《当代青年研究》2012 年第 12 期。

任美葳：《农民工与城市人内隐身份认同、自我污名和攻击性的关系研究》，硕士学位论文，沈阳师范大学，2015 年。

邵培仁、范红霞：《传播仪式与中国文化认同的重塑》，《当代传播》2010 年第 3 期。

邵书龙：《国家、教育分层与农民工子女社会流动：contain 机制下的阶层再生产》，《青年研究》2010 年第 3 期。

石坤：《“弱者”的反抗——媒介赋权视角下的魏则西事件》，《新闻研究导刊》2016年第13期。

石义彬、熊慧：《媒介仪式、空间与文化认同：符号权力的批判性观照与诠释》，《湖北社会科学》2008年第2期。

石义彬、熊慧、彭彪：《文化身份认同演变的历史与现状分析》，中国媒体发展研究报告，2007年。

师曾志、杨睿：《从“马航失联事件”恐惧奇观看新媒介赋权下的情感话语实践与互联网治理》，《北大新闻与传播评论》2014年第1期。

师曾志、杨睿：《新媒介赋权下的情感话语实践与互联网治理——以“马航失联事件”引发的恐惧奇观为例》，《探索与争鸣》2015年第1期。

宋辰婷、王小平：《新生代农民工的社会关系与自我认同》，《山西师大学报》（社会科学版）2014年第5期。

宋红岩：《农民工新媒介参与和利益表达调研与分析》，《中国广播电视学刊》2012年第6期。

宋红岩：《网络权力的生成、冲突与道义》，《江淮论坛》2013年第3期。

宋红岩：《“数字知沟”抑或“信息赋权”？——基于长三角农民工手机使用的调研研究》，《现代传播》2016年第6期。

宋晓晴、赵杨：《网络消费情境下品牌产品感官感知实证研究——基于具身认知视角》，《商业经济研究》2015年第20期。

宋晓晴、赵杨、孙习祥：《具身认知视角下的网络消费触觉弥补策略研究》，《武汉理工大学学报（信息与管理工程版）》2015年第4期。

孙琼如、侯志阳：《新媒体赋权与新生代女性农民工的职业发展》，《东岳论丛》2016年第7期。

孙玮：《“我们是谁”：大众媒介对于新社会运动的集体认同感建构——厦门PX项目事件大众媒介报道的个案研究》，《新闻大学》2007年秋季号。

孙秀娟：《农民工上向社会流动空间分析》，《人口学刊》2007年第4期。

孙玉娟、潘文华：《城市农民工社会排斥透视及对自我认同的影响和重构》，《农业现代化研究》2008年第1期。

孙永正：《农民工工作满意度实证介析》，《中国农村经济》2006年第 1 期。

孙中伟:《从“个体赋权”迈向“集体赋权”与“个体赋能”:21 世纪以来中国农民工劳动权益保护路径反思》,《华东理工大学学报》(社会科学版)2013 年第 2 期。

谭文若:《“蚁族”群体在网络媒介使用中的身份认同构建》,《新闻界》2013 年第 23 期。

唐斌:《“双重边缘人”:城市农民工自我认同的形成及社会影响》,《中南民族大学学报》(人文社会科学版)2002 年第 8 期。

陶峰、勇晏萍:《大学生网络信息焦虑的特征、成因及应对策略》,《思想政治教育》2013 年第 6 期上。

涂兵兰:《阐释者:在道义和功利之间》,《社会科学辑刊》2009 年第 4 期。

涂敏霞:《从“生存”到“发展”——广东新生代农民工的利益诉粉》,《中国青年研究》2012 年第 8 期。

王曌:《媒介功能与社会认同》,《安徽文学》(下半月)2011 年第 8 期。

王爱民:《论网络媒介受众认同问题》,《求索》2005 年第 1 期。

王爱玲:《媒介技术:赋权与重新赋权》,《文化学刊》2011 年第 3 期。

王成林、徐华:《认知能力、互联网鸿沟对农民工群体社会经济地位的影响——基于 CFPS2010 数据的多元 logistic 回归分析》,《哈尔滨市委党校学报》2016 年第 2 期。

王春光:《新生代农村流动人口的社会认同与城乡融合的关系》,《社会学研究》2001 年第 3 期。

王春光:《新生代农村流动人口的社会认同》,《中国社会科学》(英文版)2003 年第 4 期。

王春光:《农村流动人口的半城市化问题研究》,《社会学研究》2006 年第 5 期。

王春枝、高娃、孙淑清:《新生代农民工自我身份认同的测度——呼和浩特市的调查》,《现代营销》(学院版)2013 年第 7 期。

王单:《利益与道义的博弈——聚焦媒体话语霸权》,《广告大观》2005 年第 3 期。

王立洲：《农民工媒介表达失语现象的经济学透视》，《当代经济》2008 年第 9 期。

王高贺：《沉与浮：我国弱势群体利益表达困境及其突破》，《理论导刊》2010 年第 4 期。

王洪伟：《“以身抗争”与“以法抗争”：当代中国底层社会抗争的两种社会学逻辑》，中国社会学年会——“社会稳定与危机预警预控管理系统研究”论坛，2010 年 7 月。

王桂新：《城市农民工与本地居民社会距离影响因素分析——以上海为例》，《社会学研究》2011 年第 2 期。

王宏昌：《“沉默的螺旋”与弱势群体媒体话语权的关联辨析》，《宜宾学院学报》2007 年第 4 期。

王金红、黄振辉：《制度供给与行为选择的背离：珠江三角洲地区农民工利益表达行为的实证分析》，《开放时代》2008 年第 3 期。

王莉、邹泓：《青少年网络偏差行为、网络成瘾与日常问题行为的关系》，第十二届全国心理学学术大会论文摘要集，2009 年 11 月 5 日。

王立皓、童辉杰：《大学生网络成瘾与社会支持、交往焦虑、自我和谐的关系研究》，《健康心理学杂志》2003 年第 2 期。

王力平：《关系与身份：中国人社会认同的结构与动机》，《长春工业大学学报》（社会科学版）2009 年第 1 期。

王静：《25—54 岁受众媒体接触的群体特征与需求》，《新闻与传播研究》2010 年第 1 期上。

王全权、陈相雨：《网络赋权与环境抗争》，《江海学刊》2013 年第 4 期。

王瑞乐、杨琪、胡志海：《网络新闻对网民职业刻板印象的影响》，《黄山学院学报》2013 年第 1 期。

王圣贺、李彬：《浅谈新生代农民工网络素养的发展变化》，《新闻传播》2013 年第 6 期。

王士军、彭忠良：《论移动新媒体破解新生代农民工信息饥渴的机遇与挑战》，《河北北方学院学报》2013 年第 3 期。

王淑华：《媒介“减权”·网络恐惧·自我区隔——杭州家政女性的媒介接触和使用实践分析》，《浙江传媒学院》2016 年第 1 期。

王文娟：《新媒体与农民工的维权表达》，《理论界》2014 年第 10 期。

王小红：《教育社会分层与农村学生社会流动研究：回溯和展望》，《上海教育科研》2012 年第 9 期。

王锡苓、汪舒、苑婧：《农民工的自我赋权与影响：以北京朝阳区皮村为个案》，《现代传播》（中国传媒大学学报）2011 年第 10 期。

王逊：《难以跨越的“数字知沟”——新生代农民工移动互联网使用行为研究》，《前沿》2013 年第 4 期。

王永菁、段俐敏：《网络具身文化与网络人—机交互系统安全探析》，《科技传播》2014 年第 6 期下。

王真：《从街头到网络：赋权理论视角下的女性权利倡导——以“我可以骚，你不能扰”女性行动为例》，硕士学位论文，华东理工大学，2014 年。

汪新建、柴民权：《从社会结构到主体建构：农民工社会认同研究的路径转向与融合期待》，《山东社会科学》2014 年第 6 期。

文远竹：《微博维权与底层抗争》，《青年记者》2013 年第 34 期。

吴鼎铭：《流动空间：媒介技术与社会重组关系研究的关键概念》，《东南传播》2013 年第 6 期。

吴建平、风笑天：《身体、焦虑与网络》，《社会》2003 年第 6 期。

吴君：《网络传播对中国大学生对日刻板印象的影响》，硕士学位论文，浙江大学，2011 年。

吴麟：《主体性表达缺失：论新生代农民工的媒介话语权》，《青年研究》2013 年第 4 期。

吴祁：《社会分层对进城农民工留城意愿的影响初探》，《北京城市学院学报》2007 年第 1 期。

吴薇：《社会支配倾向与阶层刻板印象的关系研究》，心理学与创新能力提升——第十六届全国心理学学术会议论文集，南京，2013 年 11 月 1 日。

肖风良：《从康德到罗尔斯——道义论的历史进路及其理论局限》，《湖南财政经济学院学报》2013 年第 4 期。

邢虹文：《文化的区隔：电视文化与社会分化》，《社会》2004 年第 8 期。

邢虹文：《受众的社会分化与社会认同的重构——基于上海电视媒介的现实路径分析》，博士学位论文，上海大学，2011 年。

邢虹文、王琴琴：《电视媒介、阶层意识及其认同的塑造——基于上海市民调查的分析》，《当代传播》2012 年第 5 期。

徐鸣：《道义论视域中的商业广告伦理构建》，博士学位论文，中南大学，2012 年。

徐盈艳、黄晓星：《网络与阶层的双重区隔——内地优才在港融入网络的差异》，《南方人口》2010 年第 5 期。

徐玉文：《媒介传播中的新兴词汇探究——以社会认同模式下的“女汉子”为例》，《西部广播电视》2014 年第 5 期。

许永：《论媒介在中国社会阶层流动中的作用》，《广播电视大学学报》（哲学社会科学版）2006 年第 1 期。

严励、邱理：《从网络传播的阶层分化到自媒体时代的文化壁垒——数字知沟发展形态的演变与影响》，《新闻与传播研究》2014 年第 6 期。

谢垚凡、申鹏：《基于内部分化视角的农民工社会保障研究》，《贵州大学学报》（社会科学版）2014 年第 5 期。

闫超：《基于社会认同视角的新生代农民工炫耀性消费行为影响机理研究》，博士学位论文，吉林大学，2012 年。

杨华：《网络言论的赋权与侵权》，《前沿》2012 年第 22 期。

杨嫚：《媒介与外来务工人员社会认同》，《西南石油大学学报》（社会科学版）2011 年第 2 期。

杨忠厚：《从抗震救灾报道看媒体道义担当》，《新闻传播》2009 年第 8 期。

叶伏华：《江西农村不同受众群体接触媒介状况调查报告》，《声屏世界》2001 年第 11 期。

叶浩生：《具身认知：认知心理学的新取向》，《心理科学进展》2010 年第 5 期。

叶艳芳、杨丹：《社会分层背景下的新闻媒介信息倾斜及其对策》，《郧阳师范高等专科学校学报》2009 年第 2 期。

叶育登、胡记芳：《民工社会认同形成机制探析——基于群际传播视角》，《西北人口》2008 年第 4 期。

阴军莉、陈东霞：《受众与媒介人物准社会关系的研究进展——我国受众心理研究新视阈》，《新闻界》2011 年第 8 期。

俞晶晶、孔雷：《“80 后”农民工媒介形象建构研究》，《现代视听》

2012年第7期。

余阳、刘瑞超:《担社会道义展媒体风采:关于新华社、中国青年报“外来务工人员子女求学的调查”》,《中华新闻报》2004年3月17日第T00版。

员立亭:《秉赋特征差异视角下新生代农民工信息素养实证研究——以陕西省为例》,《图书馆》2016年第4期。

袁瑾:《媒介转型与当代认同性的变迁》,《华南农业大学学报》(社会科学版)2011年第1期。

云晴、吴秀玲:《网络时代的认识焦虑和真相探究》,《大众心理学》2015年第5期。

于建嵘:《利益表达、法定秩序与社会习惯——对当代中国农民维权抗争行为取向的实证研究》,《中国农村观察》2007年第6期。

于建嵘:《转型中国的社会冲突——对当代工农维权抗争活动的观察和分析》,《领导者》2008年第2期。

岳志颖:《新媒体背景下的准社会交往现象简析》,《新闻传播》2015年第1期。

赵禄:《从年中国网络热点事件中看社会道义的传播》,硕士学位论文,武汉纺织大学,2011年。

张波:《新媒介赋权及其关联效应》,《重庆社会科学》2014年第11期。

张春霞:《电视媒介与认同建构——以西北边疆多民族地区为例》,《现代传播》(中国传媒大学学报)2011年第2期。

张海波、童星:《被动城市化群体城市适应性与现代性获得中的自我认同:基于南京市561位失地农民的实证研究》,《社会学研究》2006年第2期。

张晗、卢嘉杰:《从媒介消费到社交联系:跨媒介环境下澳大利亚华人文化身份认同研究的新取向》,《文化与传播》2014年第1期。

张金海、周丽玲、李博:《沉默的螺旋与意见表达——以抵制“家乐福”事件为例》,《国际新闻界》2009年第1期。

张洁:《“富二代”“官二代”媒介话语建构的共振与差异(2004—2012)》,《现代传播》2013年第3期。

张婕:《赋权视角下网络群体性事件的表达机制研究》,硕士学位论文，郑州大学，2016 年。

章洁、方建移：《从偏执追星看青少年媒介素养教育——浙江青少年偶像崇拜的调查》，《当代传播》2007 年第 5 期。

张丽琴：《底层抗争策略的确立与变换诱因分析——对一个维权组织的持续性观察》，《云南行政学院学报》2015 年第 1 期。

张伦、祝建华：《瓶颈效应还是马太效应——数字知沟指数演化的跨国比较分析》，《科学与社会》2013 年第 3 期。

张青、李宝艳：《网络媒体影响下的新生代农民工社会认同研究》，《福建农林大学学报》（哲学社会科学版）2015 年第 1 期。

张平、裴晓军：《准社会关系理论在传播研究中的价值、意义与方法》，《东南传播》2014 年第 7 期。

张胜志：《表达阙如与黑夜政治——利益视域下的新生代农民工犯罪问题研究》，《青少年犯罪问题》2011 年第 2 期。

张淑华、李海莹、刘芳：《身份认同研究综述》，《心理研究》2012 年第 1 期。

张卫东：《意指：意义及意义的产生机制——罗兰·巴特语言哲学思想述评》，《西安外国语大学学报》2013 年第 1 期。

张伟涛：《当代道义论权利理论评析》，《人民论坛》2014 年第 11 期。

张文宏、雷开春：《城市新移民社会认同的结构模型》，《社会学研究》2009 年第 4 期。

张文娟：《电视民生新闻节目中弱势群体利益表达存在的问题及对策》，硕士学位论文，河北大学，2012 年。

张雪筠：《“群体性排斥与部分的接纳”——市民与农民工群际关系的实证分析》，《广西社会科学》2008 年第 5 期。

张秀玉：《济南市农民工媒介素养调查》，《青年记者》2013 年第 2 期。

翟丹阳：《后现代社会背景下“网络恶搞”的媒介认同研究》，硕士学位论文，东北师范大学，2012 年。

曾一果：《身份的标识：大众媒介与都市空间的再生产》，“传播与中国·复旦论坛”——可沟通城市：理论建构与中国实践，2012 年 12 月 14 日。

郑广怀：《伤残农民工——不能被赋权的群体》，硕士学位论文，清华大学，2004 年。

郑素侠：《传媒在弱势群体利益表达中的角色与责任——基于中层组织理论的视角》，《新闻爱好者》2012 年 12 月（下半月）。

郑欣、衣旭峰：《风险适应与媒介赋权：新生代农民工学习充电研究》，《西南民族大学学报》（人文社会科学版）2014 年第 5 期。

郑欣、王悦：《新媒体赋权：新生代农民工就业信息获取研究》，《当代传播》2014 年第 2 期。

字秀春：《指尖上的道义——从四个报道看网络媒体的职业道德失范》，《中国报业》2012 年第 8 期（下）。

朱珉旭：《网络交往环境下的个人态度与意见表达——沉默的螺旋理论之检视与修正》，博士学位论文，武汉大学，2012 年。

朱秀凌：《未成年人的电视使用与准社会交往》，《国际新闻界》2013 年第 3 期。

朱秀凌：《未成年人的依恋类型——电视观看与准社会交往》，《新闻界》2014 年第 4 期。

朱逸、李秀玫、郑雯：《网络赋权的双重性：形式化增能与实质性缺失——基于对社会底层群体的观察》，《天府新论》2015 年第 5 期。

郑傲：《网络事件的形成与刻板印象——以天涯社区“六大家族”网络事件为例》，中国传媒大学第一届全国新闻学与传播学博士生学术研讨会文集，2007 年。

郑显亮：《乐观人格、焦虑、网络社会支持与网络利他行为关系的结构模型》，《中国特殊教育》2012 年第 11 期。

周葆华：《上海市新生代农民工新媒体使用与评价的实证研究》，《新闻大学》2011 年第 2 期。

周葆华、吕舒宁：《上海市新生代农民工新媒体使用与评价的实证研究》，《新闻大学》2011 年第 2 期。

周根红：《网络文化的价值转型与认同焦虑》，《学理审视》2010 年第 7 期。

周根红：《亚运会媒介事件与城市文化认同》，《现代视听》2011 年第 3 期。

周根红：《网络参与的文化焦虑与认同危机》，《中国教育报》2016

年 4 月 28 日第 005 版。

周明宝:《城市滞留型青年农民工的文化适应与身份认同》,《社会》2004 年第 5 期。

周建达:《道义救助危机的过程叙事、实践反思及制度重构——基于延伸个案的分析进路》,《法律科学》(西北政法大学学报)2016 年第 3 期。

周丽蓉:《道格拉斯·凯尔纳媒介认同批评理论研究》,硕士学位论文,湘潭大学,2013 年。

周芸:《山寨手机与青年农民工群体的城市身份建构——来自文化视角的分析》,《兰州学刊》2010 年第 1 期。

钟世潋、樊逾:《全媒体背景下农民工媒介素养提升策略浅析》,《科技视界》2013 年第 5 期。

褚荣伟、熊易寒、邹怡:《农民工社会认同的决定因素研究:基于上海的实证分析》,《社会》2014 年第 4 期。

曾寿梅:《新常态下农民工维权事件新闻报道分析》,《新闻研究导刊》2015 年第 14 期。

徐放:《新生代女性农民工工作压力与职业倦怠关系研究》,《职业技能教育》2016 年第 7 期。

许传新、许若兰:《新生代农民工与城市居民社会距离实证研究》,《人口与经济》2007 年第 5 期。

许德友:《中国农民工现阶段的社会流动——基于社会流动渠道的理论解释》,《西安外事学院学报》2008 年第 1 期。

严征、彭安辉、张丽荣、刘丰丰:《流动经历对城市农民工社会支持水平的影响》,《现代预防医学》2009 年第 9 期。

杨善华主编:《当代西方社会学理论》,北京大学出版社 1999 年版。

于建嵘:《中国阶层分裂源于格式化的排斥性体制》,《中国经营报》2010 年 5 月 21 日第 10 版。

赵莹莹:《身份·空间·关系——对城市农民工社会认同的人际传播视角解读》,《新闻研究导刊》2015 年第 13 期。

赵晔琴、孟兆敏:《流动人口的社会分层与居住质量——基于上海市长宁区"六普"数据的分析》,《人口与发展》2012 年第 5 期。

赵永萍、张进辅:《群体关系对不同效价的刻板印象信息传递的影响：系列再生法的证据》，《心理科学》2013 年第 3 期。

赵潞：《刻板印象研究综述》，《兰州教育学院学报》2013 年第 1 期。

赵志鸿：《论影响城市农民工身份认同的四个维度》，《大连干部学刊》2008 年第 8 期。

赵智晶、吴秀敏、陈科宇、杨易：《新生代农民工工作满意度实证分析——基于结构方程模型的研究》，《四川农业大学学报》2010 年第 2 期。

张金霞：《浅谈农民工自我认同和社会认同》，福建省社会学 2008 年会论文集，2008 年。

张静：《新生代农民工工作满意度影响因子研究》，硕士学位论文，西南交通大学，2011 年。

张力、孙鹏：《城乡差距、社会分层与农民工流动问题》，《财贸研究》2013 年第 6 期。

张璐、黄溪、惠源：《新生代农民工自我身份认同影响因素分析》，《广西经济管理干部学院学报》2009 年第 4 期。

张永丽、郭天龙：《农民工社会保障对劳动力流动的影响》，《社会保障研究》2010 年第 3 期。

张咏梅、李文武：《农民工身份的自我认同——以兰州市为例》，《南京人口管理干部学院学报》2008 年第 2 期。

张展新：《农民工市民化取向：放松城镇落户还是推进公共服务均等化》，《郑州大学学报》（哲学社会科学版）2014 年第 6 期。

郑耀抚：《青年农民工的城市生活体验与身份认同》，《当代青年研究》2010 年第 3 期。

朱力：《论农民工阶层的城市适应》，《江海学刊》2002 年第 6 期。

朱志仙、张广胜：《人力资本、社会资本与农民工职业分层》，《沈阳农业大学学报》（社会科学版）2014 年第 4 期。

左鹏、吴岚：《内卷化：新生代女性农民工的生态特征和自我认同》，《北京青年政治学院学报》2012 年第 1 期。